普通高等教育"十三五"土木工程系列规划教材

土木工程测量

主 编 王 波 王修山
副主编 曹志刚 张伟富
　　　　牟洪洲 孙 莉
参 编 马明舟 隋惠权
　　　　王旭华 刘文谷 姚 舜
主 审 张书毕

机械工业出版社

本书一共分为四部分：第一部分（第1~5章）介绍测量学的基本知识、基本理论及基本仪器的构造和使用，主要包括绪论、水准测量、角度测量、距离测量和测量误差基础；第二部分（第6~10章）主要介绍小地区控制测量、GNSS测量原理与方法、地形图基础、大比例尺地形图测绘及地形图的应用；第三部分（第11~15章）介绍施工测量的相关知识，包括施工测量基本工作、工业与民用建筑施工测量、管道工程测量、路线测量、隧道与桥梁测量；第四部分是附录，介绍了测量实验和测量实习。为满足教学需要，每章后面都附有思考题与练习题。

本书具有实践性强、理论和实践相结合的特点，适用于土木工程、水利工程、环境工程、建筑学、城乡规划、农业与林业、电力等相关专业，可作为其教学用书，也可作为土建行业施工技术人员的参考书和继续教育教材。

本书配套有授课PPT、测量仪器操作视频、练习题答案等资源，免费提供给选用本书的授课教师，需要者请登录机械工业出版社教育服务网（www.cmpedu.com）注册后下载。

图书在版编目（CIP）数据

土木工程测量/王波，王修山主编. —北京：机械工业出版社，2018.9
（2023.12重印）
普通高等教育"十三五"土木工程系列规划教材
ISBN 978-7-111-60729-8

Ⅰ.①土… Ⅱ.①王…②王… Ⅲ.①土木工程-工程测量-高等学校-教材 Ⅳ.①TU198

中国版本图书馆CIP数据核字（2018）第194008号

机械工业出版社（北京市百万庄大街22号　邮政编码100037）
策划编辑：李　帅　责任编辑：李　帅　高凤春　马军平
责任校对：刘　岚　封面设计：张　静
责任印制：郜　敏
中煤（北京）印务有限公司印刷
2023年12月第1版第3次印刷
184mm×260mm・22.5印张・551千字
标准书号：ISBN 978-7-111-60729-8
定价：53.90元

电话服务　　　　　　　　　网络服务
客服电话：010-88361066　　机　工　官　网：www.cmpbook.com
　　　　　010-88379833　　机　工　官　博：weibo.com/cmp1952
　　　　　010-68326294　　金　书　网：www.golden-book.com
封底无防伪标均为盗版　　机工教育服务网：www.cmpedu.com

前　言

《土木工程测量》是以高等学校土木工程专业教学指导委员会颁布的专业培养指导性意见为依据编写的。本书适用于土木工程、水利工程、环境工程、建筑学、城乡规划、农业与林业、电力等相关专业，可作为其教学用书，也可作为土建行业施工技术人员的参考书和继续教育教材。

"土木工程测量"是土木工程专业的一门理论与实践相结合的核心课程。党的二十大报告中指出："加快建设国家战略人才力量，努力培养造就更多大师、战略科学家、一流科技领军人才和创新团队，青年科技人才、卓越工程师、大国工匠、高技能人才""建成世界最大的高速铁路网、高速公路网，机场港口、水利、能源、信息等基础设施建设取得重大成就"。本书在编写过程中，注重教材的科学性、实用性、普适性，与时俱进，以满足普通院校同类专业的需求，同时探索应用更多的教学方法，注重理论教学与实践教学的结合，传统内容与现代内容的互相补充，扩充新知识、新技能、新成果，充分与实际工程相结合。另外，充分考虑了"土木工程测量"中最核心的"测""算""绘"三个方面，兼顾传统与现代，引入了成熟的先进技术。"测"除了传统的水准仪、经纬仪等基本的仪器，还重点介绍了目前的主流仪器——电子全站仪、数字水准仪与GNSS RTK；"算"的重点是基本计算能力的培养，如基本测量方法和施工测量计算等；"绘"则是利用SV300以及CASS数字测图软件进行数字图的测绘与应用，在施工测量中利用全站仪、GNSS RTK进行数字化放样。

本书编写人员及分工：重庆大学张伟富编写第1、8、10章；大连理工大学城市学院马明舟编写第2章；大连民族大学隋惠权编写第3章；大连大学王波编写第4章；大连大学王旭华编写第5章；重庆大学刘文谷编写第6章；海军大连舰艇学院姚舜编写第7章；大连大学孙莉编写第9章；河北科技师范学院曹志刚编写第11、12章；辽宁科技学院牟洪洲编写第13、14、15章；浙江理工大学王修山编写附录。本书由王波、王修山担任主编，并由王波统稿，由中国矿业大学张书毕担任主审，在此表示感谢。

由于编者水平有限，书中可能存在不足之处，敬请读者批评指正。

编　者

目 录

前 言

第1章 绪论 ... 1
1.1 测量学简介 ... 1
1.2 地球的形状和大小 ... 2
1.3 地面点位的确定 ... 3
1.4 用水平面代替水准面的限定 ... 7
1.5 测量工作概述 ... 9
本章小结 ... 10
思考题与练习题 ... 10

第2章 水准测量 ... 11
2.1 水准测量的基本原理 ... 11
2.2 水准测量的仪器和工具 ... 12
2.3 微倾式水准仪的操作过程 ... 16
2.4 水准测量及成果整理 ... 19
2.5 水准仪和水准尺的检验校正 ... 31
2.6 三、四等水准测量 ... 35
2.7 水准测量的误差来源及注意事项 ... 38
2.8 自动安平水准仪 ... 42
2.9 电子水准仪 ... 44
本章小结 ... 49
思考题与练习题 ... 50

第3章 角度测量 ... 52
3.1 角度测量原理 ... 52
3.2 光学经纬仪的结构及其读数装置 ... 53

3.3 水平角测量 …………………………………………………………………… 59
3.4 竖直角测量 …………………………………………………………………… 62
3.5 DJ$_6$型光学经纬仪的检验与校正 …………………………………………… 66
3.6 电子经纬仪 …………………………………………………………………… 70
3.7 角度测量误差分析及注意事项 ……………………………………………… 75
本章小结 …………………………………………………………………………… 77
思考题与练习题 …………………………………………………………………… 77

第 4 章　距离测量 …………………………………………………………………… 79

4.1 钢尺量距 ……………………………………………………………………… 79
4.2 视距测量 ……………………………………………………………………… 86
4.3 电磁波测距 …………………………………………………………………… 90
4.4 直线定向 ……………………………………………………………………… 94
4.5 南方测绘 NTS-360 全站仪 …………………………………………………… 97
4.6 苏一光 RTS-112RL 全站仪 ………………………………………………… 109
本章小结 ………………………………………………………………………… 117
思考题与练习题 ………………………………………………………………… 117

第 5 章　测量误差基础 …………………………………………………………… 119

5.1 测量误差概述 ……………………………………………………………… 119
5.2 评定精度的指标 …………………………………………………………… 121
5.3 误差传播定律 ……………………………………………………………… 123
5.4 等精度直接观测值的最可靠值与精度评定 ……………………………… 125
5.5 非等精度直接观测值的最可靠值与精度评定 …………………………… 127
本章小结 ………………………………………………………………………… 129
思考题与练习题 ………………………………………………………………… 129

第 6 章　小地区控制测量 ………………………………………………………… 130

6.1 控制测量概述 ……………………………………………………………… 130
6.2 导线测量 …………………………………………………………………… 133
6.3 交会法定点 ………………………………………………………………… 142
6.4 三角高程测量 ……………………………………………………………… 145
本章小结 ………………………………………………………………………… 148
思考题与练习题 ………………………………………………………………… 148

第 7 章　GNSS 测量原理与方法 ………………………………………………… 149

7.1 概述 ………………………………………………………………………… 149

7.2　GNSS 的组成 ··· 150
7.3　GNSS 时空坐标系 ··· 153
7.4　GNSS 定位原理 ·· 157
7.5　GNSS 测量的实施 ··· 160
本章小结 ·· 163
练习题与思考题 ··· 163

第 8 章　地形图基础　164

8.1　地形图的比例尺 ·· 164
8.2　地形图的分幅与编号 ·· 165
8.3　地形图图外注记 ·· 168
8.4　地物符号 ··· 169
8.5　地貌符号 ··· 172
本章小结 ·· 175
思考题与练习题 ··· 175

第 9 章　大比例尺地形图测绘　177

9.1　测图前的准备工作 ··· 177
9.2　碎部点的测量方法 ··· 179
9.3　大比例尺地形图的解析测绘方法 ·· 179
9.4　大比例尺数字图的测绘 ·· 185
本章小结 ·· 221
思考题与练习题 ··· 221

第 10 章　地形图的应用　223

10.1　地形图的识读 ·· 223
10.2　地形图应用的基本内容 ··· 225
10.3　图形面积的量算 ··· 227
10.4　地形图在工程中的应用 ··· 229
10.5　数字地形图的应用 ··· 234
本章小结 ·· 256
思考题与练习题 ··· 256

第 11 章　施工测量基本工作　257

11.1　已知水平距离测设 ··· 257
11.2　已知水平角测设 ··· 258
11.3　已知高程测设 ·· 258

| 11.4 | 点的平面位置测设 | 260 |
| 11.5 | 已知坡度直线测设 | 262 |

本章小结 263
思考题与练习题 263

第 12 章　工业与民用建筑施工测量　264

12.1	施工测量概述	264
12.2	民用建筑施工测量	267
12.3	工业建筑施工测量	274
12.4	建筑物变形观测概述	280
12.5	竣工总平面图编绘	287

本章小结 289
思考题与练习题 289

第 13 章　管道工程测量　290

13.1	管道工程测量概述	290
13.2	管道中线测量	290
13.3	管道纵、横断面图测绘	291
13.4	管道施工测量	294
13.5	管道竣工测量	298

本章小结 299
思考题与练习题 299

第 14 章　路线测量　301

14.1	路线测量概述	301
14.2	路线中线测量	301
14.3	圆曲线及其测设	304
14.4	平曲线及其测设	309
14.5	路线纵、横断面图测量	316
14.6	路线施工测量	317

本章小结 320
思考题与练习题 320

第 15 章　隧道与桥梁测量　322

15.1	隧道测量概述	322
15.2	洞外控制测量	323
15.3	隧道施工测量	324

15.4 洞内控制测量 …… 327
15.5 竖井联系测量 …… 328
15.6 桥位控制测量 …… 332
15.7 桥墩测设 …… 334
本章小结 …… 335
思考题与练习题 …… 336

附录 337

附录 A 测量实验 …… 337
附录 B 测量实习 …… 349

参考文献 …… 351

第 1 章 绪 论

1.1 测量学简介

1.1.1 测量学的定义

测量学是研究地球的形状和大小，确定地面物体的空间位置信息，并将这些信息进行处理、存储、管理和应用的科学。

测量学将地表物体分为地物和地貌。

1) 地物：地面上的固定物体（天然或人工形成的物体）。它包括湖泊、房屋、道路和桥梁等。

2) 地貌：地面上的高低起伏。它包括山地、丘陵和平原等。

地物和地貌总称为地形。

1.1.2 测量学的任务

测量学的主要任务是测定和测设。

1) 测定：采集描述地面物体的空间位置信息的工作，即使用仪器和工具对地面点进行测量和计算，从而获得一系列数据，或根据测得的数据将地球表面的地形缩绘成地形图，供科学研究和工程建设规划设计使用。

2) 测设：将在地形图上设计出的建筑物和构筑物的位置通过测量在实地标定出来，作为施工的依据。

1.1.3 测量学的作用

人类从原始社会后期，就在生产劳动、部落间交往和争战中逐步学会了使用测量手段来了解和利用周围的自然环境，以使自己的活动能得到更多的收获。随着社会的发展，测量在国民经济规划、工程建设、国防建设、地球科学与空间科学等方面都得到了更为广泛的应用，测量本身也有较大发展。

1. 测量信息是在国民经济规划中最重要的信息之一

城市规划、农村规划等各种规划首先要有规划区的地形图。例如，以地形图为基础，补充农业专题调查资料编制各种专题图，从中了解到各类土地利用的现状，土地变化趋势，农田开发建设的水、土、气候等条件，农田和林地、牧地及工业、交通、城镇建设的关系等情况，这些都是农业规划的依据。

2. 测量是各种工程建设中保证工程质量的一项重要工作

工程项目建设基本上都可划分为勘测设计、施工、竣工验收和生产运营四个阶段。勘测设计阶段要有精确的测量成果和地形图，才能保证工程的选址、选线、设计得到经济合理的方案，因此测量学在此阶段主要起提供地形图的作用。在施工中，通过放样测量把已确定的设计内容精确地落实到实地上，对保证工程质量有着相当关键的作用，因此施工阶段测量学的作用就重点在施工放样上。竣工测量资料则是工程交付使用后进行妥善管理的重要图件，所以测量学在竣工阶段的作用就是竣工测量。对于大型工程建筑，为了及时发现建筑物的变形和位移，以便采取措施，防止重大事故发生，在使用期间定期进行监测更是不可忽视的环节，故生产运营阶段测量学的作用就是变形观测。因此，在工程建设的各个阶段都需要充分的测量来保证质量。

3. 测量是国防建设中不可缺少的工具

现代大规模的各兵种协同作战，精确的测绘成果成图是不可缺少的重要保障。至于远程导弹、人造卫星或航天器的发射，要保证它精确入轨，随时校正轨道和命中目标，除了应测算出发射点和目标点的精确坐标、方位、距离外，还必须掌握地球形状、大小的精确数据和有关地域的重力场资料。

4. 在发展地球科学和空间科学等现代科学方面，测量工作的作用不可忽视

地表形态和地面重力的许多重要变化，有些来源于地壳和它的板块构造的运动，有些来源于地球大气圈、生物圈各种因素的影响和变化。因此，通过对地表形态和地面重力的变化进行分析研究，可以探索地球内部的构造及其变化；通过对地表形态变迁的分析研究，可以追溯各个历史时期地球大气圈、生物圈各种因素的变化。许多地球科学新理论的建立，往往是地球物理学者和测量学者共同努力的结果。对空间科学技术发展来说，测量是不可缺少的基础，同时，空间科学技术的发展也反过来为测量科学技术提供了新的手段和新的发展领域。

1.2 地球的形状和大小

测量学的实质是确定地面点的空间位置。要确定地面点的相互位置关系，就需要建立一个坐标系统，因此地面点的坐标与地球的形状和大小有着密切的关系。

公元前六世纪毕达哥拉斯首创地圆说，到1519—1522年麦哲伦探险队绕地球一周后，地球是圆的得以公认。随着科学的发展，科学工作者进行了大量的精密测量工作，发现地球是个近似圆球的椭球，测量上把它命名为椭球体，并精确地测定了这个椭球体的大小。

测量工作是在地球的自然表面进行的，而地球表面是不规则的，有陆地、海洋、高山和平原。我们知道，地球表面上海洋的面积约占71%，陆地的面积约占29%，因此我们把地球的形状看作是海水包围的球体，也就是假想静止不动的水面延伸穿过陆地，包围了整个地球，形成一个闭合的曲面，这个曲面称为水准面。水准面是受地球重力影响而形成的，它的特点是面上任意一点的铅垂线都垂直于该点的曲面，如图1-1a所示。

水面是可高可低的，因此符合这个特点的水准面有无数个，其中与平均海水面相吻合的水准面称为大地水准面。大地水准面是测量的基准面，如图1-1b所示。这个大地水准面所包围的球体，测量上称为大地体。我们用大地体来形容地球是比较形象的。但是，由于地球的密度不均匀，造成地面各点重力方向没有规律，因而大地水准面是个极不规则的曲面，不能直接用来测图。为了解决这个问题，选择一个非常接近大地水准面，并可用数学式表示的几何形体来代表地球总的形状，这个数学形体是由椭圆 $NWSE$ 绕其短轴 NS 旋转而成的旋转椭球体，又称地球椭球体。其旋转轴与地球自转轴重合，如图 1-1c 所示，其表面称为旋转椭球面（参考椭球面）。

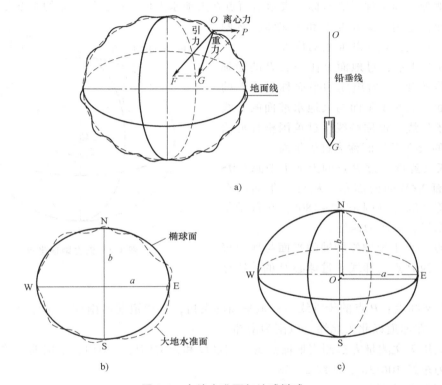

图 1-1 大地水准面与地球椭球

a) 地球重力线 b) 大地水准面 c) 旋转椭球体

决定地球椭球体的大小和形状的元素为椭圆的长半轴 a、短半轴 b、扁率 f，其关系为

$$f = \frac{a-b}{a} \tag{1-1}$$

目前我国采用的地球椭球体的参数为 $a = 6378.137 \text{km}$，$b = 6356.755 \text{km}$，$f = 1:298.257$。

由于地球椭球体的扁率很小，当测区面积不大时，可以将其当作圆球看待，其半径 R 按下式计算（其近似值为 6371km）。

$$R = \frac{2a+b}{3} \tag{1-2}$$

1.3 地面点位的确定

空间是三维的，表示地面点在某个空间坐标系中的位置需要三个参数，确定地面点位的实质就是确定其在某个空间坐标系中的三维坐标。

测量上将空间坐标系分解成确定点的球面位置的坐标系（二维）和高程系（一维）。

确定点的球面位置的坐标系有地理坐标系和平面直角坐标系两类。

1.3.1 地理坐标系

1. 天文地理坐标系

天文地理坐标又称天文坐标，表示地面点在大地水准面上的位置，它的基准是铅垂线和大地水准面，它用天文经度 λ 和天文纬度 φ 两个参数来表示地面点在球面上的位置。

如图 1-2 所示，过地面上任一点 P 的铅垂线与地球旋转轴 NS 所组成的平面称为该点的天文子午面，天文子午面与大地水准面的交线称为天文子午线，也称经线。过英国格林尼治天文台 G 的天文子午面称为首子午面。

P 点天文经度：过 P 点的天文子午面 NMS 与首子午面 NGS 的两面角，从首子午面向东或向西计算，取值范围是 $0°\sim180°$，在首子午面以东为东经，以西为西经。

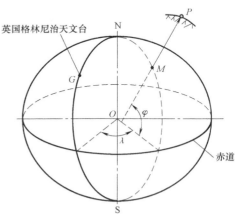

图 1-2　天文地理坐标

过 P 点垂直于地球旋转轴的平面与地球表面的交线称为 P 点的纬线，过球心 O 的纬线称为赤道。

P 点天文纬度：P 点的铅垂线与赤道平面的夹角，自赤道起向南或向北计算，取值范围为 $0°\sim90°$，在赤道以北为北纬，以南为南纬。

可以应用天文测量方法测定地面点的天文经度和天文纬度。例如，重庆地区的概略天文地理坐标为东经 $106°30'$，北纬 $29°33'$。

2. 大地地理坐标系

大地地理坐标又称大地坐标，是表示地面点在参考椭球面上的位置，它的基准是法线和参考椭球面，它用大地经度 L 和大地纬度 B 表示。

如图 1-3 所示，P 点大地经度为过 P 点的大地子午面和首子午面所夹的两面角 L，P 点大地纬度为过 P 点的法线与赤道面的夹角 B。

大地经度、纬度是根据起始大地点（又称大地原点，该点的大地经纬度与天文经纬度一致）的大地坐标，按大地测量所得的数据推算而得的。

我国以陕西省泾阳县永乐镇大地原点为起算点建立的大地坐标系称为"1980 西安坐标系"，简称 80 坐标系或西安坐标系。

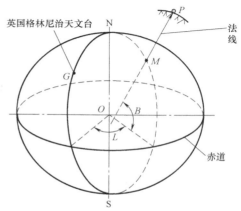

图 1-3　大地地理坐标

通过与前苏联1942年普尔科沃坐标系联测，经我国东北传算过来的坐标系称为"1954北京坐标系"，其大地原点位于前苏联列宁格勒天文台中央。

1.3.2 平面直角坐标系

地理坐标对局部测量工作来说是非常不方便的。例如，在赤道上，1″的经度差或纬度差对应的地面距离约为30m。测量计算最好在平面上进行，但地球是一个不可展开的曲面，必须通过投影的方法将地球表面上的点位化算到平面上。地图投影有多种方法，我国采用的是高斯-克吕格正形投影，简称高斯投影。

1. 高斯平面直角坐标

高斯投影采用分带投影法，使带内最大变形控制在精度允许范围之内，一般采用6°分带法。首先是将地球按经线划分成投影带，投影带是从格林尼治天文台首子午线起算，每隔经度6°划为一带（称为6°带），如图1-4所示，自西向东将整个地球划分为60个带。带号从首子午线开始，用阿拉伯数字表示，位于各带中央的子午线称为该带的中央子午线，如图1-5所示，第一个6°带的中央子午线的经度为3°，任意一个带中央子午线经度λ可按下式计算

$$\lambda = 6N - 3 \tag{1-3}$$

式中　　N——6°带的带号。

图1-4　投影分带

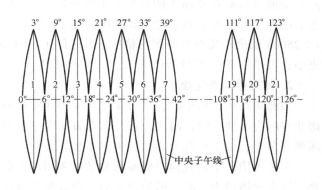

图1-5　6°带中央子午线及带号

投影时，设想有一个椭圆柱筒，如图1-6所示，将其套在地球椭球体上旋转，使其中心线通过球心，并且椭圆柱面与要投影的那一带中央子午线相切，在球面图形与柱面图形保持等角的条件下，将球面上图形投影在圆柱面上，然后将圆柱体沿着通过南北极母线切开并展开成平面。投影后，中央子午线与赤道为互相垂直的直线，以中央子午

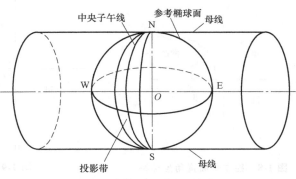

图1-6　高斯平面直角坐标投影

线为坐标纵轴 x，以赤道为坐标横轴 y，两轴的交点作为坐标原点 O，组成高斯平面直角坐标系，如图 1-7 所示。

坐标系内，规定 x 轴向北为正，y 轴向东为正。我国位于北半球，x 坐标值为正，y 坐标则有正有负，例如在图 1-7a 中，$y_Q = +341500\text{m}$，$y_P = -383400\text{m}$。为避免出现负值，将每带的坐标纵轴向西平移 500km，则每点的横坐标值也均为正值，如图 1-7b 所示，$y_Q = 500000\text{m}+341500\text{m}=841500\text{m}$，$y_P = 500000\text{m}-383400\text{m}=116600\text{m}$。

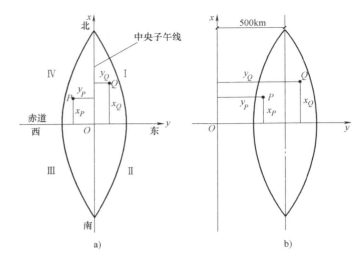

图 1-7 高斯平面直角坐标系

为了根据横坐标值确定某点位于哪一个 6°带内，则在横坐标值前加上带号。例如，Q 点位于第 18 带内，则其横坐标值 $y_Q = 18841500\text{m}$。

高斯投影中，能使球面图形的角度与平面图形的角度保持不变，但任意两点间的长度却产生变形（投影在平面上的长度大于球面长度），称为投影长度变形。离中央子午线越远则变形越大。变形过大对于测图和用图都是不方便的。6°带投影后，其边缘部分的变形能满足 1∶25000 或更小比例尺测图的精度，当进行 1∶10000 或更大比例尺测图时，要求投影变形更小，可采用 3°分带投影法或 1.5°分带投影法。

2. 独立平面直角坐标

当测量的范围较小时，可直接把球面当作平面看待，将地面点铅垂投影到水平面上，以南北方向为 x 轴方向，向北为正，东西方向为 y 轴方向，向东为正，一般将坐标原点选在测区西南角外，使坐标均为正值，如图 1-8 所示。

测量所用的平面直角坐标系和数学所采用的平面直角坐标系有些不同：数学中的平面直角坐标系的横轴为 x 轴、纵轴为 y 轴，象限按逆时针方向编号，如图 1-9a 所示；而测量学

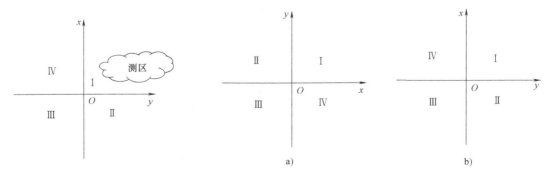

图 1-8 独立平面直角坐标系

图 1-9 测量坐标系和数学坐标系的区别
a）数学坐标系 b）测量坐标系

中横轴为 y 轴、纵轴为 x 轴，象限按顺时针方向编号，如图 1-9b 所示。其原因是测量学中是以南北方向作为角度的起算方向，同时将象限按顺时针方向编号便于将数学中的公式直接应用到测量计算中去。

1.3.3 地面点的高程

地面点沿铅垂线到大地水准面的距离称为该点的绝对高程或海拔，简称高程（height），如图 1-10 所示，通常用加点名作下标表示，如 H_A、H_B。

在局部地区，若无法知道绝对高程时，也可以假定一个水准面作为高程起算面，地面点到假定水准面的铅垂距离称为相对高程或假定高程。A、B 点的相对高程分别以 H'_A、H'_B 表示。

地面两点高程的差称为高差，用 h 表示。A、B 两点的高差为

$$h_{AB} = H_B - H_A = H'_B - H'_A \tag{1-4}$$

由此说明，高差的大小与高程起算面无关。

我国采用"1985 年国家高程基准"，它是根据青岛验潮站 1952—1979 年的观测资料确定的黄海平均海水面（其高程为零）作为高程起算面，以在青岛观象山测得的高程 72.2604m 为水准原点，全国各地的高程均以它为基准进行推算。

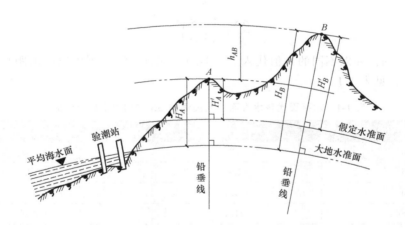

图 1-10　高程和高差

1.4　用水平面代替水准面的限定

水准面是曲面，曲面上的图形投影到平面上总会产生一定的变形。如果用水平面代替水准面，产生的变形不超过测量允许的误差，那就没问题。下面就来讨论用水平面代替水准面对距离和高程测量的影响，以便明确可以代替的范围，或者在什么情况下不能代替而须加以改正。

1.4.1 对水平距离的限定

如图 1-11 所示,设球面 P 与水平面 P' 在 A 点相切,A、B 两点在球面上的弧长为 S,在水平面上的距离为 S',球的半径为 R,AB 所对球心角为 β(弧度),则

$$S' = R\tan\beta$$
$$S = R\beta$$

以水平长度 S' 代替球面上弧长所产生的误差为

$$\Delta S = S' - S = R\tan\beta - R\beta = R(\tan\beta - \beta)$$

将 $\tan\beta$ 按级数展开,并略去高次项,得

$$\tan\beta = \beta + \frac{1}{3}\beta^3 + \cdots$$

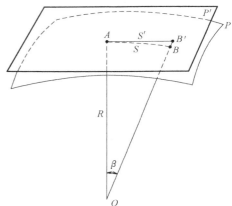

图 1-11 用水平面代替水准面的影响

因而近似得到

$$\Delta S = R\left[\left(\beta + \frac{1}{3}\beta^3 + \cdots\right) - \beta\right] = R\frac{\beta^3}{3}$$

以 $\beta = S/R$ 代入上式,得

$$\Delta S = \frac{S^3}{3R^2} \tag{1-5}$$

或

$$\frac{\Delta S}{S} = \frac{1}{3}\left(\frac{S}{R}\right)^2 \tag{1-6}$$

取 $R = 6371\text{km}$,并以不同的 S 值代入式(1-5)、式(1-6),则可以得出距离误差 ΔS 和相对误差 $\Delta S/S$,见表 1-1。

表 1-1 水平面代替水准面的距离误差 ΔS 和相对误差 $\Delta S/S$

距离 S/km	距离误差 ΔS/cm	相对误差 $\Delta S/S$
10	0.8	1:120 万
25	12.8	1:20 万
50	102.7	1:4.9 万
100	821.2	1:1.2 万

由表 1-1 可以看出,当距离为 10km 时,以水平面代替曲面所产生的距离相对误差为 1:120 万,这样微小的误差,就是在地面上进行最精密的距离测量也是允许的。因此,在半径为 10km 的范围内,即面积约 300km² 内,用水平面代替水准面可以不考虑地球曲率的影响。

1.4.2 高程测量的限定

在图 1-11 中,A、B 两点在同一水准面上,其高程应相等。B 点投影到水平面上得 B' 点,则 BB' 即为以水平面代替水准面所产生的高程误差。设 $BB' = \Delta h$,则

$$(R + \Delta h)^2 = R^2 + S'^2$$
$$2R\Delta h + \Delta h^2 = S'^2$$

即
$$\Delta h = \frac{S'^2}{2R+\Delta h}$$

上式中，用 S 代替 S'，同时 Δh 与 $2R$ 相比可以忽略不计，则

$$\Delta h = \frac{S^2}{2R} \tag{1-7}$$

以不同的距离代入上式，则可以得出相应高程误差值，见表 1-2。

表 1-2 以水平面代替水准面所产生的高程误差

S/km	0.1	0.2	0.3	0.4	0.5	1	2	5	10
Δh/mm	0.8	3	7	13	20	80	310	1960	7850

由表 1-2 可知，以水平面代替水准面，在 0.1km 的距离上高程误差就有 0.8mm，而精密水准仪 DS05 测高差往返 1km 的中误差才为 0.5mm。因此，高程的起算面不能用水平面代替，当进行高程测量时，应考虑地球曲率的影响。

1.5 测量工作概述

测量工作的实质是确定地面点的空间位置，即点的坐标 x、y 和高程 H。但点的坐标 x、y 和高程 H 不能直接测定，必须通过测量工作，测出点位之间关系的基本要素后才能计算出 x、y、H。

1.5.1 测量的基本工作

如图 1-12 所示，已知 B 点位置和 BA 方向，求 P 点位置。如果测出水平角 β，BP 方向就知道了；再测出 BP 间水平距离 D_{BP}，P 点水平位置就得到了；再测出高差 h_{BP}，就确定了点 P 的空间位置。由此可见，点之间的空间位置关系是以水平角、水平距离和高差来确定的，因此，高程测量、水平角测量和距离测量是测量的三项基本工作。

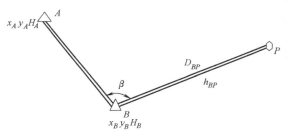

图 1-12 测量的基本工作

1.5.2 测量工作的原则和程序

被测地区的地形虽然千差万别，但可将其分为地物和地貌两类。地物是指地面上的固定物体，如房屋、道路、湖泊、河流等；地貌是指地面上的高低起伏形态，如平原、丘陵、山地、盆地等。能反映地物轮廓和描述地貌特征的点统称为碎部点，测量碎部点坐标的方法与过程称为碎部测量。

实际测绘工作中，为了减少测量误差积累，应遵循的基本原则是：在测量布局上要"先整体后局部"，在工作程序上要"先控制后碎部"，还必须坚持"步步检核"。

任何测绘工作都应先整体布置，再分阶段、分区、分期实施。在实施过程中要先布设平面和高程控制网，确定控制点平面坐标和高程，建立全国、全测区的统一坐标系。在此基础

上再进行碎部测量和具体建（构）筑物的施工测量。只有这样，才能保证全国各单位、各部门的地形图具有统一的坐标系统和高程系统，减少控制测量误差的积累，保证成果质量。

步步检核是对具体工作而言。对测绘工作的每一个过程、每一项成果都必须检核。只有在保证前期工作无误的条件下方可进行后续工作，否则会造成后续工作的困难，甚至全部返工。只有这样，才能保证测绘成果的可靠性。

【本章小结】

本章主要介绍了测量学的定义、测量学的任务、测量学的作用、地球的形状和大小、地面点位的确定、用水平面代替水准面的限定、测量的基本工作及测量原则。

【思考题与练习题】

1. 什么是测量学？测量学的任务是什么？
2. 测量学在工程建设中的作用是什么？
3. 什么是水准面？什么是大地水准面？
4. 什么是绝对高程？什么是高差？
5. 测量坐标系与数学坐标系的区别是什么？
6. 用水平面代替水准面对距离和高差的影响如何？
7. 点与点之间位置关系由哪些要素来决定？
8. 测量工作应该遵循什么样的原则和程序？

第 2 章 水准测量

高程测量是指测量地面上各固定点高程的工作。根据所使用的仪器及方法的不同，高程测量分为水准测量、三角高程测量、气压高程测量、流体静力水准测量和 GNSS 高程测量等。其中，水准测量是利用水平视线测定两点间高差的方法，该方法原理简单、精度较高，因此在国家高程控制测量、工程勘测和施工测量中得到广泛使用。本章将主要学习和掌握水准测量的基本原理、水准测量的仪器和工具、外业实施的过程及内业计算方法，并介绍水准仪的检验与校正、水准测量的误差来源及注意事项，也对自动安平水准仪和电子水准仪进行了简单介绍。

2.1 水准测量的基本原理

水准测量是用水准仪和水准尺来测定地面上两点间高差的方法。如图 2-1 所示，在 A、B 两点上竖立带有刻线的标尺（称为水准标尺，简称水准尺），在 A、B 两点间安置一台能够提供水平视线的仪器（称为水准仪），仪器的水平视线照准在 A 点的水准尺并截取读数，记为 a；同样的方法，在 B 点的水准尺上截取读数，记为 b；则 A、B 两点间的高差记为 h_{AB}，由图 2-1 可知

$$h_{AB} = a - b \tag{2-1}$$

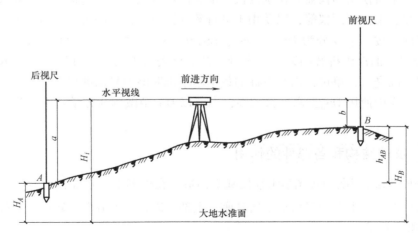

图 2-1 水准测量原理

如果水准测量由 A 到 B 的方向进行（图 2-1 中箭头所示方向），则称 A 点为后视点，A 点的水准尺为后视尺，后视尺上的读数 a 称为后视读数；称 B 点为前视点，B 点的水准尺为前视尺，前视尺上的读数 b 称为前视读数，即 A、B 两点间的高差＝后视读数－前视读数。

若 A 点高程已知为 H_A，则 B 点的高程为

$$H_B = H_A + h_{AB} = H_A + (a-b) \tag{2-2}$$

注意：高差是一个有正负的量，若 a>b，则高差为正（高差绝对值前加"+"），说明 A 点的高程小于 B 点的高程，即 A 点低于 B 点；反之，a<b，则高差为负（高差绝对值前加"－"），说明 A 点的高程大于 B 点的高程，即 A 点高于 B 点；如果 a=b，则高差为零，说明 A 点的高程与 B 点的高程相等，A、B 两点一样高。

这种先计算 A、B 之间高差，再计算 B 点高程的方法称为高差法。

B 点的高程还可以通过视线高程 H_i 计算出，即

$$\left. \begin{array}{l} H_i = H_A + a \\ H_B = H_i - b \end{array} \right\} \tag{2-3}$$

式（2-3）是利用仪器视线高程 H_i 计算 B 点高程，这种计算方法称为仪高法（或称为视线高法）。如图 2-2 所示，当安置一次仪器需求出若干个前视点的高程时，仪高法要比高差法更为便捷。

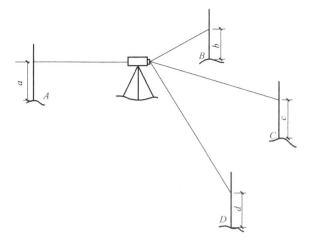

图 2-2　仪高法原理

2.2　水准测量的仪器和工具

水准测量当中所使用的仪器叫作水准仪，配套使用的主要工具包括水准尺和尺垫，辅助工具还包括测绳、手持测距仪等，以及用于进行数据记录和计算的记录手簿、内业计算表。

常用的水准仪按其精度分为 DS_{05}、DS_1、DS_3 和 DS_{10} 四种型号。"D"和"S"为"大地"和"水准仪"的汉语拼音的第一个字母，其下标表示 1 公里水准测量往、返测量高差中数的中误差，以毫米为单位，因此下标的数字越小说明该型号水准仪的精度越高。一般工程的水准测量工作中使用 DS_3 型水准仪较多，本节以 DS_3 型微倾式光学水准仪为例，介绍水准仪的基本构造。

2.2.1　水准仪的结构和各部件的作用

图 2-3 为国产 DS_3 型微倾式光学水准仪基本构造。在外形上，水准仪可分为望远镜、水准器和基座三个部分。下部为三角形金属基座；上部可以在水平方向上转动的部分为照准部（包含望远镜和水准器）。

1. 望远镜

望远镜主要的作用是照准水准尺并读数。它主要是由物镜、目镜、物镜对光（调焦）

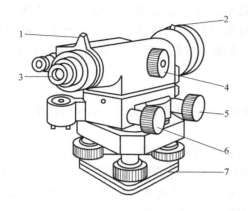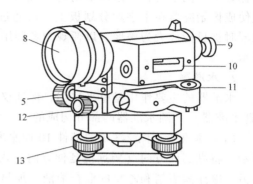

图 2-3 DS₃型微倾式光学水准仪构造

1—缺口 2—准星 3—目镜对光螺旋 4—物镜对光螺旋 5—微动螺旋 6—微倾螺旋 7—基座
8—物镜 9—目镜 10—水准管 11—圆水准器 12—制动螺旋 13—脚螺旋

螺旋、目镜对光（调焦）螺旋、十字丝分划板（仪器内部）、制动螺旋和微动螺旋所构成的。

图 2-4 所示为 DS₃型微倾式光学水准仪望远镜的内部构造图。物镜和目镜均为复合透镜组，十字丝分划板上刻有两条互相垂直的长线，称为十字丝，竖直的一条称为竖丝，横的一条称为中丝。用望远镜瞄准目标或在水准尺上读数，均以十字丝的焦点为准。物镜的光心与十字丝交点的连线为望远镜的视准轴。观测时，视线就是视准轴的延长线。在中丝的上下对称地刻有两条与中丝平行的短横线称为视距丝，视距丝的主要用途是进行视距测量。十字丝分划板是由平板玻璃圆片制成的，装在望远镜筒内。

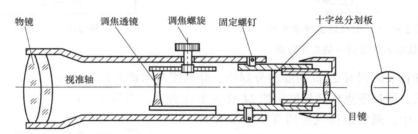

图 2-4 DS₃型微倾式光学水准仪望远镜的内部构造图

如图 2-5 所示，物镜的作用是使远处的目标在望远镜的焦距内形成一个缩小的实像。当

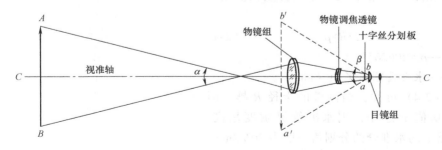

图 2-5 DS₃型微倾式光学水准仪望远镜的成像原理

目标处于不同远近，通过调节物镜对光（调焦）螺旋，在望远镜的内部调整调焦透镜的位置使成像始终落在十字丝分划板上，再通过目镜对光（调焦）螺旋的作用，使十字丝和物像同时被目镜放大为虚像，以便观测者利用十字丝来瞄准目标。目镜中的成像效果如图 2-6 所示。

2. 水准器

水准器的主要作用是整平仪器，保证仪器能够提供一条水平的视线。水准器是由水准管（管水准器）和圆水准器两部分构成的。

（1）水准管 图 2-3 中的部件 10 即水准管，水准管用玻璃制成，外形如管状，如图 2-7 所示。将纵剖面方向（望远镜延伸方向）内壁研磨成一定半径的圆弧。将玻璃管一端封闭，由另一端灌满酒精和乙醚的混合溶液，加热封闭冷却后管内形成液体蒸汽充塞的空间，这个空间称为水准气泡。由于气泡较轻，故总处于管内的最高位置。为保护水准管不破碎，将其安装在长圆形开口的金属管内，并用石膏固紧。

图 2-6 DS$_3$ 型微倾式光学水准仪望远镜目镜中的成像效果

黑面读数1608

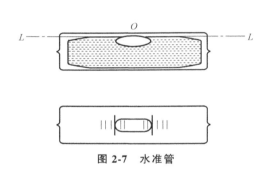

图 2-7 水准管

在水准管表面刻有 2mm 间隔的分划线，分划线与水准管的圆弧中点 O 对称，O 点为水准管的零点，通过零点作圆弧的切线 LL 称为水准管轴。当气泡中心与水准管的零点重合时称为气泡居中。通常根据气泡两端距水准管两端刻线的格数相等的方法来判断气泡是否居中。

如图 2-8 所示，水准管上相邻两个分划间的圆弧所对应的圆心角值称为水准管分划值。用公式表示为

$$\tau'' = 2/R \times \rho \qquad (2\text{-}4)$$

式中 ρ——$\rho = 206265''$；

R——水准管圆弧半径（mm）。

由式（2-4）可知，当圆弧的半径 R 越大时水准管分划值 τ'' 越小，则水准管灵敏度越高。DS$_3$ 级仪器上的水准管的分划值一般为 $20''/2\text{mm}$。

微倾式水准仪在水准管上方装有符合棱镜，

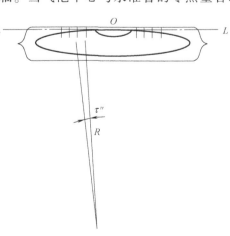

图 2-8 水准管分划值

如图2-9所示,借助棱镜的反射作用,将气泡两端的影像反射到望远镜旁的符合水准管气泡放大镜内,当气泡两端的像符合成一个圆弧时,表示气泡居中。这种水准管上就不需要刻分划线。将这种装有符合棱镜系统的水准器称为符合水准器。符合水准器可使气泡居中的精度提高1倍。

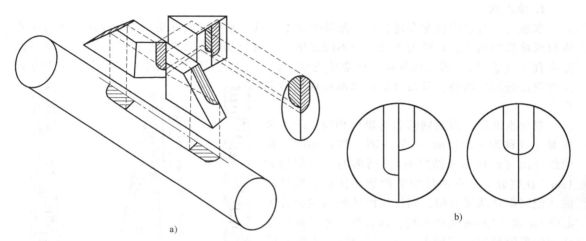

图 2-9 符合水准器

a) 构造 b) 气泡未符合/符合的成像

(2) 圆水准器 图2-3中的部件11即圆水准器(部分型号的水准仪的圆水准器设置在基座上)。如图2-10所示,圆水准器顶面的内壁是球面,其中有圆分划圈,圆圈的中心为水准器的零点。通过零点的球面法线为圆水准器轴线,当圆水准器气泡居中时,该轴线处于竖直位置。气泡偏离2mm时,它所对的圆心角的大小是圆水准器的分划值,一般为(8′~10′)/2mm。圆水准器精度较低,只能用于仪器的粗略整平。

2.2.2 三脚架

三脚架通常为木制品或由铝合金制成。如图2-11所示,其作用是支撑和连接水准仪。

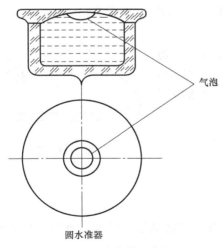

图 2-10 圆水准器示意图

图 2-11 水准仪三脚架

三脚架腿可伸缩，伸缩的长度由装在架脚上的蝶形螺旋（伸缩螺旋）控制。三脚架架头的中心有连接螺旋，可与水准仪基座底部的螺孔连接，将水准仪固定在三脚架架头上。

2.2.3 水准尺和尺垫

1. 水准尺

水准尺是与水准仪配合进行水准测量的基本工具。水准尺的材质一般会选用干燥的优质木材或玻璃钢制成，长度为2~5m的不同规格，一般为3m长。按构造的不同，水准尺可以分为直尺（整尺）、塔尺和折尺三种常见类型，如图2-12所示。直尺中又可以分为单面分划尺和双面分划尺两种，双面分划的水准尺应用最为广泛。

双面水准尺一面刻划标志为黑白相间，称为黑尺面（或称为基准尺面）；另一面为红白相间，称为红尺面（或称为辅助尺面）。两面的基本刻划为1cm，在整分米处有两位整数的数字注记。黑尺面的注记底端是从零开始；而红尺面的底端注记分为4.687m和4.787m两种类型，这种红、黑尺面底端注记的差值被称为基辅差（或零点差）。水准仪的水平视线在同一根水准尺上的红、黑尺面读数之差应当等于该尺的零点差，此方法可用于水准测量时的读数检核。

塔尺的长度有2m、3m和5m三种，用两节或三节套接在一起，使用时可伸长水准尺，用卡扣固定。尺的底部为零点，尺面上黑白格相间，每格宽1cm，整分米处有数字的注记。

水准尺上的注记有倒字和正字两种情况。倒字尺配合成倒像的水准仪使用，正字尺配合成正像的水准仪使用，这样在尺面上读数才方便。

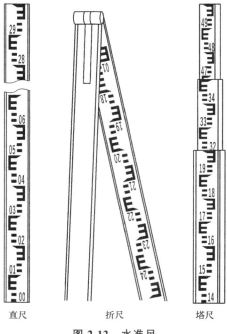

图2-12 水准尺

> 小提示：水准尺立到标志上时，应使尺子的零点端位于标志顶端。

2. 尺垫

尺垫是提供支撑水准尺和传递高程所用的工具，一般由三角形的铸铁制成，正面中央有凸起的半圆球，如图2-13所示。进行水准测量时，常在转点处放置尺垫，将水准尺底端（零点端）放在半圆球的顶端。

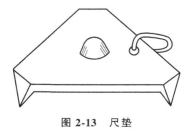

图2-13 尺垫

> 小提示：在已知高程点和待定高程点上不能使用尺垫。

2.3 微倾式水准仪的操作过程

微倾式水准仪的基本操作程序如下：安置仪器、粗略整平、瞄准水准尺、精确整平与读数。

2.3.1 水准仪的安置

安置水准仪时,在测站点打开固定脚架的卡锁,然后松开三脚架架腿上的蝶状螺旋(伸缩螺旋),按需要的高度调整架腿长度,再拧紧蝶状螺旋,张开三脚架架腿并踩实,使架头大致水平。然后,将水准仪放置在脚架的架头上,一只手扶住仪器,另一只手用架头下方的连接螺旋找到基座下方的螺孔,并迅速拧紧。应注意,一要使架头的高度适中,一般安置在观测者的胸颈之间;二要保证架腿稳固,检查架腿是否踩实,蝶状螺旋是否拧紧;三要保证架头大致处于水平,便于水准仪安置后的调平。施工现场的土质比较松软,在松软地面上安置三脚架时,应将三脚架架腿踩实,防止仪器下沉。

2.3.2 粗略整平

用微倾螺旋置望远镜视准轴水平时,螺旋活动范围有限,所以在安置仪器后先以圆水准器为准进行粗略整平,简称粗平。如图2-14所示,粗平操作方法如下:用两手分别以相对方向(同时向里或同时向外)转动两个脚螺旋,此时气泡移动方向与左手拇指旋转时的移动方向相同,如图2-14b所示。然后用左手转动第三个脚螺旋使气泡居中,如图2-14a所示。

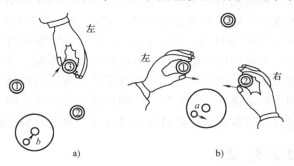

图 2-14 圆水准器气泡居中的操作

2.3.3 瞄准水准尺

瞄准水准尺的动作包括了目镜调焦、粗略瞄准、物镜调焦、精确瞄准和消除视差等操作。

(1) 目镜调焦 瞄准时,注意松开制动螺旋,将水准仪望远镜对准明亮的背景,转动目镜对光(调焦)螺旋,直至十字丝成像清晰。

(2) 粗略瞄准 通过水准仪上的照门瞄准目标水准尺,拧紧制动螺旋。

(3) 物镜调焦 转动物镜对光(调焦)螺旋,使水准尺的成像清晰,注意消除视差。

(4) 精确瞄准 转动微动螺旋,让十字丝的竖丝与水准尺上的竖边相切,中丝截取读数,如图2-6所示。

小提示:水准尺须竖直竖立,若水准尺左右倾斜,观测者应指挥立尺者扶正水准尺。

(5) 消除视差 当物像平面与十字丝平面不重合时,眼睛在目镜端上下轻微移动,物像也会随之上下移动,使中丝的读数位置发生改变,这种现象称为视差,如图2-15a所示。

产生视差的原因是目标通过物镜后的影像与十字丝分划板不重合,视差对读数的准确性影响较大,应予以消除。消除视差的方法是仔细地反复交替调节目镜和物镜的对光螺旋,直至物像与十字丝分划板重合,视线移动,读数位置不变,如图2-15b所示。

2.3.4 精确整平

精确整平(简称精平)即转动微倾螺旋,使水准管气泡严格居中(符合水准气泡放大

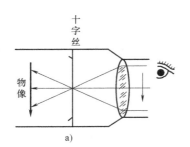 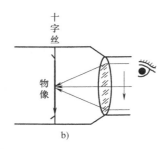

图 2-15 视差
a) 有视差现象 b) 没有视差现象

镜中两边的气泡影像符合）从而使望远镜的视线精确水平。操作时用眼睛观察水准管气泡放大镜，同时用右手旋转微倾螺旋。如图 2-16 所示为在水准管气泡观察镜中看到的情形。图 2-16a 为气泡影像符合，图 2-16b、c 为气泡影像不符合，可按图中所示的箭头方向转动微倾螺旋，使气泡符合。由于气泡的移动有惯性，所以转动微倾螺旋的速度不能太快，特别在符合水准器的两端气泡影像要对齐的时候尤要放缓。当气泡影像精确符合后方达到精平的标志。

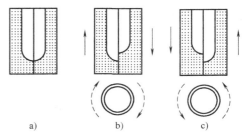

图 2-16 符合水准气泡居中

2.3.5 读数

精平后，用十字丝的中丝在水准尺上截取读数。读数前需认清水准尺的刻划特征，刻划标志的成像要稳定清晰。为了保证读数的准确性，读数时，要按由小到大的方向读数，先估读毫米（mm）位数、再依次读出米（m）位数、分米（dm）位数、厘米（cm）位数，读满四位整数。

> 小提示：米位上是"零"，也应当读出。

米和分米数应看数字注记，厘米数要数最小刻划的格数，毫米数要估读。读数时，应完整读出四位整数，以毫米为单位。如图 2-17 中，水准尺上读数为 1575。

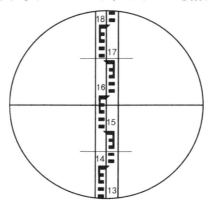

图 2-17 水准尺读数

2.4 水准测量及成果整理

2.4.1 高程测量等级

我国在全国范围内埋设了一定密度的高程固定点，以青岛水准原点起算，用水准测量的方法，将高程引测到这些固定点上，供科学研究和经济建设应用。国家水准测量按精度要求分为四个等级：一等、二等、三等和四等。其中，一、二等水准测量属于精密水准测量，精度要求最高，是国家高程的最高级控制测量；三、四等水准测量是满足各地区高程控制而进行的加密高程控制测量，精度低于一、二等。水准点高程值的大小能够对一定范围内地表高低有完整的了解。

普通水准测量也称为等外水准测量，不属于国家规定等级的水准测量，其精度低于四等水准测量，但在施测方法和内业成果计算上，普通水准测量和国家水准测量的基本原理是相同的。

2.4.2 水准点

高程控制测量也应当遵循"从整体到局部"的基本原则，因此，在地形测图或施工测量前，应首先布设并测定出一系列的高程控制点，若用水准测量的方法测定高程控制点，该高程控制点被称为水准点（缩写为"BM"，示意图中用"⊗"符号来表示）。若水准点的高程已经测定，则称为已知水准点；若水准点高程未知，则称为待定水准点或待定点。

水准点的点位选择应在地质条件稳定、便于长期保存和方便使用的位置，按照点位使用的有效性，可以分为永久性水准点和临时性水准点两种。

永久性水准点多用混凝土制成，标石顶部嵌有半球状的金属标志，作为高程测算的基准，标石基座底面应设于地面冻结线以下。普通永久性水准点如图 2-18 所示，顶部露出地

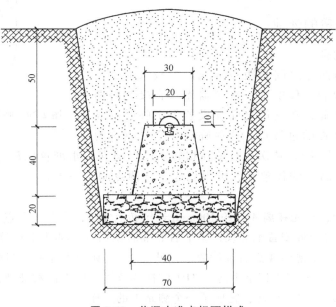

图 2-18　普通水准点标石样式

面。在城市地区，在不便于将水准点埋设在地面的情况下，也可将水准点设置在稳定的墙脚上，称为墙上水准点，如图2-19所示。

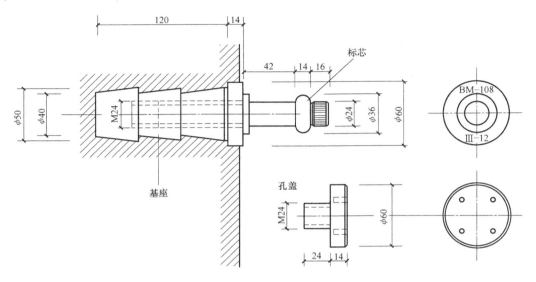

图2-19 墙上水准点标石样式

临时性水准点可用露出地面的坚硬岩石或用大木桩等打入地下，桩顶钉用半球状钢钉，如图2-20所示。

埋设水准点后，必须绘出水准点与附近固定建筑物或其他地物的关系图，并注明水准点的编号及详细的点位说明称为点之记，如图2-21所示，便于在日后的测量工程中寻找水准点的位置并使用。

2.4.3 水准测量的外业

1. 连续水准测量

当欲测高差的两点之间相距较远或高差较大时，由于仪器工具性能限制，仅安置一次仪器无法直接测得两点之间的高差。因此，在它们之间加设若干个临时的立尺点，用作传递高程的过渡点，这些临时的立尺点称为转点（用字母TP表示）。依次连续地在相邻立尺点间安置水准仪以测定相邻立尺点间的高差，最后由各个高差的代数和，可得到起、终两点间的高差，这个过程称为连续水准测量。

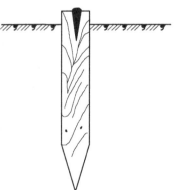

图2-20 临时性水准点样式

如图2-22所示，首先在离A点约100m处选定转点TP1，在点A和点TP1上分别竖立水准尺。在两点之间等距处安置水准仪，整平后照准后视点A上的水准尺读数1314mm，并记入水准测量数据记录手簿中A点后视读数栏，见表2-1。旋转望远镜，照准前视点TP1上的水准尺读数1677mm，并记入记录手簿点TP1前视读数栏。后视读数减掉前视读数得到高差-0.543m，记入高差栏内。至此，完成了一个测站上的工作。

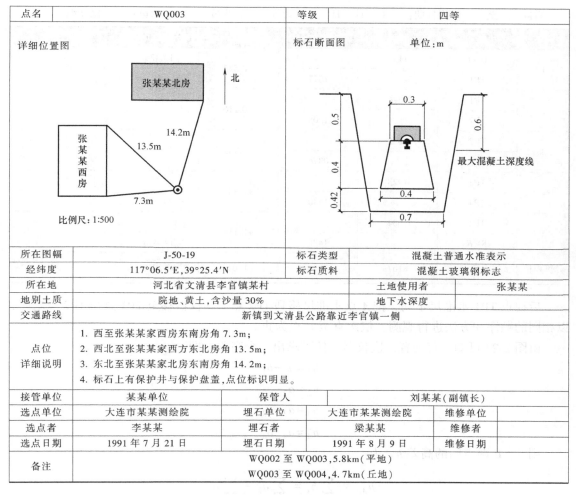

图 2-21 四等水准点点之记样式

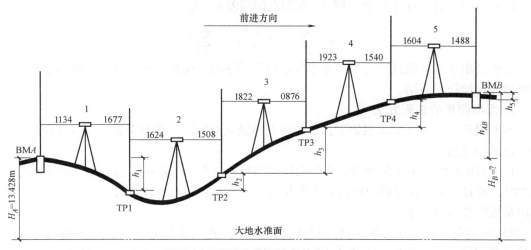

图 2-22 连续水准测量（单位：mm）

表 2-1　等外水准测量数据记录手簿

测自　　　至　　　观测日期：　　年　　月　　日　　天气：　　观测员：　　记录员：　　仪器编号：

测站	点号	后视读数/mm	前视读数/mm	高差/m	高程/m	备注
1	BMA	1134		-0.543	13.428	
	TP1		1677			
2	TP1	1624		+0.116		
	TP2		1508			
3	TP2	1822		+0.946		
	TP3		0876			
4	TP3	1923		+0.383		
	TP4		1540			
5	TP4	1604		+0.116		
	BMB		1488		14.446	
计算检核	Σ	8107	7089	+1.018	+1.018	

后视点 TP1 水准尺不动，把 A 点水准尺移到 TP2 点上，仪器移至 TP1 点与 TP2 点之间，以相同的顺序和方法进行观测，依次直至 B 点为止。

由图 2-22 可知，每安置一次仪器，便可求出一个高差，即

$$h_1 = a_1 - b_1$$
$$h_2 = a_2 - b_2$$
$$h_3 = a_3 - b_3$$
$$h_4 = a_4 - b_4$$

则 A、B 两点间的高差 h_{AB} 为

$$h_{AB} = \sum_{i=1}^{4} h_i = \sum_{i=1}^{4} a_i - \sum_{i=1}^{4} b_i$$

若两点间设有 $n-1$ 个转点，则 A、B 两点间高差 h_{AB} 为

$$h_{AB} = \sum_{i=1}^{n} h_i = \sum_{i=1}^{n} a_i - \sum_{i=1}^{n} b_i \tag{2-5}$$

由连续水准测量的过程可知，为了保证高程传递的正确性，在相邻站的观测过程中，必须使转点保持稳定不动。

2. 水准测量的施测方法

水准测量观测的基本步骤如下：选择转点→竖立水准尺→等距安置仪器→仪器操作、读数、记录→迁站。

1) 以图 2-22 中第 1 站为例，立尺人员在测量前进方向上距离 A 点一定合适距离选择转点 TP1，放置尺垫，保证转点的位置不发生改变。注意：转点在设置时，应考虑不同等级水准测量视线长度的要求。

2) 两名立尺人员分别在 A 点（后视点）和 TP1 点（前视点）上竖立水准尺分别称为后尺员和前尺员，观测员在距离 A 点和 TP1 点距离大致相等的位置安置水准仪。

3）观测员依次用水平视线瞄准后视尺和前视尺，报出水准仪中丝在水准尺上截取的读数。由记录员复述无误后记录在水准测量记录手簿中，并根据高差计算公式，求出本站高差记入水准测量记录手簿中。然后，根据不同水准测量方法的要求对观测成果进行检查，符合精度要求，则一测站计算完毕。

4）确认无误后，第 1 站的前视尺不动，变成第 2 站的后视尺，将尺面翻转即可，第 1 站的后尺员沿着点 A 到点 B 的前进方向，按照第 1）步的方法在 TP1 的前方适当位置设置第二个转点 TP2，立尺、安置仪器、观测读数，完成第 2 测站，以此类推，直至观测至 B 点。

依照上述方法，完成一个测段的观测工作，整条水准路线的观测依照上述方法，按照前进方向逐段完成。

3. 测站与测段

在连续水准测量的过程中，安置一次仪器，即产生一个测站。使用高差法，一个测站有一个后视读数和一个前视读数，本站有一个高差；而对于仪高法，一个测站有一个后视读数，但可能有若干个前视读数，本站就对应有若干个高差。我们把水准测量过程中，相邻水准点之间称为一个测段。

对于高差法水准测量，一个测段中包含若干个测站，测段的高差等于该段上所有测站高差之和。

4. 注意事项

1）为减小误差，水准仪应尽量安置在离前、后视尺距离大致相等之处，水准仪安置的位置可通过步量或用测绳、测距仪等确定。

2）起点上只有后视读数，终点上只有前视读数，转点上既有前视读数又有后视读数，转点的选择将影响到水准测量的观测精度，因此转点要选在坚实、凸起、明显的位置，在一般地上应放置尺垫。但必须注意，水准点上不能放置尺垫。

3）水准尺应交替使用，但对于转点，在上一测站是前视点，在下一测站是后视点，只将尺子进行翻转，不换尺，并要注意保证转点的位置不变。

4）水准尺在竖立时应保持铅垂，不应前后、左右倾斜。地面高差较大时应使用带有圆水准器的水准尺。

5）不得涂改原始数据，当米或分米位出现读错或记错的数据应用笔轻轻拉掉，再将正确的数据写在上方，并在相应的备注栏里注明原因，记录手簿要干净、整齐，数据修改的方法应当符合相应水准测量的规范要求，厘米位和毫米位数据记录不得更改，需要重测并注明重测的原因。

2.4.4 水准测量检核

水准测量需遵循"处处检核"的原则，为保证测量和计算的准确性，应在每站测量工作完成前进行测站检核，应在每测段完成前进行计算检核，应在整条水准路线测量完成前进行成果检核。

1. 计算检核

由式（2-5）可知，A、B 两点之间的高差等于各转点之间的高差和，也等于所有后视读数和减去前视读数和。因此可以用下式来进行检核

$$\sum a - \sum b = 8107\text{mm} - 7089\text{mm} = +1.018\text{m}$$

$$\sum h = +1.018\text{m}$$

这说明高差计算是正确无误的。

终点 B 的高程减去起点 A 的高程，也应该等于各测站高差之和，即

$$H_B - H_A = 13.428\text{m} - 12.410\text{m} = 1.018\text{m}$$

$$\sum h = +1.018\text{m}$$

这说明高程计算是正确无误的。

2. 测站检核

水准测量的连续性强，在一个测站上，如果观测、记录有错误，将会对整个水准测量成果产生影响。为保证每站上的观测成果都是正确的，需通过一定的观测方法来提供检核条件。普通水准测量一般采取两次仪器高法（或称为变更仪器高法）检核。

如图 2-23 所示，在同一测站上用两次不同的仪器高度，测得前、后视点之间的两次高差以相互比较作为测站检核。即在测得第一次高差后，重新安置仪器（改变仪器高度必须超过±10cm），再观测一次高差。两次观测高差不超过允许值，等外水准测量一般规定为±5mm，则认为符合精度要求，取其平均值作为最后成果，若超过允许值则应重新观测。两次仪器高法水准测量的记录和计算见表 2-2，表内带圈的号码为观测读数和计算的顺序。

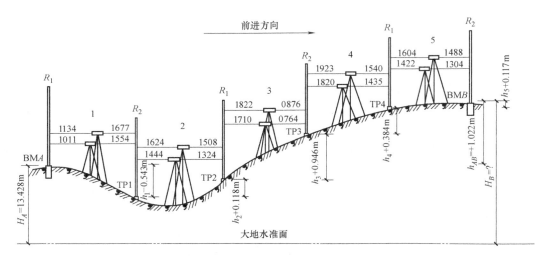

图 2-23　两次仪器高法水准测量（单位：mm）

表 2-2　等外水准测量两次仪器高法数据记录手簿

测自　　　至　　　观测日期：　年　月　日　　天气：　　观测员：　　　记录员：　　　仪器编号：

测站	点号	后视读数/mm	前视读数/mm	高差/m	平均高差/m	备注
示例	（1）	（3） （6）		（5） （8）	（9）	
	（2）		（4） （7）			
1	BMA	1134 1011				
	TP1		1677 1554	−0.543 −0.543	−0.543	

（续）

测站	点号	后视读数/mm	前视读数/mm	高差/m	平均高差/m	备注
2	TP1	1624 1444				
	TP2		1508 1324	+0.116 +0.120	+0.118	
3	TP2	1822 1710				
	TP3		0876 0764	+0.946 +0.946	+0.946	
4	TP3	1923 1820				
	TP4		1540 1435	+0.383 +0.385	+0.384	
5	TP4	1604 1422				
	BMB		1488 1304	+0.116 +0.118	+0.117	
	Σ	15514	13470	+2.044	+1.022	
计算检核		$\frac{1}{2}(\sum a - \sum b) = +1.022\text{m}$		$\frac{1}{2}\sum h = +1.022\text{m}$	$\bar{h} = +1.022\text{m}$	

3. 成果检核

测段计算检核只能发现计算过程中是否存在错误，而测站检核只能检查一个测站观测数据是否正确。但有些错误或误差，测站检核与测段检核是查不出来的。

例如，立尺点位的变动误差、仪器本身误差、尺子倾斜误差、估读误差、外界环境引起的误差等，虽然在一个测站上的反映不十分明显，但随着测站数的增多使得误差不断累积，而导致整个路线测量误差超出规定允许的范围。因此，还必须进行整个水准路线的成果检核。

反映水准路线测量误差大小的精度指标称为高差闭合差。只有高差闭合差在允许范围内，才认为整条水准路线的测量精度符合要求，对观测成果可作进一步的处理。否则，应查明原因，重新施测，直至符合要求。

（1）水准路线　由连续水准测量的原理可知，水准测量是由已知高程的水准点开始，测量待定高程水准点或其他地面点的高程。水准测量前，要根据选定水准点的位置，埋设待定水准点的标石，这个过程称为埋石或埋点。在水准测量的施测过程中，依次经过所有水准点的这条路线称为水准路线。水准路线可依据工程的性质和测区的情况，布设成单一水准路线和水准网两种形式。单一水准路线又分成附合水准路线、闭合水准路线和支水准路线。

1）附合水准路线。在图 2-24a 中，从已知水准点 BM1 出发，依次测定 1、2、3 待定水准点的高程后，附合到另一已知水准点 BM2 上。整条水准路线测量得到的高差之和理论上应等于终点高程与起点高程之差，即 $\sum h_\text{理} = H_\text{终} - H_\text{起}$，可使测量成果得到可靠的检核。

2) 闭合水准路线。在图 2-24b 中，从已知水准点 BM1 出发，沿环线进行水准测量，依次测定 1、2、3、4 待定水准点的高程后，最终回到了起始的已知水准点 BM1 上。整条水准路线测量的高差之和理论上等于零，即 $\sum h_{理}=0$，也可以使测量成果得到可靠的检核。

3) 支水准路线。在图 2-24c 中，从已知水准点 BM5 出发，既没附合到其他水准点上，也不回到已知水准点上。因此该水准路线不能对测量的成果自行检核，在规范中明确限制了支水准路线长度，且必须进行往、返观测，或使用两组仪器进行对向同测。

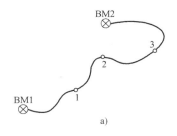 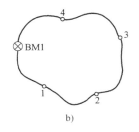 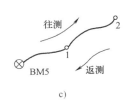

图 2-24 单一水准路线布设形式
a) 附合水准路线 b) 闭合水准路线 c) 支水准路线

4) 水准网。若干条单一水准路线相互连接构成的水准路线网络称为水准网，如图 2-25 所示。水准网中单一水准路线相互连接的水准点称为结点，如图 2-25a 中的点 4、图 2-25b 中的点 1、点 2、点 3 和图 2-25c 中的点 1、点 2、点 3 和点 4。水准网可使检核成果的条件增多，因而可提高观测成果的精度。

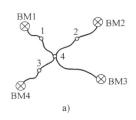 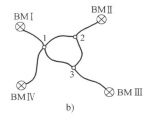 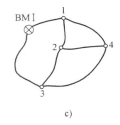

图 2-25 水准网的布设形式

（2）高差闭合差的计算　观测值与重复观测值之差，或与已知点的已知数据的不符值称为闭合差。高差闭合差常用符号 f_h 表示，它随水准路线的形式不同而计算方式不同。

1) 附合水准路线。如图 2-24a 所示，附和水准路线的起点和终点的高程 $H_{始}$ 和 $H_{终}$ 是已知的，故起、终点间的高差总和的理论值为

$$\sum h_{理}=H_{终}-H_{始} \tag{2-6}$$

附合路线实测的高差总和 $\sum h$ 和理论值的差为附合水准路线的高差闭合差，即

$$f_h=\sum h_{测}-\sum h_{理}=\sum h_{测}-(H_{终}-H_{始}) \tag{2-7}$$

2) 闭合水准路线。如图 2-24b 所示，闭合水准路线的起点和终点是同一个点，因此整条路线高差总和理论上应等于零，即 $\sum h_{理}=0$。设闭合路线实测的高差总和为 $\sum h_{测}$，则闭合水准路线的高差闭合差为

$$f_h=\sum h_{测} \tag{2-8}$$

3) 支水准路线。如图 2-24c 所示，支水准路线要求进行往、返观测。由于往、返观测

的方向相反，因此往测高差总和 $\sum h_{往}$ 与返测高差总和 $\sum h_{返}$ 的绝对值相等而符号相反，即往、返测得高差的代数和在理论上应等于零，故水准路线往、返测得高差闭合差为

$$f_h = \sum h_{往} - \sum h_{返} \tag{2-9}$$

观测中含有误差是不可避免的，其原因很多，但闭合差要有限度，如普通水准测量的允许高差闭合差 $f_{h允}$（单位：mm）规定为

$$f_{h允} = \pm 40\sqrt{L} \tag{2-10}$$

式中　L——水准路线长度（km）。

在丘陵地区，允许高差闭合差 $f_{h允}$（单位：mm）可用下式计算，即

$$f_{h允} = \pm 12\sqrt{n} \tag{2-11}$$

式中　n——水准路线中测站总数。

若检查中发现高差闭合差超过允许值，则需对整条水准路线进行重新测量。

2.4.5　水准测量内业成果计算

普通水准测量的成果整理就是外业观测成果的高差闭合差在允许范围内时，所进行的高差闭合差的调整，使调整后的各测段高差值等于理论值，最终使 $\sum h_{理} = \sum h_{测}$，$f_h = 0$，最后用调整后的高差计算各测段上待定水准点的高程。

成果整理的步骤：

1. 高差闭合差的计算

根据不同水准路线，选择对应的高差闭合差计算公式，若 $|f_h| \leq |f_{h允}|$，则野外观测成果符合要求，可对成果进一步整理计算，否则，需重新测量。

2. 高差闭合差的调整和高程计算

（1）高差闭合差的调整　高差闭合差的调整原则是以水准路线的测段数或测段长度按正比例，将闭合差反号值分配到各测段上。

按测段站数求改正数的计算按下式进行

$$v_i = -\frac{f_h}{\sum n} n_i \tag{2-12}$$

按测段长度求改正数的计算按下式进行

$$v_i = -\frac{f_h}{\sum L} L_i \tag{2-13}$$

式中　v_i——第 i 个测段上的高差改正数（m）；
　　　f_h——高差闭合差（m）；
　　　$\sum n$——一条水准路线的总测站数；
　　　n_i——第 i 个测段上的测站数；
　　　$\sum L$——一条水准路线的总长度（km）；
　　　L_i——第 i 个测段上的长度（km）。

高差闭合差改正数的总和应与高差闭合差大小相等，符号相反。

$$\sum v_i = -f_h \tag{2-14}$$

符合式（2-14）的要求，则说明改正数 v_i 计算正确。

（2）计算改正后高差　取各测段观测高差与该测段的改正数的代数和，即为该测段的改正后高差

$$h_{改} = h_{测} + v_i \tag{2-15}$$

改正后高差需进行计算的检核，即将各段改正后的高差累加起来，应不再产生高差闭合差。

对支水准路线，当闭合差符合要求后，不进行闭合差的调整，最终高差的大小取往返高差的平均值，符号与往测高差符号相同，即

$$h = \frac{\sum h_{往} - \sum h_{返}}{2}$$

（3）计算各点高程　从第一点开始，用已知点高程加上第一段改正后高差，即为第一个测段待定水准点的高程，并以此类推

$$H_1 = H_{已知点} + h_1$$
$$H_2 = H_1 + h_2$$
$$\vdots$$
$$H_{下一点} = H_{上一点} + h_{改后}$$

3. 成果计算检核

无论是按测站数还是按测段长度调整高差闭合差，都应满足如下要求

$$\sum v_i = -f_h$$
$$\sum h_{改正后高差} = \sum h_{理论}$$
$$H_{终点高程推算值} = H_{终点高程已知值}$$

【例 2-1】 附合水准路线的成果计算。

如图 2-26 所示，按测站数调整高差闭合差，并计算各点高程。

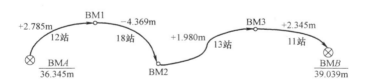

图 2-26　附合水准路线计算示例

【解】 如图 2-26 所示，将图上已知数据和观测数据填入表 2-3 中的对应位置后，进行成果计算，其计算步骤如下：

1）计算高差闭合差。

$$f_h = \sum h_{测} - (H_{终} - H_{始}) = 2.741\text{m} - 2.694\text{m} = +0.047\text{m} = +47\text{mm}$$

2）计算高差闭合差允许误差。

$$f_{h允} = \pm 12\sqrt{n} = \pm 12\sqrt{54}\text{mm} = \pm 88\text{mm}$$

本例中，$|f_h| \leq |f_{h允}|$，符合要求，进行高差闭合差的调整。

3）计算每测站的高差改正数。

$$v_{每站} = -\frac{f_h}{\sum n} = -\frac{47}{54}\text{mm/站} = -0.9\text{mm/站}$$

4) 计算各测段的高差改正数。

$v_1 = v_{每站} n_1 = -0.9\text{mm}/\text{站} \times 12 = -11\text{mm} = -0.010\text{m}$

$v_2 = v_{每站} n_2 = -0.9\text{mm}/\text{站} \times 18 = -16\text{mm} = -0.016\text{m}$

$v_3 = v_{每站} n_3 = -0.9\text{mm}/\text{站} \times 13 = -12\text{mm} = -0.011\text{m}$

$v_4 = v_{每站} n_4 = -0.9\text{mm}/\text{站} \times 11 = -10\text{mm} = -0.010\text{m}$

注意：按照正常的四舍五入进位，必会导致 $\sum v_i \neq -f_h$，这时需要绝对进位调整，如上面例题中对各 v_i 的调整值所示。使微调后的 $\sum v_i = -f_h$，即 $\sum v_i = -10\text{mm} - 16\text{mm} - 11\text{mm} - 10\text{mm} = -47\text{mm} = -f_h$，说明各点高差的改正数计算正确。

表 2-3　附合水准路线按测站数调整高差闭合差及高程计算表

测段编号	测站	测站数	实测高差/m	改正数/m	改正后高差/m	高程/m	备注
1	BMA	12	+2.785	-0.010	+2.775	36.345	已知点
	BM1					39.120	
2		18	-4.369	-0.016	-4.385		
	BM2					34.735	
3		13	+1.980	-0.011	+1.969		
	BM3					36.704	
4		11	+2.345	-0.010	+2.335		
	BMB					39.039	已知点
$\sum$		54	+2.741	-0.047	+2.694		
辅助计算	\multicolumn{7}{l}{$H_{终} - H_{始} = +2.694\text{m}$ $f_h = \sum h_{测} - (H_{终} - H_{始}) = 2.741\text{m} - 2.694\text{m} = +0.047\text{m} = +47\text{mm}$ $f_{h允} = \pm 12\sqrt{n} = \pm 12\sqrt{54}\text{mm} = \pm 88\text{mm}$，符合精度要求 $v_{每站} = -\dfrac{f_h}{\sum n} = -\dfrac{47}{54}\text{mm}/\text{站} = -0.9\text{mm}/\text{站}$}

5) 计算各段改正后高差。

$$h_{i改后} = h_{i测} + v_i$$

$h_{1改后} = h_{1测} + v_1 = +2.785\text{m} - 0.010\text{m} = +2.775\text{m}$

$h_{2改后} = h_{2测} + v_2 = -4.369\text{m} - 0.016\text{m} = -4.385\text{m}$

$h_{3改后} = h_{3测} + v_3 = +1.980\text{m} - 0.011\text{m} = +1.969\text{m}$

$h_{4改后} = h_{4测} + v_4 = +2.345\text{m} - 0.010\text{m} = +2.335\text{m}$

$\sum h_{改正后高差} = +2.694\text{m} = \sum h_{理论}$，说明各段改正后的高差计算正确。

6) 推算 1、2、3 各点的高程。

$$H_{下一点} = H_{上一点} + h_{改后}$$

$H_{BM1} = H_{BM A} + h_{1改后} = 36.345\text{m} + (+2.775\text{m}) = 39.120\text{m}$

$H_{BM2} = H_{BM1} + h_{2改后} = 39.120\text{m} + (-4.385\text{m}) = 34.735\text{m}$

$H_{BM3} = H_{BM2} + h_{3改后} = 34.735\text{m} + (+1.969\text{m}) = 36.704\text{m}$

$H_{BM B} = H_{BM3} + h_{4改后} = 36.704\text{m} + (+2.335\text{m}) = 39.039\text{m}$

$H_{终点高程推算值} = 39.039\text{m} = H_{终点高程已知值}$，说明各点高程推算正确。

【例 2-2】　闭合水准路线的成果计算。

如图 2-27 所示，按测段长度调整高差闭合差，并计算各点高程。闭合水准路线成果计算的步骤与附合水准路线相同，具体方法不再赘述。

【解】 如图 2-27 所示，将图上已知数据和观测数据填入表 2-4 中的对应位置后，进行成果计算，其计算步骤如下：

1) 计算高差闭合差。

$$f_h = \sum h_{测} = -0.083\text{m} = -83\text{mm}$$

2) 计算高差闭合差允许误差。

$$f_{h允} = \pm 40\sqrt{L} = \pm 40\sqrt{5.8}\text{mm} = \pm 96\text{mm}$$

本例中，$|f_h| \leq |f_{h允}|$，符合要求，进行高差闭合差的调整。

3) 计算每测站的高差改正数。

$$v_{每站} = -\frac{f_h}{\sum n} = -\frac{-83\text{mm}}{5.8\text{km}} = +14.3\text{mm/km}$$

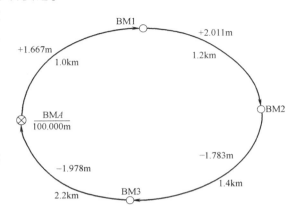

图 2-27 闭合水准路线计算示例

4) 计算各测段的高差改正数

$$v_1 = v_{每公里}L_1 = +14.3\text{mm/km} \times 1.0\text{km} = +14\text{mm} = +0.014\text{m}$$
$$v_2 = v_{每公里}L_2 = +14.3\text{mm/km} \times 1.2\text{km} = +17\text{mm} = +0.017\text{m}$$
$$v_3 = v_{每公里}L_3 = +14.3\text{mm/km} \times 1.4\text{km} = +20\text{mm} = +0.020\text{m}$$
$$v_4 = v_{每公里}L_4 = +14.3\text{mm/km} \times 2.2\text{km} = +32\text{mm} = +0.032\text{m}$$

注意：按照正常的四舍五入进位，必会导致 $\sum v_i \neq -f_h$，这是需要绝对进位调整，如上面例题中对各 v_i 的调整值所示。使微调后的 $\sum v_i = -f_h$，即 $\sum v_i = +14\text{mm}+17\text{mm}+20\text{mm}+32\text{mm} = +83\text{mm} = -f_h$，说明各点高差的改正数计算正确。

表 2-4 闭合水准路线按测段长度调整高差闭合差及高程计算表

测段编号	测站	测段长度/km	实测高差/m	改正数/m	改正后高差/m	高程/m	备注
1	BMA	1.0	+1.667	+0.014	+1.681	100.000	已知点
2	BM1	1.2	+2.011	+0.017	+2.028	101.681	
3	BM2	1.4	-1.783	+0.020	-1.763	103.709	
4	BM3	2.2	-1.978	+0.032	-1.946	101.946	
	BMA					100.000	已知点
$\sum$		5.8	-0.083	+0.083	0		
辅助计算	$f_h = \sum h_{测} = -0.083\text{m} = -83\text{mm}$ $f_{h允} = \pm 40\sqrt{L} = \pm 40\sqrt{5.8}\text{mm} = \pm 96\text{mm}$，符合精度要求 $v_{每公里} = -\frac{f_h}{\sum L} = -\frac{-83\text{mm}}{5.8\text{km}} = +14.3\text{mm/km}$						

5) 计算各段改正后高差。

$$h_{i改后} = h_{i测} + v_i$$
$$h_{1改后} = h_{1测} + v_1 = +1.667\text{m} + 0.014\text{m} = +1.681\text{m}$$

$$h_{2改后} = h_{2测} + v_2 = +2.011\text{m} + 0.017\text{m} = +2.028\text{m}$$
$$h_{3改后} = h_{3测} + v_3 = -1.783\text{m} + 0.020\text{m} = -1.763\text{m}$$
$$h_{4改后} = h_{4测} + v_4 = -1.978\text{m} + 0.032\text{m} = -1.946\text{m}$$

$\sum h_{改正后高差} = 0\text{m} = \sum h_{理论}$,说明各点改正后的高差计算正确。

6) 推算 1、2、3 各点的高程。

$$H_{下一点} = H_{上一点} + h_{改后}$$
$$H_{BM1} = H_{BMA} + h_{1改后} = 100.000\text{m} + (+1.681\text{m}) = 101.681\text{m}$$
$$H_{BM2} = H_{BM1} + h_{2改后} = 101.681\text{m} + (+2.028\text{m}) = 103.709\text{m}$$
$$H_{BM3} = H_{BM2} + h_{3改后} = 103.709\text{m} + (-1.763\text{m}) = 101.946\text{m}$$
$$H_{BMA} = H_{BM3} + h_{4改后} = 101.946\text{m} + (-1.946\text{m}) = 100.000\text{m}$$

$H_{起、终点高程推算值} = 100.000\text{m} = H_{起、终点已知值}$,说明各点高程推算正确。

2.5 水准仪和水准尺的检验校正

水准仪和水准尺除新使用或大修后应进行全面检验外,作业期间应对水准仪和水准尺进行必要的检验和校正。

2.5.1 水准仪的检验和校正

水准仪在使用或检验校正之前,应做一般性检查。这包括望远镜的目镜成像是否清晰,制动螺旋、微动螺旋、微倾螺旋和对光螺旋是否有效,脚螺旋转动是否灵活,脚架固定螺旋是否可靠,架头是否松动,气泡的运动是否正常等。如发现有故障,应及时修理。

1. 水准仪需满足的几何条件

(1) 水准仪的主要轴线 如图 2-28 所示,水准仪的主要轴线包括视准轴 CC,水准管轴 LL,仪器竖轴 VV(水准仪中心轴,照准部能够围绕竖轴在水平方向上转动)和圆水准器轴 $L'L'$。

(2) 水准仪轴线关系 各轴线满足的主要几何条件是水准管轴应平行于视准轴($LL \parallel CC$)。此时条件满足,水准管气泡居中时,则视准轴处于水平位置。

此外,水准仪还应满足如下两个条件:

1) 圆水准器轴应平行于仪器竖轴。当此条件满足,圆水准气泡居中时,仪器竖轴即处于竖直位置。这样,仪器转动至任何方向,水准管的气泡都不至于偏差太多,调节气泡居中较为方便。

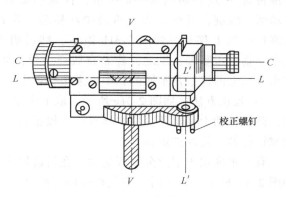

图 2-28 水准仪的主要轴线

2) 十字丝的中丝应垂直于仪器竖轴。当此条件满足时,仪器竖轴竖直,十字丝中丝处于水平位置。在水准尺上读数时可以不必用十字丝交点,而用交点附近的中丝。

2. 水准仪的检验与校正

（1）圆水准器轴不平行于仪器竖轴

1）检验方法。旋转脚螺旋使圆气泡居中，然后将仪器转动180°，若气泡偏离中心，如图2-29b所示，说明此项条件不满足，需要进行校正。

2）校正方法。如图2-29a所示，设圆水准器轴与仪器竖轴不平行，夹角为δ。当气泡居中时，圆水准器轴处于竖直位置，此时仪器竖轴相对于铅垂线倾斜δ角。当照准部绕其倾斜的竖轴转动180°后，仪器竖轴的位置没有改变，而圆水准器则转到了竖轴的另一侧，且

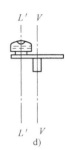

图2-29 圆水准器的检验示意图

气泡不再居中。如图2-29b所示，此时圆水准器轴和铅垂线之间的夹角为2δ，它就是圆气泡偏离零点的弧长所对的圆心角。

校正时，先转动仪器的脚螺旋使气泡向零点方向移动偏离值的一半，如图2-29c所示，此时仪器竖轴处于铅垂位置。然后用校正针拨动圆水准器底部的三个校正螺钉，使气泡居中，则圆水准器轴平行于仪器竖轴，如图2-29d所示。

圆水准器的校正结构如图2-30所示。此项检校工作一般要反复进行数次，直至仪器转到任何位置气泡都居中为止。

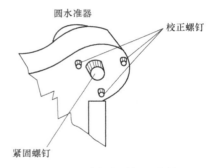

图2-30 圆水准器校正结构

（2）十字丝中丝不垂直于仪器竖轴

1）检验方法。水准仪整平之后，用中丝的一端对准目标P点，如图2-31a所示，拧紧制动螺旋，转动微动螺旋，观察P点是否沿中丝移动。若P点始终在中丝上移动，如图2-31b所示，则说明十字丝中丝垂直于竖轴；反之，若P点脱离中丝，如图2-31c、d所示，则说明中丝的不同部位在水准尺上的读数是不同的，中丝无法代替十字丝交点截取读数，需要对十字丝进行校正。

2）校正方法。如图2-31e所示，取下十字丝分划板护罩，旋松十字丝环的四个固定螺钉，微微转动十字丝环，使中丝水平。校正后，再重复检验，直至条件满足为止。最后将固定螺钉拧紧，旋回护罩。

有的水准仪十字丝分划板是固定在目镜筒内，而目镜筒由三个固定螺钉与物镜筒连接，如图2-31f所示。校正时，应先松开固定螺钉，然后转动目镜筒，使中丝水平。

（3）水准管轴不平行于视准轴　望远镜视准轴和水准管轴都是空间直线，如果它们互相平行，那么无论是在包含视准轴的竖直面上的投影还是在水平面上的投影，都应该是平行的。水准管轴与视准轴在竖直面上投影不平行产生的夹角称为i角，在水平面上投影不平行的夹角称为i角误差。

对于水准测量，重要的是i角检验。如果$i=0$，则水准轴水平后，视准轴也是水平的，

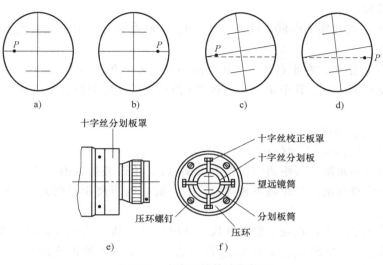

图 2-31 十字丝的检验与校正

满足水准测量基本原理的要求。

1) i 角误差在读数中的影响。如图 2-32 所示，设 i 角使视线向上倾斜，那么它在 A 点尺子上的读数较水平视线的读数增大一个 Δ 值。若 A 点距仪器的距离为 S，则

$$\Delta = S\tan i$$

一般 i 角均甚小，上式可写为

$$\Delta = \frac{Si}{\rho} \tag{2-16}$$

当 i 角的大小不变时，则 i 的大小与 S 成正比，即尺子离仪器越远，i 角对读数的影响越大。

现规定向上倾斜的 i 角为正，则由此引起的读数误差 Δ 也为正。设 a' 为水准尺上的实际读数，那么水准尺上的正确读数 a 为

$$a = a' - \Delta$$

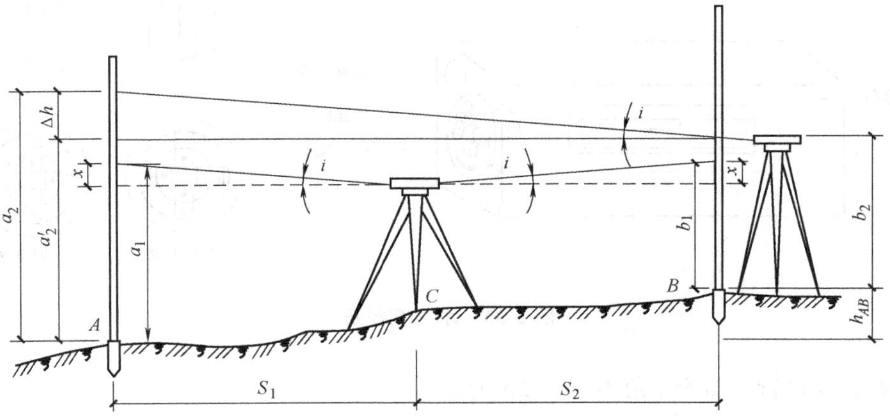

图 2-32 i 角检验

2) i 角的检验。

① 平坦地面上选相距 60~80m 的两点 A、B，在两点上打入木桩或放置尺垫，并在其上竖直竖立水准尺。

② 用钢尺量取距离，在距点 A、点 B 距离相等的 C 点安置仪器，如图2-32所示。精确整平仪器后，读取 a_1、b_1，其中 a_1、b_1 为包含 i 角误差的实际观测值，a、b 为实现水平时的正确观测值。

理论上：$h_{AB正确} = a - b$。

实际测算值：$h_{AB} = a_1 - b_1 = (a-\Delta) - (b+\Delta) = a - b = h_{AB正确}$。

结论：在距两端水准尺等距离的位置上设站时，i 角误差被抵消，计算所得高差也为正确的高差。而当后视与前视的距离不相等时，后、前视的距离相差越大，i 角在高差中的影响 Δh_{AB} 也越大。

③ 在距 B 点约 2m 的 E 点处安置水准仪，读取近尺 B 的读数 b_2（此时，视 i 角误差被忽略，读数为正确值），根据 $h_{AB正确}$ 和 $b_{2正确}$ 即可推算出远尺 A 的正确读数，$a_{2正确} = h_{AB正确} + b_{2正确}$，如图2-32所示，$a'_2 = a_{2正确}$，远尺 A 的实际观测值为 a_2，若 $a_2 = a'_2$，说明水准管轴与视准轴平行，$i = 0$，否则，存在 i 角误差，其值为

$$i = \frac{h_{AB正确} - h_{AB}}{D_{AB}} \times \rho \quad (\rho = 206265'')$$

式中 D_{AB}——A、B 两点间的距离（m）。

规定当 $i > 20''$ 时，对于 DS_3 型水准仪必须进行校正。

3) 校正方法。校正在 E 点上进行。用微倾螺旋将望远镜视线对准 A 尺上应有的正确读数 $a_{2正确}$，此时视准轴处于水平位置，但水准管气泡不再居中，如图2-33所示，再用水准管一端的上、下两个校正螺钉调至气泡居中。校正后将仪器望远镜对准标尺 B，读数 b_2，它应该与它的应有值 $b_{2正确} = b'_2 - \Delta$ 相一致，以此作为校核。

$$a_{2正确} = a'_2 - 2\Delta \tag{2-17}$$

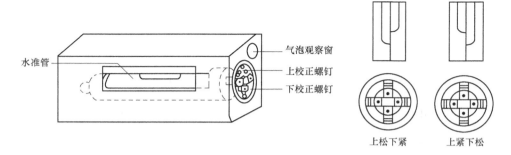

图2-33 水准管校正

校正需反复进行，直至 i 角不大于 $20''$ 为止。

i 角虽经校正，仍不免有残存误差影响读数精度。在水准测量时，尽量使仪器到前后标尺的距离相等，以消除 i 角影响或使 i 角对高差的影响可被忽略。

2.5.2 水准尺的检验

水准尺是水准测量所用仪器的重要组成部分,水准尺质量的好坏直接影响到水准测量的成果。因此对水准尺进行检验也是十分必要的。

对水准尺进行一般的查看,首先应查看是否有弯曲,在水准尺两端绑一细直线,量取尺中央细直线的垂距,若垂距小于8mm,则对尺长的影响可以不计。再看尺上刻划的着色是否清晰,注记有无错误,尺底部有无磨损情况等。

2.6 三、四等水准测量

三、四等水准测量除了能够建立小区域高程控制以外,还可以作为大比例尺测图和建筑施工区域内的工程测量以及建(构)筑物变形观测的基本控制。

2.6.1 三、四等水准测量的主要技术要求

三、四等水准测量的主要要求见表2-5,三、四等水准观测的主要技术要求见表2-6。

表 2-5 三、四等水准测量的主要技术要求

等级	路线长度 /km	水准仪	水准尺	观测次数		往返较差、附合或环线闭合差/mm	
				与已知点联测	附合或环线	平面	山地
三	≤50	DS_1	铟瓦	往返各一次	往一次	$±12\sqrt{L}$	$±4\sqrt{n}$
		DS_3	双面		往返各一次		
四	≤16	DS_3	双面	往返各一次	往一次	$±20\sqrt{L}$	$±6\sqrt{n}$

表 2-6 三、四等水准观测的主要技术要求

等级	水准仪	视线长度/m	前后视距差/m	前后视距累积差/m	视线高度	黑面、红面读数之差/mm	黑面、红面所测高差之差/m
三	DS_1	100	3	6	三丝能读数	1.0	1.5
	DS_3	75				2.0	3.0
四	DS_3	100	5	10	三丝能读数	3.0	5.0

2.6.2 三、四等水准测量的点位布设

三、四等水准点一般布设成附合或闭合水准路线。点位应选择在周围干扰较少,能长期保存并便于观测和使用的地方,同时应埋设相应的水准标志。一般一个测区需布设三个以上水准点,以便在其中某一点被破坏时能及时发现与恢复。

三、四等水准点可以独立于平面控制点单独布设,也可以利用有埋设标志的平面控制点兼作高程控制点,布设的水准点应做相应的点之记,以利于后期使用与寻找检查。

2.6.3 三、四等水准测量的观测方法

三、四等水准观测采用双面尺法,所谓双面尺法是在一测站上仪器位置和高度不变,在后视尺和前视尺上的黑、红两面分别读数,利用黑面读数和红面读数之差是否等于该尺的常

数，以及利用后、前视尺黑面读数计算的高差与红面读数计算的高差之差是否满足规定的差值，从而进行了测站上的读数与计算的检核。

见表 2-6，测站上黑面读数+常数（K）与红面读数之差不应超过一定的精度范围，称为黑面、红面读数之差；后、前两尺黑面读数算出的高差与红面尺读计算出的高差之差不得超过一定的精度范围，称为黑、红面所测高差之差。如果有任一项不满足，首先检查计算，若计算无误，立刻重测。

三等水准测量采用双面尺法工作时，立尺点和水准仪的安置同两次仪器高法。在每一测站上仪器经粗平后，其观测顺序和方法为：

1) 照准后视水准标尺黑面刻划，按上丝、下丝、中丝顺序读数。
2) 照准前视水准标尺黑面刻划，按上丝、下丝、中丝顺序读数。
3) 照准前视水准标尺红面刻划，按中丝读数。
4) 照准后视水准标尺红面刻划，按中丝读数。

这样的观测顺序简称为"后前前后"，按尺面颜色顺序为"黑黑红红"。

若使用的成倒像的水准仪和注倒字的水准尺，则上、下丝的读数顺序应变为下、上丝，则水准测量记录手簿中的上、下丝也要互换。四等水准测量也可以采用"后后前前，黑红黑红"的观测顺序。

测站上的记录和计算见表 2-7。表内带括号的号码为观测读数和计算的顺序。（1）~（8）为观测数据，其余为计算所得。

表 2-7 三、四等水准测量观测手簿

测自　　　　　　　　至
年　月　日
时刻　始：　　时　　　分　　　　　　　　　　　　　　天气：
　　　末：　　时　　　分　　　　　　　　　　　　　　成像：

测站编号	后尺 上丝 / 下丝 / 后距/m / 视距差 d/m	前尺 上丝 / 下丝 / 前距/m / ∑d/m	方向及尺号	标尺读数 黑面	标尺读数 红面	K+黑-红	高差中数 /m	参考
	(1)	(5)	后	(3)	(8)	(10)		
	(2)	(6)	前	(4)	(7)	(9)		
	(12)	(13)	后-前	(16)	(17)	(11)		
	(14)	(15)						
1	1570	0738	后1	1374	6161	0		
	1197	0362	前2	0541	5229	−1		
	37.3	37.6	后-前	+0833	+0932	+1	+0.832	
	−0.3	−0.3						
2	2122	2196	后2	1944	6631	0		
	1748	1821	前1	2008	6796	−1		
	37.4	37.5	后-前	−0064	−0165	+1	−0.064	
	−0.1	−0.4						

(续)

测站编号	后尺 上丝 下丝 后距/m 视距差 d/m	前尺 上丝 下丝 前距/m Σd/m	方向及尺号	标尺读数 黑面	标尺读数 红面	K+黑−红	高差中数 /m	参考
3	1918	2055	后1	1736	6523	0		
	1539	1678	前2	1866	6554	−1		
	37.9	37.7	后−前	−0130	−0031	+1	−0.130	
	+0.2	−0.2						
4	1965	2141	后2	2832	7519	0		
	1706	1874	前1	2007	6793	+1		
	25.9	26.7	后−前	+0825	+0726	−1	+0.826	
	−0.8	−1.0						
5	0090	0124	后1	0054	4842	−1		
	0020	0050	前2	0087	4775	−1		
	7.0	7.4	后−前	−0033	+0067	0	−0.033	
	−0.4	−1.4						

2.6.4 测站上的计算与检核

1. 高差部分

$$(9) = (4) + K - (7)$$
$$(10) = (3) + K - (8)$$
$$(11) = (10) - (9)$$

（10）及（9）分别为后、前视水准标尺的黑、红面读数之差，如规定为 4mm，（11）为黑、红面所测高差之差。K 为后、前视水准标尺红、黑面零点的差数；表 2-7 的示例中，1 号尺 $K = 4787$mm，2 号尺 $K = 4687$mm。

$$(16) = (3) - (4)$$
$$(17) = (8) - (7)$$

（16）为黑面所算得的高差，（17）为红面所算得的高差。由于两根标尺红、黑面零点差不同，所以（16）并不等于（17），理论上两尺零点差为 100mm，故（16）与（17）之差也应为 100mm，为（11）可作一次检核计算，即

$$(11) = (16) \pm 100 - (17)$$

如规定该值为 6mm。

2. 视距部分

$$(12) = (1) - (2)$$
$$(13) = (5) - (6)$$
$$(14) = (12) - (13)$$
$$(15) = 本站的(14) + 前站的(15)$$

（12）为后视距离，（13）为前视距离，（14）为前、后视距离差，如规定为 10m，（15）为前、后视距累计差，如规定不超过 10m，故在观测过程中要注意（14）项的正、负号，使累计值不要超过限值。

2.6.5 成果计算与检核

在每个测站计算无误后,并且各项数值都在相应的限差范围之内时,根据每个测站的平均高差,利用已知点的高程,推算出各水准点的高程。

三、四等水准测量的成果处理是根据已知点高程和水准路线的观测数据,计算待定点的高程值。GB 50026—2007《工程测量规范》规定,各等级水准网应采用最小二乘法进行严密平差计算。

2.7 水准测量的误差来源及注意事项

水准测量产生误差的原因很多,主要有仪器误差、观测误差和外界条件影响产生的误差等。

2.7.1 仪器误差

1. 水准仪 i 角检校后残余误差的影响

i 角经检校后不可能完全等于零,当 i 角在 20″以内时它对高差的影响可以忽略,不加校正。下面具体讨论这个问题。

(1) i 角的残余误差对一测站高差的影响 以等外水准测量允许前视与后视之差 10m 为例,当 i 角残余误差为 20″时对一测站高差的影响,由式(2-16)可知:

$$\Delta h_{AB} = \frac{i}{\rho}(S_A - S_B) = \frac{20''}{\rho} \times 10000 \text{mm} \approx 1 \text{mm}$$

这个数值与水准尺的估读误差相当,即人们尽最大努力只能估读最小刻划(1cm)的 1/10 为 1mm,而且一测站要在前后两个标尺上估读,所产生的误差要大于 1mm,故一测站上 20″的 i 角对高差的影响可忽略不计。当前后视距差超过 10m 时,其影响就大于 1mm,这在工作中必须注意。

(2) i 角的残余误差对连续水准测量高差的影响 连续水准测量过程中,前后视距差累积值,在五等水准测量工作中一般不超过 50m,由式(2-16)可推得:

$$\Delta h'_{AB} = \frac{i}{\rho} \sum (S_A - S_B) \tag{2-18}$$

式中 $\sum (S_A - S_B)$ ——前后视距差累计值,即 50m,则

$$\Delta h'_{AB} = \frac{20''}{20626''} \times 50000 \text{mm} = 5 \text{mm} \tag{2-19}$$

对于等外水准测量整条水准路线来说,这一数值可以忽略不计,但仍需注意不使前后视距差累积值偏大。

2. 水准尺误差

由于水准尺刻划不准确、尺长变化、弯曲等影响,会使水准测量产生误差,因此必须使用检验合格的尺。尺的零点差,可用一测段中测站为偶数的方法予以消除。

2.7.2 观测误差

1. 水准管气泡居中误差

水准测量时,视线水平是观测者用眼观察水准管气泡居中来实现的。由于生理条件限

差，肉眼只能估读水准管分划值的 $0.1\tau \sim 0.2\tau$，取 0.15τ，它在尺上读数的影响为

$$\Delta_\tau = \frac{0.15\tau}{2\rho} S \qquad (2\text{-}20)$$

式中 S——水准仪到水准尺的距离（m）。

采用符合水准器时，精度约可提高一倍，上式将写成

$$\Delta_\tau = \frac{0.15\tau}{\rho} S \qquad (2\text{-}21)$$

设水准管分划值 $\tau = 20''/2\text{mm}$，视线长为 100m，由式（2-21）可知，在尺上读数的影响为

$$\Delta_\tau = \frac{0.15 \times 20''}{2 \times 206265''} \times 100\text{m} \times 10^3 = 0.7\text{mm}$$

由计算出的数据说明，只要用眼睛能看出符合水准器的气泡影像没完全符合，它对读数的影响就超过 0.7mm。故每次读数前均应注意让气泡影像严密符合。

2. 瞄准误差

人眼的分辨能力约为 $60''$，用望远镜观察可提高 V 倍，瞄准时产生的瞄准误差为 $60''/V$，由此引起的读数误差为

$$\Delta_V = \frac{60''}{V} \cdot \frac{S}{\rho} \qquad (2\text{-}22)$$

设望远镜放大率 $V = 28$ 倍，$S = 100\text{m}$，解得瞄准误差 Δ_V 为

$$\Delta_V = \frac{60''}{28} \cdot \frac{100\text{m} \times 10^3}{206265''} = 1\text{mm}$$

上式说明，当所用仪器型号一定后，应控制视线长度，减小瞄准误差的影响。

3. 在水准尺上读数的估读误差

估读误差与水准尺基本分划（即厘米分划）像的宽度和十字丝的粗细有关。目前望远镜的十字丝宽度经目镜放大后在人眼的明视距离约为 0.1mm。若厘米间隔的像大于 1mm，则在水准尺上估读毫米可以得到保证。用放大倍率为 28 倍的望远镜在距离小于 70m 时，厘米间隔的像即可大于 1mm。当视线长为 100m 时，估读误差约为 1.4mm。因此，在普通水准测量工作中限制视线长度是必要的。

4. 水准尺倾斜的误差

如图 2-34 所示，水准尺倾斜竖立，总是使尺上的读数 b' 大于正确读数 b。设尺倾斜角为 δ，则由尺子倾斜引起的读数误差为

$$\Delta_\delta = b' - b = b' - b'\cos\delta = b'(1 - \cos\delta) \qquad (2\text{-}23)$$

$\delta = 2°$，$b' = 2\text{m}$，$\Delta_\delta = 1.2\text{mm}$。显然 Δ_δ 与读数的大小和尺子的倾角成正比。在观测过程中，若前后两根尺都倾斜，在高差中会抵消一部分，但与高差总和的大小成正比。所以在水准尺上安装校正完好的圆水准器以保持尺子竖直。若尺子上没有安装圆水准器，可采用摇尺法，即在尺子缓慢前后摇动时，读取尺上的最小读数，可消除尺

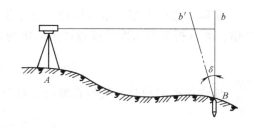

图 2-34　水准尺倾斜误差

子倾斜引起的读数误差。

> 小提示：在上坡或下坡扶尺时，更应该使用带有圆水准器的水准尺。

2.7.3 外界因素的影响

1. 仪器下沉（或上升）引起的误差

仪器安置在土质疏松的地方，在观测过程中会产生下沉，从而使得当前视点的观测视线和后视点的观测视线不是同一水平视线，引起高差误差。减小该项误差的办法有三个：

1) 尽可能地将仪器安置在坚硬的地面处，并将脚架踩实。
2) 加快观测速度，果断快速读数。
3) 采用后前前后的观测程序，可减小仪器下沉的影响。

2. 标尺下沉（或上升）引起的误差

如果转点选择在土质较为松软的地方也会产生下沉，应尽量将转点选在坚硬的地方，且应在转点处使用尺垫。

3. 地球曲率及大气折光的影响

水准测量是将大地水准面看作平面而计算出两点之间的高差。实际上，大地水准面接近于球面，如图 2-35 所示，用水平视线代替大地水准面在水准尺上读数产生的误差为 Δh，此处用 C 来代替 Δh，它与仪器到水准尺的距离 D 以及地球的平均半径 R（$R \approx 6371 \text{km}$）的关系为

$$C = \frac{D^2}{2R} \tag{2-24}$$

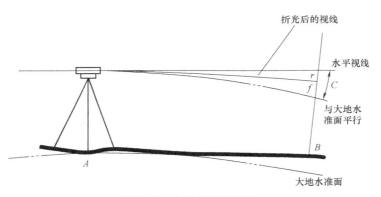

图 2-35 水准尺倾斜误差

实际工作中发现，水准仪视线也并非水平，而是一条曲线，其曲率半径约为地球半径的 7 倍，大气折光对水准尺读数产生的影响为

$$r = \frac{D^2}{2 \times 7R} \tag{2-25}$$

地球曲率影响与大气折光影响之和为

$$f = C - r = \frac{D^2}{2R} - \frac{D^2}{2 \times 7R} = 0.43 \frac{D^2}{R} \tag{2-26}$$

如果前后视距 D 相等，由式（2-26）计算前后视距的 f 相等，地球曲率和大气折光的影

响将大大减弱。

4. 强阳光直射的影响

强阳光直射会使仪器不同部位的部件受热不同，而产生不均匀变化影响仪器整平，故观测时要注意撑伞遮阳。

以上所述各项误差来源，均是采用单独影响的原则进行分析的，而实际工作中总是综合性的影响。故作业中要采取上述各项措施，以减少各项误差的影响，取得合乎精度要求的成果。

2.7.4 水准测量注意事项

实际测量中，经常遇到以上各项误差的综合性影响。除了要求测绘作业人员操作熟练和细心处置外，还要注意如下方面的事项：

1. 观测人员注意事项

1）观测前，对仪器进行必要的检验和校正，检查仪器和三脚架各部件是否工作正常。

2）应尽量使一测站上的前后视距大致相等。

3）注意仪器和三脚架的正确连接，人员不得离开仪器的安全距离。

4）仪器应安置在土质坚硬的地方，三脚架要踩牢固，观测速度要快，减小仪器下沉的影响。

5）读数前应注意消除视差，精平，估读要准确，读完数再检查水准气泡是否居中或符合。

6）观测时如果阳光强烈，应注意给仪器撑伞遮阳。

7）近距离迁站，无须卸下仪器，可收拢三脚架腿，一手托住仪器，另一手抱住三脚架，稳步前进，切勿奔跑；远距离迁站时，仪器应卸下装箱，扣好箱盖，防止摔落。

2. 记录人员注意事项

1）记录员应边记录边复述数据，得到观测员认可后，方可确定，并按照水准测量规范要求的记录格式填写外业记录手簿。

2）数据应当场填写清楚，保留原始数据记录，确保每个观测数据（水准尺读数）均为四位数，即使米位为零也不能省略。在记错或算错时，不得使用橡皮擦除，应在错数上画一斜线，并在错数上方书写正确结果，并在备注中注明修改原因。当厘米和毫米位发生错误时，不得改动，需要重测。

3）所有计算成果必须经校核后，方可使用。

3. 立尺人员注意事项

1）领取水准尺后应先对水准尺进行检查，尺身是否弯曲，刻划是否清晰，清除尺底泥土；若使用双面尺，注意两尺红尺面的起始端是否一个为 4.687m，另一个为 4.787m；若使用塔尺或折尺，应检查各尺节连接处是否严密且连续。

2）立尺人员应保证观测过程中水准尺竖直竖立。

3）转点处应放置尺垫，防止水准尺下沉。

4）迁站时，前视点立尺人员翻转水准尺，作为下一站的后视点，切勿移动转点点位。

总而言之，水准测量的过程需要观测、记录、立尺工作的相互配合、团结合作，严格按照操作规程执行，反复练习，逐渐提高观测的精度和速度。

2.8 自动安平水准仪

用微倾式水准仪进行高差观测时，在圆水准气泡居中后，读数之前还要用微倾螺旋使水准管气泡居中（即"精平"）。由于水准管气泡灵敏度较高，故精平工作时间较长。而且观测过程中，由于风力、温度变化等常使气泡偏移，故随时要注意气泡是否处于精平状态而保证视线水平，这样便影响观测速度和精度。自动安平水准仪在测站只需粗平，利用自动安平补偿器代替水准管，使视准轴自动处于水平状态，即可读取标尺上的读数；而且对于地面的微小振动、风力及温度等外界因素所引起的视线微小倾斜，也可迅速而自动地给予"补偿"，使视线始终保持水平状态，从而提高了观测速度和精度。

2.8.1 视线自动安平基本原理

如图 2-36a 所示，当视准轴水平时，从水准尺上 a 点通过物镜光心的水平光线，将落在十字丝中心 A 处，从而得到正确读数。若视准轴倾斜微小角 α 时，如图 2-36b 所示，十字丝中心则从点 A 移至点 A'，其位移量 $AA'=f_\alpha$（f 为物镜的等效焦距），这时从 A' 点读数 a' 是不正确的。为了在视准轴倾斜时，仍能获得水平视线的正确读数，可在距 A 点为 S 处的光路上，安装一个光学补偿器，使进入望远镜的水平光线经过补偿器偏转 β 角后，恰好通过视准轴倾斜时的十字丝中心 A'，使水平光线从 A 点偏折到 A'，其偏移量 $AA'=S_\beta$。所以补偿器应满足

$$f_\alpha = S_\beta \tag{2-27}$$

从而达到补偿的目的。

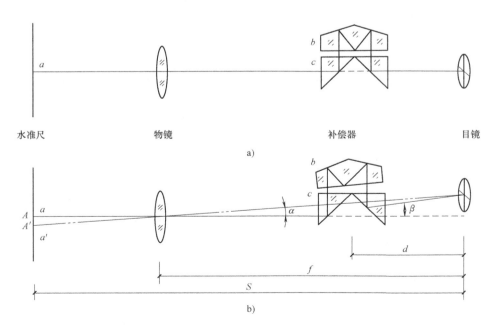

图 2-36 自动安平水准仪基本原理

2.8.2 补偿器的结构

图 2-37 是 DS_3 型自动安平水准仪外形及各主要构件。图 2-38 为其内部结构。该仪器的补偿器安装在调焦透镜和十字丝分划板之间，它的构造是在望远镜筒内固定屋脊透镜，两个直角棱镜则用交叉的金属丝吊在屋脊棱镜架上。当望远镜倾斜时，直角棱镜在重力作用下与望远镜作用相反的偏转，并借助阻尼器的作用很快的静止下来。

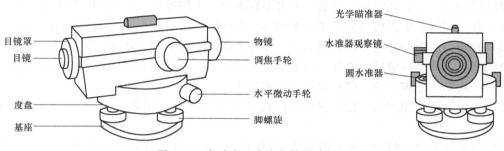

图 2-37 自动安平水准仪的主要部件

2.8.3 自动安平水准仪的使用

自动安平水准仪的基本操作与微倾式水准仪大致相同。首先利用脚架螺旋使圆水准器气泡居中，然后将望远镜瞄准水准尺，即可用十字丝中丝进行读数。在目镜下方安有补偿器控制按钮，观测时，轻轻按动按钮，如尺上读数无变化，则说明补偿器处于正常的工作状态，否则要进行修理。补偿器中的金属吊丝相当脆弱，使用时要防止剧烈振动，以免损坏。

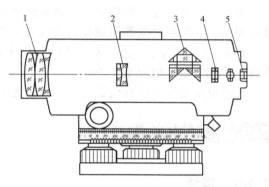

图 2-38 自动安平水准仪的内部结构
1—物镜　2—调焦透镜　3—自动安平补偿器（直角棱镜、屋脊棱镜）　4—十字丝分划板　5—目镜

2.8.4 自动安平水准仪器性能的检验

如图 2-36b 所示，当视准轴倾斜 α，设直角棱镜也随之倾斜（图中虚线位置），水平光线进入直角棱镜后，在补偿器中沿虚线行进，因未经补偿，所以不通过十字丝中心。实际上直角棱镜在重力作用下并不产生倾斜，而处于图中实线位置，水平光线进入补偿器后，则沿实线所示方向进行，最后偏离虚线 β 角，从而使水平光线恰好通过十字丝中心，达到补偿的目的。

另外还有一种补偿方法，是把十字丝分划板悬挂起来。当望远镜微倾时，悬挂的十字丝分划板在重力的作用下仍回到原来的水平位置，从而读出视线水平时的读数，达到补偿的目的。

1. 检查原理

检验补偿器性能的一般原则是有意将仪器的旋转轴安置得不竖直，并测定两点间的高差，使之与正确高差相比较。

检验的一般方法是将仪器安置在 A、B 两点连线的中点，设后视读数时视准轴向下倾斜，那么将望远镜转向前视时，由于仪器旋转轴是倾斜的，视准轴将向上倾斜。如果补偿器的补偿性能正常，无论视线下倾（后视）或上倾（前视）都可读得水平线的读数，测得的高差也是 A、B 点间的正确高差；如果补偿器性能不正常，由于前、后视的倾斜方向不一致，视线倾斜产生的读数误差不能在高差计算中抵消，因此测得的高差将与正确的高差有明显的差异。

2. 检验方法

在较平坦地方选择 A、B 两点，AB 长约 100m，在 A、B 点各钉入一木桩（或用尺垫代替），将水准仪置于 AB 连线的中点，并使两个脚螺旋中心的连线（为讲述方便称连线的两个脚螺旋为第 1、2 个脚螺旋，剩余一个脚螺旋为第 3 个脚螺旋）与 AB 连线方向垂直。

1) 首先用圆水准器将仪器置平，测出 A、B 两点间的高差 h_{AB}，此值作为正确高差。

2) 升高第 3 个脚螺旋，使仪器向上（或下）倾斜，测出 A、B 两点间的高差 $h_{AB上}$。

3) 降低第 3 个脚螺旋，使仪器向下（或上）倾斜，测出 A、B 两点间的高差 $h_{AB下}$。

4) 升高第 3 个脚螺旋，使圆水准器气泡居中。

5) 升高第 1 个脚螺旋，使后视时望远镜向左（或向右）倾斜，测出 A、B 两点间的高差 $h_{AB左}$。

6) 降低第 1 个脚螺旋，使后视时望远镜向右（或向左）倾斜，测出 A、B 两点间的高差 $h_{AB右}$。

无论上、下、左、右倾斜，仪器的倾斜角度均由圆水准器气泡位置确定；四次倾斜的角度应相同，一般取补偿器所能补偿的最大角度。

将 $h_{AB上}$、$h_{AB下}$、$h_{AB左}$、$h_{AB右}$ 与 h_{AB} 相比较，视其差数确定补偿器的性能，对于普通水准测量，此差数一般应小于 5mm。

若经反复检验发现补偿器失灵，则应送工厂或检修所修理。

2.9 电子水准仪

2.9.1 概述

电子水准仪又称为数字水准仪，电子水准仪是以自动安平水准仪为基础，在望远镜光路中增加了分光镜和探测器，并采用条形码标尺和图像处理电子系统，具有自动记录、检核、处理并能将测量成果输入电子计算机的高差测量仪器，是光机电测量一体化的高科技产品。采用普通标尺时，又可像一般自动安平水准仪一样使用。

电子水准仪与光学水准仪相比具有如下特点：

(1) 读数客观　不存在误读、误记问题，没有人为读数误差。

(2) 精度高　视线高和视距读数都是采用大量条码分划图像经处理后取平均值得出来的，因此削弱了标尺的分划误差的影响。多数仪器都有进行多次读数取平均值的功能，可以削弱外界条件影响。不熟练的作业人员也能进行高精度测量。

(3) 速度快　由于省去了报数、听记、现场计算及人为出错的重测数量，测量时间与传统仪器相比可以节省 1/3 左右。

(4) 效率高　只需调焦和按键就可以自动读数，减轻了劳动强度，还能自动记录、检核、处理并能输入计算机进行后处理，可实现内外业一体化。

国外的低精度高程测量盛行使用各种类型的激光定线仪和激光扫平仪。因此电子水准仪定位在中精度和高精度水准测量范围，分为两个精度等级，中等精度的标准差为 0~1.5mm/km，高精度的为 0.3~0.4mm/km。

2.9.2 电子水准仪的原理

电子水准仪的望远镜光学部分结构与自动安平水准仪相同，因而具有人工操作和自动照准读数两套功能，只是配置的标尺刻划形式不同。水准仪利用精度为 8′/2mm 的圆水准器概略整平，补偿器就使实现自动安平。补偿器采用悬挂在吊丝下的摆棱镜，它在重力作用下起定向作用，空气阻尼器使摆棱镜迅速稳定，补偿器安平精度为 ±4″。补偿器和吊丝选用非磁性材料组成，在均匀磁场作用下磁滞效果不明显。

电子水准仪与光学水准仪的不同之处，是采用条码水准标尺和仪器内装有数字图像识别处理系统。

1. 条码标尺

数字图像识别处理与条码设计属于专利保护，各个厂商设计方式不尽相同，但其基本要求是一致的。条码标尺设计要求各处条码宽度和条码间隔不同，以便探测器正确测出每根条码的位置。例如，徕卡公司采用二进制编码的条码，蔡司公司采用集合位置测量条码，拓普康公司采用相位差法条码。

2. 行阵探测器

水准器上安装了行阵探测器，以测量线条的宽度，它是基于 CCD 摄像原理，在长约 6.5mm 的探测器上安装了 256 个光敏二极管，二极管口径为 25μm。CCD 探测器可以测量黑白线条的宽度，图 2-39 中，光线遇到黑色分划时被吸收而无反射，碰到白色分划时则反射在光敏二极管上，二极管上感应的信号强度即为白色条纹的宽度。测定一次条码宽度的精度为 25μm（取光敏二极管的口径），一般测定四次取平均值，其精度约为 0.01mm。

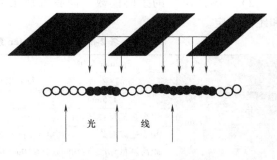

图 2-39　行阵探测器的工作原理

3. 自动读数的基本原理

电子水准仪自动读数的原理如图 2-40 所示，标尺上的影像通过望远镜成像在十字丝面上，行阵探测器将标尺图像转换成模拟视频信号，经读出电子元件将视频信号放大和数字化，构成测量信号。它与仪器中内存的参考信号（已知代码）按相关方法进行比对，使测量信号移动以达到两信号最佳符合，从而获得标尺读数和视距读数。

图 2-40　电子水准仪自动读数的原理

2.9.3 徕卡 Sprinter 系列电子水准仪简介与使用

Sprinter 系列电子水准仪（见图 2-41）由海克斯康集团瑞士徕卡公司设计并生产，主要面向工程测量领域的水准测量作业。目前,该系列电子水准仪包括三个型号:150M、250M 和 350M,各型号参数见表 2-8。

图 2-41　徕卡 Sprinter 系列电子水准仪

1. Sprinter 系列电子水准仪主要功能

该系列电子水准仪的功能十分丰富,具体如下:

1)"一键式"的便捷测量。只需要简单的瞄准、调焦后,再轻轻按快测键,数据立即显示在屏幕上。仪器操作简易,节约了培训的时间和费用。

2)"零错误"的条码读数,彻底告别光学读数,仪器自动读取条码标尺读数进行高度和距离测定。

表 2-8　徕卡 Sprinter 系列电子水准仪的参数

技术参数	Sprinter 150M	Sprinter 250M	Sprinter 350M
高程精度	每公里往返高差标准差(ISO-17123-2)		
电子测量	1.5mm	1.0/0.7mm*	0.5mm*
光学测量	铝合金标尺:2.5mm		
单尺读数	30m 处标准差:0.6mm(电子)和 1.2mm(光学)		
测距精度	距离测量标准差:10mm(D≤10m)或者 D×0.001(D>10m) 最小读数:0.01mm(二等水准测量模式)		
范围	2~100m(电子)		
测量模式	单次测量、跟踪测量、均值测量		
测量程序	水准线路测量、高差计算、填挖方测量		
后处理程序	格式转换软件、水准网平差软件、沉降观测软件		
语言支持	中文、英文等多国语言		
其他功能	延时测量、倒尺测量、倾斜警告		
单次测量时间	<3s		
补偿器	磁阻尼补偿器(范围±10′)		
望远镜	放大倍率(光学):24 倍		
数据存储	可达 3000 个点		
防水防尘	IP55		
供电	AA 干电池(4×LR6/AA/AM3 1.5V)		
质量	<2.5kg		

3)"自动化"的数据记录与计算,无需数据记录手簿和计算器,所有高差计算等结果都可以自动处理,与常规水准仪相比,节省50%的作业时间。

4)丰富的测量程序,Sprinter电子水准仪能够快速进行高差测量、距离测量、二、三、四等水准测量,挖填方量计算等,满足工程测量的需求。

5)倾斜自动感应与警告,内置的倾斜传感器、自动补偿器,让仪器时刻处于水平位置,杜绝用户在没有察觉的情况下进行测量,充分保证测量精度。

6)延迟测量、保障精度,独特的演示测量功能,让测量在没有按键应力作用下进行,使仪器在电子读数前处于理想的水平状态,从而确保了测量的精度。

7)多种稳定的数据存储,数据既可以保存在仪器的内存中,也可以传输到外接采集器及电脑中,从外业工作到内业处理都变得相当简便。

8)全面防护、性能突出、适应性强,无论是在强光还是在小雨环境下,无论是路灯还是隧道中,都能够正常工作;即使在黑暗中,仅需用手电或闪光的支持就能工作。

9)内置内业软件、高效便捷,多个内业软件可选,满足所有内业数据处理的要求,不用抄写数据,杜绝了数据录入错误。

2. Sprinter系列电子水准仪基本构造

Sprinter系列电子水准仪的基本构造如图2-42所示。

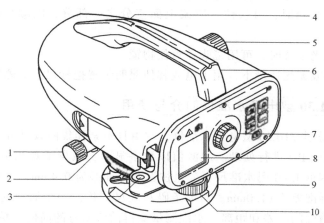

图2-42 Sprinter系列电子水准仪基本构造

1—水平微动螺旋 2—电池仓及包括USB线的接口 3—圆水准器 4—瞄准器
5—调焦螺旋 6—提把 7—目镜 8—LCD显示屏 9—底座 10—底座调平螺旋

3. Sprinter系列电子水准仪的准备工作及注意事项

(1)安装电池 按正负极指示将4节AA电池装入电池仓。安装电池时需注意,需同时更新所有的电池,勿新旧电池混用。尽量使用相同厂家相同型号的电池,不要同时使用不同厂家和不同型号的电池。

(2)安置仪器

1)安置。将三脚架的腿伸展到合适的长度拧紧螺钉,使三脚架顶部保持近似水平。将三脚架的腿踩牢,以保持它的稳定。把水准仪放到三脚架上面并用三脚架的中心螺旋将仪器和三脚架连接在一起。

2）整平。通过调整三个基座螺旋使仪器上圆水准器的气泡居中，从而达到整平的目的。

3）调焦。旋转仪器使望远镜对准稳定并且比较亮的目标如墙面或白纸。调整目镜使望远镜中的十字丝最清晰为止。

4）瞄准目标。通过瞄准器瞄准标尺。用水平微动螺旋使标尺位于视场的中间。调整物镜调焦螺旋使标尺最清晰。确保标尺和刻度的清晰。

5）开机。仪器已经做好测量的准备。

（3）仪器使用注意事项

1）在使用之前，长时间存放后或长途运输后，应检验和校正电子和光学的视线误差，然后检验和校正圆水准器和标尺。

2）使用过程中，应注意保持光学部件的清洁。光学部件上污物或冷凝水会影响测量的范围。

3）使用过程中需让仪器适应环境温度后再工作（每摄氏度的温差需要大约2min的适应时间）。

4）使用过程中，测站与标尺间需避免通过玻璃窗测量。

5）标尺使用时，需完全拉开并进行适当的固定。

6）仪器瞄准和观测时，可扶住三脚架上面三分之一部分，以减少因风对仪器产生的振动。

7）当受到背景光干扰时，可用镜头盖盖住物镜。

8）当光线较暗或无光环境下，用手电或其他照明装置把标尺上的测量区域照明即可。

2.9.4 索佳 SDL30 型电子水准仪简介与使用

图 2-43 所示为索佳 SDL30 型电子水准仪，它由日本索佳集团设计并生产，采用 CCD 读取独特的码型并交由 CPU 进行处理。观测值以数字显示，减少了观测员的判读错误。出色的精度表现：使用铟钢 RAB 码水准尺每公里往返测标准差为 0.4mm，使用玻璃钢 RAB 码水准尺每公里往返测标准差为 ±1.0mm。对准条码水准尺调焦，一个简单的单键操作，仪器立刻以数字形式显示精确的高差和距离。水准测量变得前所未有的简便、精确和高效。产品规格见表 2-9。

表 2-9 索佳 SDL30 型电子水准产品规格

高程测量精度（电子）	1mm（使用玻璃钢 RAB 码标尺）/km 往返测量标准差
距离测量精度（电子）	$\pm 10mm(D<10m)$，$\pm 1\%D(10m \leqslant D \leqslant 50m)$，$\pm 2\%D(D>50m)$
最小读数（高度）	高程：0.0001m，距离：0.001m
测量范围	1.6~100m
放大倍率	32 倍
补偿器	摆式补偿器，带电磁减震系统
数据存储	2000 点
通信	RS-232C
防尘防水	IPX4

（续）

工作温度	-20 ~ +50℃
工作时间	8.5h 以上
尺寸	长 158mm×宽 257mm×高 182mm
质量	2.4kg

SDL30 型电子水准仪具备自动计算功能，用户再无须随身携带计算器；在光线极暗或极强的环境下仍能正常工作。在隧道内黑暗环境下作业时，借助手电等人工照明仍可测量；精巧的设计使仪器在光线不匀、闪烁、抖动等不利环境下都有稳定的精度；可以连接 SDR 电子手簿自动测量和记录数据，大大提高了工作效率；20 个工作文件和 2000 点的数据内存。防水等级为 IEC 标准 IPX4，突如其来的阵雨不会影响仪器工作。

1. 索佳 SDL30 型电子水准仪在测量中的注意事项

1) 在足够亮度的地方架设标尺，若使用照明，则应该照明整个标尺。

2) 仪器到标尺的最短可测距离为 2m。

3) 标尺被遮挡不会影响测量功能，但若树枝或树叶遮挡标尺，可能会显示错误并影响测量。

4) 当标尺外比目镜处暗而发生错误时，用手遮挡一下目镜可能会解决这一问题。

2. 索佳 SDL30 型电子水准仪的保养

1) 当仪器沾上海水时，应该用湿布擦去盐水，然后用干布擦干。不要将潮湿的仪器放入仪器箱中。应使仪器和仪器箱在干的环境中晾干。

2) 用干净的刷子刷去仪器上的灰尘或用软布擦去。

图 2-43　索佳 SDL30 型电子水准仪

3) 用干净的软刷子刷仪器物镜，酒精和乙醚的混合物可用来擦拭透镜表面，用棉布沾上轻轻地擦，布上不应有油和胶水。当擦拭塑料部分时，不要使用稀释剂和苯等易挥发性溶液，但可用中性溶液或水。

4) 长期使用后，请检查三脚架的每一部分，螺钉、制动部分是否松动。

5) 使用后擦干净条纹码标尺。

6) 用干净的刷子刷去标尺表面或连接处的灰尘，并用湿布和干布擦拭；不要使用稀释剂和苯等易挥发性溶液。

【本章小结】

本章以水准测量为核心，阐述了水准测量的基本原理、水准仪及配套工具的基本构造和使用方法；在此基础上，重点讲述水准测量的外业观测与内业计算，介绍了水准仪及水准尺的检验与校正方法，分析了水准测量的误差和注意事项，并对自动安平水准仪和电子水准仪进行了简介。

在学习过程中，需掌握水准仪的基本原理和术语，了解水准仪各个部件的名称和作用，熟练使用水准仪及配套工具，利用两次仪器高法实施普通水准测量。

【思考题与练习题】

1. 设 A 为后视点，B 为前视点，若 A 的高程是 78.268m。当后视读数为 1757mm，前视读数为 1369mm，试问 A、B 两点之间的高差为多少？比较 A、B 两点之间的高低。B 点的高程为多少？
2. 什么是视准轴？什么是视差？产生视差的原因是什么？简述消除视差的步骤。
3. 圆水准器和水准管的作用有何不同？
4. 水准管轴和圆水准器轴是如何定义的？水准管分划值的概念是什么？
5. 转点在水准测量中起什么作用？
6. 水准测量时，注意前、后的视距要大致相等，可以消除哪些误差？
7. 水准测量的计算检核，需要对哪些项进行？
8. 试根据图 2-44（单位：mm）完成表 2-10 的填写，并计算出各点及 B 点高程。

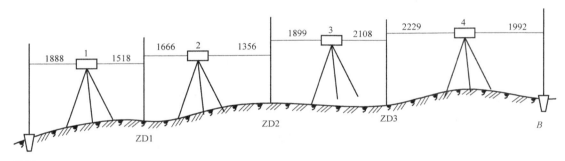

图 2-44

表 2-10

测站	测点	水准尺读数/mm		高差/m		高程/m	备注
		后视读数 a	前视读数 b	+	−		
1	BMA 1						
2	1 2						
3	2 3						
4	3 BMB						
	计算检核						

9. 图 2-45 所示为某一条附合水准路线的略图，点 BMA 和点 BMB 为已知高程的水准点，1~4 点为高程待定的水准点。已知点的高程、各测段的路线长度及高差观测值注明于图中。求高差闭合差和允许高差闭合差，进行高差改正，最后计算各待定点高程。

10. 水准仪有哪些轴线？轴线之间应满足哪些条件？如何进行检验和校正？

11. 自动安平水准仪有哪些特点？应如何使用？

12. 电子水准仪有哪些特点？应如何使用？

13. 水准测量的误差来源有哪些？应如何防止？

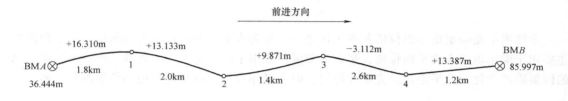

图 2-45

第 3 章 角度测量

角度测量是确定地面点位的基本工作之一，分为水平角测量和竖直角测量。水平角测量主要用于确定地面点的平面位置，竖直角测量主要用于测定地面点的高差，或将两地面点间的倾斜距离改化成水平距离。光学经纬仪、电子经纬仪和全站仪是常用的角度测量仪器。

3.1 角度测量原理

角度测量是利用一定的仪器和方法测量地面点连线的水平夹角或视线方向与水平面的竖直角。

3.1.1 水平角测量原理

地面一点至两目标方向线在水平面投影的夹角称为水平角。设点 A、点 O、点 B 为地面上的三点，如图 3-1 所示，点 O 为测站点，点 A、点 B 为两目标，OA、OB 方向线在水平面 P 上的投影 O_1A_1、O_1B_1 的夹角 β 为两目标方向线的水平角。

为了测定水平角，将一刻有角度分划的水平圆盘（称为水平度盘）的中心置于 O 点的铅垂线上并使之水平，借助一个能做水平和竖直运动的照准设备瞄准目标，在竖直面与水平圆盘交线处，截取读数 a、b。

则水平角

$$\beta = b - a \tag{3-1}$$

水平角的取值范围为：$0° \sim 360°$，没有负值。如果 $b<a$，则 $\beta = b - a + 360°$。

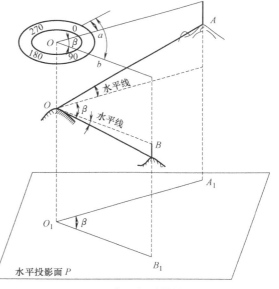

图 3-1 水平角测量原理

3.1.2 竖直角测量原理

望远镜目镜、物镜与目标点的连线称为视线，在同一竖直面内，视线与水平线所夹的锐角 α 称为竖直角。

如图 3-2 所示，目标在水平线上方，α 为正称为仰角；在水平线下方，α 为负称为俯角。

竖直角的取值范围为 $0°\sim\pm90°$。

测角时，竖直度盘随望远镜同轴旋转一个角度，照准目标 A 或 B，利用垂直向下的竖盘指标读出目标相应的度盘读数 a 或 b。目标读数与水平视线读数两者之差，即为该目标的竖直角 α。

在同一竖直面内，一点至目标方向与天顶方向（图上向上箭头方向）的夹角 Z 称为天顶距，取值范围为 $0°\sim180°$。它与 α 的关系如下

$$Z = 90° - \alpha \tag{3-2}$$

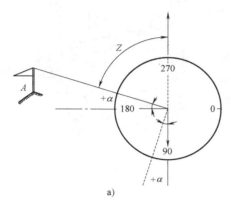
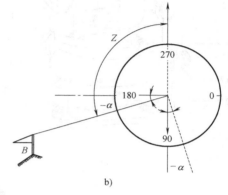

图 3-2 竖直角测量原理

3.2 光学经纬仪的结构及其读数装置

我国生产的光学经纬仪按其精度等级可划分为 DJ_{07}、DJ_1、DJ_2、DJ_6、DJ_{10} 等几种，其中 D、J 分别是大地测量与经纬仪第一个汉语拼音字母，07、1、2、6、10 表示仪器精度，分别为该仪器一测回方向观测的中误差 [以秒（″）为单位]。下面分别介绍工程中经常使用的两种精度等级的光学经纬仪。

3.2.1 DJ_6 型光学经纬仪

1. DJ_6 型光学经纬仪的基本构造

DJ_6 型光学经纬仪是中等精度的测量仪器，目前，工程测量中经常使用，其结构如图 3-3 所示。DJ_6 型光学经纬仪主要由基座、水平度盘、照准部三部分组成，如图 3-4 所示。

（1）基座　基座包括轴座、脚螺旋和连接板。脚螺旋用于整平仪器，连接板可以将仪器与三脚架通过三脚架上的连接螺旋固定在一起，连接螺旋下有垂球钩，可悬挂垂球进行垂球对中，或用光学对点器对中，以便将仪器中心安置在测站点上。

（2）水平度盘　水平度盘是玻璃制成的圆环，环上刻有 $0°\sim360°$ 的度分划线，并按顺时针方向加以注记。有的还在每度刻线之间加刻一短分划线，因此相邻两分划间的格值有 $1°$ 和 $30'$ 两种刻划。

（3）照准部　照准部是指在水平度盘之上，能绕其旋转轴旋转的全部部件的总称。照准部主要由望远镜、竖盘装置、照准部水准管、光学读数系统、竖轴和横轴等部件组成。望

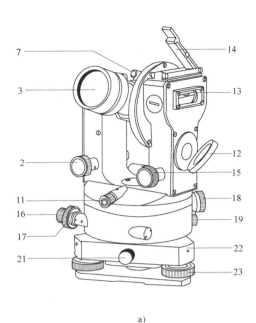
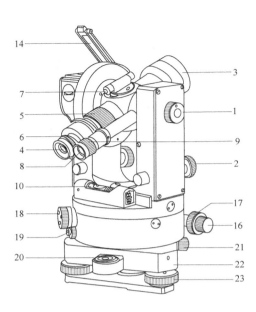

图 3-3 DJ₆ 型光学经纬仪

1—竖直制动螺旋 2—竖直微动螺旋 3—物镜 4—目镜 5—望远镜调焦螺旋 6—目镜调焦螺旋
7—粗瞄准器 8—读数显微镜 9—读数显微镜调焦螺旋 10—照准部水准管 11—光学对中器
12—度盘照明反光镜 13—竖盘指标水准管 14—竖盘指标水准管反光镜 15—竖盘指标水准管微动螺旋
16—水平制动螺旋 17—水平微动螺旋 18—水平度盘变换螺旋 19—水平度盘变换制动螺旋
20—基座圆水准器 21—轴套固定螺钉 22—基座 23—脚螺旋

远镜主要用于瞄准远处目标。竖盘装置包括度盘及其读数指标调节指示系统,用于竖直角的测量。读数系统用于读取度盘分划值。照准部水准管用于置平水平度盘。仪器竖轴又称为旋转轴，装在照准部的下部，插入水平度盘空心轴套内，可使照准部做水平方向的同轴旋转。控制照准部水平运动的有水平制动螺旋和微动螺旋，控制照准部绕横轴做竖直运动的有竖直制动螺旋和微动螺旋。

2. DJ_6型光学经纬仪的读数装置

读数装置主要包括显微放大装置和测微装置。显微放大装置的主要作用是通过仪器外部的反光镜接收入射光，照明度盘，然后通过内部一系列的棱镜和透镜组成的显微物镜，将度盘分划线影像转向、放大、成像在显微目镜的投影面上，通过读数窗获取读数。测微装置是在读数窗成像面上测定不足度盘格值的装置。DJ_6型经纬仪通常采用以下两种类型的测微装置。

（1）分微尺型读数装置 在读数显微窗的场镜位置，安装分微尺分划板，度盘影像投影在分微尺上，如图3-5所示，为读数显微镜中所看到的度盘影像。上面注记"水平"或"H"的为水平度盘，下面注记"竖直"或"V"的为竖直度盘。使度盘上每度刻划间的长度放大后恰好与分微尺的刻划总长度相等，在分微尺上刻有60个小格，每个小格为1′，可估读到十分之一格，即0.1′（6″）。先根据分微尺分划在度盘上读取度数，再以度盘分划作为分微尺的读数指标，在分微尺上读取不足一度的读数，两个读数的和即为整个读数。如图3-5所示，水平度盘读数为261°5.0′，竖直度盘读数为90°55.0′。

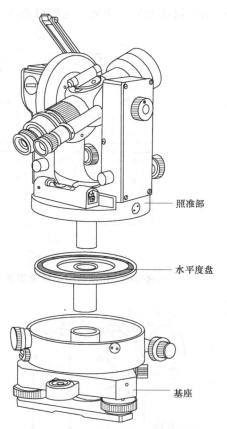

图3-4 DJ_6型光学经纬仪的结构

（2）测微尺型读数装置 这种装置主要有平板玻璃、测微轮传动齿轮等组成。转动测微轮可带动平板玻璃与测微尺同步移动，使通过平板玻璃的度盘刻划影像在读数窗内平行移动。当度刻划线移动至读数窗内专供读数用的双指标线的正中央时，该刻线移动的角值，可在测微尺影像上读出。图3-6为读数显微镜中所看到的度盘和测微尺影像，上面为测微尺，中间为竖直度盘，下面为水平度盘。度盘的最小格值为30′，测微尺共有30大格，每大格1′，每大格又分为3小格，每小格20″。读数时，先转动测微轮，使度盘某分划线夹于双指标中间，读出该分划线的度盘数，再根据单指标在测微尺上读出分和秒数，两者之和即为全部读数。如图3-6所示，水平度盘读数为39°52′40″。

3.2.2　DJ_2型光学经纬仪

图3-7为北京博飞仪器公司生产的TDJ2E型正像光学经纬仪，仪器竖盘读数指标为自动归零补偿器，DJ_2型光学经纬仪可用于控制测量，精密导线测量，三、四等三角测量和较精密的工程测量等。

DJ_2型经纬仪的构造与DJ_6型经纬仪基本相同，如图3-7所示。除了望远镜的放大倍数较大外，度盘读数部分采用了双平板玻璃（或双光楔）测微器，同时可读取度盘对径180°

两端分划线处的平均值，这样可消除度盘偏心误差的影响，从而提高了读数精度。

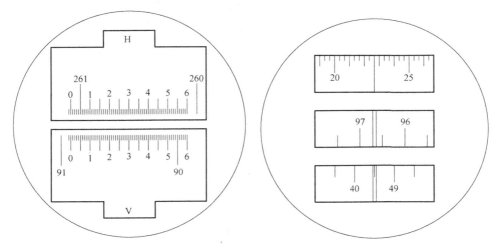

图 3-5　分微尺型读数窗影像　　　　图 3-6　测微尺型读数窗影像

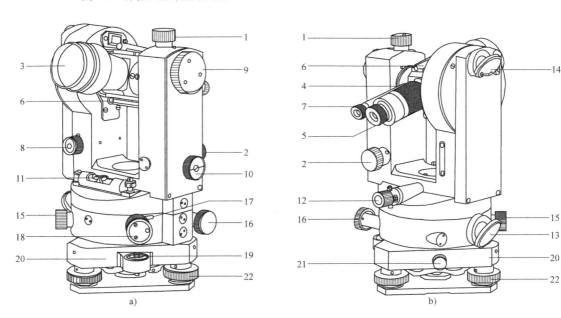

图 3-7　TDJ2E 型正像光学经纬仪

1—竖直制动螺旋　2—竖直微动螺旋　3—物镜　4—望远镜调焦螺旋　5—目镜调焦螺旋　6—瞄准器
7—读数显微目镜调焦螺旋　8—竖盘指标自动归零补偿器制动开关　9—测微螺旋　10—水平度盘与竖直度盘换像手轮
11—照准部水准管　12—光学对中器　13—水平度盘照明反光镜　14—竖盘照明反光镜
15—水平制动螺旋　16—水平微动螺旋　17—水平度盘位置变换手轮关卡　18—水平度盘变换手轮
19—基座圆水准器　20—基座　21—轴套固定螺钉　22—脚螺旋

读数测微系统采用光楔测微器，其原理是利用光楔的直线运动，使通过它的度盘分划影像产生位移，位移量与光楔运动量成正比，依此测微。在度盘相差 180°的对径位置各安装一对楔镜。其中一个固定，另一个与测微轮、测微尺相连。当转动测微轮时，楔镜间的距离发生变化，使得通过楔镜的度盘对径影像按上下两排在读数窗内做相对平行移动。移动的角值平均数可由测微尺上读出。DJ$_2$型光学经纬仪在读数显微镜中只能看到水平度盘或竖直度盘的一种，读数时，通过度盘换像手轮，变换水平度盘或竖直度盘，从读数窗中分别读取水平度盘和竖直度盘的观测角值。如图 3-8 所示，大窗口为度盘对径分划，上排注字为正像，下排为倒像，注字相差 180°，度盘格值 20″。小窗口为测微尺分划，格值为 1″，左侧注字单位为 1′，右侧注字为 10″。读数时转动测微轮，使上下相邻度盘分划重合（对齐），然后读出正像分划的度数（30°）及其相差 180°倒像分划（210°）之间的格数（2 格）乘以度盘格值之半（10′），即得大窗口读数 30°20′，加上测微尺读数 8′12″，总读数为 30°28′12″。

有些 DJ$_2$ 型光学经纬仪采用了数字注记，如图 3-9 所示，中间窗口为度盘对径刻划线影像，上面窗口两端注字为度，中央注字为 10′ 数，下面窗口为测微尺影像，上下注字分别为分数和 10″ 数。读数前，先转动测微轮，使中间窗口度盘对径刻划线重合，然后上面窗口读数为 32°20′，下面窗口读数为 4′34.0″，总的读数为 32°24′34.0″。

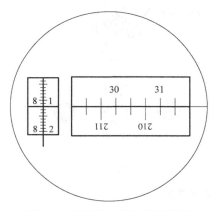

图 3-8　对径分划符合读数视窗

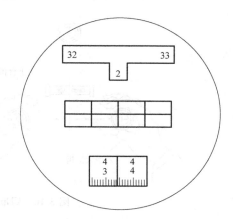

图 3-9　数字化读数视窗

3.2.3　光学经纬仪的基本操作

光学经纬仪的基本操作主要包括仪器架设安置、对中、整平、照准和读数。

（1）仪器架设安置

1）解开三脚架捆脚皮带。

2）将三个伸缩制动螺旋（或扳手）松开，调整好其长度使脚架高度适合于观测者的高度。

3）在测点之上分开三脚架腿成正三角形等间距位置，使测点位于正三角形的中心位置。

4）踩实三脚架踏脚，并以一个脚架的高度为标准，调节其余两脚架使架头大致水平。

5）将仪器装在三脚架大致中央位置，一只手握住仪器，另一只手将三脚架的中心螺旋旋入仪器基座中心螺孔中并固紧。

（2）仪器对中　对中的方式有光学对中和垂球对中两种，目前大多采用光学对中方法，其操作方法如下：

分别旋转光学对中器目镜视度圈和调焦螺旋，使圆形分划板与测点标志周围同时清晰，成像在同一成像平面上。平移三脚架，使对中器分划中心大致对准测点的中心，将三脚架的脚尖踏入土中。松开中心螺旋，推动仪器基座，将整个仪器在架头上平移，使光学对中器分划中心（圆环中心或十字中心）与测站标志精确重合，旋紧中心螺旋。也可借助于脚螺旋使测点标志与对中器分划中心重合。

（3）仪器整平　整平分为粗平和精平，操作程序如下：

1）粗略整平。伸缩三脚架腿，使圆水准气泡居中，此操作一般不会破坏已完成的对中关系。

2）精确整平。如图3-10所示，放松照准部水平制动螺旋，使水准管与一对脚螺旋1、2的连线平行。两手拇指同时相向或相背旋转一对脚螺旋使气泡居中。气泡移动方向和左手大拇指运动方向一致。

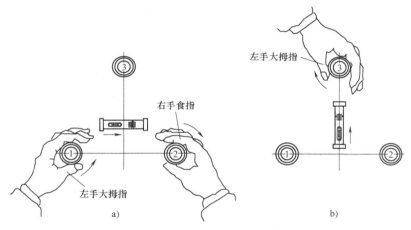

图3-10　照准部水准器整平方法

3）转换度盘位置精平调整。将照准部旋转90°与脚螺旋1、2方向垂直，调节第三个脚螺旋使气泡居中。

4）对镜检查。将照准部旋转至以上位置的对径位置（180°），检查气泡是否居中。若不居中（一般大于2mm）重复以上操作。

精平仪器后需要再次检查对中情况，如果对中关系被破坏，要进行再次精对中和精平操作。

光学对中的精度（≤1mm）比垂球对中的精度（≤3mm）高，特别是在风力较大的情况下，更适宜用光学对中法安置仪器。

（4）照准与读数　照准的目的是确定目标方向所在的位置和所在度盘的读数位置。其操作过程如下：

1）目镜对光、粗瞄。松开制动螺旋，将望远镜指向远方明亮背景（如天空），调节目镜，使十字丝影像清晰。然后转动照准部，利用望远镜上的照门、准星或瞄准器对准目标，拧紧制动螺旋。

2）物镜对光、精瞄。调节物镜对光螺旋，使目标成像清晰，并消除视差。

3）转动微动螺旋使十字丝准确对准目标。测水平角时，视目标的大小，用竖丝平分目标，或与目标相重合（单丝），如图3-11a所示。测竖直角时，则用中丝与目标顶部相切，如图 3-11b 所示。读数是读取目标方向所在度盘上的方向值。

4) 调整反光镜约 45°，将镜面调向来光方向，使读数窗上照度均匀，亮度恰当。

5) 调节读数显微目镜，使视场影像清晰。

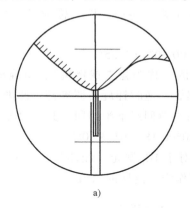 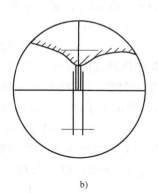

图 3-11 瞄准方法

a) 测水平角时　b) 测竖直角时

6) 读数。首先区分度盘的测微类型，判断度盘及其分微尺、测微尺的格值。然后根据前面介绍的读数方法读数。读数时和读数中，度盘和望远镜位置均不能动，否则读数一律无效，必须返工重测。

3.3 水平角测量

水平角测量常采用测回法和方向观测法。前者用于只有两个观测方向的单角测量，后者用于三个以上观测方向的多角度测量。

3.3.1 测回法

测回法观测水平角，如图 3-12 所示，设 A、C 点为两个观测目标，B 点为测站点，$\angle ABC$ 为需要观测的角。观测步骤如下：

图 3-12 测回法观测水平角

1）在 B 点安置仪器，对中，整平。

2）将竖直度盘置于望远镜左侧（称为盘左或正镜），瞄准左目标 A，水平度盘置零或略大些，其读数为 a 左（如 $0°00'30''$），松开水平制动螺旋，顺时针转动照准部，瞄准右目标 C，读数 c 左（如 $61°35'42''$），记入观测手簿（见表3-1）。以上称为盘左半测回或上半测回，其角值按式（3-1）计算，即

$$\beta_\text{左} = 61°35'42'' - 0°00'30'' = 61°35'12''$$

3）转动照准部将竖直度盘置于望远镜右侧（称为盘右或倒镜），再瞄准目标 C，水平度盘读数 c 右（$241°35'24''$）。松开水平制动螺旋，逆时针旋转照准部，瞄准目标 A，读数 a 右（$180°00'18''$），均记入手簿。以上称为盘右半测回或下半测回，其角值为

$$\beta_\text{右} = 241°35'24'' - 180°00'18'' = 61°35'06''$$

4）上、下两个半测回合称为一个测回。对于 DJ_6 型光学经纬仪、当上、下两个半测回角值差 $\Delta\beta = \beta_\text{左} - \beta_\text{右}$ 在 $40''$ 以内时，取其平均值作为一测回的角值

$$\beta = \frac{1}{2}(\beta_\text{左} + \beta_\text{右}) = 61°35'09''$$

为了提高测角精度，有时需要进行多测回角度测量，根据精度要求，如需进行 n 个测回观测时，每测回之间需要按 $180°/n$ 来配置水平度盘的初始位置，其目的是减少度盘分划误差的影响。其中 n 为测回数，如 $n=3$ 时，每测回起始方向水平度盘依次配置为 $0°$、$60°$、$120°$。

表 3-1 测回法水平角观测手簿

测回数	测站	竖盘位置	目标	水平度盘读数 (°　′　″)			半测回角值 (°　′　″)			一测回角值 (°　′　″)			备注
1	B	左	A	0	00	30	61	35	12	61	35	09	
			C	61	35	42							
		右	A	180	00	18	61	35	06				
			C	241	35	24							

3.3.2 方向观测法

当一个测站上需要测量的方向数多于两个时，应采用方向观测法测水平角。当方向数多于三个时，每半测回都从一个选定的起始方向（称为零方向）开始观测，在依次观测所需的各个目标之后，应再次观测起始方向（归零），称为全圆方向观测法。

1. 观测步骤

如图3-13所示，设 O 点为测站点，A、B、C、D 为观测目标，$\angle AOB$、$\angle BOC$、$\angle COD$ 为观测角，观测步骤如下：

1）在 O 点安置经纬仪，对中，整平；在 A、B、C、D 设置观测标志。

2）以 A 点为起始方向（水平度盘置零或略大于 $0°$ 的数），正镜顺时针转动照准部，依次瞄准 A、B、C、D、A，回到 A 点方向（归零），称为上半测回。每观测一个目标，均记录其度盘读数，两次瞄准 A 目标读数差称为盘左半测回归零差，其值不得超过限差规定（见表3-2），否则，此半测回应重测。

3）倒镜按逆时针方向转动照准部，依次瞄准 A、D、C、B、A，并读取相应度盘读数，

完成下半测回观测。同样两次瞄准 A 点方向的归零差不得超过限差规定。上、下半测回组成一个测回。当需要观测 n 个测回时，每测回按 $180°/n$ 来配置水平度盘的初始位置。

表 3-2　方向观测法测水平角限差规定值

仪器	半测回归零差	一测回内 2C 互差	同一方向值各测回互差
DJ_2	12″	0″	12″
DJ_6	18″	—	24″

2. 计算步骤

（1）首先计算 2 倍视准差（2C）值

$$2C = 盘左读数 - (盘右读数 \pm 180°)$$

把 2C 值填入表 3-3 第 6 栏。一测回内各方向 2C 的互差若超过表 3-2 中的限值，应在原度盘位置上重测。

（2）计算各方向的平均读数

$$平均读数 = \frac{1}{2}[盘左读数 + (盘右读数 \pm 180°)]$$

计算的结果称为方向值，填入第 7 栏。因存在归零读数，则起始方向有两个平均值，应将这两个平均值再求平均，所得结果作为起始方向的方向值，填入该栏上方并加以括号，如表中（0°02′15″）和（90°00′14″）。

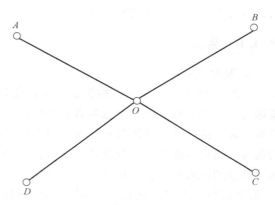

图 3-13　方向观测法测水平角

（3）计算归零后的方向值　将各方向的平均读数减去括号内的起始方向平均值，即得各方向的归零方向值，填入 8 栏。此时，起始方向的归零值应为零。

（4）计算各测回归零后方向值的平均值　先计算各测回同一方向归零后的方向值之间的差值，对照表 3-2 看其互差是否超限，如果超限则应重测；若不超限，就计算各测回同一方向归零后方向值的平均值，作为该方向的最后结果，填入表中第 9 栏。

表 3-3　方向观测法记录手簿

测站	测回	目标	水平度盘读数 盘左	水平度盘读数 盘右	2C	平均读数	归零后的方向值	各测回归零的方向值平均值	角值	备注
			° ′ ″	° ′ ″	″	° ′ ″	° ′ ″	° ′ ″	° ′ ″	
O	1	A	0 02 00	180 02 18	−18	(0 02 15) 0 02 09	(0 02 15)	0 00 00		
		B	54 37 12	234 37 40	−28	54 37 26	54 35 11	54 35 08	54 35 08	
		C	167 40 18	347 40 42	−24	167 40 30	167 38 15	167 38 16	113 03 08	
		D	230 15 06	50 14 54	12	230 15 00	230 12 45	230 12 36	62 34 20	
		A	0 02 18	180 02 24	−6	0 02 21				
	2	A	90 00 00	270 00 18	−18	(90 0 14) 90 00 09	0 00 00			
		B	144 35 22	324 35 18	4	144 35 20	54 35 06			
		C	257 38 25	77 38 37	−12	257 38 31	167 38 17			
		D	320 12 30	140 12 54	−24	320 12 42	230 12 28			
		A	90 00 12	270 00 24	−12	90 00 18				

（5）计算各目标间的水平角值 将表中第 9 栏相邻两方向值相减,即得各目标间的水平角值,填入第 10 栏。

3.4 竖直角测量

竖直角是同一竖直面内视线与水平线间的夹角,其角值 $|\alpha| \leqslant 90°$,要正确测定竖直角,首先要了解经纬仪的竖盘结构。

3.4.1 竖盘结构

1. 竖盘装置

如图 3-14 所示,经纬仪的竖盘固定在望远镜横轴一端并与望远镜连接在一起,竖盘随望远镜一起绕横轴旋转。竖盘装置包括竖盘、读数指标、指标水准管及其微动螺旋。竖盘的读数指标与指标水准管连接在一起,由指标水准管的微动螺旋控制。当调节指标水准管的微动螺旋,指标水准管的气泡移动,读数指标随之移动。当指标水准管的气泡居中时,读数指标线移动到正确位置,即铅垂位置。此时,如果望远镜视准轴水平,竖盘读数则应为 90°或 90°的整倍数。当望远镜上下转动以瞄准不同高度目标时,竖盘随之转动而指标线不动,因而可读得不同位置的竖盘读数,得到不同目标的竖直角。

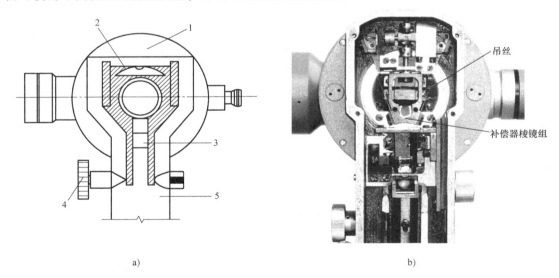

图 3-14 竖直度盘结构

1—竖盘 2—竖盘指标水准管 3—竖盘指标 4—竖盘指标水准管微动螺旋 5—横轴支架

如图 3-15、图 3-16 所示,竖盘的注记形式有多种,最常见的有 0°~360°全圆式顺时针注记和逆时针注记两种,竖直角 α 总是观测目标的读数与起始读数之差,其计算方法与竖盘注记有关,用时应注意区分,以便确定正确的竖直角计算公式。

如图 3-17 所示,在盘左位置将望远镜大致放平,此时竖盘读数应在其始读数 90°附近。然后将望远镜向上仰,若竖盘读数减小,则说明竖盘刻划以顺时针方式注记,该仪器的竖直角计算公式为

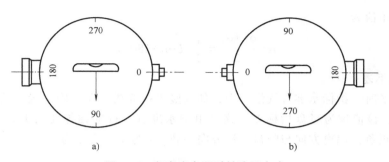

图 3-15 竖直度盘顺时针注记方式

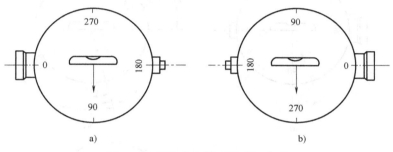

图 3-16 竖直度盘逆时针注记方式

盘左 $\qquad \alpha_L = 90° - L \qquad$ (3-3)

盘右 $\qquad \alpha_R = R - 270° \qquad$ (3-4)

故一测回的角值为

$$\alpha = \frac{\alpha_L + \alpha_R}{2} = \frac{1}{2}(R - L - 180°) \qquad (3-5)$$

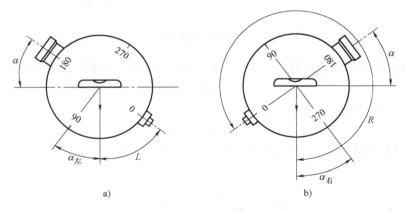

图 3-17 竖直角的测角原理

若盘左位置检查竖盘刻划时望远镜上仰，竖盘读数增大，则说明竖盘刻划以逆时针方式注记，如图 3-16 所示，此时，应采用下式计算竖直角

盘左 $\qquad \alpha_L = L - 90° \qquad$ (3-6)

盘右 $\qquad \alpha_R = 270° - R \qquad$ (3-7)

一测回的角值为

$$\alpha = \frac{\alpha_L + \alpha_R}{2} = \frac{1}{2}(L - R + 180°) \tag{3-8}$$

2. 竖盘指标差

当视线水平时，指标水准管气泡居中，如果竖盘指标线不在正确位置，偏离一个 x（如图 3-18 所示），该值称为竖盘指标差，这是由于水准管、视准轴等几何关系不正确所导致的。指标差有正负，偏离方向与竖盘注记方向一致，x 为正，反之为负。

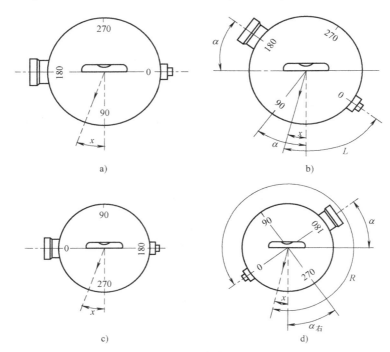

图 3-18 指标差

对于顺时针刻划的竖直度盘，盘左时起始读数为 $90°+x$，正确的竖直角应为

$$\alpha = (90° + x) - L \tag{3-9}$$

盘右时的正确竖直角应为

$$\alpha = R - (270° + x) \tag{3-10}$$

将式（3-3）和式（3-4）代入式（3-9）和式（3-10）得

$$\alpha = \alpha_L + x \tag{3-11}$$

$$\alpha = \alpha_R - x \tag{3-12}$$

将式（3-11）和式（3-12）两式相加并除以 2，得

$$\alpha = \frac{1}{2}(\alpha_L + \alpha_R) \tag{3-13}$$

可见在竖直角观测过程中，取盘左盘右观测竖直角的平均值为一测回角值，可以消除竖盘指标差的影响。

将式（3-11）和式（3-12）两式相减可得指标差的计算公式

$$x = \frac{1}{2}(\alpha_R - \alpha_L) = \frac{1}{2}(L + R - 360°) \qquad (3\text{-}14)$$

指标差可用来检查观测质量。在同一站上，x 可视为常数，虽然取盘左盘右角值的平均值可消除 x 的影响，如式（3-13）。但是观测中，如果 x 的变化超过一定范围，表明观测质量较差，式（3-12）就不可能消除其影响，必须返工重测。对 DJ_6 经纬仪同一测站各目标间指标差的互差规定不应超过 25″。

3.4.2 竖直角观测

1. 仪器安置

在测站点上安置经纬仪，对中，整平，建立本台仪器竖直角计算公式。

2. 盘左观测

度盘置于盘左位置，瞄准目标 A，转动指标微动螺旋，使指标水准管气泡居中，读取竖盘读数如 $L = 66°45'23″$，记入手簿。根据式（3-3）计算其半测回角值为

$$\alpha_L = 90° - L = 90° - 66°45'23″ = 23°14'37″$$

3. 盘右观测

倒转望远镜，瞄准原目标，转动指标微动螺旋，使指标水准管气泡居中，读取竖盘读数如 $R = 293°14'55″$，记入手簿，根据式（3-4）计算其半测回角值为

$$\alpha_R = R - 270° = 293°14'55″ - 270° = 23°14'55″$$

4. 计算

（1）指标差计算 根据式（3-14）计算指标差为

$$x = \frac{1}{2}(66°45'23″ + 293°14'55″ - 360°) = +9″$$

（2）测回角计算 根据式（3-12）计算平均值

$$\alpha = \frac{1}{2}(23°14'37″ + 23°14'55″) = 23°14'46″$$

同法观测目标 B，并用 x 检核观测中是否超限，如果超出限差要求应重测。

表 3-4 竖直角观测记录手簿

测站	目标	竖盘位置	竖盘读数（° ′ ″）			半测回竖直角（° ′ ″）			指标差（″）	一测回竖直角（° ′ ″）			备注
O	A	左	66	45	23	23	14	37	+9	23	14	46	
		右	293	14	55	23	14	55					
	B	左	98	38	24	-8	38	24	-3	-8	38	27	
		右	261	21	30	-8	38	30					

在上述观测中，每次读数前必须调节竖盘指标水准管的微动螺旋使指标水准管的气泡居中，操作较烦琐。为此，有的仪器采用了竖直指标自动归零装置，取代了竖盘指标水准管及其微动螺旋。基本原理与自动安平水准仪补偿原理相同，在仪器补偿范围内，即使仪器有一定的倾斜，也能读到水准气泡居中时的读数。因此，用带竖直指标自动归零装置的仪器观测竖直角，仪器整平后，即可瞄准、读数，从而提高竖直角的观测速度。对于用 DJ_6 型光学经

纬仪测量竖直角而言，仪器整平的精度一般在 1′ 以内，竖盘指标自动归零补偿范围一般为 2′，自动归零误差为 ±2″。

3.5 DJ$_6$ 型光学经纬仪的检验与校正

如图 3-19 所示，经纬仪的主要轴线有视准轴 CC、横轴 HH、水准管轴 LL 和竖轴 VV。根据角度测量原理，仪器主要轴线应满足以下几何关系：

1）照准部水准管轴 LL 垂直仪器竖轴 VV（LL⊥VV）。
2）望远镜视准轴 CC 垂直仪器横轴 HH（CC⊥HH）。
3）横轴 HH 垂直竖轴 VV（HH⊥VV）。
4）十字丝的竖丝⊥HH。
5）竖盘指标差 $x = 0$。
6）光学对中器的视准轴与 VV 重合。

仪器出厂时，虽经检验合格，但由于搬运、振动、长期野外使用等原因会造成上述几何关系的变化，从而产生测量误差。因此测量工作中应按规范定期对仪器进行检验和校正。

3.5.1 照准部水准管轴的检校

1. 检验

此项检验的目的是判断仪器是否满足照准部水准管轴垂直于仪器竖轴，即满足条件 LL⊥VV，当气泡居中时，竖轴铅垂，水平度盘水平。粗平仪器，旋转照准部使水准管平行任意一对脚螺旋，转动这一对脚螺旋使气泡居中，再将照准部旋转 180°，若气泡仍然居中，表明 LL⊥VV，否则应校正。

2. 校正

此项校正应遵循"各调一半，反复进行"的原则，即先用校正针拨动水准管一端的校正螺钉，调回气泡偏移量的一半，再用仪器的脚螺旋调回气泡偏移量的另一半。其原理如图 3-20 所示，设 LL 与 VV 不垂直，相差一个 α 角。当调节脚螺旋使气泡居中后，LL 轴水平，VV 轴偏离铅直方向 P 一个 α 角，如图 3-20a 中的位置，照准部旋转 180°后，LL 轴绕 VV 轴旋转至图 3-20b 中的位置，此时 LL 轴将偏离水平方向 2α 角，气泡不再居中，偏离量为 2α。所以校正时分两步进行：

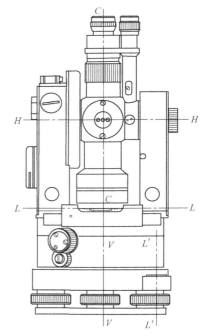

图 3-19 经纬仪的轴线

1）先用校正针拨动水准管一端的校正螺钉，升高或降低水准管一端，使气泡向中间位置移动偏移量的一半（即改正一个 α）。
2）再调节脚螺旋使气泡移动另一半居中（使 VV 轴至铅垂位置 P，LL 轴至水平位置，达到 LL⊥VV 的目的）。
3）校正需要反复进行，直到照准部转至任何位置，气泡中心偏离零点均小于半格为止。

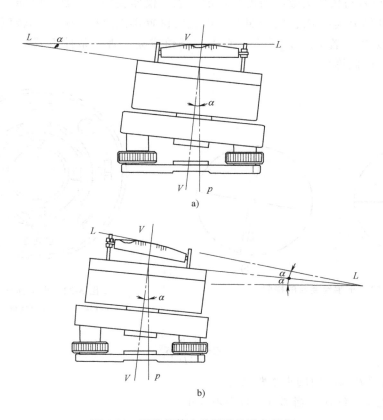

图 3-20 照准部管水准器的检验与校正

3.5.2 十字丝竖丝的检校

1. 检验

检验目的是满足竖丝垂直于横轴的条件，使竖丝处于视准面内。仪器整平后，先用十字丝交点瞄准一固定目标（见图 3-21），旋紧照准部和望远镜的制动螺旋，然后转动望远镜微动螺旋使望远镜上下移动。若竖丝始终未偏离目标，则表明条件满足，否则应进行校正。

2. 校正

先用十字丝交点瞄准目标，拧下目镜的护盖，在放松十字丝环的四个固定螺钉（见图 3-22）后，转动十字丝环（但交点位置不变，仍对准原目标），直至望远镜上下微动时始终未离开目标为止，最后将四个固定螺钉拧紧。

3.5.3 视准轴的检校

1. 检验

检验目的是使仪器的视准轴垂直仪器横轴，即满足条件 $CC \perp HH$，使望远镜旋转时的视准面为一平面而不是圆锥面。如图 3-23 所示，在平坦地区，选择相距 60~100m 的 A、B 两点，取其中点 O 安置经纬仪。在 B 端与仪器同高的位置横放一支带有毫米分划的尺，尺与

OB 垂直，A 端设置与仪器大致同高度的照准标志。仪器整平后，盘左瞄准 A 点，倒转望远镜，在毫米分划尺上读数 B_1，旋转照准部以盘右位置再次瞄准 A 点，倒转望远镜，在毫米分划的尺上读数 B_2，若 B_1、B_2 重合，则表示条件成立，否则条件不满足。$\angle B_1 OB_2 = 4C$，为 4 倍视准差。由此算得

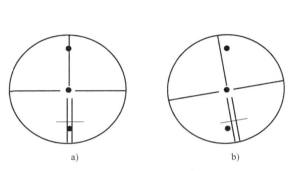

图 3-21 十字丝竖丝的检验

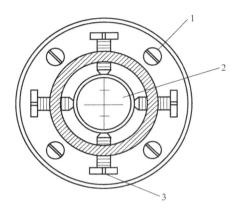

图 3-22 十字丝分划板结构图
1—压环螺钉　2—十字丝板　3—十字丝校正螺钉

$$C = \frac{B_1 B_2}{4D}\rho \qquad (3\text{-}15)$$

式中　D——O 点到 B 尺之间的水平距离。

对 DJ_6 型光学经纬仪，当 $C>60''$ 时必须校正。

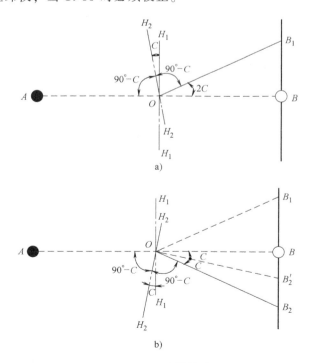

图 3-23 视准轴检验

2. 校正

此项误差的产生是由于十字丝分划板发生平移，使得视准轴偏离了正确位置一个 C 值，称为视准轴误差（也称为视准差），视准轴绕横轴所扫过的面为圆锥面。由图 3-23 可见，B_1、B_2 之间的距离是由 $4C$ 值导致，校正时取 $\frac{1}{4}B_1B_2$ 得 B'_2 点，校正十字丝环的左右两个校正螺钉，如图 3-22 所示，先松后紧，使十字丝中点由 B_2 移至 B'_2 点。

3.5.4 横轴的检校

1. 检验

检验目的是使仪器满足横轴垂直于竖轴的条件，即满足条件 $HH \perp VV$，使望远镜旋转的视准面为一铅垂面而不是倾斜面。安置仪器于高墙面前 20～30m 处，如图 3-24 所示，仪器整平后，以盘左位置瞄准仰角大于 30° 的墙面明显目标点 A，放平望远镜，在墙面上定出 B_1 点，倒转望远镜以盘右再瞄准高点 A，放平望远镜，在墙面上定出 B_2 点。若点 B_1、点 B_2 重合，表明条件成立。由图上可见

$$i = \frac{B_1 B_2 \cot\alpha}{2d}\rho \tag{3-16}$$

当 i 大于规定值：DJ_6 型为 $\pm 20''$，DJ_2 型为 $\pm 15''$ 时，应进行校正。

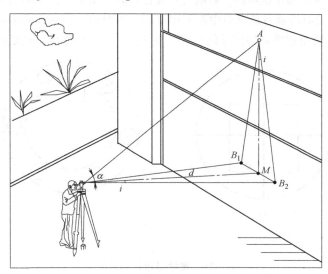

图 3-24 横轴检验与校正

2. 校正

设横轴不垂直于竖轴，相差一个 i 角称为横轴误差。校正时，为了使视准面为通过 A 点的铅垂面，转动照准部以盘右瞄准 $B_1 B_2$ 的中点 M，然后抬高望远镜至 A 点附近，则十字丝中丝交点必然偏离 A 点。这时，可调节横轴校正机构，升高或降低横轴一端，直至使十字丝中丝交点瞄准 A 点为止。因光学经纬仪的横轴是封闭在支架内，校正的技术难度较大，此项校正应由检修人员进行。

3.5.5 竖盘指标差的检校

1. 检验

检验目的是保证经纬仪在竖盘指标水准管气泡居中时，指标处于正确位置，即满足条件 $x=0$。仪器整平后，以盘左、盘右先后瞄准同一目标，在竖盘指标水准管气泡居中时，读取竖盘读数 L 和 R，按式（3-13）计算指标差，若 x 超过 $1'$，则应进行校正。

2. 校正

保持望远镜盘右位置瞄准目标不变，计算指标差为零时盘右正确读数 $R-x$，转动竖盘指标水准管微动螺旋使指标线对准该读数，此时气泡必不居中，用校正针拨动竖盘指标水准管校正螺钉，使气泡居中即可。校正需要反复进行，直至不超过限差为止。

3.5.6 光学对中器的检校

1. 检验

检验目的是使光学对中器的视线与竖轴重合。选择平坦地面安置经纬仪并严格整平，在三脚架中央地面上放一硬纸板，通过光学对中器在白纸板上标出分划线中心点 A，如图 3-25 所示，将照准部旋转 $180°$，再标出点 B。若点 A、点 B 重合，表明条件成立，否则应进行校正。

2. 校正

仪器类型不同，校正部位也不同，有的需要校正转向直角棱镜，有的需要校正分划板，有的两者均需要校正。校正时需通过拨动对中器上相应的校正螺钉，使刻划圈中心对准点 A、点 B 的中点。反复 $1\sim2$ 次，直至照准部转到任何位置，点 A、点 B 点始终位于刻划圈中央为止。

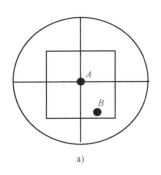
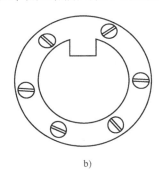

a)　　　　　　　　　　　b)

图 3-25　光学对中器的校正

3.6 电子经纬仪

为了使所测量的角度数据能自动显示、自动记录和传输，采用光电扫描度盘将角度值变为电信号，再将电信号转化为角度值，达到自动测角的目的，这种经纬仪称为电子经纬仪。它是在微处理器控制下，集机、光、电一体，带有电子扫描度盘，实现测角数字化的一代新型测量仪器。电子经纬仪与光电测距仪结合成一体又称为全站仪，目前已被广泛应用于测量工作中，将逐渐取代传统光学经纬仪和电子经纬仪。电子经纬仪其测角读数系统采用的是光电扫描度盘和自动显示系统。

3.6.1 电子经纬仪的测角系统

根据光电扫描度盘获取电信号的原理不同，电子经纬仪的电子测角系统主要有编码测角系统、光栅式测角系统及动态式测角系统三种。

1. 编码测角系统

利用编码度盘进行测角是电子经纬仪中采用最早的方法，也是较为普遍的电子测角方法。为了分区对度盘进行二进制编码，将整个玻璃度盘沿径向划分为 2^n 条由圆心向外辐射的等角距码区，n 条码道（同心圆环），使每条码区被码道分成 n 段黑白光区。设黑区透光为 1，白区不透光为 0，从而对不同码区组成以 n 位数为一组的编码。如图 3-26 所示，码道数 $n=4$，码区数 $2^4=16$，每条码区依次标有不同 4 位数的编码（见表 3-5），如第 13 码区的编码为 1101。

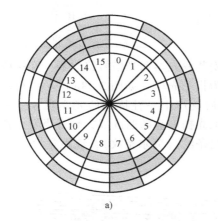
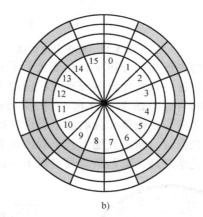

图 3-26 光电编码度盘原理

每码区的角值为 $360°/2^4 = 22°30'$。为了识别照准方向落在度盘所在码区位置的编码，如图 3-27 所示，在度盘上方按码道划分的光区位置，安装一排发光二极管组成发光阵列，在度盘下方对应位置安装一排光电二极管组成光信号接收阵列，上下阵列对度盘光区扫描。发光阵列通过光区发出信号 1（透光）和 0（不透光），使接收阵列分别输出高压和低压信号，通过译码器而获得照准方向所在码区的绝对位置。

编码度盘的分辨率，即码区角值的大小 $360°/2^n$ 取决于码道数 n，n 越大，分辨率越高。若分辨率要求达到 $10'$，则需要 11 个码道，2048 个码区，即 $360°/2^{11} = 360°/2048 = 10'$。设度盘直径 $R=80\text{mm}$，每码区圆心角所对的最大弧长 $\Delta S = \dfrac{10'}{\rho} \cdot \dfrac{R}{2} = \dfrac{10'}{206265''} \cdot 40\text{mm} = 0.12\text{mm}$，显然要将光区发光元件做成小于 0.12mm 是极其困难的。因此，编码度盘只用于角度粗测，精测还需利用电子测微技术进行。

2. 栅式测角系统

在电子经纬仪中，另一种被广泛使用的测角方法是利用光栅度盘测角。由于这种方法比较容易实现，目前已被许多厂家采用。如图 3-28a 所示，在玻璃圆盘刻度圈上，全圆式地刻划出密集型的径向细刻线，光线透过时呈现明暗条纹，这种度盘称为光栅度盘。通常光栅的刻线不透光，缝隙透光，两者宽度相等，栅距为 d。栅距所对的圆心角，即为光栅度盘的分划值。度盘的光栅条纹数一般为 21600 条刻线，每一条纹间距为 $1'$，也有 10800 条刻线的，每一条纹间距对应角值为 $2'$。实现角度测量的技术过程就是对光栅条纹数的计数和不足一个条纹宽度的测微（细分）过程。

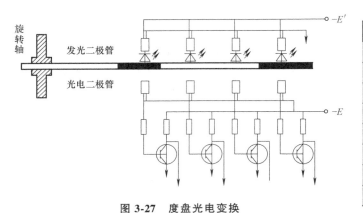

表 3-5 对应码区编码表

区间	编码	区间	编码
0	0000	8	1000
1	0001	9	1001
2	0010	10	1010
3	0011	11	1011
4	0100	12	1100
5	1001	13	1101
6	0110	14	1110
7	1111	15	1111

图 3-27　度盘光电变换

为了提高度盘的分辨率，在度盘上下方分别安装发光器和光信号接收器。在接收器与底盘之间，设置一块与度盘刻线密度相同的光栅称为指示光栅。如图 3-28b 所示，指示光栅与度盘光栅间有一个微小夹角 θ。它们叠加在一起后就产生一种特别的光学现象——莫尔条纹。指示光栅、发光器和接收器三者位置固定，唯光栅度盘随照准部旋转。当发光器发出红外光穿透光栅时，指示光栅上就呈现出放大的明暗条纹（莫尔条纹），纹距宽为 D。

根据光学原理，莫尔条纹具有以下特征：

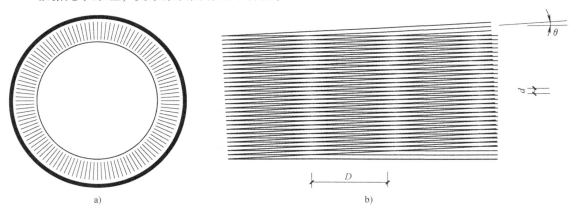

图 3-28　光栅度盘及莫尔条纹

1）D 与栅距 d 成正比，与倾斜角 θ 成反比，三者应满足以下关系

$$D = \frac{d}{\theta}\rho = kd \tag{3-17}$$

式中　k——莫尔条纹放大倍数，当 $\theta = 7'$ 时，$k = \rho/\theta = 206265''/7' = 500$ 倍。

2）度盘旋转一个栅距 d，莫尔条纹移动一个纹距 D，亮度相应按正弦波变化一个周期，接收器将光信号转换的电流变化一个周期。所以，当望远镜从一个方向转到另一个方向时，流过光电管光信号的周期数,就是两方向间的光栅数。

测角时,望远镜瞄准起始方向,使接收电路中计数器处于"0"状态。当度盘随照准部正、反向转至另一目标方向时,计数器在判向电路控制下,对莫尔条纹亮度变化的周期数进行累加、累减计数。最后经过程序处理,显示出观测角值。如果在电流波形的一周期内插 n 个脉冲,并将流过的脉冲计数,就可以将角度分辨率提高 n 倍。这种累加栅距测角的方法称为增量式测角。

3. 区格度盘动态式测角系统

在玻璃度盘上分划出若干等距的径向区格。每一区格由一对黑白光区组成,白的透光、黑的不透光。区格相应的角值,即格距为 φ_0(见图3-29)。如将度盘分划为1024区格,格距

$$\varphi_0 = 360°/1024 = 21'05.625''$$

测角时,为了消除度盘刻划误差,按全圆刻划误差总和等于零的原理,用微型电动机带动度盘等速旋转,利用光栏上安装的电子元件对度盘进行全圆式扫描,从而获得目标的观测方向值。

如图3-29所示,在度盘的外缘安装固定光栏 L_S,并与基座相连,充当0位线;在度盘的内缘安装活动光栏 L_R,随照准部转动,充当方向指标线。在每支光栏上装有发光器和光信号接收器,分别置于度盘上下的对称位置。通过光栏上的光孔,发光器发出旋转度盘透光、不透光区格明暗变化的光信号。接收器将光信号转换为正弦波经整形为方波的电流各自由 S、R 输出,以便计数和相位测量。L_S 与 L_R 之间的夹角 φ 为 $n\varphi_0$ 与不足一个格距 $\Delta\varphi$ 之和,即

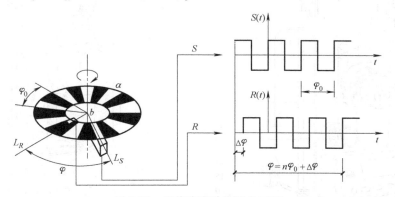

图3-29 区格度盘动态测角原理

$$\varphi = n\varphi_0 + \Delta\varphi \tag{3-18}$$

式中的 n 和 $\Delta\varphi$ 可由粗测和精测求得。

(1)粗测 在度盘同一径向上,对应 L_S、L_R 光孔位置,各设置一个标志。度盘旋转时,标志通过 L_S,计数器对脉冲方波开始计数。当同一径向的另一标志通过 L_R 时计数器停止计数。计数器计得的方波数即为 φ_0 的个数 n。

(2)精测 设 φ_0 对应的时间为 T_0,$\Delta\varphi$ 对应的时间为 ΔT,因度盘是等速旋转,它们的比值应相等,即

$$\Delta\varphi = \frac{\varphi_0}{T_0}\Delta T \tag{3-19}$$

式中的 φ_0、T_0 均为已知数。ΔT 为任意区格通过 L_S,紧接着另一区格通过 L_R 所需要的时间。它可通过在相位差 $\Delta\varphi$ 中填充脉冲,并计其数,根据已知的脉冲频率和脉冲数计算出来。度盘转一周可测出1024个 $\Delta\varphi$,取其平均值求得 $\Delta\varphi$。

粗测和精测的数据经过微处理器,最后的观测角值在液晶屏显示出来。这种以旋转度盘的测角方法称为动态式测角。

3.6.2 ET-02 型电子经纬仪的使用

图 3-30 为我国南方测绘仪器有限公司生产的 ET-02 型电子经纬仪

1. 主要技术参数

角度测量:光电增量式系统。

单位:400g,360°。

显示最小单位:1″,5″。

测量方法:单次测量和连续测量。

测量精度:一测回方向观测中误差 2.0″。

轴系补偿系统:自动垂直补偿器。

望远镜:正像,标准目镜 30 倍,视场角 0°30′,最短视距 1.4m。

水准器:圆水准器 8′/2mm,管水准器 30″/2mm。

温度范围:-20~+45℃。

仪器重量:4.3kg。

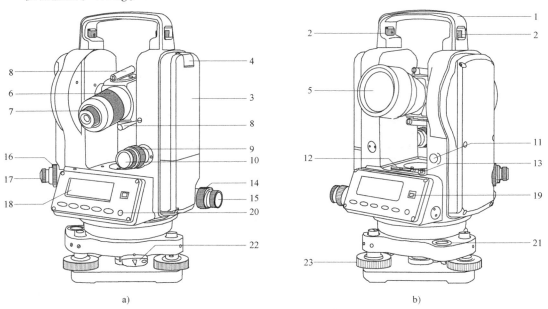

图 3-30 ET-02 型电子经纬仪

1—手柄 2—手柄固定螺钉 3—电池盒 4—电池盒按钮 5—物镜 6—物镜调焦螺旋 7—目镜调焦螺旋 8—光学粗瞄器 9—望远镜制动螺旋 10—望远镜微动螺旋 11—光电测距仪数据接口 12—水准管 13—水准管校正螺钉 14—水平制动螺旋 15—水平微动螺旋 16—光学对中器物镜调焦螺旋 17—光学对中器目镜调焦螺旋 18—显示窗 19—电源开关键 20—显示窗照明开关键 21—圆水准器 22—轴套锁定钮 23—脚螺旋

2. 仪器操作

用电子经纬仪测量角度比较简单,将仪器对中整平后,按下"PWR",即打开电源,按下"CONS"键至三声蜂鸣后松开"CONS"键,仪器进入初始化设置状态,设置完成后按"CONS"键予以确认,仪器返回测角模式。如果显示屏显示"b",提示仪器的竖轴不垂直,将仪器精确整平后"b"消失。

将望远镜十字丝中心对准目标,按"0 SET"两次,使水平角读数为0°00′00″,作为水平角起算的零方向。按"L/R"键,水平角设置为右旋(R)或左旋(L)。若为右旋,则顺时针转动照准部,瞄准另一目标,显示屏显示相应的水平角与竖直角,盘左完成后,倒转望远镜完成盘右观测。

3.7 角度测量误差分析及注意事项

用经纬仪进行角度测量,会存在误差。分析误差出现的原因、特性及其规律,采用一定的观测方法,减小这些误差的影响,将有助于提高角度测量的成果质量。测量误差来源主要包括三个方面:仪器误差、操作误差及外界条件的影响。

3.7.1 仪器误差

仪器误差包括仪器检验和校正之后的残余误差、仪器零部件加工不完善所引起的误差等,主要有以下几种:

1. 视准轴误差

视准轴误差又称为视准差,由望远镜视准轴不垂直于横轴引起。对角度测量的影响规律如图 3-23 所示,因该误差对水平方向观测值的影响值为 $2C$,且盘左、盘右观测时符号相反,故在水平角测量时,可采用盘左盘右观测一测回,取平均值的方法加以消除。

2. 横轴误差

横轴误差是由横轴不垂直于竖轴引起的。根据图 3-24 可知,盘左、盘右观测中均含有此项误差,且方向相反。故水平角测量时,同样可采用盘左、盘右观测,取一测回平均值作为最后结果的方法加以消除。

3. 竖轴误差

竖轴误差由仪器竖轴不垂直于水准管轴、水准管整平不完善、气泡不居中所引起。由于竖轴不处于铅直位置,与铅垂方向偏离了一个小角度,从而引起横轴不水平,使角度测量带来误差。这种误差的大小随望远镜瞄准不同方向、横轴处于不同位置而变化。同时,由于竖轴倾斜的方向与正、倒镜观测(即盘左、盘右观测)无关,所以竖轴误差不能用正、倒镜观测取平均数的方法消除。因此,观测前应严格检校仪器,观测时应仔细整平,保持照准部水准管气泡居中,气泡偏离量不得超过一格。

4. 竖盘指标差

竖盘指标差由竖盘指标线不处于正确位置引起。其原因可能是竖盘指标水准管没有整平,气泡没有居中,也可能是经检校之后的残余误差。因此观测竖直角时,首先应切记调节竖盘指标水准管,使气泡居中。若此时竖盘指标线仍不在正确位置,如前所述,采用盘左、盘右观测一测回,取其平均值作为竖直角成果的方法来消除竖盘指标差。

5. 度盘偏心差

该误差属仪器零部件加工安装不完善引起的误差。在水平角测量和竖直角测量中,分别有水平度盘偏心差和竖直度盘偏心差两种。

水平度盘偏心差是由照准部旋转中心与水平度盘圆心不重合所引起的指标读数误差。因为盘左、盘右观测同一目标时,指标线在水平度盘上的位置具有对称性(即对称分划读数），所以，在水平角测量时，此项误差也可取盘左、盘右读数的平均数予以减小。

竖直度盘偏心差是指竖直度盘圆心与仪器横轴（即望远镜旋转轴）的中心线不重合带来的误差。在竖直角测量时，该项误差的影响一般较小，可忽略不计。若在高精度测量工作中，确需考虑该项误差的影响时，应经检验测定竖盘偏心误差系数，对相应竖角测量成果进行改正；或者采用对向观测的方法（即往返观测竖直角）来消除竖盘偏心差对测量成果的影响。

6. 度盘分划误差

现代光学测角仪器，度盘的分划误差很小，一般可忽略不计，若观测角度需要测多个测回，应变换度盘位置，使各测回的方向值分布在度盘的不同区间；取各测回角值的平均值，可以减小度盘分划误差的影响。

3.7.2 操作误差

1. 对中误差

对中误差又称为测站偏心差，是仪器中心与测站中心不重合所引起的误差。如图 3-31 所示，点 B 为测站点，点 B' 为仪器中心，e 为偏心距，β 为欲测角，β' 为实测角，δ_1、δ_2 为对中误差产生的测角影响，则

$$\Delta\beta = \beta - \beta' = \delta_1 + \delta_2 = \left[\frac{\sin\theta}{d_1} + \frac{\sin(\beta'-\theta)}{d_2}\right]e\rho \quad (3-20)$$

由上式可知，$\Delta\beta$ 与偏心距 e 成正比，与边长 d 成反比，还与测角大小有关，β 越接近 180°影响越大。所以在测角时，对于短边、钝角尤其要注意对中。

2. 目标偏心差

目标偏心差是由瞄准中心偏离标志中心所引起的误差。如图 3-32 所示，点 A 为测站点，点 B 为标志中心，点 B' 为瞄准中心，点 B'' 为点 B' 的投影，e 为目标偏心差，x 为目标偏心对水平角观测一个方向的影响，则

$$x = \frac{e}{d}\rho = \frac{l\sin\alpha}{d}\rho \quad (3-21)$$

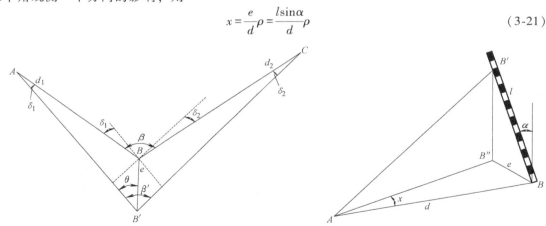

图 3-31 对中误差对水平角测量的影响　　图 3-32 目标偏心误差对水平角测量的影响

由上式可知，x 与目标倾斜角 α、目标长度 l 成正比，与边长 d 成反比。因此观测水平角时，标杆应竖直，并尽量照准底部，当 d 较小时，应尽可能照准标志中心。

3. 瞄准误差

视准轴偏离目标理想准线的夹角称为瞄准误差。其主要取决于人眼分辨角 P 和望远镜

的放大倍率 V，一般可用下式表达

$$m_V = \pm \frac{P}{V} = \pm \frac{60''}{V} \tag{3-22}$$

对于 DJ_6 型光学经纬仪，一般 $V=26$，则 $m_V = \pm 2.3''$。

4. 读数误差

读数误差主要取决于仪器的读数设备，照度和判断的准确性。对于 DJ_6 型，读数最大误差为 $\pm 12''$，对于 DJ_2 型一般为 $\pm(2''\sim 3'')$。

3.7.3 外界条件的影响

外界条件的影响因素很多，如温度变化、大气透明度、旁折光、风力等，这些因素均影响观测结果的精度。为此，在测量水平角时，应采取措施，如选择有利的观测时间确保成像清晰稳定，踩实三脚架的脚尖，为仪器撑伞遮阳，尽可能使视线远离建筑物、水面及烟囱顶，以防止这些部位因气温引起的大气水平密度变化所产生的旁折光影响等。

3.7.4 角度测量注意事项

通过上述分析，为了提高测角精度，观测时必须注意以下各点：
1) 观测前检校仪器，使仪器误差降低到最小程度。
2) 安置仪器要稳定，脚架应踩实，仔细对中和整平，一测回内不得重新对中整平。
3) 标志应竖直，尽可能瞄准标志的底部。
4) 观测时应严格遵守各项操作规定和限差要求，尽量采用盘左、盘右观测。
5) 水平角观测时应用十字丝交点对准目标底部；竖直角观测时应用十字丝交点对准目标顶部。
6) 对一个水平角进行 n 个测回观测，各测回间应按 $180°/n$ 来配置水平盘度的初始位置。
7) 读数准确、果断。
8) 选择有利的观测时间进行观测。

【**本章小结**】

本章主要介绍了角度测量原理，度盘读数方法，经纬仪技术操作，水平角观测，竖直角观测，经纬仪检校原理和方法，水平角测量误差，电子经纬仪的测角原理。难点是竖直角计算和方向观测法计算。

【**思考题与练习题**】

1. 测角时为什么一定要对中、整平？如何进行？
2. 测量水平角时，采用盘左、盘右观测取平均的方法可以消除哪些仪器误差对测量结果带来的影响？
3. 测量竖直角时，为什么每次竖盘读数前应转动竖盘指标水准管的微动螺旋使气泡居中？
4. 经纬仪有哪些主要轴线？它们之间应满足哪些几何关系？
5. 简述测回法观测水平角的操作步骤。
6. 水平方向观测中的 $2C$ 是何含义？为何要计算 $2C$，并检查其互差？

7. 测站偏心误差和目标偏心误差对水平角测量有何影响？
8. 表3-6为水平角测回法观测数据，完成表格计算。

表 3-6　水平角测回法观测数据

测站	测回数	盘位	目标	水平度盘读数 (° ′ ″)			半测回角值 (° ′ ″)	一测回角值 (° ′ ″)	各测回平均值 (° ′ ″)	备注
O	1	左	A	0	02	00				
			B	91	45	06				
		右	A	180	01	48				
			B	271	45	12				
	2	左	A	90	00	48				
			B	181	43	54				
		右	A	270	01	12				
			B	1	44	12				

9. 计算表3-7中方向观测法的水平角测量结果。

表 3-7　方向观测法的水平角测量结果

测站	测回数	目标	水平度盘读数						2C=左-(右±180°) (″)	平均读数=[左+(右±180°)]/2 (° ′ ″)	归零后的方向值 (° ′ ″)	各测回归零方向值的平均值 (° ′ ″)	各方向间的水平角 (° ′ ″)
			盘左读数			盘右读数							
			°	′	″	°	′	″					
O	1	A	0	01	24	180	01	36					
		B	70	23	36	250	23	42					
		C	220	17	24	48	17	30					
		D	254	17	54	74	17	54					
		A		01	30	180	01	42					
	2	A	90	01	12	270	01	30					
		B	160	23	24	340	23	48					
		C	310	17	30	130	17	48					
		D	344	17	42	164	17	24					
		A	90	01	18	270	01	12					

10. 完成表3-8中竖直角观测的各项计算。

表 3-8　竖直角的观测结果

测站	目标	竖盘位置	竖盘读数 (° ′ ″)			半测回竖直角 (° ′ ″)	指标差 (″)	一测回竖直角 (° ′ ″)	备注
O	C	左	80	18	36				
		右	279	41	30				
	D	左	125	03	30				
		右	234	56	54				

第 4 章 距离测量

距离测量是确定地面点位的测量基本工作之一。测量中所说的距离为两点间的水平长度。如果测得的是倾斜距离，还必须改算为水平距离。按照所用仪器、工具不同，距离测量的方法有钢尺量距、视距测量、电磁波测距及 GNSS 测距等。钢尺量距是用钢卷尺沿地面直接丈量距离；视距测量是利用经纬仪或者水准仪的视距丝及水准尺按几何光学原理进行测距；电磁波测距是用仪器发射并接收电磁波，通过测量电磁波在待测距离上往返传播的时间解算出距离；GNSS 测量是利用 GNSS 接收机接收空间轨道上多颗卫星发射的精密测距信号，通过距离空间交会的方法解算出待定点之间的距离。本章介绍前三种，GNSS 测距在第 7 章中介绍。

4.1 钢尺量距

钢尺量距是传统的量距方法，适用于地面比较平坦，边长较短的距离测量，目前一些建筑施工单位仍在使用，尤其是建筑物内部施工的时候使用比较方便、快捷。

4.1.1 量距工具

1. 钢尺

钢尺（见图 4-1a）是钢制的带状尺，尺宽 10~15mm，厚度约 0.4mm，长度有 20m、30m、50m 等多种，一把钢尺的全长称为"一尺段"。为了便于携带和保护，将钢尺卷放在圆形尺盒内或金属架上。也有尺长仅为 2~5m 的小钢卷尺，用于量取仪器高，或者瞄准目标的高度（目标高），或在地形测量时量取地物细部的尺寸，或是在放样时进行距离调整改正。钢尺上最小分划为毫米，在每厘米、每分米及每米处均有数字注记，便于量距时读数。

根据尺的零点位置的不同，钢尺可以分为端点尺和刻线尺。端点尺是以尺的最外端及拉环外沿作为尺的零点（见图 4-1b），当从建筑物墙边开始丈量时使用方便，但是拉环易磨损；刻线尺是以尺前端的一刻线作为尺的零点（见图 4-1c），使用时应注意零刻划的位置，以免出错。

2. 皮尺

皮尺（见图 4-2）：外形同钢卷尺，用麻布或纤维制成，基本分划为厘米，零点在尺端。

皮尺精度低，只用于精度要求不高的距离丈量。钢尺量距最高精度可达到 1/3 万。由于其在短距离量距中使用方便，常在工程中使用。

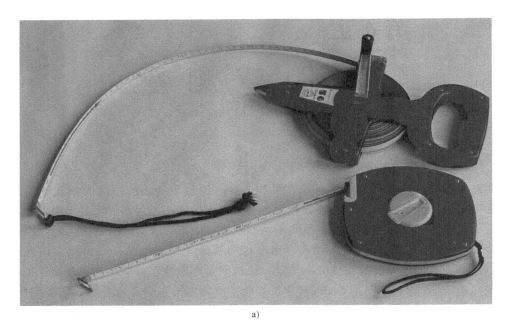

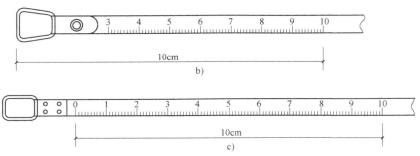

图 4-1 钢尺

a) 钢尺 b) 端点尺 c) 刻线尺

3. 辅助工具

辅助工具有花杆、测钎、垂球、弹簧秤和温度计、尺夹。花杆（见图 4-3a）长度有 2m、3m、5m，直径 3~4cm，杆上涂以 20cm 间隔的红、白漆，以便远处清晰可见，用于标定直线。测钎（见图 4-3b）是用直径 5mm 左右的粗钢丝制成，长约 30cm。它的一端磨尖，便于插入土中，用来标志所量尺段的起、止点和计算已量过的整尺段数，另一端做成环状便于携带。测钎 6 根或 11 根为一组。垂球（见图 4-3c）用于在不平坦地面丈量时将钢尺的端点垂直投影到地面。精度要求较高的量距时还需要有弹簧秤和温度计，以控制拉力和测定温度。尺夹安装在钢尺末端，以方便持尺员稳定钢尺。

4.1.2 直线定线

当地面两点间的距离大于钢尺的一个尺段或地势起伏较大时，需要在直线方向上标定若干个分段点，以便用钢尺分段丈量。这个过程称为直线定线。直线定线的目的是使这些分

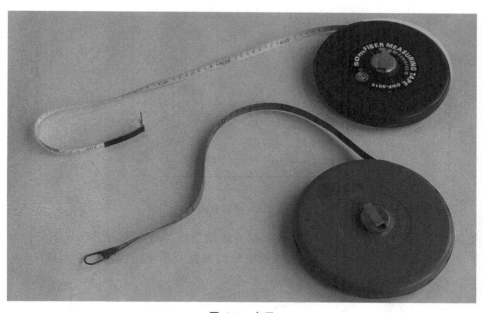

图 4-2　皮尺

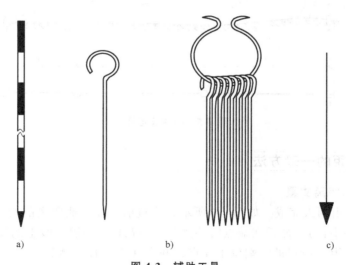

图 4-3　辅助工具
a）花杆　b）测钎　c）垂球

段点在待量直线端点的连线上。中间点可用花杆或测钎表示该点位置。在定线后方可量距，若距离不长，也可边定线边量距。方法有目视定线和经纬仪定线。

一般量距用目视定线：如图 4-4 所示，点 A、点 B 为待测距离的两个端点，先在 A 点、B 点上竖立花杆，甲立在 A 点后 1~2m 处，由 A 点瞄向 B 点，使视线与花杆边缘相切，甲指挥乙持花杆左右移动，直到点 A、点 2、点 B 处三花杆在一条直线上，然后将花杆竖直地插下，同法可定出其他点。直线定线一般由远到近，即先定点 1，再定点 2。

钢尺精密量距用经纬仪定线：如图 4-5 所示，设 A、B 两点互相通视，甲将经纬仪安置在 A 点，对中整平后用望远镜十字丝的竖丝瞄准 B 点目标，在水平方向上制动照准部，上

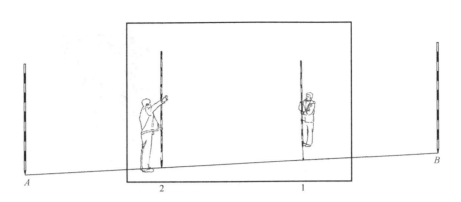

图 4-4 目视定线

下转动望远镜,指挥位于 A、B 两点间的乙左右移动花杆,直至花杆被竖丝平分,将花杆竖直地插下。为了减少照准误差,可以用直径更细的测钎或垂球线代替花杆。

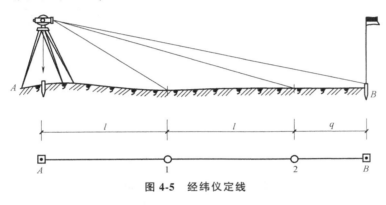

图 4-5 经纬仪定线

4.1.3 钢尺量距的一般方法

1. 平坦地区的距离丈量

丈量工作一般由两人完成。如图 4-6 所示,丈量前,在待测距离的两个端点 A、B 上打下木桩(桩上钉一小钉),然后在端点的外侧各立一花杆,清除直线上的障碍物后,即可开始丈量。后尺员(甲)持尺的零端位于 A 点,并在 A 点上插一测钎,前尺员(乙)持尺的末端并携带一组测钎的其余 5 根(或 10 根),沿 AB 方向前进,行至一尺段处停下。甲以手势指挥乙将钢尺拉在 AB 连线上,当两人同时把钢尺拉紧、拉平(遵循读数最小原则)和拉稳后,乙喊"预备",甲将尺的零点对准 A 点后喊"好",乙在听到"好"的同时在尺的末端整尺段长分划处竖直插下一根测钎(如果在硬性地面上丈量无法插测钎时,也可以用测钎或者铅笔在地面上画线做标志)得到 1 点,这样便量完一个整尺段。随之甲拔起 A 点上的测钎与乙共同举尺前进,当后尺员达到插测钎或画记号处停住,同法量出第二尺段。依次继续丈量下去,直至量完 AB 直线的最后一段为止。最后一段距离一般不会刚好是整尺段的长度,如图 4-6 中的 $(n-B)$ 段称为余长 q。丈量余长 q 时,仍然是甲将尺的零端点对准 n 点,乙将钢尺拉平拉稳拉直后对准 B 点读取余长值 q,则 AB 的水平距离为

$$D_{AB} = nl + q \tag{4-1}$$

式中　n——尺段数；

　　　l——钢尺长度（m）；

　　　q——不足一整尺的余长（m）。

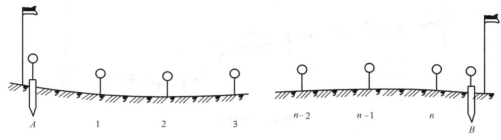

图 4-6　平坦地区丈量

为了防止丈量中发生错误及提高量距精度，距离要往、返丈量。上述为往测，返测时要重新进行定线，取往、返测距离的平均值作为丈量结果。量距精度以相对误差 K 表示，通常化为分子为 1 的分式形式。

$$K = \frac{|D_{往} - D_{返}|}{\overline{D}_{AB}} \tag{4-2}$$

式中　$\overline{D}_{AB}$——往、返丈量距离的平均值。

例如，测 AB 的水平距离，往测为 231.54m，返测为 231.48m，距离平均值为 231.51m，故其相对误差为

$$K = \frac{|D_{往} - D_{返}|}{\overline{D}_{AB}} = \frac{|231.54\text{m} - 231.48\text{m}|}{231.51\text{m}} = \frac{1}{3858} < \frac{1}{3000}$$

相对误差的分母越大，说明量距的精度越高。在平坦地区，钢尺量距的相对误差一般不应大于 $\frac{1}{3000}$，在量距困难地区，其相对误差也不应大于 $\frac{1}{1000}$。当量距的相对误差没有超出上述规定时，可取往、返测距离的平均值作为最后的成果，否则重新测量，直到结果满足规范要求为止。

2. 倾斜地面的距离丈量

（1）平量法　沿倾斜地面丈量距离，当地势起伏不大时，可将钢尺拉平丈量。如图 4-7 所示，丈量由 A 点向 B 点进行，甲立于 A 点，指挥乙将尺立在 AB 方向线上。甲在尺的零端 A 点，乙将尺子抬高，并且目估使尺子水平，然后用垂球尖见尺段的末端投于地面上，再插以测钎。若地面倾斜较大，将钢尺抬平有困难时，可将一尺段分成几段来平量，如图中的 EF 段。

（2）斜量法　当倾斜地面的坡度比较均匀时，如图 4-8 所示，可以沿着斜坡丈量出 A 点、B 点的斜距 L，测出地面倾斜角 α 或 AB 的高差 h，则 A、B 两点间的水平距离 D 可按下式计算

$$D = L\cos\alpha = \sqrt{L^2 - h^2} \tag{4-3}$$

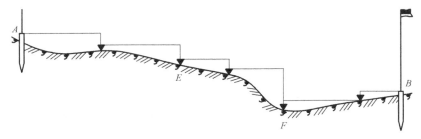

图 4-7 平量法

4.1.4 钢尺量距的精密方法

用一般方法量距，量距精度只能达到 $\frac{1}{1000} \sim \frac{1}{5000}$，当量距精度要求更高时，例如 $\frac{1}{10000} \sim \frac{1}{40000}$，这就要求用精密的方法进行丈量。精密方法量距的主要工具有钢尺、弹簧秤、温度计、尺夹等。要求所用的钢尺经过检验并得到对应的尺长方程式，测量量距时的空气温度并计算钢尺的温度改正数，记录量距时的拉力并计算拉力改正数。同时，用水准仪测量每段的高差，将所量取的倾斜距离换算为水平距离。随着全站仪的逐渐普及，现场用全站仪测距逐步代替钢尺的精密量距，本章第 4.5、4.6 节介绍了市场上常见的全站仪的使用。

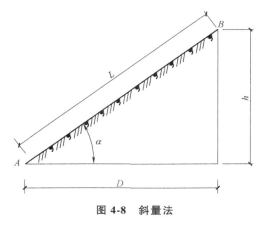

图 4-8 斜量法

4.1.5 钢尺量距的误差分析

影响钢尺量距精度的因素很多，主要误差来源有定线误差、尺长误差、温度误差、拉力误差、尺子不水平误差、钢尺垂曲和反曲的误差、丈量本身的误差等。在这些误差中，有系统误差，也有偶然误差，现讨论如下：

1. 定线误差

如图 4-9 所示，在量距时由于钢尺没有准确地安放在待量的直线方向上，所量的是折线不是直线，造成量距结果偏大，由此而引起的一个尺段 l 的量距误差 $\Delta \varepsilon$ 为

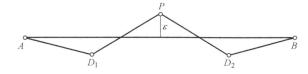

图 4-9 定线误差

$$\Delta \varepsilon = \sqrt{l^2 - (2\varepsilon)^2} - l^2 = -\frac{2\varepsilon^2}{l} \tag{4-4}$$

当 l 为 30m 时，若要求 $\Delta\varepsilon \leq \pm 3$mm，则应使定线误差 ε 小于 0.21m，这时采用目估定线是容易达到的。精密量距时用经纬仪定线，可使 ε 值和 $\Delta\varepsilon$ 更小。设 ε 值为 2cm，$\Delta\varepsilon$ 仅 0.03mm。

2. 尺长误差

如果钢尺的名义长度与实际长度不一致，将产生尺长误差。尺长误差具有系统积累性，它与所量距离成正比。所以钢尺必须经过检定以求得其尺长改正数 Δl_d。

3. 温度误差

根据温度改正公式 $\Delta l_t = \alpha(t-t_0)l$，对于 30m 的钢尺，温度变化 8℃，将会产生 $\frac{1}{10000}$ 尺长的误差。由于用温度计测量温度，测定的是空气的温度，而不是尺本身的温度，在夏季阳光暴晒下，此两者温度之差可大于 5℃。因此，量距宜在阴天进行，并要设法测定钢尺本身的温度。

4. 拉力误差

钢尺具有弹性，会因受拉而伸长。量距时，如果拉力不等于标准拉力，钢尺的长度就会产生变化。拉力变化所产生的长度误差 Δp 可用下式计算

$$\Delta p = \frac{l\delta_p}{EA} \tag{4-5}$$

式中　l——钢尺长（m）；

　　　δ_p——拉力误差；

　　　E——钢尺的弹性模量（通常取 2×10^6 kg/cm²）；

　　　A——钢尺的截面面积（设为 0.04cm²）。

则 $\Delta p = 0.38\delta_p$ mm，欲使 Δp 不大 ±1mm，拉力误差不得超过 2.6kgf（即 26N）。精密量距时，用弹簧秤控制标准拉力，δ_p 很小，Δp 可略而不计。一般量距时拉力要均匀，不要或大或小。

5. 尺子不水平的误差

钢尺一般量距时，如果钢尺不水平，总是使所量距离偏大。设钢尺长 30m，目估水平的误差约为 0.44m（倾角约 50′），由此而产生的量距误差为 $30\text{m} - \sqrt{30^2 - 0.44^2}$ m = 3mm。

精密量距时，测出尺段两端点的高差 h 进行倾斜改正。设测定高差的误差为 δ_h，则由此产生的距离误差 Δh 为 $\frac{h}{l}\delta_h$。欲使 $\Delta h \leq 1$mm，当 $l = 30$m，$h = 1$m 时，δ_h 为 30mm。用普通水准测量的方法是容易达到的。

6. 钢尺垂曲和反曲的误差

钢尺悬空丈量时中间下垂称为垂曲。故在钢尺检定时，应按悬空与水平两种情况分别检定，得出相应的尺长方程式，按实际情况采用相应的尺长方程式进行成果整理，这项误差可以不计。

在凹凸不平的地面量距时，凸起部分将使钢尺产生上凸现象称为反曲，设在尺段中部凸起 0.5m，由此而产生的距离误差达 17mm（$30\text{m} - 2\times\sqrt{15^2 - 0.5^2}$ m），这是不能允许的。应将

钢尺拉平丈量。

7. 丈量本身的误差

它包括钢尺刻划误差、对点误差、插测钎的误差、前后尺员配合误差及钢尺读数误差等。这些误差是由人的感官能力所限而产生的，误差有正有负，在丈量结果中可以互相抵消一部分，但仍是量距工作的一项主要误差来源。因此在丈量中应尽量做到对点准确，配合协调。

4.2 视距测量

视距测量是用望远镜内视距丝装置，根据几何光学原理同时测定距离和高差的一种方法。这种方法具有操作方便，速度快，不受地面高低起伏限制等优点。虽然精度较低，但能满足测定碎部点位置的精度要求，因此被广泛应用于碎部测量中。

视距测量所用的仪器、工具是经纬仪和水准尺。

4.2.1 视距测量的原理

1. 视线水平时的距离与高差公式

如图 4-10 所示，欲测定 A、B 两点间的水平距离 D 及高差 h，可在 A 点安置经纬仪，B 点立水准尺，设望远镜视线水平，瞄准 B 点水准尺，此时视线与水准尺垂直。若尺上 M、N 点成像在十字丝分划板上的两根视距丝 m、n 处，则尺上 MN 的长度可由上、下视距丝读数之差求得。上、下视距丝读数之差称为视距间隔或尺间隔。

图 4-10 中，l 为视距间隔，p 为上、下视距丝的间距，f 为物镜焦距，δ 为物镜至仪器中心的距离。

由相似三角形 $m'n'F$ 与 MNF 可得

$$\frac{d}{f} = \frac{l}{p}, d = \frac{f}{p}l \tag{4-6}$$

由图看出

$$D = d + f + \delta \tag{4-7}$$

则 A、B 两点间的水平距离为

$$D = \frac{f}{p}l + f + \delta \tag{4-8}$$

令

$$\frac{f}{p} = K, f + \delta = C \tag{4-9}$$

则

$$D = Kl + C \tag{4-10}$$

式中　K——视距乘常数；

　　　C——视距加常数。

现代常用的内对光望远镜的视距常数，设计时已使 $K=100$，C 接近于零，所以式 (4-10) 可改写为

$$D = Kl \tag{4-11}$$

同时，由图 4-10 可以看出 A、B 两点的高差

$$h = i - v \tag{4-12}$$

式中　i——仪器高,为桩顶到仪器横轴中心的高度(m);
　　　v——瞄准高,为十字丝中丝在尺上的读数(m)。

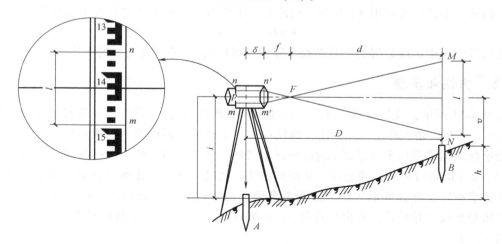

图 4-10　视线水平时视距测量

2. 视线倾斜时的距离与高差公式

在地面起伏较大的地区进行视距测量时,必须使视线倾斜才能读取视距间隔,如图 4-11 所示。由于视线不垂直于水准尺,故不能直接应用上述公式。如果能将视距间隔 MN 换算为与视线垂直的视距间隔 $M'N'$,这样就可按式(4-16)计算倾斜距离 L,再根据 L 和竖直角 α 算出水平距离 D 及高差 h。因此解决这个问题的关键在于求出 MN 与 $M'N'$ 之间的关系。

图 4-11 中 φ 角很小,约为 $34'$,故可把 $\angle GM'M$ 和 $\angle GN'N$ 近似地视为直角,而 $\angle M'GM = \angle N'GN = \alpha$,因此由图可看出 MN 与 $M'N'$ 之间的关系如下

$$M'N' = M'G + GN' = MG\cos\alpha + GN\cos\alpha \quad (4\text{-}13)$$

$$= (MG + GN)\cos\alpha = MN\cos\alpha \quad (4\text{-}14)$$

设 $M'N'$ 为 l',则

$$l' = l\cos\alpha \quad (4\text{-}15)$$

根据式(4-15)得倾斜距离

$$L = Kl' = Kl\cos\alpha \quad (4\text{-}16)$$

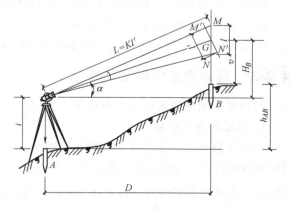

图 4-11　视线倾斜视距测量

所以 A、B 的水平距离

$$D = L\cos\alpha = Kl\cos^2\alpha \quad (4\text{-}17)$$

由图 4-11 中看出,A、B 间的高差 h 为

$$h = h' + i - v \quad (4\text{-}18)$$

式中　h'——初算高差(m),可按下式计算

$$h' = L\sin\alpha = Kl\cos\alpha\sin\alpha = \frac{1}{2}Kl\sin 2\alpha \quad (4\text{-}19)$$

所以
$$h = \frac{1}{2}Kl\sin 2\alpha + i - v \tag{4-20}$$

根据式（4-17）计算出 A、B 两点间的水平距离 D 后，高差 h 也可按下式计算
$$h = D\tan\alpha + i - v \tag{4-21}$$

在实际工作中，应尽可能使瞄准高 v 等于仪器高 i，以简化高差 h 的计算。

4.2.2 方法和步骤

如图 4-11 所示，安置仪器于 A 点，用小钢尺量出仪器高 i（自桩顶量至仪器横轴，精确到厘米），在 B 点立水准尺，并测出经纬仪在 A 点上的竖盘指标差。视距测量一般用盘左进行，用中丝对准水准尺上仪器高 i 附近整分米刻划，分别读出中丝、上视距丝、下视距丝读数 c、b、a（精确到毫米）并记录，立即算出视距间隔 $l = a - b$。转动竖盘指标水准管微动螺旋，使竖盘指标水准管气泡居中。如果为有竖盘指标自动归零补偿装置的经纬仪，将其打开。读出竖盘读数并记录，算出竖直角 α。根据式（4-17）、式（4-21）计算 A、B 两点的水平距离和高差。

【例】 在 A 点安置经纬仪，B 点竖立水准尺，A 点的高程为 $H_A = 99.26\text{m}$，量的仪器高 $i = 1.42\text{m}$，测得上、下视距丝读数分别为 1.200m、0.617m，盘左观测的竖盘读数为 $L = 91°12'24''$，竖盘指标差为 $x = +2'$，求 A、B 两点间的水平距离和 B 点的高程。

【解】 视距间隔 $l = 1.200\text{m} - 0.617\text{m} = 0.583\text{m}$
竖直角为 $\alpha = 90° - 91°12'24'' + 2' = -1°10'24''$
水平距离为 $D = Kl\cos^2\alpha = 58.276\text{m}$
中丝读数为 $v = (1.200\text{m} + 0.617\text{m}) \div 2 = 0.9085\text{m}$
高差为 $h_{AB} = D\tan\alpha + i - v = -0.68\text{m}$
B 点的高程为 $H_B = H_A + h_{AB} = 99.26\text{m} + (-0.68\text{m}) = 98.58\text{m}$

4.2.3 视距测量的误差分析

影响视距测量精度的因素有以下几方面：

1. 水准尺分划误差

水准尺分划误差若是系统性增大或减小，对视距测量将产生系统性误差。这个误差在仪器常数检测时将会反应在乘常数 K 上。若水准尺分划误差是偶然误差，对视距测量影响也是偶然性的。水准尺分划误差一般为 $\pm 0.5\text{mm}$，引起的距离误差为 $m_d = K(\sqrt{2} \times 0.5\text{mm}) = 0.071\text{m}$。

2. 乘常数 K 不准确的误差

一般视距乘常数 $K = 100$，但由于视距丝间隔有误差，水准尺有系统性误差，仪器检定有误差，会使 K 值不为 100。K 值误差使视距测量产生系统误差。K 值应在 100 ± 0.1 之内，否则应加以改正。

3. 竖直角测量误差

竖直角观测误差对视距测量有影响。根据视距测量公式，其影响为

$$m_d = Kl\sin 2\alpha \frac{m_\alpha}{\rho} \tag{4-22}$$

当 $\alpha = 45°$，$m_\alpha = \pm 10''$，$Kl = 100\text{m}$，$m_d \approx \pm 5\text{mm}$，可见垂直角观测误差对视距测量影响不大。

4. 视距丝读数误差

视距丝读数误差是影响视距测量精度的重要因素，它与视距远近成正比，距离越远误差越大。所以视距测量中要根据测图对测量精度的要求限制最远视距。

5. 水准尺倾斜对视距测量的影响

视距测量公式是在水准尺严格与地面垂直条件下推导出来的。若水准尺倾斜，设其倾角误差为 $\Delta\alpha$，现对视距测量式（4-22）微分，得视距测量误差 ΔD 为

$$\Delta D = -2Kl\cos\alpha\sin\alpha \frac{\Delta\alpha}{\rho} \tag{4-23}$$

其相对误差为

$$\frac{\Delta D}{D} = \left| \frac{-2Kl\cos\alpha\sin\alpha}{Kl\cos^2\alpha} \cdot \frac{\Delta\alpha}{\rho} \right| = 2\tan\alpha \frac{\Delta\alpha}{\rho} \tag{4-24}$$

视距测量精度一般为 $\frac{1}{300}$。要保证 $\frac{\Delta D}{D} \leq \frac{1}{300}$，视距测量时，倾角误差应满足下式

$$\Delta\alpha \leq \frac{\rho\cot\alpha}{600} = 5.7'\cot\alpha \tag{4-25}$$

根据上式可计算出不同竖直角测量时对倾角测量精度的要求，见表 4-1。

表 4-1 竖直角对倾角的影响

竖直角	3°	5°	10°	20°
$\Delta\alpha$ 允许值	1.8°	1.1°	0.5°	0.3°

由此可见，水准尺倾斜时，对视距测量的影响不可忽视，特别是在山区，倾角大时更要注意，必要时可在水准尺上附加圆水准器。

6. 外界气象条件对视距测量的影响

（1）大气折光的影响　视线穿过大气时会产生折射，其光程从直线变为曲线，造成误差。由于视线靠近地面，折光大，所以规定视线应高出地面1m以上。

（2）大气湍流的影响　空气的湍流使视距成像不稳定，造成视距误差。当视线接近地面或水面时这种现象更为严重。所以视线要高出地面1m以上。除此以外，风和大气能见度对视距测量也会产生影响。风力过大，尺子会抖动，空汽中灰尘和水汽会使水准尺成像不清晰，造成读数误差，所以应选择良好的天气进行测量。

4.2.4 视距测量的注意事项

1）为减少垂直折光的影响，观测时尽可能使视线高离地面1m以上。

2）作业时要将视线垂直，并尽量采用带有水准器的水准尺。

3）水准尺最好用木尺（或双面尺），如果使用塔尺，应注意检查各节尺的接头是否准确。

4）要在成像稳定的情况下进行观测。

5）要严格测定视距常数，K 应在 100±0.1 之内，否则应加以改进。

6) 选择有利的观测时间。

4.3 电磁波测距

钢尺量距是一项十分繁重的工作，在山区或沼泽地区使用钢尺更为困难，而视距测量精度又太低。为了提高测距速度和精度，开发出了光电测距仪。20 世纪 60 年代以来，随着激光技术、电子技术的飞跃发展，光电测距方法得到了广泛的应用，它具有测程远、精度高、作业速度快等优点。

电磁波测距（简称 EDM）是用电磁波（光波或微波）作为载波传输测距信号，以测量两点间距离的一种方法。世界上第一台电磁波测距仪于 1948 年由瑞典 AGA 公司（现已合并到美国 Trimble 公司）研制成功，仪器采用 5mW 氦氖激光器发射的激光作为载波，白天测程为 40km，夜间测程为 60km，测距精度 ±（5mm + $10^{-6}D$），D 为待测距离，主机质量为 23kg。

电磁波测距仪按其所采用的载波可分为用微波段的无线电波作为载波的微波测距仪；用激光作为载波的激光测距仪；用红外光作为载波的红外测距仪。后两者又统称为光电测距仪。

微波和激光测距仪多属远程测距，测程可达 60km，一般可用于大地测量，而红外测距仪属于中、短程测距仪（测程为 15km 以下），一般用于小地区控制测量、地形测量、地籍测量和工程测量等。

4.3.1 光电测距仪的基本原理

如图 4-12 所示，光电测距仪是通过测量光波在待测距离 D 上往、返传播一次所需要的时间 t_{2D}，按式（4-26）来计算待测距离

$$D = \frac{1}{2} C t_{2D} \tag{4-26}$$

式中　C——光在大气中的传播速度（m/s），$C = \frac{C_0}{n}$；

C_0——光在真空中的传播速度（m/s）。

迄今为止，人类所测得的精确值为 $C_0 = 299792458 \text{m/s} \pm 1.2 \text{m/s}$；$n$ 为大气折射率（$n \geq 1$），它是光的波长 λ、大气温度 t 和气压 p 的函数，即

$$n = f(\lambda, t, p) \tag{4-27}$$

由于 $n \geq 1$，所以 $C \leq C_0$，即光在大气中的传播速度要小于其在真空中的传播速度。

红外测距仪一般采用 GaAs（砷化镓）发光二极管发出的红外光作为光源，其波长 $\lambda = 0.85 \sim 0.93 \mu m$。对一台红外测距仪来说，$\lambda$ 是一个常数，则由式（4-27）可知，影响光速的大气折射率 n 只随大气的温度 t、气压 p 而变化，这就要求我们在光电测距作业中，必须实时测定现场的大气温度和气压，并对所测距离施加气象改正。

根据测量光波在待测距离 D 上往、返一次传播时间 t_{2D} 方法的不同，光电测距仪可分为脉冲式和相位式两种。

1. 脉冲式光电测距仪

脉冲式光电测距仪是将发射光波的光强调制成一定频率的尖脉冲,通过测量发射的尖脉冲在待测距离上往、返传播的时间来计算距离。

如图 4-12 所示,用红外测距仪测定 A、B 两点间的距离 D,在待测距离一端安置测距仪,另一端安置反光镜,当测距仪发出光脉冲,经反光镜反射,回到测距仪。若能测定光在距离 D 上往、返传播时间,即测定反射光脉冲与接收光脉冲的时间差 t_{2D},则距离可按式 (4-26) 计算。

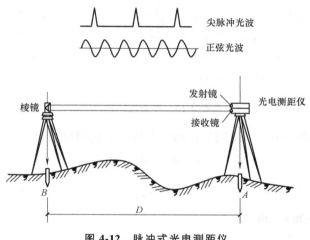

图 4-12 脉冲式光电测距仪

脉冲式光电测距仪测定距离的精度取决于时间 t_{2D} 的量测精度。如要达到 ±1cm 的观测精度,时间量测精度应达到 $6.7×10^{-11}s$,这对于电子元件性能要求很高,难以达到。所以一般脉冲测距常用于激光雷达、微波雷达等远距离测距上,其测距精度为 0.5~1m。

2. 相位式光电测距仪

在工程中使用的红外测距仪,都是采用相位法测距原理。它是将测量时间变成测量光在测线中传播的载波相位差。通过测定相位差来测定距离称为相位法测距。

在 GaAs 发光二极管上注入一定的恒定电流,它将发出红外光,其光强恒定不变,如图 4-13a 所示。若改变注入电流的大小,GaAs 发光管发射光强也随之变化。若对发光管注入交变电流,使发光管发射的光强随着注入电流的大小发生变化,如图 4-13b 所示,这种光称为调制光。

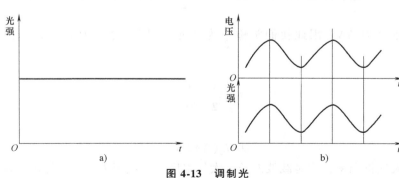

图 4-13 调制光

测距仪自 A 站发射的调制光在待测距离上传播,经 B 点反光镜反射后又回到 A 点,被测距仪接收器接收,所经过的时间为 Δt。为便于说明,将反光镜 B 反射后回到 A 点的光波沿测线方向展开,则调制光往返经过了 $2D$ 的路程,如图4-14所示。

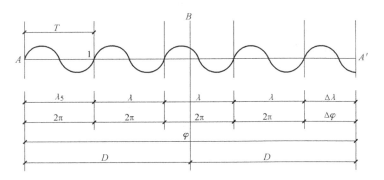

图 4-14 相位法测距

设调制光的角频率为 ω,则调制光在测线上传播时的相位延迟 φ 为

$$\varphi = \omega \Delta t = 2\pi f \Delta t \tag{4-28}$$

$$\Delta t = \frac{\varphi}{2\pi f} \tag{4-29}$$

将 Δt 代入式(4-26),得

$$D = \frac{C_0}{2n_g f} \cdot \frac{\varphi}{2\pi} \tag{4-30}$$

从图中可见,相位 φ 还可以用相位的整周数(2π)的个数 N 和不足一个整周数的 $\Delta\varphi$ 来表示,则

$$\varphi = N \times 2\pi + \Delta\varphi \tag{4-31}$$

将 φ 代入式(4-30),得相位法测距基本公式

$$D = \frac{C_0}{2n_g f}\left(N + \frac{\Delta\varphi}{2\pi}\right) = \frac{\lambda}{2}\left(N + \frac{\Delta\varphi}{2\pi}\right) \tag{4-32}$$

式中 λ——调制光的波长,$\lambda = \frac{C_0}{n_g f}$。

将该式与钢尺量距公式相比,有相像之处。$\frac{\lambda}{2}$ 相当于尺长,N 为整尺段数,$\frac{\Delta\varphi}{2\pi}$ 为不足一整尺段数,令其为 ΔN。因此我们常称 $\frac{\lambda}{2}$ 为"光测尺",令其为 L_s。光尺长度可用下式计算

$$L_s = \frac{\lambda}{2} = \frac{C_0}{2n_g f} \tag{4-33}$$

所以

$$D = L_s(N + \Delta N) \tag{4-34}$$

式中 n_g——大气折光率,它是载波波长、大气温度、大气压力、大气湿度的函数。

仪器在设计时，选定发射光源，然后确定一个标准温度 t 和标准气压 p，这样可以求得仪器在确定的标准气压条件下的折射率 n_g 和调制频率 f。而当测距仪测距时的气温、气压、湿度与仪器设计时选用的标准温度、气压等不一致会造成测距误差。所以在测距时还要测定测线的温度和气压，对所测距离进行气象改正。

测距仪对于相位 φ 的测定是采用将接收测线上返回的载波相位与机内固定的参考相位在相位计中比相。相位计中只能分辨 $0 \sim 2\pi$ 的相位变化，即只能测出不足一个整周期的相位差 $\Delta\varphi$，而不能测出整周数 N。例如，"光尺"为 10m，只能测出小于 10m 的距离；光尺 1000m 只能测出小于 1000m 的距离。由于仪器测相精度一般为 $\dfrac{1}{1000}$，1km 的测尺测量精度只有米级。测尺越长、精度越低。所以为了兼顾测程和精度，目前测距仪常采用多个调制频率（即 n 个测尺）进行测距。用短测尺（称为精尺）测定精确的小数。用长测尺（称为粗尺）测定距离的大数。将两者衔接起来，解决了长距离测距数字直接显示的问题。

例如某双频测距仪，测程为 2km，设计了精、粗两个测尺，精尺为 10m（载波频率 f_1 = 15MHz，粗尺为 2000m（载波频率 f_1 = 75kHz）。用精尺测 10m 以下小数，粗尺测 10m 以上大数。如实测距离为 1245.672m，其中：精测距离为 5.672m，粗测距离为 1240m，仪器显示距离为 1245.672m。

对于更远测程的测距仪，可以设多个测尺配合测距。

4.3.2 测距仪的使用

由于各个厂家生产的光电测距仪使用各不相同，故可以参照仪器说明书进行操作。

4.3.3 测距仪使用注意事项

1）切不可将照准头指向太阳，以免损坏光电器件。

2）仪器应在大气比较稳定和通视良好的条件下使用。

3）不让仪器暴晒和雨淋，在阳光下应撑伞遮阳。经常保持仪器清洁和干燥。在运输过程中要注意防振。

4）仪器不用时，应将电池取出保管，每月应对电池充电一次和仪器操作一次。

5）测线两侧和镜站背景应避免有反光物体，防止杂乱信号进入接收系统产生干扰；此外，主机和测线还应避开高压线、变压器等强电磁场干扰源。

6）测线应保证一定的净空高度，尽量避免通过发热体和较宽水面的上空。

4.3.4 测距误差来源和标称精度

利用测距基本公式（4-30），顾及仪器加常数 K，则可写成

$$D = \frac{C_0}{2n_g f} \cdot \frac{\varphi}{2\pi} + K \tag{4-35}$$

由上式可知，测距误差是由光速值误差 m_{C_0}、大气折射率误差 m_{n_g}、调制频率误差 m_f 和测相误差 $m_{\Delta\varphi}$、加常数误差 m_K 决定的；但实际上不止如此，除上述误差外，测距误差还包括仪器内部信号窜扰引起的周期误差 m_A、仪器的对中误差 m_g 等。这些误差可分为两大类：一类与距离成正比，称为比例误差，如 m_{C_0}、m_{n_g}、m_f、m_g；另一类与距离无关，称为固定

误差，如 $m_{\Delta\varphi}$、m_K。因此测距仪的标称精度表达式一般写为

$$m_D = \pm(a+bD) \tag{4-36}$$

式中 a——固定误差（mm）；

b——比例误差系数；

D——距离（km）。

例如，某测距仪的标称精度为 $\pm(5mm+5\times10^{-6}D)$，现用它观测一段 1300m 的距离，则测距中误差为

$$m_D = \pm(5mm+5\times10^{-6}\times1.3km) = \pm11.5mm$$

实际上，测距仪的测距误差，除上述外，还有反光镜的对中误差、照准误差和周期误差等。

4.4 直线定向

确定地面上两点间的相对位置，仅知道两点间距离是不够的，还需要确定该直线与标准方向间的水平夹角。确定直线与标准方向间的水平角度称为直线定向。

4.4.1 标准方向的分类——三北方向

三北方向是真子午线北方向、坐标北方向、磁子午线北方向之总称。在中、小比例尺地形图的图框外应绘制有本幅图的三北方向图，如图 4-15 所示。

1. 真北方向

过地球表面某点及地球的南、北极的天文子午面称为该点的真子午线，如图 4-15 所示。通过地球表面某点的真子午线的切线北方向称为该点的真北方向。真北方向可以用天文观测方法或陀螺经纬仪来测定。

2. 磁北方向

在地表某点上，磁针在地球磁场的作用下自由静止时其轴线所指的方向称为磁子午线方向。其北端指示方向又称为磁北方向。磁子午线方向可用罗盘仪来测定。

3. 坐标北方向

过地表任一点的高斯平面直角坐标系的 $+x$ 方向称为该点的坐标北方向，各点的坐标北方向相互平行。

4.4.2 表示直线定向的方法

测量中，常采用方位角表示直线的方向。其定义为：由标准方向的北端起，顺时针量到某直线的水平夹角称为该直线的方位角。角值的范围为 $0°\sim360°$。因标准方向有三种，故对应的方位角有三种：真方位角、磁方位角、坐标方位角。

由真子午线方向北方向起，顺时针量到某直线的水平夹角称为该直线的真方位角，用 A 表示。如图 4-16 所示，$O1$、$O2$、$O3$ 和 $O4$ 的方位角分别为 A_1、A_2、A_3 和 A_4。

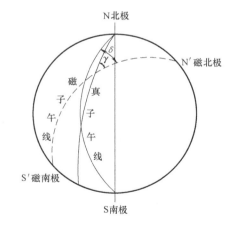

图 4-15 三北方向图

由磁子午线北方向起，顺时针量到某直线的水平夹角称为该直线的磁方位角，用 A_m 表示，如图 4-17 所示。

由坐标北方向起，顺时针量到某直线的水平夹角，称为该直线的坐标方位角，用 α 表示，如图 4-17 所示。

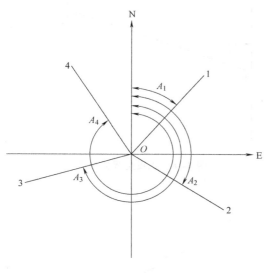

图 4-16　真方位角

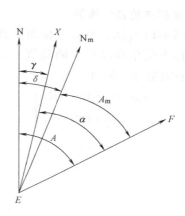

图 4-17　三北关系图

4.4.3　三种方位角之间的关系

1. 真方位角与磁方位角之间关系

由于地磁南北极与地球南北极不重合，因此，地面上某点的磁子午线与真子午线也并不一致，它们之间的水平夹角称为磁偏角，用符号 δ 表示，如图 4-17 所示。磁子午线方向偏于真子午线方向以东称为东偏，偏于西称为西偏，并规定东偏为正、西偏为负。我国境内磁偏角值在 +6°（西北地区）和 -10°（东北地区）之间。直线的真方位角与磁方位角之间可用下式进行换算

$$A = A_m + \delta \tag{4-37}$$

2. 真方位角与坐标方位角之间的关系

通过地面某点的真子午线方向与坐标纵轴方向之间的夹角称为子午线收敛角 γ。坐标纵轴方向偏于真子午线方向以东称为东偏，γ 角为正，西偏 γ 角为负，如图 4-18 所示。某一直线的真方位角与坐标方位角之间的关系可用下式进行换算

$$A = \alpha + \gamma \tag{4-38}$$

3. 坐标方位角与磁方位角之间的关系

由式（4-37）和式（4-38）可得

$$\alpha = A_m + \delta - \gamma \tag{4-39}$$

4. 正、反坐标方位角

测量工作中的直线都是具有一定方向的。如图 4-18 所示，直线 1—2 的起点是点 1，点 2 是终点；通过起点 1 的坐标纵轴方向与直线 1—2 所夹的坐标方位角 α_{12} 称为直线 1—2 的正坐标方位角。过终点 2 的坐标纵轴方向与直线 2—1 所夹的坐标方位角称为直线 1—2 的反坐标方位角。正、

反坐标方位角相差180°，即

$$\alpha_{21} = \alpha_{12} + 180° \quad (4-40)$$

由于地面各点的真（或磁）子午线收敛于两极，并不互相平行，致使直线的反真（或磁）方位角不与正真（或磁）方位角差180°，给测量计算带来不便，故测量工作中均采用坐标方位角进行直线定向。

5. 坐标方位角的推算

如图4-19所示，坐标方位角推算根据已知边坐标方位角和改正后的角值，按下式推算导线各边坐标方位角

$$\left. \begin{array}{l} \alpha_{前} = \alpha_{后} - 180° + \beta_{左} \\ \alpha_{前} = \alpha_{后} + 180° - \beta_{右} \end{array} \right\} \quad (4-41)$$

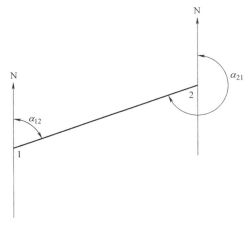

图4-18　正反坐标方位角

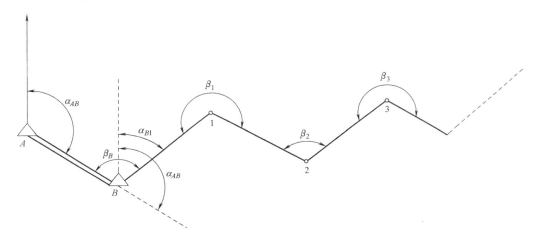

图4-19　坐标方位角推算

式中　$\alpha_{前}$、$\alpha_{后}$——导线前进方向的前一条边的坐标方位角和与之相连的后一条边的坐标方位角；

$\beta_{左}$、$\beta_{右}$——前后两条边所夹的左（右）角（沿前进方向，导线左边的折角为左角，反之为右角）。

由式（4-41）求得

$$\alpha_{B1} = \alpha_{AB} - 180° + \beta_B$$
$$\alpha_{12} = \alpha_{B1} - 180° + \beta_1$$
$$\alpha_{23} = \alpha_{12} - 180° + \beta_2$$
$$\vdots$$

在运用式（4-41）计算时，应注意：由于直线的坐标方位角只能为0～360°，因此，当用式（4-41）第1个式求出的$\alpha_{前}$大于360°时，应减去360°；当用式（4-41）第2个式求出$\alpha_{前}$为负值时，应加上360°方为所求的坐标方位角。

4.5 南方测绘 NTS-360 全站仪

图 4-20 为南方测绘 NTS-360 全站仪，仪器带有软键和数字键盘、绝对编码度盘、双轴补偿，一测回方向观测误差为 ±5″；最大测程为 3km（单块棱镜），测距误差为 $3\text{mm}+2\times10^{-6}D$；无棱镜测程为 300m，反射板测程为 800m，测距误差为 $5\text{mm}+2\times10^{-6}D$。

大容量内存，并可以方便地进行文件系统管理，实现数据的增加、删除、修改、传输等。一个 RS232C 接口，一个 SD 卡插口，一个 U 盘插口。仪器采用 6V 镍氢可充电电池 NC-20A。

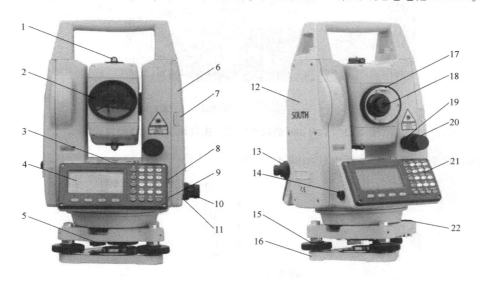

图 4-20 NTS-360 全站仪

1—粗瞄器 2—物镜 3—水准管 4—显示屏 5—基座锁定钮 6—电池盒 7—电池锁紧盖
8—SD 卡接口 9—USB 接口 10—水平微动螺旋 11—水平制动螺旋 12—仪器中心标志
13—光学对中器 14—数据通信接口 15—脚螺旋 16—底板 17—望远镜把手 18—目镜
19—垂直制动螺旋 20—垂直微动螺旋 21—键盘 22—圆水准器

按住"⊙"键进入开机，打开电源后，仪器显示如图 4-21a 所示，若插入 SD 卡，仪器进行 SD 卡检测，进入图 4-21b 所示界面，检测完毕，并自动进入测量模式，结果如图 4-21c 所示，按"★"键，进入图 4-21d 所示界面。仪器设置有双面板，只有当望远镜处于盘左位置，测量员位于目镜端屏幕时，旋转脚螺旋方向与圆水准气泡移动方向的关系才符合用左手旋转脚螺旋时，左手大拇指移动方向即为水准气泡移动方向；测量员位于物镜端屏幕时，旋转脚螺旋方向与圆水准气泡移动方向的关系与上述相反。

在开机状态下，按住⊙键 3s 关机。

图 4-21 NTS-360 开/关机界面与星键界面

图 4-22 为 NTS-360 的操作面板，面板由显示窗和 24 个键+移动光标组成，各键的功能见图中注释。

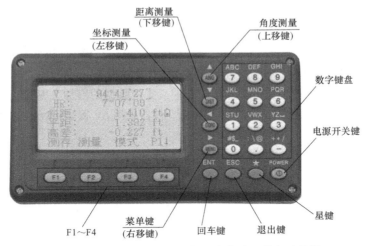

图 4-22 NTS-360 的操作面板、主菜单屏幕与功能键

NTS-360 全站仪棱镜与对中杆如图 4-23 所示。

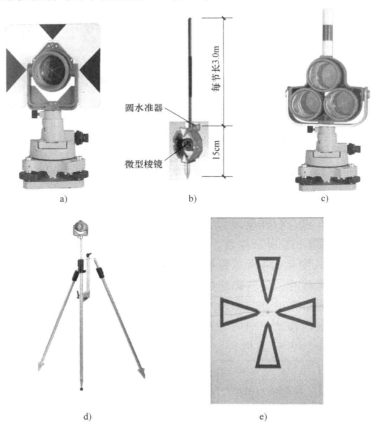

图 4-23 NTS-360 全站仪专用棱镜、基座、微型棱镜、对中杆及反射片
a) 单棱镜与基座 b) 微型棱镜 c) 三棱镜 d) 对中杆及支架 e) NF10 反射片

4.5.1 常规测量

常规测量的内容主要是角度测量、距离测量与坐标测量。在图 4-22 中可以看出有角度测量键、距离测量键、坐标测量键及菜单键，使用键盘执行命令的方法是：按 F1 、F2 、F3 或 F4 键移动光标到到需要的子菜单项，按数字和字母进行编辑。

1. 角度测量

按 ANG 键，照准第一个目标 A，进入图 4-24a 所示的"角度测量"界面，图中的 V 为竖盘读数，HR 为右旋水平盘读数，下侧有 5 个命令。

（1）置零　将望远镜当前水平视线方向的水平盘读数设置为 0°00′00″，按 F2（置零）键和 F4（是）键，进入图 4-24c 所示界面。

（2）置盘　将望远镜当前视线方向水平盘读数设置为输入值，照准目标点，按 F3（置盘）键，用数字键盘输入需要设置的角度值 150.1020，结果如图 4-24d 所示，按 F4 键返回角度测量界面。NTS-360 全站仪的角度输入格式为"ddd.mmss"，小数位的分、秒值都应输入 2 位数字。

（3）R/L　R/L 使水平盘读数在右旋（HR）与左旋（HL）之间切换。HR 表示向右旋转照准部时水平盘读数增大，等价于水平盘为顺时针注记；HL 表示向右旋转照准部时，水平盘读数增大，等价于水平盘为逆时针注记。按 F4（P1↓）键 2 次转到第 3 页功能，如图 4-24e 所示，按 F2（R/L）键，右角模式（HR）切换到左角模式（HL），进入如图 4-24f 所示界面，同一个方向的 HR+HL=360°，随后以左角 HL 模式进行测量。每次按 F2（R/L）键，HR/HL 两种模式交替切换。

（4）V%　此命令使竖盘读数在天顶距角度与坡度之间切换。按 F4（P1↓）键转到第 2 页，如图 4-24g 所示，按 F3（坡度）键，进入如图 4-24h 所示，按 F3（坡度）键，显示模式交替切换。

（5）锁定　配置水平读数的另一种方式。旋转照准部，使水平盘读数为需要的设置值，按 F4 键，转到第 2 页功能，按 F1（锁定）键，使望远镜准确瞄准目标，此时，水平盘读数保持不变，再按 F3（是）键完成水平角设置。

V： 82°09′30″ HR： 90°09′30″ 测存　置零　置盘　P1↓	水平角置零吗？ 否　　　是	V： 82°09′30″ HR： 0°00′00″ 测存　置零　置盘　P1↓	V： 122°09′30″ HR： 150°10′20″ 置零　锁定　置盘　P1↓
a)	b)	c)	d)
V： 122°09′30″ HR： 269°50′30″ H-蜂鸣　R/L　竖角　P↓	V： 122°09′30″ HL： 90°09′30″ H-蜂鸣　R/L　竖角　P3↓	V： 90°09′20″ HL： 120°09′30″ 锁定　复测　坡度　P2↓	V： 10.30% HL： 120°09′30″ 锁定　复测　坡度　P2↓
e)	f)	g)	h)

图 4-24　角度测量

2. 距离测量

按 DIST 键,进入图 4-25a 所示的距离测量界面。

(1) 基本设置 距离测量之前,应输入当前的大气温度与压力、测距目标类型与测距模式。按 "★" 键进入如图 4-25b 所示的界面;按 F4 (参数) 键,进入参数设置功能,输入温度和气压,系统根据输入的温度和气压,计算出 PPM 值,结果如图 4-25c 所示,按 F4 (确认) 键,屏幕返回到星键模式。按 "★" 键,进入星键模式,按 F4 (参数) 键,按 "▼" 键下移,移到棱镜常数的参数栏,输入数据、输入棱镜常数改正值,并按 F4 (确认) 键,结果如图 4-25d 所示,返回到星键模式。南方测绘全站仪的棱镜常数的出厂设置为 -30mm,若使用棱镜常数不是 -30mm 的配套棱镜,则必须设置相应的棱镜常数。一旦设置了棱镜常数,则关机后该常数仍被保存。按 DIST 键,进入测距界面,距离测量开始,当需要改变测量模式时,可按 F3 (模式) 键,测量模式便在单次精测、N 次精测、重复精测、跟踪测量模式之间切换。

(2) 测量 按 DIST 键,进入测距界面,距离测量开始,进入图 4-25a 所示界面,显示测量距离,按 F1 (测存) 键启动测量,并记录测得的数据,测量完毕,结果如图 4-25e 所示,按 F4 (是) 键,进入图 4-42f 所示界面,屏幕返回到距离测量模式,一个点的测量工作结束后,程序会将点名自动加 1,重复刚才的步骤即可重新开始测量。

(3) 放样 在距离测量模式下按 F4 (P1↓) 键,进入第 2 页功能,进入图 4-25g 所示界面,按 F2 (放样) 键,显示出上次设置的数据,如图 4-25h 所示,通过按 F1 ~ F3 键选择放样测量模式,按 F1 (平距) 键,进入如图 4-25i 所示距离放样界面,输入放样距离(如 3.500m),输入完毕,按 F4 (确认) 键,结果如图 4-25j 所示,照准目标(棱镜)测量开始,显示出测量距离与放样距离之差,如图 4-25k 所示,移动目标棱镜,直至距离差等于 0m 为止,结果如图 4-25 l 所示。

3. 坐标测量

按 CORO 键进入图 4-26a 所示的坐标测量界面。坐标测量之前应输入测站点坐标、仪器高、目标高及后视方位角。如图 4-27 所示,假设仪器安置在 I10 点,以 I11 点为后视方向,测量任意碎步点三维坐标的方法如下:

(1) 测站 按 F4 (P1↓) 键,转到第 2 页功能,如图 4-26b 所示,按 F3 (测站) 键,进入图 4-26c 所示的 '输入测站' 界面,输入 N 坐标,并按 F4 (确认) 键,结果如图 4-26d 所示,按同样方法输入 E 和 Z 坐标,输入数据后,显示屏返回坐标测量,显示如图 4-26e 所示。

(2) 仪高 按 F4 (P1↓) 键,转到第 2 页功能,按 F1 (设置) 键,显示当前仪器高和目标高,如图 4-26f 所示,输入仪器高,并按 F4 (确认) 键,返回坐标测量界面。

(3) 目标高 按 F4 键,进入第 2 页功能,按 F1 (设置) 键,显示当前值,按 F1 (设置) 键,显示当前的仪器高和目标高,将光标移到目标高,进入 "输入目标高" 界面,输入目标高,按 F4 (确认) 键,返回坐标测量界面。

(4) 设置后视方位角 参照水平角的设置,设置已知点 A 的方向角,照准目标 B,按 CORO 坐标测量键,开始测量,显示坐标结果如图 4-26g 所示,按 F1 (测存) 键启动坐标测量,并记录测得的数据,测量完毕,结果如图 4-26h 所示,按 F4 (是) 键,屏幕返回到

V: 90°09′20″ HR: 120°09′30″ 斜距*[单次]　　<< 平距： 高差： 测存　测量　模式　P1↓ a)	温度　：　20.0 ℃ 气压　：　1013.0 hpa 棱镜常数：　0.0mm PPM值　：　0.0ppm 回光信号：[　　] 回退　　　　　　确认 b)
温度　：　25.0 ℃ 气压　：　1017.5 hpa 棱镜常数：　0.0mm PPM值　：　3.5ppm 回光信号：[　　] 回退　　　　　　确认 c)	温度　：　20.0 ℃ 气压　：　1013.0 hpa 棱镜常数：　15.0 mm PPM值　：　0.0ppm 回光信号：[　　] 回退　　　　　　确认 d)
V：90°09′20″ HR：170°40′30″ 斜距*　　241.551m 平距：　　235.343m 高差：　　36.551m >记录吗？　[否]　[是] e)	点名：1 编码：SOUTH V：90°09′20″ HR：170°40′30″ 斜距：　241.551m <完成> f)
V：90°09′20″ HR：120°09′30″ 斜距*[单次]　　<< 平距： 高差： 偏心　放样　m/f/i　P2↓ g)	放样 平距　　　0.000 平距　　高差　　斜距 h)
放样 平距　　　0.000 回退　　　　　　确认 i)	放样 平距　　　3.500 回退　　　　　　确认 j)
V：99°46′02″ HR：160°52′06″ 斜距：　　2.164m dHD：　　-1.367m 高差：　　-0.367m 偏心　放样　m/f/i　P2↓ k)	V：99°46′02″ HR：160°52′06″ 斜距：　　2.164m dHD：　　0.000m 高差：　　-0.367m 偏心　放样　m/f/i　P2↓ l)

图 4-25　距离测量

坐标测量模式,一个点的测量工作结束后,程序会将点名自动加1,重复刚才的步骤即可重新开始测量。

(5) 测量　使望远镜瞄准碎部点棱镜,按 CORO (坐标测量) 键,即可开始测量。全站仪显示的 N、E 坐标等价于高斯平面直角坐标 X、Y,显示的 Z 坐标等价于高程 H。

V：95°06′30″ HR：86°09′59″ N：　　0.168m E：　　2.430m Z：　　1.782m 测存　测量　模式　P1↓ a)	V：95°06′30″ HR：86°09′59″ N：　　0.168m E：　　2.430m Z：　　1.782m 设置　后视　测站　P2↓ b)
设置测站点 N0　　　　0.000　m E0　　　　0.000m Z0：　　　0.000m 回退　　　　　　确认 c)	设置测站点 N0　　　　36.796 m E0　　　　0.000m Z0：　　　0.000m 回退　　　　　　确认 d)
V：95°06′30″ HR：86°09′59″ N：　　36.796m E：　　30.008m Z：　　47.112m 设置　后视　测站　P2↓ e)	输入仪器高和目标高 仪器高　　　0.000m 目标高　　　0.000m 回退　　　　　　确认 f)
V：276°36′30″ HR：90°09′59″ N：　　36.001m E：　　49.180m Z：　　23.834m 测存　测量　模式　P1↓ g)	V：276°36′30″ HR：90°09′59″ N：　　36.001m E：　　49.180m Z：　　23.834m >记录吗？　[否]　[是] h)

图 4-26　坐标测量

4.5.2 坐标放样与数据采集

NTS-360 全站仪的数据是按项目管理的，而项目的所有数据都保存在仪器内存的项目文件中，也即，测量碎部点的坐标是存入项目文件中的，需要放样的设计点位坐标也是存储在项目文件中的。因此，测量或放样之前，应先创建项目文件。

如图 4-27a 所示，设 I10 和 I11 为已知点，*A*、*B*、*C*、*D* 为放样点，下面介绍将图中 5 个点的坐标数据上传到仪器内存 070331 坐标文件的方法。

a)

点名	*x*/m	*y*/m	*H*/m
I10	44180.486	23628.056	4.439
I11	44285.645	23664.020	4.437
A	44178.189	23721.791	4.500
B	44182.220	23692.063	4.500
C	44241.676	23700.126	4.500
D	44237.645	23729.854	4.500

b)

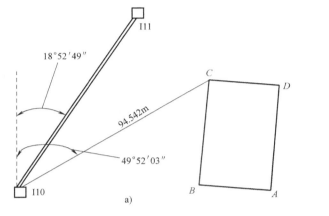

图 4-27 全站仪放样坐标数据案例

a) 测站点和碎部点 b) 测站点和碎部点坐标

1. 编写坐标文件

启动 Windows 记事本，按“点名，*X*，*Y*，*H*”格式输入如图 4-27 所示数据，结果如图 4-28 所示，将其存为 Pcyx. txt 文件。

1）点名最多允许输入 16 位字符。

2）坐标值 *X*，*Y*，*H* 最多允许输入 8 位整数（不含负号）+8 位小数；坐标数据行没有高程时，高程位数建议输入 0。

3）点名位可以输入为英文大、小写字母与数字，不能输入中文字符。

图 4-28 在 Windows 记事本输入点的坐标

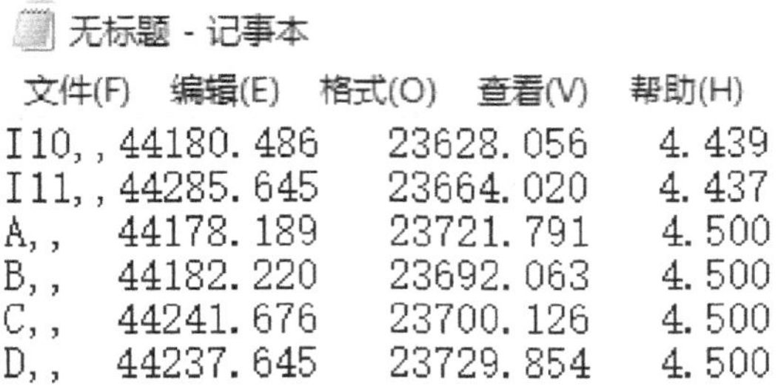

2. 复制坐标文件到仪器内存

将文件复制到 SD 卡，再将 SD 卡插入仪器的 SD 卡插口。

1）也可将文件复制到 SD 卡或 U 盘，再将 SD 卡插入仪器的 SD 卡插口，或将 U 盘插入仪器的 U 盘插口。

2）NTS-360 全站仪与 PC 机交换文件主要使用通用 USB 数据线、SD 卡与 U 盘。

3. 将 Pcyx. txt 文件的坐标数据导入项目。

（1）新建项目　由文件列表中按 F4 （P1↓）键，显示第 2 页功能，进入图 4-29b 所示界面，按 F1 （新建）键，显示选择新建文件类型，如图 4-29c 所示，按 F4 键，显示第 2 页新建菜单，进入图 4-29d 所示界面，按 7 （新建一般文件），输入文件名和后缀名，新建一般文件需输入文件后缀名，新建其他文件则不必，如图 4-29e 所示，按 F4（确认）键，创建文件成功，屏幕返回文件列表。

（2）导入坐标数据　由主菜单 1/2 按 3（存储管理）键，进入图 4-29f 所示界面，按 3（文件导入）键，显示导入文件类型，结果如图 4-29g 所示，按 1（坐标文件导入）键，如图 4-29h 所示，输入文件导入名，按 F4（确认）键，进入图 4-29i 所示界面，按 1（300 格式）键，显示选择坐标数据文件，直接输入文件名或按 F2 调用内存中的坐标文件，如图 4-29j 所示，再按 F4（确认）键，屏幕显示正在进行的文件导入信息，全部的数据导入完毕，结果如图 4-29k 所示，随后显示屏自动返回文件导入菜单。

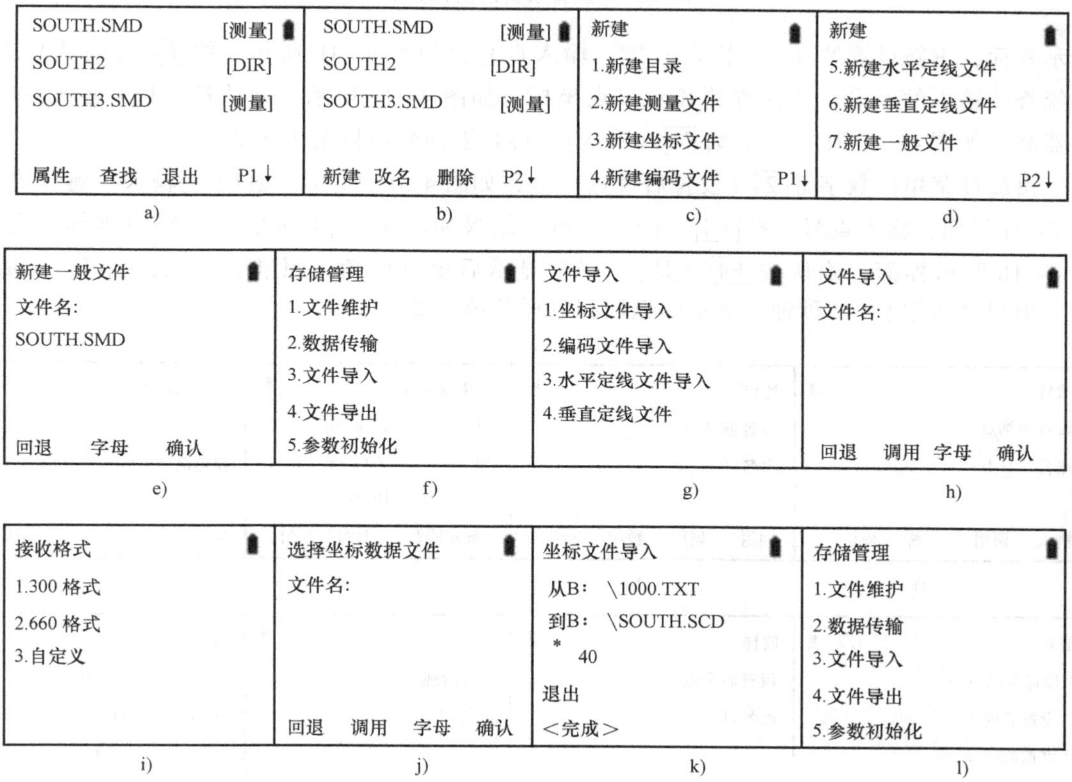

图 4-29　新建项目并导入坐标文件数据

4. 查看项目的坐标数据

按 MENU 键，仪器进入主菜单 1/2 模式，按 3（存储管理）键，显示存储管理菜单，进入图 4-29 l 所示界面，按 1（文件维护）键，屏幕显示不同文件类型，如图 4-30a 所示，按 2（坐标文件）键，进入磁盘列表，按"▲"或"▼"选择要编辑的文件所在的磁盘，如图 4-30b 所示界面，按 F4（确认）键，进入文件列表，如图 4-30c 所示，按"▲"或"▼"选择要查阅的坐标文件，如图 4-30d 所示，再按"ENT"（确认）键返回。

5. 建站

建站的作用是设置测站与后视定向，这是测量碎部点与放样前必须进行的工作。

由放样菜单 1/2 按数字键 1（设置测站点），屏幕显示前次设置的数据，进入图 4-31a

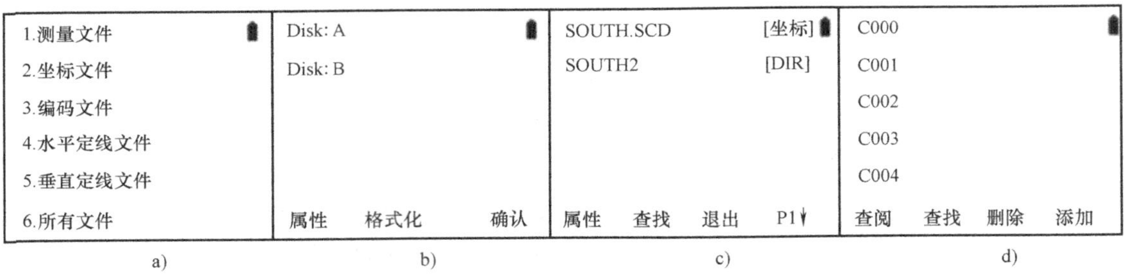

1.测量文件	Disk: A	SOUTH.SCD [坐标]	C000
2.坐标文件	Disk: B	SOUTH2 [DIR]	C001
3.编码文件			C002
4.水平定线文件			C003
5.垂直定线文件			C004
6.所有文件	属性 格式化 确认	属性 查找 退出 P1↓	查阅 查找 删除 添加
a)	b)	c)	d)

图 4-30 查看项目的坐标数据

所示界面，重新设置按 F1（输入）键，输入点号，如图 4-31b 所示，按 F4（确认）键，系统查找输入的点名，并在屏幕显示该点坐标，如图 4-31c 所示，确认按 F4（是），输入仪器高，如图 4-31d 所示，并按 F4（确认），屏幕返回到放样菜单 1/2。

由放样菜单按数字键 2（设置后视点）键，如图 4-31e 所示，按 F1（输入）键，进入图 4-31f 界面，输入点号，按 F4（确认）键，结果如图 4-31g 所示，显示该点坐标，进入图 4-31h 所示界面，确认按 F4（是），屏幕显示后视方位角，照准后视点，按 F4（是）键，出现"设置！"两秒钟，显示屏返回到放样菜单 1/2。

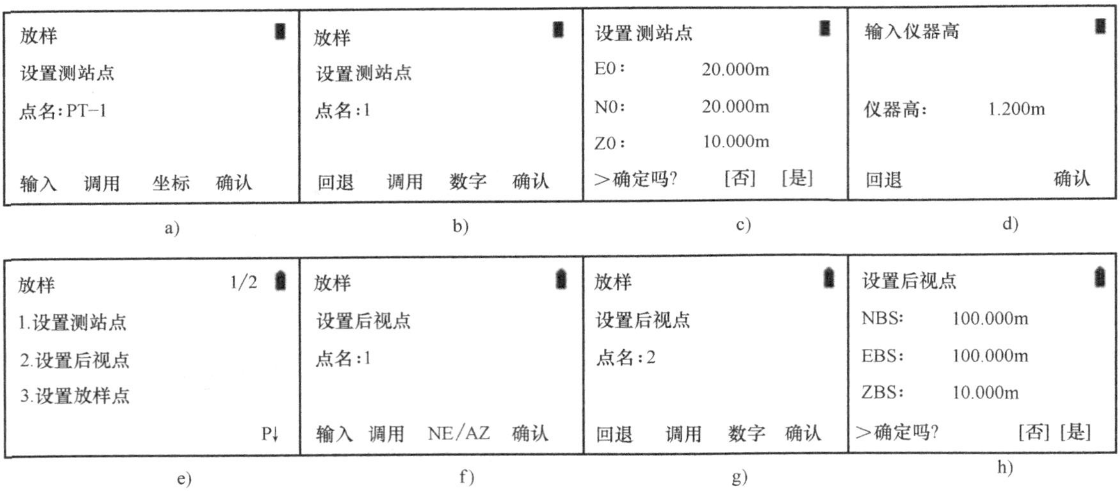

放样	放样	设置测站点	输入仪器高
设置测站点	设置测站点	E0: 20.000m	
点名:PT-1	点名:1	N0: 20.000m	仪器高: 1.200m
		Z0: 10.000m	
输入 调用 坐标 确认	回退 调用 数字 确认	>确定吗？ [否] [是]	回退 确认
a)	b)	c)	d)

放样 1/2	放样	放样	设置后视点
1.设置测站点	设置后视点	设置后视点	NBS: 100.000m
2.设置后视点	点名:1	点名:2	EBS: 100.000m
3.设置放样点			ZBS: 10.000m
P↓	输入 调用 NE/AZ 确认	回退 调用 数字 确认	>确定吗？ [否] [是]
e)	f)	g)	h)

图 4-31 执行已知站点命令设置测站点与后视点

6. 放样

放样菜单 1/2，按数字键 3（设置放样点），进入图 4-32a 所示界面，按 F1（输入）键，如图 4-32b 所示，输入点号，按 F4（确认）键，系统查找该点名，并在屏幕显示该点坐标，如图 4-32c 所示，按 F4（确认）键，进入图 4-32d 所示界面，输入目标高度，按 F4（确认）键。

当放样点设定后，仪器就进行放样元素的计算，进入图 4-32e 所示界面，HR 为放样点的水平角计算值，HD 为仪器到放样点的水平距离计算值。照准棱镜中心，按 F1（距离）

键，系统计算出仪器照准部应转动的角度，结果如图 4-32f 所示，HR 为实际测量的水平角，dHR 为对准放样点仪器应转动的水平角＝实际水平角－计算的水平角，当 dHR＝00°00′00″时，即表明找到放样点的方向，按 F1（测量）键，进入如图 4-32g 所示界面，平距为实测的水平距离，dHD 为对准放样点尚差的水平距离，dZ＝实测高差－计算高差，结果如图 4-32h 所示，按 F2（模式）键进行精测，结果依次如图 4-32i、图 4-32j 所示，当显示值 dHR、dHD 和 dZ 均为 0 时，则放样点的测设已经完成。按"ESC"键，返回放样计算值界面，进入如图 4-32e 所示界面，按 F2（坐标）键，即显示坐标的差值，进入如图 4-32k 所示界面，按 F4（下点）键，进入下一个放样点的测设，如图 4-32 l 所示。

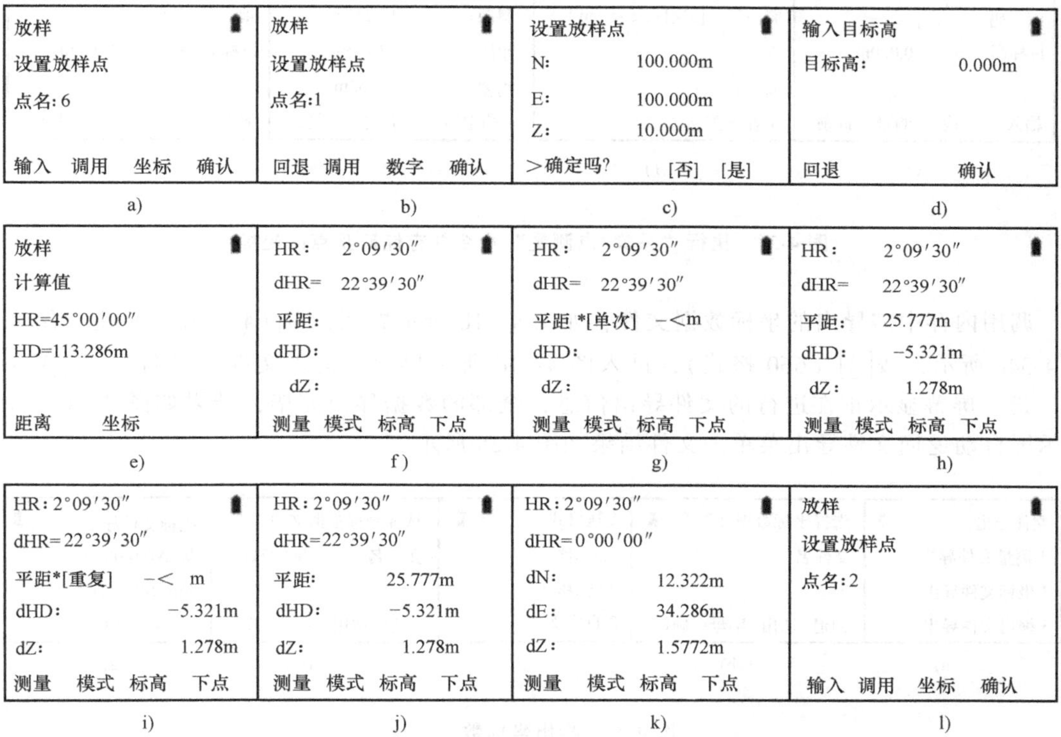

放样 设置放样点 点名:6 输入　调用　坐标　确认	放样 设置放样点 点名:1 回退　调用　数字　确认	设置放样点 N:　　100.000m E:　　100.000m Z:　　10.000m ＞确定吗?　　[否]　[是]	输入目标高 目标高　　0.000m 回退　　　　　　确认
a)	b)	c)	d)
放样 计算值 HR=45°00′00″ HD=113.286m 距离　　　坐标	HR:　2°09′30″ dHR=　22°39′30″ 平距: dHD: dZ: 测量　模式　标高　下点	HR:　2°09′30″ dHR=　22°39′30″ 平距*[单次]　-＜m dHD: dZ: 测量　模式　标高　下点	HR:　2°09′30″ dHR=　22°39′30″ 平距:　25.777m dHD:　-5.321m dZ:　1.278m 测量　模式　标高　下点
e)	f)	g)	h)
HR:2°09′30″ dHR=22°39′30″ 平距*[重复]　-＜ m dHD:　-5.321m dZ:　1.278m 测量　模式　标高　下点	HR:2°09′30″ dHR=22°39′30″ 平距:　25.777m dHD:　-5.321m dZ:　1.278m 测量　模式　标高　下点	HR:2°09′30″ dHR=0°00′00″ dN:　12.322m dE:　34.286m dZ:　1.5772m 测量　模式　标高　下点	放样 设置放样点 点名:2 输入　调用　坐标　确认
i)	j)	k)	l)

图 4-32　执行放样命令界面

7. 采集

由数据采集菜单 1/2，按数字键 3，进入待测点测量，如图 4-33a 所示，按 F1（输入）键，进入图 4-33b 所示界面，输入点号后，按 F4 确认，按同样方法输入编码、目标高，如图 4-33c 所示，按 F3（测量）键，进入图 4-33d 所示界面，照准目标点，按 F2（平距）键，系统启动测量，如图 4-33e 所示，测量结束后结果依次如图 4-33f、图 4-33g 所示，按 F4（是）键，数据被存储，系统自动将点名加 1，开始下一点的测量，如图 4-33h 所示，测量完毕，数据被存储，按"ESC"键即可结束数据采集模式。

8. 导出坐标数据

由主菜单 1/2 按 3（存储管理）键，按 4（文件导出）键，显示导出文件类型，如图 4-34a 所示，按 2 键（坐标文件导出），可通过键盘直接输入所选择坐标数据文件或按 F2

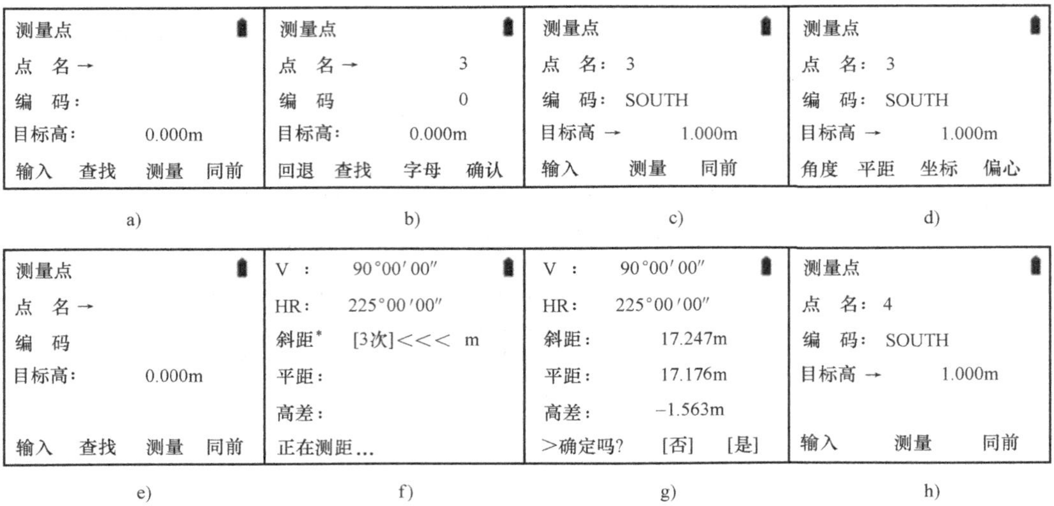

测量点	测量点	测量点	测量点
点 名→	点 名→ 3	点 名: 3	点 名: 3
编 码:	编 码: 0	编 码: SOUTH	编 码: SOUTH
目标高: 0.000m	目标高: 0.000m	目标高→ 1.000m	目标高→ 1.000m
输入 查找 测量 同前	回退 查找 字母 确认	输入 测量 同前	角度 平距 坐标 偏心
a)	b)	c)	d)

测量点	V: 90°00′00″	V: 90°00′00″	测量点
点 名→	HR: 225°00′00″	HR: 225°00′00″	点 名: 4
编 码:	斜距* [3次]<<< m	斜距: 17.247m	编 码: SOUTH
目标高: 0.000m	平距:	平距: 17.176m	目标高→ 1.000m
	高差:	高差: −1.563m	
输入 查找 测量 同前	正在测距…	>确定吗? [否] [是]	输入 测量 同前
e)	f)	g)	h)

图 4-33 执行"采集/点测量"命令并存储碎步点的坐标

键,调用内存中需导出的坐标数据文件,如图 4-34b 所示界面,按 F4 (确认)键,结果如图 4-34c 所示,按 2 (660 格式),进入图 4-34d 所示界面,输入文件导出名,按 F4 (确认)键,屏幕显示正在进行的文件导出信息,全部的数据导出完毕,结果如图 4-34e 所示,显示屏自动返回文件导出菜单。文件结果如图 4-35 所示。

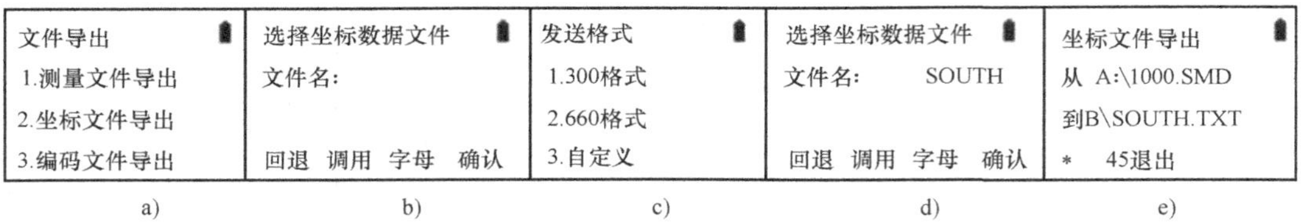

文件导出	选择坐标数据文件	发送格式	选择坐标数据文件	坐标文件导出
1.测量文件导出	文件名:	1.300格式	文件名: SOUTH	从 A:\1000.SMD
2.坐标文件导出		2.660格式		到B:\SOUTH.TXT
3.编码文件导出	回退 调用 字母 确认	3.自定义	回退 调用 字母 确认	* 45退出
a)	b)	c)	d)	e)

图 4-34 导出坐标数据内容

```
无标题 - 记事本
文件(F)  编辑(E)  格式(O)  查看(V)  帮助(H)
A,,507419.87,3369854.886,86.68
B,,507440.665,3369846.442,91.36
C,,507432.33,3369855.557,87.87
D,,507446.073,3369858.532,87.23
1,,507239.052,3369809.931,98.66
2,,507438.657,3369839.463,92.04
3,,507429.055,3369833.917,91.65
4,,507418.344,3369826.07,87.29
5,,507418.164,3369841.371,87.05
6,,507429.95,3369845.257,91.33
```

图 4-35 坐标数据文件内容

4.5.3 其余正常功能

1. 后方交会测量

进入放样菜单 1/2，按 F4（P↓）键，进入放样菜单 2/2，进入图 4-36a 所示界面，按数字键 2（后方交会法），结果如图 4-36b 所示，按 F1（输入）键，输入新点点名、编码和仪器高，如图 4-36c 所示，按 F4（确认）键，系统提示输入目标点名，按 F1（输入）键，输入已知点 A 的点号，如图 4-36d 所示，并按 F4（确认）键，屏幕显示该点坐标值，结果如图 4-36e 所示，确认按 F4（是）键，屏幕提示输入目标高，如图 4-36f 所示，输入完毕，按 F4（确认）键，进入图 4-52g 所示界面。

照准已知点 A，按下 F4（距离）键，启动测量功能，如图 4-36h 所示，进入已知点 B 输入显示屏，如图 4-36i 所示，同 A 点对已知点 B 进行测量，当用距离测量两个已知点后残差即被计算，结果如图 4-36j 所示界面，按 F1（下点）键，可对其他已知点进行测量，最多可达到 7 个点，同 A 对已知点 C 进行测量，按 F4（计算）键查看后方交会的结果，显示坐标值标准偏差，如图 4-36k 所示，按 F4（坐标）键，可显示新点的坐标，进入如图 4-36l 所示界面，按 F4（是）键可记录该数据，新点坐标被存入坐标数据文件并将所计算的新点坐标作为测站点坐标，系统返回新点菜单。

放样 2/2	新点	新点	后方交会法
1. 极坐标法	点名→3	点名： 3	第1点
2. 后方交会法	编码：	编码： SOUTH	点名： 3
3. 格网因子	仪器高 1.2000m	仪器高 1.2000 m	
P↓	输入 调用 跳过 确认	回退 确认	回退 调用 字母 确认
a)	b)	c)	d)

后方交会法	输入目标高	第1点	第1点
第1点	目标高： 0.000m	V： 2°09′30″	V： 2°09′30″
N： 9.169m		HR： 102°00′30″	HR： 102°00′30″
E： 7.851m		斜距	斜距*[单次] -<m
Z： 12.312m		目标高： 1.000m	目标高： 1.000m
>确定吗？ [否] [是]	回退 确认	>照准？ 角度 距离	正在测距……
e)	f)	g)	h)

后方交会法	后方交会法	SD(n)=4mm	N： 12.322m
第2点	残差 dHD =-0.003m	SD(e)=-6mm	E： 34.286m
点名： 4	dZ =0.001m	SD(z)=1mm	Z： 1.5772m
回退 调用 字母 确认	下点 计算	坐标	>记录吗？ [否] [是]
i)	j)	k)	l)

图 4-36 执行"建站/后方交会测量"命令测量与存储测站点的坐标

2. 计算

面积计算有两种方法：用坐标数据文件计算面积和用测量数据计算面积。下面介绍用测量数据计算面积。按 MENU 键，显示主菜单 1/2，按数字键 4，进入程序，如图 4-37a 所示，按数字键 4（面积），进入图 4-37b 所示界面，按 2（不使用格网因子）键，显示初始面积计算屏，进入面积测量功能，如图 4-37c 所示，照准棱镜，按 F1（测量）键，进行测量，系统启动测量功能，照准下一个点，按 F1（测量）键，测三个点以后显示出面积，同步显示周长，结果如图 4-37d 所示。

1. 悬高测量 2. 对边测量 3. Z 坐标测量 4. 面积 5. 点到直线测量 6. 道路	面积 1. 使用格网因子 2. 不使用格网因子	参与计算点数： 0000 面积： m² 周长： 下点名：DATA-01 测量 点名 单位 下点	参与计算点数： 0003 面积： 0.478m² 周长： 2.317m 下点名：DATA-01 测量 点名 单位 下点
a)	b)	c)	d)

图 4-37 执行"计算面积和周长"命令案例

3. 基本设置

在主菜单界面按数字键 5 进入参数设置，见表 4-2。

表 4-2 基本设置

菜单	项目	选择项	内 容
单位设置	英尺类型	1：美国英尺 2：国际英尺	选择 m/f 转换系数 美国英尺：1m＝3.2803333333333ft 国际英尺：1m＝3.280839895013123ft
	角度单位	1. 度（360°） 2. 哥恩（400G） 3. 密位（6400M）	选择测角单位 DEG/GON/MIL（度/哥恩/密位）
	距离单位	米 英尺 英尺·英寸	选择测距单位：m / ft / ft+in（米/英尺/英尺·英寸）
	温度和气压单位	1. 温度：℃/℉ 2. 气压：hPa / mmHg / inHg	选择温度单位：℃/℉ 选择气压单位：hPa/mmHg/inHg
模式设置	开机模式	角度测量 距离测量 坐标测量	选择开机后进入测角模式、测距模式或者坐标测量模式
	测距模式	单次精测 N 次精测 重复测量 跟踪测量	选择开机后的测距模式，单次精测/N 次精测/重复测量/跟踪测量
	格网因子	不使用网格因子 使用网格因子	选择使用或不使用网格因子
	坐标显示顺序	NEZ ENZ	坐标显示顺序为 N/E/Z 或 E/N/Z
	天顶零/水平零	天顶零 水平零	选择垂直角读数从天顶方向为零基准或水平方向为零基准计数

(续)

菜单	项目	选择项	内容
其他设置	水平角蜂鸣声	开 关	说明每当水平角过90°时是否要发出蜂鸣声
	测距蜂鸣	开 关	当有回光信号时是否蜂鸣
	两差改正	关 0.14 0.2	大气折光和曲率改正的设置
	日期和时间设置		对日期和时间的设置
	蜂鸣	关 开	蜂鸣的开关，若选择关，将关闭所有蜂鸣
	角度最小读数	角度最小读数 [1:1秒 2:5秒 3:10秒 4:0.1秒]	设置角度单位的最小读数
	距离最小读数	距离最小读数 [1:1mm 2:0.1mm]	设置距离单位的最小读数
	盘左盘右测坐标	不等 相等	设置盘左盘右测坐标是否相等
	自动关机开机	关 开	设置自动关机 开：如果30分钟内无键操作或无正在进行的测量工作，则仪器会自动关机

4.6 苏一光 RTS-112RL 全站仪

图 4-38 为苏一光 RTS-112RL 全站仪，仪器带有软键和数字键盘，绝对编码度盘，测角

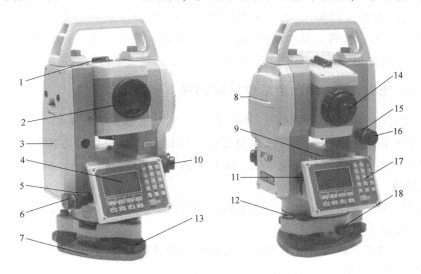

图 4-38 苏一光 RTS-112RL 全站仪

1—粗瞄器 2—物镜 3—电池盒 4—显示屏 5—水平制动螺旋 6—水平微动螺旋 7—底板 8—仪器中心标志
9—水准管 10—光学对中器 11—数据通信接口 12—圆水准器 13——脚螺旋 14—目镜
15—垂直制动螺旋 16—垂直微动螺旋 17—键盘 18—基座锁定钮

精度为 2″，最小读数为 1″/5″，补偿范围为±3′；测距精度±$(2mm+2×10^{-6}D)$；电源工作电压 7.4V DC（可充锂离子电池）。

图 4-39 是与全站仪配套使用的单棱镜、三棱镜、对中杆、对中杆支架、全站仪三脚架。

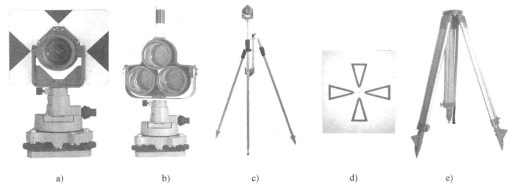

图 4-39 全站仪部分配件

a) 单棱镜与基座　b) 三棱镜　c) 对中杆及支架　d) NF10 反射片　e) 全站仪三脚架

4.6.1　苏一光 RTS-112RL 全站仪的简单介绍

图 4-40 为苏一光 RTS112RL 的操作面板，面板由显示窗和 24 个键+移动光标组成，各键的功能见图中注释。

开机步骤如下：

确认仪器已经对中整平，按住绿色开机键 ⓒ 开机，仪器进入开机界面，显示仪器型号和机载软件版本后，如图 4-41a 所示，自动进入屏幕"对比度调节"界面，并显示棱镜常数（PSM）和大气改正数（PPM），如图 4-41b 所示。按 F1 （+）和 F2 （-）调节屏幕对比度后，按 F4 （回车）键进入基本测量界面，如图 4-41c 所示。确认显示窗口中显示的电量充足，当显示"电池电量不足"时，应及时更换电池并对电池进行充电。

4.6.2　苏一光 RTS-112RL 全站仪常规测量

常规测量的内容主要是角度测量、距离测量与坐标测量。在图 4-40 中可以看出有角度测量键、距离测量键、坐标测量键及菜单键，使用键盘执行命令的方法是：按 F1 ，F2 ，F3 或 F4 键移动光标到需要的子菜单项，按数字和字母进行编辑。

1. 角度测量

按 ANG 键，进入图 4-42a 所示的角度测量界面，图中的 VZ 为竖盘读数，HR 为右旋水平盘读数，下侧有 5 个命令。

（1）置零　将望远镜当前水平视线方向的水平盘读数设置为 0°00′00″，按 F1 键和 F3 键进入图 4-42b 所示界面。

（2）置盘　将望远镜当前视线方向水平盘读数设置为输入值，按 F3 键，进入图 4-42c 所示的"水平角设置"界面，用数字键盘输入需要设置的角度值如 150°10′20″，按 F4 键结果如图 4-42d 所示。

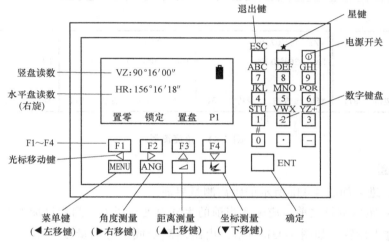

图 4-40 苏一光 RTS-112RL 的操作面板

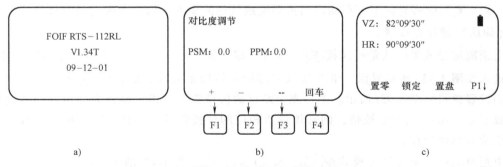

图 4-41 仪器开机步骤

（3）左右　使水平盘读数在右旋（HR）与左旋（HL）之间切换。HR 表示向右旋转照准部时水平盘读数增大，等价于水平盘为顺时针注记；HL 表示向右旋转照准部时，水平盘读数增大，等价于水平盘为逆时针注记。按 F4 键 2 次转到第 3 页功能，如图 4-42e 所示。按 F2 （左右）键，右角模式（HR）切换到左角模式（HL），进入如图 4-42f 所示界面，同一个方向的 HR+HL=360°，随后以左角 HL 模式进行测量。每次按 F2 （左右）键，HR/HL

两种模式交替切换。

（4）V%　此命令使竖盘读数在天顶距角度与坡度之间切换。按 F4（P1）键转到第 2 页，如图 4-42g 所示，按 F3（坡度）键，进入如图 4-42h 所示。

（5）锁定　配置水平读数的另一种方式。旋转照准部，使水平盘读数为需要的设置值，按 F2（锁定）键，使望远镜准确瞄准目标，此时，水平盘读数保持不变，再按 F3（是）键完成水平角设置。

VZ: 82°09′30″ HR: 90°09′30″ 置零　锁定　置盘　P1↓ a)	VZ: 82°09′30″ HR: 0°00′00″ 置零　锁定　置盘　P1↓ b)	水平角设置 HR: ---　---　清空　确认 c)	VZ: 122°09′30″ HR: 150°10′20″ 置零　锁定　置盘　P1↓ d)
VZ: 122°09′30″ HR: 90°09′30″ 蜂鸣　左右　竖角　P1↓ e)	VZ: 122°09′30″ HL: 269°50′30″ 蜂鸣　左右　竖角　P3↓ f)	VZ: 90°10′20″ HR: 90°09′30″ 置零　锁定　置盘　P1↓ g)	V%: −0.30% HR: 90°09′30″ 补偿　复测　坡度　P2↓ h)

图 4-42　角度测量

2. 距离测量

按 ▨ 键，进入如图 4-43a 所示的距离测量界面。

基本设置：距离测量之前，应输入当前的大气温度与压力、测距目标类型与测距模式。

按 F3 键进入设置，如图 4-43b 所示，由距离测量或坐标测量模式预先测得测站周围的温度和气压，按 F3 键执行［T-P］，进入图 4-43c 所示界面，按数字键输入温度、气压，按"▲"或"▼"键将光标上下移动以切换温度或气压的输入。输入正确的温度或气压后，按 F4（确认）键保存设置。

由距离测量或坐标测量模式按 F3（S/A）键，进入图 4-43d 所示界面，按 F1（棱镜）键，进入如图 4-43e 所示界面。继续按数字键输入棱镜常数改正值，按 F4 键确认，显示屏返回到设置模式如图 4-43f 所示。苏一光全站仪的棱镜常数的出厂设置为 −30mm，若使用棱镜常数不是 −30mm 的配套棱镜，则必须设置相应的棱镜常数。一旦设置了棱镜常数，则关机后该常数仍被保存。

由距离测量或坐标测量模式按 F3（S/A）键，进入图 4-43f 所示界面，按 F4（次数）键，可进入"测距次数设置"界面，设置测距次数，若设置为 1 次，即为单次测量。

（1）测量　使望远镜瞄准目标点，按 ▨ 键，进入如图 4-43a 所示界面，屏幕显示的 HD 为水平距离（horizontal distance）；VD 为垂直距离（vertical distance），它是仪器横轴至目标点的垂直距离。

（2）放样　按 F4（P1）键，进入第 2 页功能，如图 4-43g 所示，按 F2（放样）键，进入"放样"界面，通过按 F1～F3 键选择测量模式，输入放样距离（图中是输入平距 =

88m）照准目标（棱镜）测量开始，显示出测量距离与放样距离之差，如图4-43h所示，屏幕显示的dHD=实测HD-放样HD。若要返回到正常的距离测量模式，可设置放样距离为0m或关闭电源。

HR：170°30′20″	设置音响模式	温度和气压设置	设置音响模式
HD： 0.000m	PSM： 0.0 PPM： 2.0	温度 = 15.0 ℃	PSM： -30.0 PPM： 0.0
VD： 0.000m	信号：[‖]	气压： 1013.2 hpa	信号：[‖]
测距 模式 S/A P1↓	棱镜 PPM T-P 次数	--- --- 清空 输入	棱镜 PPM T-P 次数
a)	b)	c)	d)

棱镜常数设置	设置音响模式	HR：170°30′20″	HR：120°30′20″
= 0.0 mm	PSM： 0.0 PPM： 0.0	HD： 566.346m	dHD*[r] <<m
	信号：[‖]	VD： 89.678m	VD： m
--- --- 清空 输入	棱镜 PPM T-P 次数	偏心 放样 m/f/i P2↓	偏心 放样 m/f/i P2↓
e)	f)	g)	h)

图4-43 距离测量

3. 坐标测量

按⌧键进入如图4-44a所示的坐标测量界面。

坐标测量之前应输入测站点坐标、仪器高、棱镜高并进行后视定向。如图4-27所示，假设仪器安置在I10点，仪器高为1.456m，棱镜高为1.52m，以I11点为后视方向，测量任意碎步点三维坐标的方法如下：

（1）测站　按 F4 （P1）键，转到第2页功能，如图4-44b所示，按 F3 （测站）键，进入图4-44c所示的输入测站界面，按数字键输入 N 坐标，结果如图4-44d所示，按"▲"或"▼"键将光标上下移动以切换 E 坐标或 z 坐标的输入，按同样方法输入坐标数据，输入数据后，显示屏返回坐标测量，显示如图4-44e所示。

（2）仪高　按 F4 （P1）键，转到第2页功能，按 F2 （仪高）键，显示当前值，按数字键，进入图4-44f所示的"输入仪高"界面，输入仪器高1.456m，按 F4 （回车）键，返回坐标测量界面。

（3）镜高　按 F4 键，进入第2页功能，按 F1 （镜高）键，显示当前值，再按 F1 （输入）键，进入如图4-44g所示的输入镜高界面，输入镜高1.52m，按 F4 （回车）键，返回"坐标测量"界面。

（4）设置后视方位角　参照水平角的设置，设置已知点 A 的方向角，照准目标 B，按⌧键，再按 F1 （测量）键，开始测量，显示坐标结果如图4-44h所示。

（5）测量　使望远镜瞄准碎部点棱镜，按 F1 （测量）键，测量。

1）坐标模式下，测站点坐标、后视点坐标与方位角只能手工输入，不能从内存坐标文件中调用。

2）坐标测量结果只供显示，不能存入当前文件。

3）需要批量测量碎部点坐标时，应执行菜单模式下的数据采集命令。

4）全站仪显示的 N、E 坐标等价于高斯平面直角坐标 x、y，显示的 Z 坐标等价于高程 H。

N: 286.245m	N: 286.245m	N-> 0.000m	N: 36.976m
E: 76.233m	E: 76.233m	E: 0.000m	E-> 0.000m
Z: 14.568m	Z: 14.568m	Z: 0.000m	Z: 0.000m
测量 模式 S/A P1↓	镜高 仪高 测站 P2↓	--- --- 清空 输入	--- --- 清空 输入
a)	b)	c)	d)

N: 36.976m	仪器高输入	镜高输入	N* 286.245m
E: 298.578m			E: 76.233m
Z: 45.330m	仪高 0.000m	镜高 0.000m	Z: 14.568m
测量 模式 S/A P1↓	--- --- 清空 输入	--- --- 清空 输入	测量 模式 S/A P1↓
e)	f)	g)	h)

图 4-44 坐标测量

4.6.3 苏一光 RTS-112RL 全站仪坐标放样与数据采集

RTS-112RL 全站仪的放样程序可以帮助用户在工作现场根据点号和坐标值将该点定位到实地。如果放样点坐标数据未被存入仪器内存，则可以通过键盘输入到内存，坐标数据也可以在内业时通过通信电缆从计算机上传输到仪器内存，以便到工作现场能快速调用。

1. 跳过选择文件进行放样

运行放样程序可以不选择坐标数据文件进行放样，但此时无法调用坐标和存放测量的新点坐标，也无法存储。

在此模式下仅需输入测站、后视、放样点的坐标，点号和属性皆无须输入。

（1）建站　建站的作用是设置测站与后视定向，这是测量碎部点与放样前必须进行的工作。

输入测站坐标：由放样菜单1/2按 F1 （测站设置）键，即显示原有数据（默认数据皆为0.000m），进入图 4-45a 所示界面，再按数字键输入坐标值，如图 4-45b 所示，按 F4 （确认）键，返回放样菜单，如图 4-45c 所示。

输入后视坐标：由放样菜单按 F2 （后视点设置）键，进入图 4-45d 所示界面，按数字键，输入后视点坐标，如图 4-45e 所示。按 F4 （确认）键，结果如图 4-45f 所示，照准后视点，按 F3 （是）键显示屏返回到放样菜单1/2。

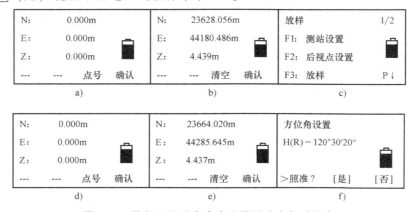

图 4-45　执行已知站点命令设置测站点与后视点

（2）放样　由放样菜单 1/2 按 F3（放样）键，进入图 4-46a 所示界面，按数字键键，输入放样点坐标，如图 4-46b 所示界面，再按 F4（确认）键，进入图 4-46c 所示界面。按数字键输入棱镜高，再按 F4（确认）键，进入如图 4-46d 所示界面，HR 表示放样点的水平角计算值，HD 表示仪器到放样点的水平距离计算值。

照准棱镜，按 F1（角度）键，结果如图 4-46e 所示，其中，HR 为实际测量的水平角，dHR 为对准放样点仪器应转动的水平角=实际水平角－计算的水平角，当 dHR=0°00′00″时，即表明放样方向正确。按 F1（距离）键，结果如图 4-46f 所示，dHD 为对准放样点尚差的水平距离，等于实测的水平距离减去计算水平距离，dZ 为对准放样点尚差的高差=实测高差－计算高差，当显示值 dHR、dHD 和 dZ 均为 0 时，如图 4-46g 所示，则放样点的测设已经完成，按 F3（坐标）键，即显示坐标值，结果如图 4-46h 所示，按 F4（下点）键，进入下一个放样点的测设，进入图 4-46a 所示界面。

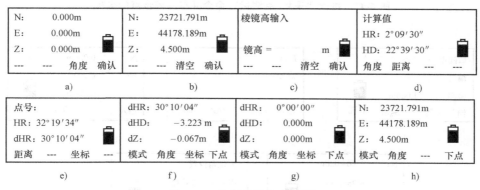

图 4-46　执行放样命令界面

（3）采集　按下 MENU 键，仪器进入主菜单 1/3 模式，按下 F1（数据采集）键，进入数据采集流程，如图 4-47a 所示，此时需选一个数据采集文件以存入测量数据。按 F2（列表）键，显示数据文件目录，进入图 4-47b 所示界面，按"▲"（上移）键或"▼"（下移）键可以使文件列表向上或向下翻动，按 F4（确认）键，文件被确认，进入"数据采集"界面，如图 4-47c 所示［如果没有需用的数据文件，则在如图 4-47a 所示的界面，按 F1（输入）键，然后输入文件名以新建数据文件］。

1）设置测站点（直接输入测站点坐标）。此时，按 F1（测站设置）键，显示点号选择界面，如图 4-47d 所示。按 F4（测站）键进入测站点输入界面，如图 4-47e 所示。按 F3（坐标）键，并按 F1（输入）键进入如图 4-47f 所示界面，输入测站点的坐标。按 F4（确认）键，进入点号输入界面，如图 4-47g 所示，输入测站点储存点号，按 F4（确认）键。输入仪器高、属性，按 F3（记录）键，如图 4-47h 所示。

2）设置后视点（直接输入后视点坐标）。确认仪器显示数据采集菜单界面，如图 4-47c 所示。按 F2（后视点设置）键，显示点号选择界面，如图 4-48a 所示。按 F1（输入）键输入存储点号、属性、棱镜高。按 F4（后视）键进入后视点设置界面，如图 4-48b 所示，按 F3（NEAZ）键进入左边输入界面，如图 4-48c 所示。按 F1（输入）键，使用数字键盘输入后视点的坐标，如图 4-48d 所示，输入完成后，按 F4（确认）键，进入图 4-48e 所示界面。照准后视点，按 F3（是）键确认并返回数据采集菜单。

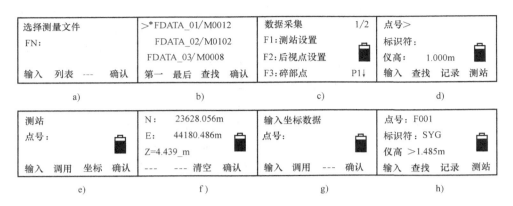

图 4-47 执行"采集/点测量"命令并存储碎步点的坐标

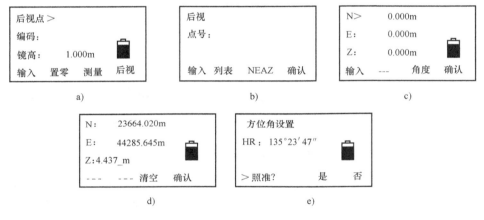

图 4-48 执行"采集/点测量"命令并存储碎步点的坐标

3) 碎部点数据的测量与存储。确认仪器处于数据采集界面。如图 4-49c 所示按 F3 （碎部点）键进入待测点测量。如图 4-49a 所示。按 F1 （输入）键，依次输入点号、属性、棱镜高，按 F3 （测量）键（见图 4-49b），选择采集数据的格式，仪器完成对待测点的测量并自动记录数据。如图 4-49c 所示，按 F3 （是）键返回到下点测量界面，点号自动加 1，如图 4-49d 所示，按 F4 （自动）键测量，仪器采用的数据格式默认为上次选定的格式。

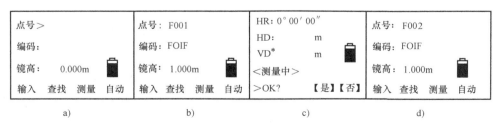

图 4-49 执行"采集/点测量"命令并存储碎步点的坐标

2. 导出坐标数据

1）将仪器与电脑连接并进入 U 盘模式。

2）在电脑上打开 U 盘盘符，显示相关文件夹。

其中，CINDEX 为坐标点与列表文件夹，CODE 为属性文件夹，CORO 为坐标数据文件夹，MEAS 为测量数据文件夹，MINDEX 为测量点与列表文件夹。

3）打开需要导出文件的文件夹，选择需要导出的文件，将该文件复制到电脑。

4.6.4 苏一光 RTS-112RL 全站仪后方交会测量

进入程序菜单并按 F4 （P↓）翻到 2/2 页，进入图 4-50a 所示界面，按 F3 （新点）键，结果如图 4-50b 所示，再按 F2 （后方交会）键，结果如图 4-50c 所示，按 F1 （输入）键，输入新点号，然后按 F4 （确认）键，使用数字键盘输入仪器高，再按 F4 （确认）键，输入已知点 *A* 的点号，输入棱镜高，照准已知点 *A*，按下 F4 （测距）键，进入图 4-50d所示界面，进入已知点 *B* 输入显示屏，同 *A* 点测量方法相同，对已知点 *B* 进行测量，当测量 3 个已知点后，残差即被计算。照准，按 F3 （是）键，再按 F1 （输入）键选定坐标格网因子，以便计算残差，结果如图 4-50e 所示，按 F1 （下点）键，可对其他已知点进行测量，最多可达到 5 个点。同样对已知点 *C* 进行测量，按 F4 （计算）键，即显示标准偏差，如图 4-50f 所示，按 F2 （↓）或（↑）可交替交换显示上述标准偏差，进入图 4-50g 所示界面，按 F4 （坐标）键，显示新点坐标，结果如图 4-50h 所示，按 F3 （是）键，新点坐标被存入坐标数据文件并将所计算的新点坐标作为测站点坐标，系统返回新点菜单。

程序 2/2	新点	新点	HR: 2°09′30″
F1: 面积	F1: 侧视法	点号: ______	HD* <m
F2: 相对直线坐标	F2: 后方交会		VD: m
F3: 新点 P↓		输入 查找 跳过 确认	<测量中>
a)	b)	c)	d)

残差	标准	SD(n) = 0.120 m	N: 12.322m
dHD = 0.120 m	= 0.000sec	SD(e) = 0.003 m	E: 34.286m
dZ = 0.003 m		SD(z) = 0.033 m	Z: 1.5772m
下点 --- G.F. 计算	--- 下页 --- 坐标	--- 下页 --- 坐标	>记录? [是] [否]
e)	f)	g)	h)

图 4-50 执行“建站/后方交会测量”命令测量与存储测站点的坐标

【本章小结】

本章着重介绍了量距的基本知识和方法：包括直线定线，钢尺量距的工具、方法、数据处理，钢尺的检定，视距测量的原理和方法，电磁波测距的原理和方法，各种量距方法的注意事项，同时对几种常见的国产电子全站仪等先进的知识和仪器也做了相应的介绍。

【思考题与练习题】

1. 直线定线的目的是什么？有哪些方法？如何进行？

2. 用钢尺往、返丈量了一段距离，其平均值为 203.689m，要求量距的相对误差为 $\frac{1}{3000}$，问往、返丈量距离之差不能超过多少？

3. 什么是钢尺的名义长度和实际长度？钢尺检定的目的是什么？

4. 下列情况使得丈量结果比实际距离是增大还是减小？
1) 钢尺比标准尺长。
2) 定线不准。
3) 钢尺不平。
4) 拉力偏大。
5) 温度比检定时低。

5. 用钢尺量距时，会产生哪些误差？

6. 衡量距离测量的精度为什么采用相对误差？

7. 表 4-3 为视距测量成果，计算各点所测水平距离和高差。该经纬仪盘左，视线水平时，竖直度盘读数为 90°，望远镜上仰，读数减小。

表 4-3

测站 $H_0 = 50.000$m，仪器高 $i = 1.54$m。

点号	上丝读数/mm 下丝读数/mm 视距间隔/mm	中丝读数 /mm	竖盘读数	竖直角	高差	水平距离	高程	备注
1	1845 1234	1540	91°08′12″					
2	1767 1316	1540	85°54′48″					
3	2103 1496	1800	92°42′24″					
4	2261 1738	2000	87°16′18″					

8. 简述电磁波测距的原理。

9. 影响光电测距仪精度的因素有哪些？

10. 简述方位角的概念。

11. 推算下面各边的坐标方位角：$\alpha_{AB} = 135°$，$\beta_B = 80°$，$\beta_1 = 220°$，$\beta_2 = 87°$，$\beta_3 = 230°$，$\beta_4 = 152°$，$\beta_C = 170°$，推算各边的坐标方位角。

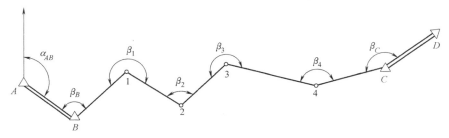

图 4-51　作业题 11

第 5 章 测量误差基础

5.1 测量误差概述

测量是在一定观测条件（观测者、仪器和环境）下进行的。在同一观测条件下进行的观测称为等精度观测；反之，称为非等精度观测。测量实践表明，只要进行测量，就会出现被观测量的观测值与其真值或理论值不相等的现象，产生测量误差，简称误差。例如，三角形内角和的闭合差、水准测量的闭合差等，均说明观测中存在的误差具有客观性和普遍性。

设某一观测量的真值或理论值为 X，对该量进行了 n 次等精度观测，其观测值为 l_i（$i = 1，2，3，\cdots，n$），则相应的误差定义为

$$\Delta_i = l_i - X \tag{5-1}$$

测量误差按其特性可分为系统误差和偶然误差。

5.1.1 系统误差

在一定的观测条件下对某未知量进行一系列的观测，若观测误差的符号和大小保持不变或按一定的规律变化，这种误差称为系统误差。

例如，某钢尺的名义长度为 30m，经检定实际长度为 30.002m，则测量时每一尺段就带有一常量的尺长改正数（0.002m），该误差随着观测次数的增加而增加，具有累积性。

系统误差对测量结果有很大影响，必须加以消除和削弱，通常有以下三种处理方法：

（1）求改正数 对观测成果进行必要的改正。如钢尺经过检定，确定尺长改正数。

（2）对称观测 使系统误差相互抵消或削弱。如测水平角时采用盘左、盘右观测，水准测量时采用中间法，都是为了达到削弱系统误差的目的。

（3）检校仪器 把系统误差降低到最小程度。如经纬仪水准管轴不垂直于仪器竖轴的误差对水平角的影响，这类系统误差无法通过以上两种方法消除，只能按规定对仪器进行精确检校，才能将其影响减小到允许范围内。

5.1.2 偶然误差

在一定的观测条件下对某未知量进行一系列的观测，若观测误差的符号和大小从个体上看没有任何规律，具有偶然性，但从大量误差总体来看，具有一定的统计规律，这种误差称为偶然误差。如水准测量中的估读误差、水平角测量时的瞄准误差等。对于单个偶然误差，观测前无法预知其大小和符号，但就大量偶然误差总体而言，则具有一定的统计规律，这种

规律随着观测次数的增加更加明显。

例如,在相同观测条件下,对同一平面三角形三个内角进行了 n 次独立重复观测。由于观测存在误差,三角形各内角的观测值之和与其真值180°一般不相等,该差值即为真误差。统计了 $n=90$ 个内角和的真误差的分布,按绝对值的大小进行排列,并等分成若干段,每段的边界值以间隔 $d\Delta = 5''$ 递增,然后分正负误差统计各区段误差相应分布的个数 n_i、频率 n_i/n、单位误差频率 $\frac{n_i}{n}/d\Delta$,又称为频率密度,见表5-1。

表 5-1 误差分布统计表

误差区段 ($''$)	负误差			正误差			备注
	n_i	n_i/n	$\frac{n_i}{n}d\Delta/('')$	n_i	n_i/n	$\frac{n_i}{n}d\Delta/('')$	
0~5	25	0.281	0.094	26	0.292	0.097	
5~10	11	0.124	0.041	10	0.101	0.034	
10~15	5	0.056	0.019	7	0.079	0.026	误差区段间隔 $d\Delta=5''$ 区段左边值计入该区段内
15~20	2	0.022	0.007	3	0.034	0.011	
20~25	1	0.011	0.004	0	0	0	
>25	0	0	0	0	0	0	
Σ	44	0.494	0.165	46	0.506	0.168	

由表5-1可以看出:小误差出现的个数比大误差多;绝对值相等的正、负误差出现的个数大致相等;最大误差不超过一定的限度(本例25″)。

通过大量实验统计结果表明,偶然误差具有以下统计特性:

1) 有限性,即误差的大小不超过一定的限度。
2) 单峰性,即小误差出现的机会比大误差多。
3) 对称性,即互为反数的误差出现机会相同。
4) 由对称性可以推知,误差的数学期望或理论均值为0,即 $E[\Delta]=0$,则

$$\lim_{n \to \infty} \frac{[\Delta]}{n} = 0 \tag{5-2}$$

式中 $[\Delta]$——误差的总和,$[\Delta]=\Delta_1+\Delta_2+\Delta_3+\cdots+\Delta_n$。

n——观测次数。

根据表中统计的数据,以区段间隔值为横坐标,相应区段的频率密度为纵坐标,绘出频率密度与偶然误差分布的直方图(见图5-1)。图中每区段上的矩形面积 $\frac{n_i/n}{d\Delta}d\Delta$,就等于出现在该区段误差的频率。当加大观测次数,$n\to\infty$ 时,缩小区段间隔,$d\Delta\to 0$,误差频率趋近于概率,即 $n_i/n \to P(\Delta)$ 时,则图形中矩形顶边折线将趋近于一条光滑的曲线。这条曲线表示了误差与概率密度的关系称为误差分布曲线。它形象地说明了偶然误差的四个特性,还表明偶然误差服从正态分布。其概率分布密度的方程为

$$y = f(\Delta) = \frac{1}{\sqrt{2\pi}\sigma} e^{-\frac{\Delta^2}{2\sigma^2}} \tag{5-3}$$

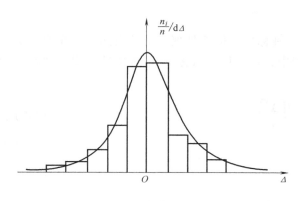

图 5-1 误差分布曲线

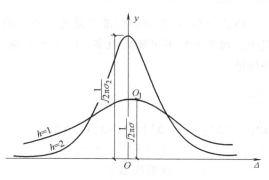

图 5-2 不同分布的误差曲线

误差在 dΔ 上的概率为

$$p(\Delta) = \frac{n_i/n}{\mathrm{d}\Delta}\mathrm{d}\Delta = f(\Delta)\mathrm{d}\Delta = \frac{1}{\sqrt{2\pi}\,\sigma}\mathrm{e}^{-\frac{\Delta^2}{2\sigma^2}}\mathrm{d}\Delta \tag{5-4}$$

式中 σ^2——方差,方差的平方根称为均方差或标准差,它的大小反映观测精度的高低。

令 $h = 1/\sqrt{2}\,\sigma$,则式(5-3)可改写为

$$y = \frac{h}{\sqrt{\pi}}\mathrm{e}^{-h^2\Delta^2}$$

当偶然误差 $\Delta = 0$ 时,$y = h/\sqrt{\pi}$,可见,误差曲线顶点的位置由 h 决定。h 越大,σ 越小,y 越大,函数曲线顶峰高而陡峭,表示误差小,密度大,观测精度高;反之曲线顶峰低而平缓,精度低。例如,$h = 2$ 比 $h = 1$ 的误差曲线要陡峭得多(见图 5-2),这是因为 $\sigma_2 < \sigma_1$,第二组观测的精度比第一组观测的精度高的结果。

方差定义为

$$\sigma^2 = \lim_{n \to \infty}\frac{\Delta_1^2 + \Delta_2^2 + \cdots + \Delta_n^2}{n} = \lim_{n \to \infty}\frac{[\Delta^2]}{n} \tag{5-5}$$

$$\sigma = \pm\lim_{n \to \infty}\sqrt{\frac{[\Delta^2]}{n}} \tag{5-6}$$

综合以上分析,偶然误差表现出两大数学特征:特征一是式(5-2)中的 Δ 数学期望值为 0。这表明误差列的分布是以它的数学期望 0 为中心和起点,逐步聚集。该中心称为离散中心,是误差真值所在的位置。特征二是式(5-5)中 Δ^2 的数学期望为方差 σ^2。它描述了误差在离散中心周围所聚集的紧密度,也就是观测值之间的离散程度。σ 越小,误差越小,观测值越密集地接近其真值或它的数学期望。

5.2 评定精度的指标

在测量工作中,为了评定测量成果的精度,以便确定其是否符合要求,必须建立衡量精度的统一标准。衡量精度的标准有很多种,这里主要介绍中误差、相对误差及允许误差。

5.2.1 中误差

由式（5-6）得出的标准差是衡量精度的一种标准，但那是理论上的表达式。在测量实践中，观测次数不可能无限多，因此实际应用中，多采用中误差 m 作为衡量观测精度的一种标准

$$m = \pm \sqrt{\frac{[\Delta^2]}{n}} \tag{5-7}$$

式中　$[\Delta^2]$——$[\Delta^2] = \Delta_1^2 + \Delta_2^2 + \cdots + \Delta_n^2$；
　　　Δ——真误差；
　　　n——观测次数。

由于中误差是误差中数的平方根，因而对绝对值大的误差，有较强的反映。

作为识别观测值优劣的精度标准，常把中误差做标识，将 $\pm m$ 置于观测值 L 数字之后，即 $L \pm m$，表示该观测值所能达到的精度。

【例 5-1】 对同一三角形用不同的仪器分两组进行了 10 次观测，每次测得内角和的真误差 Δ 为：

第一组：$-3''$、$+3''$、$+4''$、$-2''$、$+3''$、$0''$、$-2''$、$+1''$、$-1''$、$0''$。

第二组：$+1''$、$0''$、$+8''$、$-3''$、$+2''$、$-7''$、$0''$、$-1''$、$-2''$、$-1''$。

求两组观测值的中误差，并比较观测精度。

【解】 $m_1 = \pm \sqrt{\dfrac{3^2+3^2+4^2+2^2+3^2+0^2+2^2+1^2+1^2+0^2}{10}} = \pm 2.3''$

$m_2 = \pm \sqrt{\dfrac{1^2+0^2+8^2+3^2+2^2+7^2+0^2+1^2+2^2+1^2}{10}} = \pm 2.7''$

$m_1 < m_2$，说明第一组观测质量好于第二组。

5.2.2 相对误差

误差的大小，单纯取决于观测值与真值之间的不符值，而不与观测量本身大小相关的误差称为绝对误差。中误差和真误差都是绝对误差。在精度的评定中，用绝对误差有时还不能反映观测结果的精度。例如，测量长度分别为 100m 和 200m 的两段距离，它们的中误差均为 ± 0.01m，显然不能认为这两段距离的观测质量相同。为了客观地反映实际精度，引入相对误差 k，即用绝对误差的绝对值与相应观测值之比，并将分子化为 1，分母取整数

$$k = \frac{|\Delta_j|}{D} = \frac{1}{D/|\Delta_j|} \tag{5-8}$$

在上例中，按相对误差评定精度，则有

$$k_1 = \frac{0.01}{100} = \frac{1}{10000}$$

$$k_2 = \frac{0.01}{200} = \frac{1}{20000}$$

$k_1 > k_2$，表明前者精度较低。

在距离测量中，通常采用同一段距离的往返丈量之差代替式（5-8）中的绝对误差来计算相对误差

$$k = \frac{|D_{往} - D_{返}|}{D} = \frac{1}{D/|D_{往} - D_{返}|} \tag{5-9}$$

5.2.3 允许误差

偶然误差的第一特性表明，在一定的观测条件下，误差的绝对值不超过一定的限值，这个限制称为极限误差。理论上认为，该限值不超过 3 倍的均方差。

将式（5-4）积分，可求出误差在任意区段分布的概率。设以 K 倍均方差 $\pm K\sigma$ 为区段，分别以 $K=1, 2, 3$ 按下式进行积分

$$P(-K\sigma < \Delta < K\sigma) = \int_{-K\sigma}^{K\sigma} \frac{1}{\sqrt{2\pi}\sigma} e^{-\frac{\Delta^2}{2\sigma^2}} d\Delta$$

计算结果表明，分布在相应误差区段 $\pm\sigma$，$\pm 2\sigma$，$\pm 3\sigma$ 的概率分别为

$$P(-\sigma < \Delta < +\sigma) = 0.683$$
$$P(-2\sigma < \Delta < +2\sigma) = 0.954$$
$$P(-3\sigma < \Delta < +3\sigma) = 0.993$$

以上三式的概率含义是：在一组等精度观测中，在 $\pm\sigma$ 以外的真误差个数约占总的误差总数的 32%；在 $\pm 2\sigma$ 范围以外的个数约占 4.6%；在 $\pm 3\sigma$ 以外的个数只占 0.7%。因此极限误差定为

$$\Delta_j = 3\sigma \tag{5-10}$$

式中　Δ_j——极限误差。

在实际观测中，为了保证观测成果质量，根据观测对精度的不同要求，参考极限误差，将观测值预期中误差的 2~3 倍定为检核观测质量和决定观测值取舍所能允许的最大极限标准称为允许误差。

$$\Delta_r = (2 \sim 3)m \tag{5-11}$$

式中　Δ_r——允许误差。

在测量中，凡是误差超过允许误差的观测值，一律放弃。

5.3 误差传播定律

在测量工作中经常会遇到某些量的大小并不是直接测定的，而是由观测值通过一定的函数关系间接计算出来的，即某些量是观测值的函数。如高差 $h = \frac{1}{2}kl\sin\alpha$ 就是利用观测值 l、α 按函数关系式计算的。由于观测值带有误差，导致函数值也存在误差。这种阐明直接观测值与函数之间误差关系的规律称为误差传播定律。下面我们将分别讨论线性函数和非线性函数的误差传播定律。

5.3.1 一般函数

设一般函数为

$$z = f(x_1, x_2, x_3, \cdots, x_n) \tag{5-12}$$

式中 $x_i(i=1,2,\cdots,n)$ ——独立观测量，对应的中误差为 m_i，欲求函数值的中误差 m_z。

把 x_i 视为自变量，真误差 Δ_i 视为相应的增量，函数增量 Δ_z 可按微分方法求出。对式 (5-12) 进行全微分，略去高阶无穷小，将非线性的增量关系化为简单的线性关系。然后把微分符号还原为真误差 Δ，即得自变量与函数间的线性误差关系式

$$\Delta_x = \frac{\partial f}{\partial x_1}\Delta_1 + \frac{\partial f}{\partial x_2}\Delta_2 + \frac{\partial f}{\partial x_3}\Delta_3 + \cdots + \frac{\partial f}{\partial x_n}\Delta_n$$

式中 $\frac{\partial f}{\partial x_i}(i=1,2,\cdots,n)$ ——函数对各变量所求得的偏导数，记为 f_i，f_i 与 Δ_i 大小无关，均为常数，可用各观测量 x_i 的测量值 l_i 代入求得。

则函数 Z 的中误差为

$$m_z^2 = f_1^2 m_1^2 + f_2^2 m_2^2 + f_3^2 m_3^2 + \cdots + f_n^2 m_n^2 \tag{5-13}$$

这就是一般函数的误差传播定律。

5.3.2 线性函数

设线性函数为

$$z = k_1 x_1 \pm k_2 x_2 \pm k_3 x_3 \pm \cdots \pm k_n x_n \tag{5-14}$$

式中 $k_i(i=1,2,\cdots,n)$ ——常数；

$x_i(i=1,2,\cdots,n)$ ——独立观测值。

由式 (5-13) 可直接得到线形函数式 (5-14) 的误差传播定律，即

$$m_z^2 = k_1^2 m_1^2 + k_2^2 m_2^2 + k_3^2 m_3^2 + \cdots + k_n^2 m_n^2 \tag{5-15}$$

【例 5-2】 在视距测量中，当视线水平时，读得视距间隔 $l=1.23\text{m}\pm1.4\text{mm}$，试求水平距离及其中误差。

【解】 视线水平时，水平距离 $D = kl = 100 \times 1.23\text{m} = 123\text{m}$。

根据式 (5-15) 得

$$m_D = 100 m_l = \pm 140\text{mm}$$

最后结果为 $123\text{m} \pm 0.14\text{m}$。

【例 5-3】 用测回法测角，如已知每一方向观测值的中误差为 m_F，试求一测回角值 β 的中误差。

【解】 设 α 为照准目标方向的观测值。一个测回等于盘左 β_Z、盘右 β_Y 两个半测回角值的平均值。

而半测回角值则为两个方向观测值之差。其函数关系为

$$\beta = \frac{1}{2}(\beta_Z + \beta_Y) = \frac{1}{2}[(\alpha_{Z1} - \alpha_{Z2}) + (\alpha_{Y1} - \alpha_{Y2})] = \frac{1}{2}\alpha_{Z1} - \frac{1}{2}\alpha_{Z2} + \frac{1}{2}\alpha_{Y1} - \frac{1}{2}\alpha_{Y2}$$

根据线形函数误差传播定律式 (5-15)，则

$$m_\beta = \frac{1}{2} m_F \sqrt{4} = m_F$$

5.4 等精度直接观测值的最可靠值与精度评定

在实际工程中,除少数理论值真值可以预知外,由于误差的存在,一般观测值真值是很难测定的。为了提高观测值的精度,测量上通常利用有限的多余观测,计算平均值 x,代替观测值的真值 X,用改正数 v_i 代替真误差 Δ_i,以解决工程实际问题。

5.4.1 算术平均值原理

设某量的真值为 X,在等精度观测条件下,对该量进行 n 次观测,其观测值为 l_i($i=1,2,\cdots,n$)。根据真误差计算式(5-1)可得

$$\Delta_1 = l_1 - X$$
$$\Delta_2 = l_2 - X$$
$$\vdots$$
$$\Delta_n = l_n - X$$

把上列等式相加,除以 n,则

$$\frac{[\Delta]}{n} = \frac{[l]}{n} - X$$

把算术平均值

$$x = \frac{l_1 + l_2 + \cdots + l_n}{n} = \frac{[l]}{n} \tag{5-16}$$

代入上式,并设

$$\delta = \frac{[\Delta]}{n}$$

则

$$X = x - \delta$$

根据偶然误差的特性,$n \to \infty$,$\delta \to 0$,$x \to X$,由于 n 为有限值,因而算术平均值接近真值。在测量上通常把 x 称为平差值、最或然值、最可靠值。它是观测量真值或数学期望的估值。

5.4.2 改正数

在测量中,常将观测值 l_i 施加一个改正数 v_i,以求其最或然值 x,即

$$v_i = x - l_i \quad (i = 1, 2, \cdots, n) \tag{5-17}$$

改正数具有以下两大数学特征:

① $[v] = 0$。将式(5-17)取 n 列之和,则

$$[v] = nx - [l] = [l] - [l] = 0 \tag{5-18}$$

利用这一特性可以检验 x 和 v 在计算过程中是否有误。

② $[vv] = $ 最小。根据式(5-17),有

$$[vv] = (x - l_1)^2 + (x - l_2)^2 + \cdots + (x - l_n)^2$$

利用数学上求条件极限的方法,对 x 取一阶导数并令它等于 0,即

$$\frac{\mathrm{d}[vv]}{\mathrm{d}x} = 2(x-l_1)+2(x-l_2)+\cdots+2(x-l_n)=0$$

$$nx-[l]=0 \quad \text{或} \quad x=\frac{[l]}{n}$$

可见，由算数平均值计算的改正数符合 $[vv]=$ 最小的条件。

5.4.3 用改正数计算中误差

当真误差 Δ_i 不知时，常以改正数 v_i 代替真误差计算单一观测值中误差。两者关系如下

$$\Delta_i = l_i - X, v_i = x - l_i \quad (i=1,2,\cdots,n)$$

两式相加

$$\Delta_i = x - X - v_i = \delta - v_i$$

将上式两端分别平方，等号左右两端分别取和，则

$$[\Delta\Delta] = [vv] - 2\delta[v] + n\delta^2$$

$$= [vv] + \frac{[\Delta]^2}{n}$$

$$= [vv] + \frac{1}{n}(\Delta_1^2+\Delta_2^2+\cdots+\Delta_n^2) + \frac{2}{n}(\Delta_1\Delta_2+\Delta_2\Delta_3+\cdots)$$

$$= [vv] + \frac{[\Delta\Delta]}{n} + \frac{2[\Delta_P\Delta_Q]}{n}$$

因为各观测值独立，故 $\dfrac{[\Delta_P\Delta_Q]}{n}=0$，并顾及 $m^2=\dfrac{[\Delta\Delta]}{n}$

所以

$$m = \pm\sqrt{\frac{[vv]}{n-1}} \tag{5-19}$$

上式即为等精度独立观测时，利用观测值改正数计算一次观测中误差的公式，也称为白塞尔公式。

5.4.4 算术平均值中误差

设对某量进行 n 次等精度观测，观测值为 l_i，其算术平均值 x 为

$$x = \frac{1}{n}l_1 + \frac{1}{n}l_2 + \frac{1}{n}l_3 + \cdots + \frac{1}{n}l_n$$

设每个观测值的中误差为 m，欲求算术平均值中误差为 M。由式（5-15）可得

$$M^2 = n\left(\frac{1}{n}m\right)^2$$

即

$$M = \frac{m}{\sqrt{n}} \tag{5-20}$$

将式（5-19）代入，得

$$M = \pm \sqrt{\frac{[vv]}{n(n-1)}} \qquad (5\text{-}21)$$

式（5-20）表明，算术平均值的精度比各观测值的精度提高了 $\sqrt{n}$ 倍，但倍数 $\sqrt{n}$ 与次数 n 的增加速度不成正比。例如，$n=10$，精度提高 3.2 倍，即 M 降低了 68%；$n=20$，精度提高 4.5 倍，M 降低 78%。前 10 次增加较快，后 10 次增加甚微，可见，提高精度不能单纯增加观测次数，而应通过提高观测仪器等级，改善观测方法和观测条件来实现。

观测次数一般不应超过 12 次。

【例 5-4】 对某距离观测 5 次，其观测值见表 5-2，试求距离的算术平均值 x，单一观测值中误差 m 和算术平均值中误差 M。

表 5-2 算术平均值及误差计算

d/m	v/mm	vv/mm^2	备 注
55.550	-12	144	$d = \dfrac{277.688}{5}\text{m} = 55.538\text{m}$
55.535	$+3$	9	
55.520	$+18$	324	$m_d = \pm\sqrt{\dfrac{542}{5-1}}\text{mm} = \pm 11.6\text{mm}$
55.537	$+1$	1	
55.546	-8	64	$M = \pm\dfrac{11.6\text{mm}}{\sqrt{5}} = \pm 5.2\text{mm}$
$[d] = 277.688$	$[v] = +2$	$[vv] = 542$	

最后结果为 $d = 55.538 \pm 5.2\text{mm}$

在检查中，应有 $[v] = 0$，若因凑整而使 $[v] \neq 0$，其绝对值不应大于以末位为单位的 $0.5\text{mm} \times n$（本例为 $0.5\text{mm} \times 5 = 2.5\text{mm}$）。若超过，则应查其原因，纠正错误。

5.5 非等精度直接观测值的最可靠值与精度评定

对某一量进行不等精度观测时，各观测值则具有不同的可靠性。因此，在求未知量的最可靠估计值时，就不能像等精度观测时那样简单地取算术平均值，因为较可靠的观测值对最后测量结果产生较大的影响。

不等精度观测值的可靠性，可用称为观测值"权"的数值来表示。观测值的精度越高，其权越大。

5.5.1 误差的关系

设 n 个不等精度观测值的中误差分别为 $m_1, m_2, \cdots, m_n$，则权可用下式来确定

$$p_i = \frac{\lambda}{m_i^2} (i = 1, 2, \cdots, n) \qquad (5\text{-}22)$$

式中 λ——任意正数。

【例 5-5】 设以不等精度观测某角度，各观测值的中误差分别为 $m_1 = \pm 2.0''$，$m_2 = \pm 3.0''$，$m_3 = \pm 6.0''$。求各观测值的权。

由式（5-22）可得

$$p_1 = \frac{\lambda}{m_1^2} = \frac{\lambda}{4} \qquad p_2 = \frac{\lambda}{m_2^2} = \frac{\lambda}{9} \qquad p_3 = \frac{\lambda}{m_3^2} = \frac{\lambda}{36}$$

若取 $\lambda = 4$，则 $p_1 = 1$，$p_2 = 4/9$，$p_3 = 1/9$。
若取 $\lambda = 36$，则 $p_1 = 9$，$p_2 = 4$，$p_3 = 1$。
选择适当的 λ 值，可以使权成为便于计算的数值。

等于 1 的权称为单位权，权等于 1 的观测值的中误差称为单位权中误差，一般用 μ 表示。对于中误差为 m_i 的观测值，其权 p_i 为

$$p_i = \frac{\mu}{m_i^2} \tag{5-23}$$

5.5.2 加权平均值及其中误差

对同一未知量进行 n 次不等精度观测，观测值为 l_1，l_2，…，l_n，其相应的权为 p_1，p_2，…，p_n，则加权平均值 x 为不等精度观测值的最或然值，计算公式为

$$x = \frac{p_1 l_1 + p_2 l_2 + \cdots + p_n l_n}{p_1 + p_2 + \cdots + p_n} \tag{5-24}$$

或

$$x = \frac{[pl]}{[p]} \tag{5-25}$$

校核计算公式为

$$[pv] = 0 \tag{5-26}$$

式中 v_i——$v_i = x - l_i$，观测值的改正数。

下面计算加权平均值的中误差 M_x。

由式（5-24），根据误差传播定律，可得 x 的中误差 M_x 为

$$M_x^2 = \frac{1}{[p]^2}(p_1^2 m_1^2 + p_2^2 m_2^2 + \cdots + p_n^2 m_n^2) \tag{5-27}$$

式中 m_1，m_2，…，m_n——l_1，l_2，…，l_n 的中误差。

由式（5-22）可知，$p_1 m_1^2 = p_2 m_2^2 = \cdots = p_n m_n^2 = \mu^2$，所以

$$M_x^2 = \frac{\mu^2}{[p]} \tag{5-28}$$

应用等精度观测值中误差的推导方法，可得出单位权中误差的计算公式为

$$\mu = \pm \sqrt{\frac{[pv^2]}{n-1}} \tag{5-29}$$

则加权平均值的中误差 M_x 为

$$M_x = \pm \sqrt{\frac{[pv^2]}{[p](n-1)}} \tag{5-30}$$

【例 5-6】 在水准测量中，从 L、M、N 三个已知高程点出发测定 S 点的高程。已知三个高程观测值 H_i 和各水准路线的长度 D_i。求 S 点高程的最或然值 H_S 及其中误差 M_S。

【解】 以水准路线长度的倒数为观测值的权，计算见表 5-3。
根据式（5-24），S 点高程的最或然值为

$$H_S = \frac{0.25 \times 52.147\text{m} + 0.50 \times 52.120\text{m} + 0.40 \times 52.132\text{m}}{0.25 + 0.50 + 0.40} = 52.130\text{m}$$

根据式（5-29），单位权中误差为

$$\mu = \pm\sqrt{\frac{[pv^2]}{n-1}} = \pm\sqrt{\frac{123.9}{3-1}} \text{mm} = \pm 7.9 \text{mm}$$

表 5-3　不等精度直接观测平差计算

测段	高程观测值 H_i/m	路线长度 D_i/km	权 $p_i = 1/D_i$	观测值的改正数 v/mm	pv	pv^2
L—S	52.147	4.0	0.25	−17	−4.2	72.3
M—S	52.120	2.0	0.50	10	5	50
N—S	52.132	2.5	0.40	−2	−0.8	1.6
			$[p]$ = 1.15		$[pv]$ = 0	$[pv^2]$ = 123.9

根据式（5-30），最或然值的中误差为

$$M_S = \pm\sqrt{\frac{[pv^2]}{[p](n-1)}} = \pm 7.9\sqrt{\frac{1}{1.15}} \text{mm} = \pm 7.4 \text{mm}$$

【本章小结】

本章主要介绍了误差分类、评定精度指标、误差传播定律、算术平均值及其中误差、加权平均值及其中误差。

【思考题与练习题】

1. 系统误差有何特点？在测量工作中如何消除或削弱？
2. 偶然误差有何特性？
3. 改正数有何特征和用途？
4. 评定精度的指标有哪些？
5. 某直线丈量 5 次，其观测结果分别为 245.12m，245.21m，245.13m，245.23m，245.09m，试计算其算术平均值、算术平均值中误差及其相对误差。
6. 等精度观测五边形内角各两个测回，一测回角中误差 $m_\beta = \pm 40''$，试求

    （1）五边形角度闭合差的中误差。

    （2）欲使角度闭合差的中误差不超过±50″，求观测的测回数。

7. 在三角形 ABC 中，用同一架仪器观测，角 A 观测了 4 个测回，角 B 观测了 6 个测回，角 C 观测了 9 个测回，试确定三个内角的权。
8. 从已知高程点 A、B、C 出发，沿三条水准路线测定 D 点的高程，观测结果见表 5-4，求 D 点高程及其中误差。

表 5-4　水准测量观测结果

路线	D 点观测高程/m	测站数	路线	D 点观测高程/m	测站数
A—D	30.525	24	C—D	30.510	18
B—D	30.520	20			

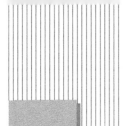

第 6 章 小地区控制测量

6.1 控制测量概述

测绘工作的实质是确定空间点的三维坐标。若从一个已知点开始,逐步依据前一个点的位置测定后一个点的位置,必然会将前一个点的误差带到后一个点上,这样逐步累积,误差会达到不能接受的程度。因此,为了减少误差累积,保证所测点位的精度,测量工作必须遵循"从整体到局部""先控制后碎部"的原则。控制测量就是用较精密的仪器工具和较严密的测量方法,较精确地测定少量起控制作用的点的精确位置。

控制测量分为确定控制点平面位置 (x, y) 的平面控制测量和确定控制点高程 (H) 的高程控制测量。

6.1.1 平面控制测量

平面控制网的经典布网形式有三角形网测量、导线测量、卫星定位测量等方法。

在图 6-1 中,观测所有三角形的内角,并根据需要选择观测部分或全部边长。这种三角形的顶点称为三角点,构成的网形称为三角形网,进行这种布网形式的控制测量称为三角形网测量。这种布网方式的优点是图形简单,有较多的检核条件,因而精度较高,便于在观测中发现粗差和计算;缺点是易受障碍物影响,布网难度大。

将图 6-2 中的控制点用折线连接起来,测量各边的长度和各转折角,通过计算同样可以获得它们之间的相对位置。这种折线称为导线,这种控制点称为导线点,构成的网形称为导线网,进行这种布网形式的控制测量称为导线测量。这种布网方式的优点是网中各点上的方

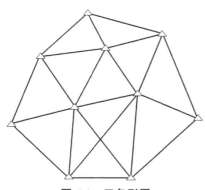

图 6-1 三角形网

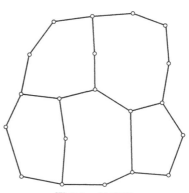

图 6-2 导线网

向数较少,受通视要求限制小,图形灵活,选点时可据具体情况随时改变,易于选点,边长直接测,边的精度比较均匀;缺点是约束条件少,不易发现观测中的粗差。

平面控制网除了上述布网形式外,目前常用的还有GNSS网,它与用前述两种测量方法建立的控制网相比有速度快、精度高、全天候、操作方便等优点,但在建筑物内、地下、树下及狭窄的城区街道内不能使用。

平面控制网按精度等级可划分为:二、三、四等及一、二级三角形网;二、三、四等及一、二级卫星定位网;三、四等及一、二、三级图根导线和导线网。其技术要求见表6-1~表6-3。

表6-1 三角形网的主要技术指标

等级	平均边长/km	测角中误差(″)	测边相对中误差	最弱边边长相对中误差	测回数			三角形最大闭合差(″)
					DJ_1	DJ_2	DJ_6	
二等	9	±1	≤1/250000	≤1/120000	12	—	—	±3.5
三等	4.5	±1.8	≤1/150000	≤1/70000	6	9	—	±7
四等	2	±2.5	≤1/100000	≤1/40000	4	6	—	±9
一级	1	±5	≤1/40000	≤1/20000	—	2	4	±15
二级	0.5	±10	≤1/20000	≤1/10000	—	1	2	±30

注:当测区测图的最大比例尺为1:1000时,一、二级网的平均边长可适当放长,但不应大于表中规定长度的2倍。

表6-2 卫星定位测量的主要技术要求

等级	平均边长/km	固定误差A/mm	比例误差系数B/(mm/km)	约束点间的边长相对中误差	约束平差后最弱边相对中误差
二等	9	≤10	≤2	1/250000	1/120000
三等	4.5	≤10	≤5	1/150000	1/70000
四等	2	≤10	≤10	1/100000	1/40000
一级	1	≤10	≤20	1/40000	1/20000
二级	0.5	≤10	≤40	1/20000	1/10000

表6-3 工程导线及图根导线的主要技术指标

等级		导线长度/km	平均边长/km	测角中误差(″)	测距中误差/mm	测距相对误差	测回数			方位角闭合差(″)	相对闭合差
							DJ_1	DJ_2	DJ_6		
三等		14	3	±1.8	±20	≤1/150000	6	10	—	±3.6$\sqrt{n}$	≤1/55000
四等		9	1.5	±2.5	±18	≤1/80000	4	6	—	±5$\sqrt{n}$	≤1/35000
一级		4	0.5	±5	±15	≤1/30000	—	2	4	±10$\sqrt{n}$	≤1/15000
二级		2.4	0.25	±8	±15	≤1/14000	—	1	3	±16$\sqrt{n}$	≤1/10000
三级		1.2	0.1	±12	±15	≤1/7000	—	1	2	±24$\sqrt{n}$	≤1/5000
图根	首级	≤a×M		±20		≤1/4000			1	±40$\sqrt{n}$	≤1/(2000×a)
	一般			±30						±60$\sqrt{n}$	

注:a为比例系数,取值宜为1,当采用1:500、1:1000比例尺测图时,其值可在1~2之间选用;M为测图比例尺分母,但对于工矿区现状图测量,不论测图比例尺大小,M均应取值500;隐蔽或实测困难地区,导线相对闭合差可放宽但不应大于1/(1000a)。

6.1.2 高程控制网

为了工程建设的需要所建立的高程控制测量等级的划分依次为二、三、四、五等。各等级高程控制最好采用水准测量,四等及以下等级可采用电磁波测距三角高程测量,五等也可采用 GNSS 拟合高程测量,直接作为测地形图用的图根高程控制采用图根水准测量,其技术要求列于表 6-4。电磁波测距三角高程测量的主要技术指标见表 6-5。水准点间的距离,一般地区为 1~3km,工业区、城镇建筑区应小于 1km。一个测区至少设立三个高程控制点。

表 6-4 水准测量的主要技术要求

等级	每千米高差全中误差/mm	路线长度/km	水准仪的型号	水准尺	与已知点联测	附合或环线	平地/mm	山地/mm
二等	2	—	DS_1	铟瓦	往返各一次	往返各一次	$4\sqrt{L}$	—
三等	6	≤50	DS_1	铟瓦	往返各一次	往一次	$12\sqrt{L}$	$4\sqrt{n}$
			DS_3	双面		往返各一次		
四等	10	≤16	DS_3	双面	往返各一次	往一次	$20\sqrt{L}$	$6\sqrt{n}$
五等	15	—	DS_3	单面	往返各一次	往一次	$30\sqrt{L}$	
图根	20	≤5	DS_{10}	单面	往返各一次	往一次	$40\sqrt{L}$	$12\sqrt{n}$

注:L 为往返测段、附合或环线的水准路线长度(km);n 为测站数。

表 6-5 电磁波测距三角高程测量的主要技术要求

等级	仪器	测回数		指标差较差(″)	垂直角较差(″)	对向观测高差较差/mm	附合或环形闭合差/mm
		三丝法	中丝法				
四等	DJ_2	—	3	≤7	≤7	$40\sqrt{D}$	$20\sqrt{\sum D}$
五等	DJ_2	1	2	≤10	≤10	$60\sqrt{D}$	$30\sqrt{\sum D}$

注:D 为电磁波测距边的长度(km)。

6.1.3 小地区控制测量

小地区控制网一般是指面积在 $15km^2$ 以下区域所建立的控制网,应尽量与国家(或城市)控制网联测,以使测区的坐标系和高程系与国家(或城市)控制系统统一起来。若测区内或附近无国家(或城市)控制点,或者附近有高级控制点,但不便于联测时,则可建立测区独立控制网。另外,为工程建设而建立的专用控制网,或为重点工程因保密需要而建立的控制网,均可采用独立控制网系统。

根据测区面积大小,按精度要求逐级建立控制网。在全测区范围内建立的统一的、精度最高的控制网称为首级控制网。直接为测图而建立的控制网称为图根控制网,网中各点称为图根点。当测区面积小于 $0.5km^2$ 时,图根控制网也可作为首级控制网使用。图根点的密度应根据测区比例尺和地形条件而定,一般不低于表 6-6 的规定。

表 6-6 图根点的密度要求

测图比例尺	1∶2000	1∶1000	1∶500
每平方公里点数	15	50	150

6.2 导线测量

6.2.1 导线的布设方式

导线测量布设灵活，要求通视方向少，边长可直接测定，适宜布设在视野不够开阔的地区，如城市、厂区、矿山建筑区、森林等，也适用于狭长地带的控制测量，如铁路、隧道、渠道等。随着全站仪的普及，一测站可同时完成测距、测角，导线测量方法广泛地用于控制网的建立，特别是图根导线的建立。

导线测量的布设形式有闭合导线、附合导线及支导线三种。

1. 闭合导线

闭合导线是起点和终点为同一个已知点的闭合多边形，如图6-3所示，其中 B 点为已知点，1，2，3，4点为待定点，α_{BA} 为已知方向。

2. 附合导线

敷设在两个已知点之间的导线称为附合导线，如图6-4所示，其中 B 点为已知点，α_{AB} 为已知方向，经过1、2、3、…、n 点最后附合到已知点 C 和已知方向 α_{CD}。

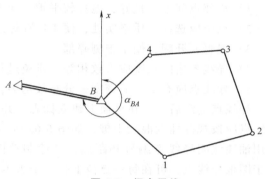

图 6-3 闭合导线

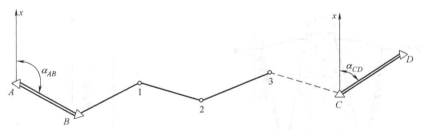

图 6-4 附合导线

3. 支导线

支导线也称为自由导线，它从一个已知点出发，既不回到原来的已知点，也不附合到另外的已知点，如图6-5所示。由于支导线无法检核，故布设时应十分仔细。规范规定支导线不得超过三条边。

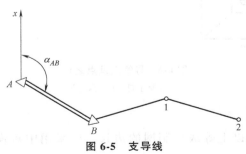

图 6-5 支导线

6.2.2 导线测量外业工作

导线测量外业工作包括踏勘选点、外业测量。其中，外业测量又包括边长测量、角度测量、联测。

1. 踏勘选点

选点前，应收集测区已有的地形图和高一级的控制点的成果资料，把控制点展绘在地形图上，然后在地形图上拟定导线的布设方案，最后到野外去踏勘，实地获得、修改、落实点位和建立标志。如果测区没有地形图资料，则须详细踏勘现场，根据已知控制点的分布、测区地形条件及测图和施工需要等具体情况，合理地选定导线点的位置。

实地选点时，应注意以下几点：

1) 相邻点间通视良好，地势较平坦，便于测角和量边。
2) 点位应选在土质坚实处，便于保存标志和安置仪器。
3) 视野要开阔，便于施测碎部。
4) 导线各边的长度应大致相等，避免过长或过短，相邻边长之比不应超过 3 倍。
5) 导线点应有足够的密度，分布较均匀，便于控制整个测区。

导线点选定后，应在地面上建立标志，并沿导线走向顺序编号，绘制导线略图。对等级导线点应按规范埋设混凝土桩，如图 6-6a 所示，并在导线点附近的明显地物（房角、电杆）上用油漆注明导线点编号和距离，并绘制草图，注明尺寸，称为点之记，如图 6-6b 所示。对于图根导线点，可在每一点位上打一个大木桩，其周围浇筑一圈混凝土，桩顶钉一小钉，作为标志。

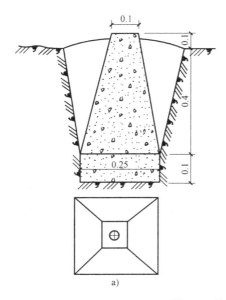
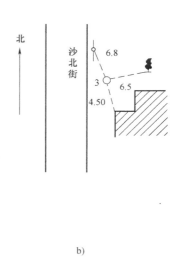

图 6-6　导线点及点之记

a) 混凝土桩　b) 点之记

2. 外业测量

（1）边长测量　一级以上等级控制网的边长，应采用中短程全站仪或电磁波测距仪测距，测量时要同时观测竖直角，供倾斜改正之用。一级以下也可采用普通钢尺，但钢尺必须经过检定。对于图根导线，用一般的方法往返丈量或同一方向丈量两次，取往返丈量的平均值作为成果，并要求其相对中误差不大于 1/3000。电磁波测距的主要技术指标见表 6-7。

表 6-7 电磁波测距的主要技术指标

平面控制网等级	仪器精度等级	每边测回数 往	每边测回数 返	一测回读数较差/mm	单程各测回较差/mm	往返测距较差
三等	5mm 级仪器	3	3	≤5	≤7	≤2(a+bD)
三等	10mm 级仪器	4	4	≤10	≤15	≤2(a+bD)
四等	5mm 级仪器	2	2	≤5	≤7	≤2(a+bD)
四等	10mm 级仪器	3	3	≤10	≤15	≤2(a+bD)
一级	10mm 级仪器	2	—	≤10	≤15	≤2(a+bD)
二、三级	10mm 级仪器	1	—	≤10	≤15	≤2(a+bD)

（2）角度测量 用测回法施测导线左角（位于导线前进方向左侧的角）或右角（位于导线前进方向右侧的角），如图 6-7 和图 6-8 所示。

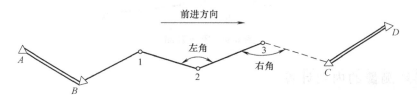

图 6-7 附合导线的左、右角

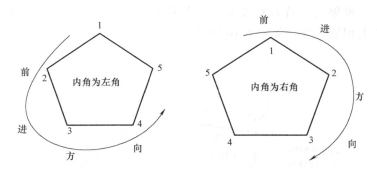

图 6-8 闭合导线的左、右角

一般在附合导线中统一观测导线左角或统一观测导线右角，在闭合导线中均测内角。若闭合导线按反时针方向编号，则其左角就是内角。不同等级导线的测角技术要求列于表 6-8。对于图根导线，一般用 DJ_6 级经纬仪测一个测回，若盘左、盘右测得的角值之较差在 40″ 之内，就取其平均值为结果。

测角时，为便于瞄准，可在已埋设的标志上用三根竹竿吊一个大垂球，或用测钎、觇牌作为照准标志。

表 6-8　水平角方向观测的技术要求

等级	仪器型号	光学测微器两次重合读数之差(″)	半测回归零差(″)	一测回中 2C 互差(″)	同一方向值各测回较差(″)
四等及以上	1″级仪器	1	6	9	6
	2″级仪器	3	8	13	9
一级及以下	2″级仪器	—	12	18	12
	6″级仪器	—	18	—	24

（3）联测　导线与高级控制点连接，如图 6-9 所示，必须观测连接角 β_A、β_1、连接边 D_{A1}，作为传递坐标方位角和坐标之用。测角与测距的精度要求应按比所测导线高一级的技术标准进行。如果附近无高级控制点，则应用罗盘仪施测导线起始边的磁方位角，并假定起始点的坐标作为起算数据。

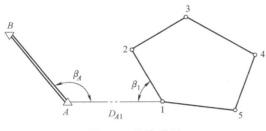

图 6-9　导线联测

6.2.3　导线测量的内业计算

导线测量的内业计算就是根据起始边的坐标方位角和起始点坐标以及测量的转折角和边长，计算各导线点的坐标。计算之前应全面检查导线测量外业记录，数据是否齐全，有无记错、算错，成果是否符合精度要求，起算数据是否准确。然后绘制导线略图，把各项数据注于图上相应位置，如图 6-10 所示。

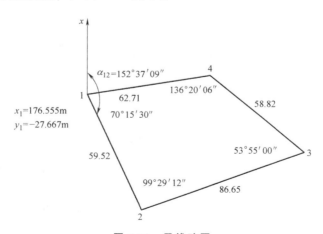

图 6-10　导线略图

等级导线内业计算中数字取值精度的要求见表 6-9。

表 6-9　内业计算中数字取值精度的要求

等级	观测方向值及各项修正数(″)	边长观测值及各项修正数/m	边长与坐标/m	方位角(″)
三、四等	0.1	0.001	0.001	0.1
一级及以下	1	0.001	0.001	1

1. 闭合导线坐标计算

现以图 6-10 中的实测数据为例，说明闭合导线坐标计算的步骤。本例为图根导线，图中 1 号点为已知点，坐标为 $x_1 = 176.555\text{m}$，$y_1 = -27.667\text{m}$，12 方位角已知，为 $\alpha_{12} = 152°37′09″$。

（1）填写计算数据　将导线计算略图中的点号、观测角值、边长及起始坐标方位角和起始点的坐标依次填入导线计算表 6-10 中的相应栏内。

（2）角度闭合差（方位角闭合差）的计算和调整　根据几何原理得知，n 边形的内角和的理论值为

$$\sum \beta_{理} = (n-2) \times 180° \tag{6-1}$$

由于观测角不可避免地含有误差，致使实测的内角之和 $\sum \beta_{测}$ 不等于理论值，而产生角度闭合差（方位角闭合差）：

$$f_\beta = \sum \beta_{测} - \sum \beta_{理} = \sum \beta_{测} - (n-2) \times 180° \tag{6-2}$$

各级导线角度闭合差的允许值为 $f_{\beta 允}$，如表 6-3 所示。据表 6-3 知图根导线的角度闭合差允许值为

$$f_{\beta 允} = \pm 60\sqrt{n} \tag{6-3}$$

若 $f_\beta > f_{\beta 允}$，则说明所测角不符合要求，应重新检测角度。若 $f_\beta \leqslant f_{\beta 允}$，可将闭合差反符号平均分配给各观测角度。改正后的内角和应为 $(n-2) \times 180°$，本例应为 360°。

本例中，转折角个数为 $n = 4$，$\sum \beta_{理} = 360°$，$\sum \beta_{测} = 359°59′48″$，$f_\beta = -12″$，$f_{\beta 允} = \pm 60\sqrt{n} = 120″$。因此可以将闭合差反符号平均分配给各观测角度，各角改正值为 +3″，改正后各角之和应为 360°。

（3）用改正后的角度推算各边的坐标方位角　为了计算除起始点以外的各导线点坐标，需要先计算相邻两导线点之间的坐标增量，这就要用到边长和坐标方位角。边长是直接测量的，而坐标方位角必须根据起始边的坐标方位角及观测的导线转折角来推算。

本例中，导线以 α_{12} 为起始方位角，各转折角为左角，从图 6-11 中可以看出

$$\alpha_{23} = \alpha_{21} + \beta_2 = \alpha_{12} + 180° + \beta_2$$
$$\alpha_{34} = \alpha_{32} + \beta_3 = \alpha_{23} + 180° + \beta_3$$
$$\cdots$$

根据以上推导，可以归纳出推算坐标方位角的公式为

$$\alpha_{前} = \alpha_{后} + 180° + \beta_{左} \tag{6-4}$$

本例中所测出的转折角为左角，用 $\beta_{左}$ 表示。如测的是右角，则公式为

$$\alpha_{前} = \alpha_{后} + 180° - \beta_{右} \tag{6-5}$$

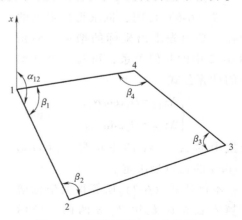

图 6-11　导线简图（略去数据）

在推算过程中必须注意：

1) 如果算出的 $\alpha_{前} > 360°$，则应减去 $360°$。

2) 用式（6-5）计算时，如果 $(\alpha_{后}+180°) < \beta_{右}$，则应加 $360°$ 再减 $\beta_{右}$。

3) 最后推算出起始边方位角，它应与原有的已知坐标方位角值相等，否则应重新检查计算。本例中：

$$\begin{aligned}
\alpha_{23} &= \alpha_{12}+180°+\beta_2 \\
&= 152°37'09''+180°+99°29'15'' \\
&= 432°06'24''-360° \\
&= 72°06'24''
\end{aligned}$$

$$\begin{aligned}
\alpha_{34} &= \alpha_{23}+180°+\beta_3 \\
&= 72°06'24''+180°+53°55'03'' \\
&= 306°01'27''
\end{aligned}$$

$$\begin{aligned}
\alpha_{41} &= \alpha_{34}+180°+\beta_4 \\
&= 306°01'27''+180°+136°20'09'' \\
&= 622°21'36''-360° \\
&= 262°21'36''
\end{aligned}$$

$$\begin{aligned}
\alpha_{12} &= \alpha_{41}+180°+\beta_1 \\
&= 262°21'36''+180°+70°15'33'' \\
&= 512°37'09''-360° \\
&= 152°37'09''
\end{aligned}$$

推出的 α_{12} 与已知的 α_{12} 相等，说明计算正确。

（4）坐标增量的计算及其闭合差的调整

1）坐标增量的计算。如图 6-12 所示，设点 1 的坐标 x_1、y_1 和 1-2 边的坐标方位角 α_{12} 均已知，边长 D_{12} 也已测得，则点 2 的坐标为

$$\left.\begin{aligned} x_2 &= x_1 + \Delta x_{12} \\ y_2 &= y_1 + \Delta y_{12} \end{aligned}\right\} \tag{6-6}$$

式中 Δx_{12}、Δy_{12}——坐标增量，也就是直线两端点的坐标值之差。

式（6-6）说明，欲求得待定点的坐标，必须先求出坐标的增量。根据图 6-12 中的几何关系，可写出坐标增量的计算公式

$$\left\{\begin{aligned} \Delta x_{12} &= D_{12}\cos\alpha_{12} \\ \Delta y_{12} &= D_{12}\sin\alpha_{12} \end{aligned}\right. \tag{6-7}$$

上式中的 Δx、Δy 的正负号，由 $\cos\alpha$ 及 $\sin\alpha$ 的正负号决定。

本例按式（6-7）所算得的坐标增量填入表 6-10 的第 7、8 两栏（坐标增量栏）中。

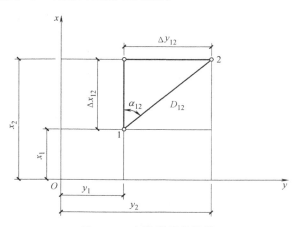

图 6-12 坐标增量的计算

2）坐标增量闭合差的计算与调整。从图6-13中可以看出，闭合导线纵、横坐标增量代数和的理论值为零，即

$$\begin{cases} \sum \Delta x_{理} = 0 \\ \sum \Delta y_{理} = 0 \end{cases} \quad (6\text{-}8)$$

实际上由于量边的误差和角度闭合差调整后的残余误差，往往使$\sum \Delta x_{测} \neq 0$，$\sum \Delta y_{测} \neq 0$，而产生纵、横坐标增量闭合差，即

$$\begin{cases} f_x = \sum \Delta x_{测} \\ f_y = \sum \Delta y_{测} \end{cases} \quad (6\text{-}9)$$

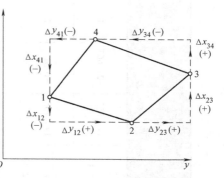

图 6-13 闭合导线坐标增量

从图6-14中明显看出，由于f_x、f_y的存在，使导线不能闭合。$1—1'$的长度f_D称为导线全长闭合差，并用下式计算

$$f_D = \sqrt{f_x^2 + f_y^2} \quad (6\text{-}10)$$

仅从f_D值的大小还不能显示导线测量的精度，应当将f_D与导线全长$\sum D$相比，并以分子为1的分数来表示导线全长相对闭合差，即

$$K = \frac{f_D}{\sum D} = \frac{1}{\dfrac{\sum D}{f_D}} \quad (6\text{-}11)$$

以导线全长相对闭合差K来衡量导线测量的精度，式（6-11）中的分母越大，精度越高。不同等级的导线全长相对闭合差的允许值$K_{允}$已列入表6-3。若$K \leq K_{允}$，则说明符合精度要求，可以进行调整，即将f_x、f_y反符号按边长成正比分配到各边的纵横坐标增量中去。以V_{xi}、V_{yi}分别表示第i边纵、横坐标增量改正数，即

$$\begin{cases} V_{xi} = -\dfrac{f_x}{\sum D} D_i \\ V_{yi} = -\dfrac{f_y}{\sum D} D_i \end{cases} \quad (6\text{-}12)$$

纵横坐标增量改正数之和应满足下式

$$\begin{cases} \sum V_x = -f_x \\ \sum V_y = -f_y \end{cases} \quad (6\text{-}13)$$

算出的各增量改正数（取位到cm）填入表6-10中的7、8两栏增量计算值的右上方（如-0.02、-0.03等）。

各边增量值加改正数，即得各边的改正后的增量并填入表6-10中的9、10两栏（改正后坐标增量栏）。

改正后纵、横坐标增量的代数和应分别为零，以做计算校核。

（5）计算各导线点的坐标 根据起点1的已知坐标（本例$x_1 = 176.555$m，$y_1 = -27.667$m）及改正后增

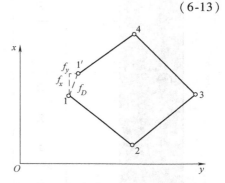

图 6-14 闭合导线坐标增量闭合差

表 6-10 闭合导线坐标计算表

点号	角观测值 (° ′ ″)	改正数 (″)	改正后角值 (° ′ ″)	坐标方位角 (° ′ ″)	边长/m	坐标增量 Δx	坐标增量 Δy	改正后坐标增量/m Δx	改正后坐标增量/m Δy	坐标/m x	坐标/m y	点
1				152 37 09	59.52	0 −52.85	−2 27.37	−52.85	27.35	176.555	−27.667	1
2	99 29 12	+3	99 29 15	72 06 24	86.65	−1 26.62	−4 82.46	26.61	82.42	123.705	−0.317	2
3	53 55 00	+3	53 55 03	306 01 27	58.82	0 34.59	−2 −47.57	34.59	−47.59	150.315	82.103	3
4	136 20 06	+3	136 20 09	262 21 36	62.71	−1 −8.34	−3 −62.15	−8.35	−62.18	184.905	34.513	4
1	70 15 30	+3	70 15 33	152 37 09						176.555	−27.667	1
2												2
Σ	359 59 48	12	360 00 00		266.730	+0.02	+0.11	0.00	0.00			

辅助计算: $f_\beta = -12'', f_{\beta容} = \pm 60''\sqrt{n} = \pm 60''\sqrt{4} = \pm 120'', f_\beta < f_{\beta容}$，合格
$f_x = +0.02, f_y = +0.11, f_D = +0.112, K = 1/2390 < K_{容} = 1/2000$，合格

注：本例中边长、坐标增量及改正后坐标增量值取至厘米。

量用下式依次推出 2、3、4 各点的坐标

$$\begin{cases} x_{前} = x_{后} + \Delta x_{改} \\ y_{前} = y_{后} + \Delta y_{改} \end{cases} \tag{6-14}$$

算得的坐标值填入表 6-10 中 11、12 两栏（坐标栏）。最后还应推算起点 1 的坐标，其值应与原有的数值相等，以做校核。

这里顺便指出，上面所介绍的根据已知点的坐标、已知边长和已知坐标方位角计算待定点坐标的方法称为坐标正算。如果已知两点的平面直角坐标反算其坐标方位角和边长，则称为坐标反算。例如，已知 1、2 两点的坐标 x_1、y_1 和 x_2、y_2，用式（6-15）计算 1-2 边的坐标方位角 α_{12} 和边长 D_{12}，即

$$\begin{cases} \alpha_{12} = \arctan \dfrac{y_2 - y_1}{x_2 - x_1} = \arctan \dfrac{\Delta y_{12}}{\Delta x_{12}} \\ D_{12} = \dfrac{\Delta y_{12}}{\sin \alpha_{12}} = \dfrac{\Delta x_{12}}{\cos \alpha_{12}} = \sqrt{\Delta x_{12}^2 + \Delta y_{12}^2} \end{cases} \tag{6-15}$$

按式（6-15）计算出来的 α_{12} 是有正负号的，根据 Δx、Δy 的正负号来确定 1-2 边的坐标方位角值，则

当 $\Delta x > 0$，$\Delta y > 0$ 时，$\alpha_{12} = \arctan \dfrac{\Delta y_{12}}{\Delta x_{12}}$。

当 $\Delta x < 0$，$\Delta y > 0$ 时，$\alpha_{12} = 180° + \arctan \dfrac{\Delta y_{12}}{\Delta x_{12}}$。

当 $\Delta x < 0$，$\Delta y < 0$ 时，$\alpha_{12} = \arctan \dfrac{\Delta y_{12}}{\Delta x_{12}} + 180°$。

当 $\Delta x > 0$，$\Delta y < 0$ 时，$\alpha_{12} = 360° + \arctan \dfrac{\Delta y_{12}}{\Delta x_{12}}$。

2. 附合导线坐标计算

附合导线坐标计算步骤与闭合导线基本相同，仅由于两者形式不同，致使角度闭合差与坐标增量闭合差的计算稍有差别。下面着重介绍其不同点。

（1）角度闭合差的计算　设有附合导线如图 6-15 所示，根据起始边已知坐标方位角 α_{BA} 及观测的左角（包括连接角 β_A、β_C）可以算出 CD 的坐标方位角 α'_{CD}。写成一般公式，为

$$\alpha'_{终} = \alpha_{始} + n \times 180° + \sum \beta_{测} \tag{6-16}$$

$$\alpha_{A1} = \alpha_{BA} + 180° + \beta_A$$
$$\alpha_{12} = \alpha_{A1} + 180° + \beta_1$$
$$\alpha_{23} = \alpha_{12} + 180° + \beta_2$$
$$\alpha_{34} = \alpha_{23} + 180° + \beta_3$$
$$\alpha_{4C} = \alpha_{34} + 180° + \beta_4$$
$$\alpha'_{CD} = \alpha_{4C} + 180° + \beta_C$$
$$\overline{\alpha'_{CD} = \alpha_{BA} + 6 \times 180° + \sum \beta_{测}}$$

若观测右角，则按下式计算

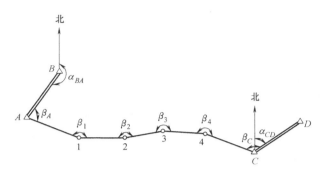

图 6-15 附合导线

$$\alpha'_{终} = \alpha_{始} + n \times 180° - \sum \beta_{测} \tag{6-17}$$

角度闭合差 f_β 用下式计算

$$f_\beta = \alpha'_{终} - \alpha_{终} \tag{6-18}$$

关于角度闭合差 f_β 的调整，当用左角计算 $\alpha'_{终}$ 时，改正数与 f_β 反号；当用右角计算 $\alpha'_{终}$ 时，改正数与 f_β 同号。

（2）坐标增量闭合差的计算　按附合导线的要求，各边坐标增量代数和的理论值应等于终、始两点的已知坐标值之差，即

$$\begin{aligned} \sum \Delta x_{理} &= x_{终} - x_{始} \\ \sum \Delta y_{理} &= y_{终} - y_{始} \end{aligned} \tag{6-19}$$

按式（6-7）计算 $\Delta x_{测}$、$\Delta y_{测}$，则纵横坐标增量闭合差按下式计算

$$\begin{cases} f_x = \sum \Delta x_{测} - (x_{终} - x_{始}) \\ f_y = \sum \Delta y_{测} - (y_{终} - y_{始}) \end{cases} \tag{6-20}$$

附合导线的导线全长闭合差、全长相对闭合差和允许相对闭合差的计算，以及增量闭合差的调整，与闭合导线相同。

6.3　交会法定点

当测区内已有控制点的密度不能满足工程施工或测图要求，而且需要加密的控制点数量又不多时，可以采用测角交会法加密控制点，称为交会定点。测角交会定点的方法有前方交会、侧方交会、后方交会。

6.3.1　前方交会

如图 6-16a 所示，在已知点 A、B 分别安置经纬仪观测水平角 α 和 β，并据已知点坐标求未知点 P 点坐标的方法，称为前方交会。为了检核，通常需从三个已知点 A、B、C 分别向 P 点观测水平角，如图 6-16b 所示，分别由两个三角形计算 P 点坐标。P 点精度除了与 α、β 角观测精度有关，还与 α 角的大小有关。α 角接近 90° 精度最高，在不利条件下，α 角也不应小于 30° 或大于 120°。

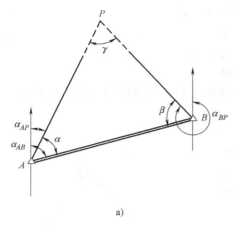
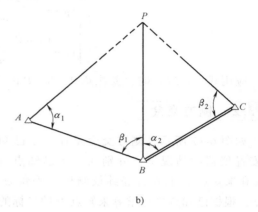

图 6-16 前方交会

现以一个三角形为例说明前方交会的定点方法。

1. 根据已知坐标计算已知边 AB 的方位角和边长

$$\begin{cases} \alpha_{AB} = \arctan\dfrac{y_B - y_A}{x_B - x_A} \\ D_{AB} = \sqrt{(x_B - x_A)^2 + (y_B - y_A)^2} \end{cases} \quad (6\text{-}21)$$

2. 推算 AP 和 BP 边的坐标方位角和边长

由图 6-16 得

$$\begin{cases} \alpha_{AP} = \alpha_{AB} - \alpha \\ \alpha_{BP} = \alpha_{BA} + \beta \end{cases} \quad (6\text{-}22)$$

按正弦定理有

$$\begin{cases} D_{AP} = \dfrac{D_{AB}\sin\beta}{\sin\gamma} \\ D_{BP} = \dfrac{D_{AB}\sin\alpha}{\sin\gamma} \end{cases} \quad (6\text{-}23)$$

式中

$$\gamma = 180° - (\alpha + \beta) \quad (6\text{-}24)$$

3. 计算 P 点坐标

分别由 A 点和 B 点按下式推算 P 点坐标,并校核。

$$\begin{cases} x_P = x_A + D_{AP}\cos\alpha_{AP} \\ y_P = y_A + D_{AP}\sin\alpha_{AP} \end{cases} \quad (6\text{-}25)$$

$$\begin{cases} x_P = x_B + D_{BP}\cos\alpha_{BP} \\ y_P = y_B + D_{BP}\sin\alpha_{BP} \end{cases} \quad (6\text{-}26)$$

下面介绍一种直接计算 P 点坐标的公式,公式推导从略。

$$\begin{cases} x_P = \dfrac{x_A \cot\beta + x_B \cot\alpha + (y_B - y_A)}{\cot\alpha + \cot\beta} \\ y_P = \dfrac{y_A \cot\beta + y_B \cot\alpha + (x_A - x_B)}{\cot\alpha + \cot\beta} \end{cases} \quad (6\text{-}27)$$

应用式（6-27）时，要注意 A、B、P 的点号必须按反时针次序排列（见图6-16）。

6.3.2 侧方交会

如图6-17所示，侧方交会是在一个已知点不便于安置仪器的情况下，分别在一个已知点 A（或点 B）和未知点 P 上安置经纬仪测出水平角 α（或 β）和 ε，根据已知点坐标求算未知点 P 的坐标的方法。

侧方交会与前方交会的不同之处在于观测了 P 点处的角度，而不是 B 点（或 A 点）的角度。因此可先计算出 B 点（或 A 点）处的角度

$$\beta = 180° - (\alpha + \gamma) \quad (6\text{-}28)$$

或

$$\alpha = 180° - (\beta + \gamma) \quad (6\text{-}29)$$

再按照前方交会的公式计算 P 点的坐标。

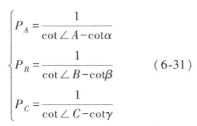

图6-17 侧方交会

6.3.3 后方交会

如图6-18所示，A、B、C 为三个已知点，在未知点 P 上安置经纬仪观测水平角 α、β、γ，再通过三个已知点 A、B、C 的坐标计算未知点 P 的坐标的方法，称为后方交会。

后方交会求算未知点的公式很多，下面介绍一种简明易记、计算方便的仿权公式

$$\begin{cases} x_P = \dfrac{P_A x_A + P_B x_B + P_C x_C}{P_A + P_B + P_C} \\ y_P = \dfrac{P_A y_A + P_B y_B + P_C y_C}{P_A + P_B + P_C} \end{cases} \quad (6\text{-}30)$$

式中

$$\begin{cases} P_A = \dfrac{1}{\cot\angle A - \cot\alpha} \\ P_B = \dfrac{1}{\cot\angle B - \cot\beta} \\ P_C = \dfrac{1}{\cot\angle C - \cot\gamma} \end{cases} \quad (6\text{-}31)$$

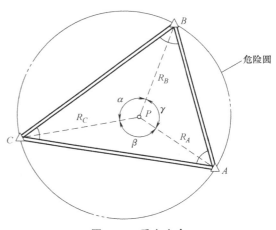

图6-18 后方交会

如图6-18所示，A、B、C 三个已知点不在同一直线上，其外接圆成为危险圆，若待定点位于危险圆上，则不能计算出其坐标。因此，选待求点 P 时，应避免其处于危险圆上。

6.4 三角高程测量

当地面两点间地形起伏较大而不便于施测水准时,可应用三角高程测量的方法通过测定两点间的高差而求得高程。电磁波测距三角高程,宜在平面控制点的基础上布设成三角高程网或高程导线。

电磁波测距三角高程的主要观测要求见表6-11。

表6-11 电磁波测距三角高程的主要观测要求

等级	竖直角测量				边长测量	
	仪器精度等级	测回数	指标差较差(″)	测回较差(″)	仪器精度等级	观测次数
四等	2″级仪器	3	≤7	≤7	10mm级仪器	往返各一次
五等	2″级仪器	2	≤10	≤10	10mm级仪器	往一次

6.4.1 三角高程测量原理

三角高程测量是根据测站与待测点两点间的水平距离和测站向目标点所观测的竖直角来计算两点间的高差。

如图6-19所示,已知A点高程H_A,欲求B点高程H_B。将仪器安置在A点,照准B点目标顶端M点,测得竖直角α,量取仪器高i和目标高v。

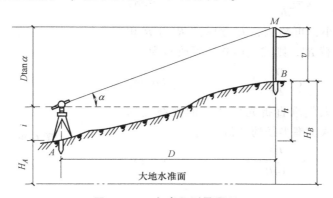

图6-19 三角高程测量原理

若AB间水平距离为D,则AB间高差h为

$$h = D\tan\alpha + i - v \tag{6-32}$$

B点的高程为

$$H_B = H_A + h = H_A + D\tan\alpha + i - v \tag{6-33}$$

6.4.2 地球曲率和大气折光对高差的影响

上述公式是在假定地球表面为水平面(即把水准面当作水平面),认为观测视线是直线的条件下导出的。当地面上两点间的距离大于300m时就要顾及地球曲率,加以曲率改正,称为球差改正。同时,观测视线受大气垂直折光的影响而成为一条向上凸起的弧线,必须加

以大气垂直折光差改正，称为气差改正。以上两项改正合称为球气差改正，简称二差改正。

如图 6-20 所示，点 O 为地球中心，R 为地球曲率半径（$R=6371km$），点 A、点 B 为地面上两点，D 为 A、B 两点间的水平距离，R' 为过仪器高 P 点的水准面曲率半径，PE 和 AF 分别为过 P 点和 A 点的水准面。实际观测竖直角 α 时，水平线交于 G 点，GE 就是由于地球曲率而产生的高程误差，即球差，用符号 c 表示。由于大气折光的影响，来自目标 N 的光沿弧线 PN 进入仪器望远镜，而望远镜却位于弧线 PN 的切线 PM 上，MN 即为大气垂直折光带来的高程误差，即气差，用符号 γ 表示。

由于 A、B 两点间的水平距离 D 与曲率半径 R' 之比值很小，如当 $D=3km$ 时，其所对圆心角约为 $2.8'$，故可认为 PG 近似垂直于 OM，则

$$MG = D\tan\alpha \quad (6\text{-}34)$$

于是，A、B 两点高差为

$$h = D\tan\alpha + i - s + c - \gamma \quad (6\text{-}35)$$

令 $f = c - \gamma$，则公式为

$$h = D\tan\alpha + i - s + f \quad (6\text{-}36)$$

从图 6-20 可知

$$(R'+c)^2 = R'^2 + D^2 \quad (6\text{-}37)$$

即

$$c = \frac{D^2}{2R'+c} \quad (6\text{-}38)$$

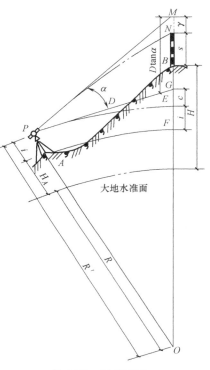

图 6-20 二差改正

c 与 R' 相比很小，可略去，并考虑到 R' 与 R 相差很小，故以 R 代替 R'，则式（6-38）可改写为

$$c = \frac{D^2}{2R} \quad (6\text{-}39)$$

根据研究，因大气垂直折光而产生的视线变曲的曲率半径约为地球曲率半径的 7 倍，则

$$\gamma = \frac{D^2}{14R} \quad (6\text{-}40)$$

二差改正为

$$f = c - \gamma = \frac{D^2}{2R} - \frac{D^2}{14R} \approx 0.43\frac{D^2}{R} = 0.43 \times \frac{D^2}{6371} \approx 0.000067D^2 km = 6.7D^2 \quad (6\text{-}41)$$

水平距离 D 以公里为单位。

表 6-12 给出了 1km 内不同距离的二差改正数。

表 6-12 二差改正数

D/km	0.1	0.2	0.3	0.4	0.5	0.6	0.7	0.8	0.9	1.0
$6.7D^2/cm$	0	0	1	1	2	2	3	4	6	7

三角高程测量一般都采用对向观测，即由 A 点观测 B 点，再由 B 点观测 A 点，取对向观测所得高差绝对值的平均数可抵消两差的影响。

6.4.3 三角高程测量的观测与计算

1. 三角高程测量的观测

1）安置经纬仪（或全站仪）于测站上，量取仪器高 i 和目标高 v。
2）当中丝瞄准目标时，读取竖盘读数。必须以盘左、盘右进行观测。
3）竖直观测测回数与限差应符合表 6-11 的规定。
4）用电磁波测距仪测量两点间的倾斜距离 D，或用三角测量方法算得两点间的水平距离 D。

2. 三角高程测量的高差计算

三角高程测量路线应组成闭合或附合路线。如图 6-21 所示，三角高程测量可沿 $A—B—C—D—A$ 闭合路线进行，每边均取对向观测。观测结果列于图 6-21 上。计算见表 6-13。

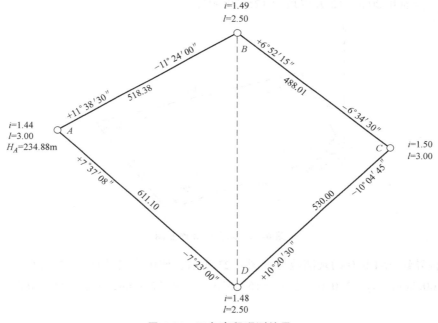

图 6-21 三角高程观测结果

表 6-13 三角高程测量高差计算

起算点	A		B		…
欲求点	B		C		…
	往	返	往	返	…
水平距离/m	581.38	581.38	488.01	488.01	
竖直角（°′″）	11 38 30	-11 24 00	6 52 15	-6 34 30	…
仪器高/m	1.44	1.49	1.49	1.50	
目标高/m	-2.50	-3.00	-3.00	-2.50	
两差改正/cm	0.02	0.02	0.02	0.02	
高差/m	118.74	-118.72	57.31	-57.23	
平均高差/m	+118.73		+57.27		

【本章小结】

本章主要讲述了控制测量概述、导线布设方式、导线测量的外业、导线坐标计算、交会法定点、三角高程测量。

【思考题与练习题】

1. 什么是平面控制测量？什么是高程控制测量？
2. 平面控制网的布网方式有哪些？
3. 什么是首级控制网？什么是图根控制网和图根点？
4. 导线的布设方式有哪些？
5. 根据下列闭合导线略图（见图6-22）计算2、3、4点的坐标，图中1点的坐标为$x_1 = 500.00$m，$y_1 = 500.00$m，12方位角为$125°30'00''$。

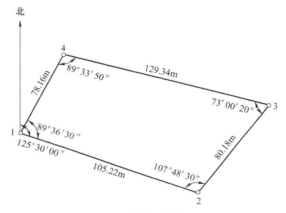

图6-22 闭合导线作业图

6. 附合导线$AB12CD$的观测数据如图6-23所示，使用表格计算1、2点的坐标。已知数据为$x_B = 200.00$m，$y_B = 200.00$m；$x_C = 155.37$m，$y_C = 756.06$m，$\alpha_{AB} = 45°00'00''$，$\alpha_{CD} = 116°44'48''$。

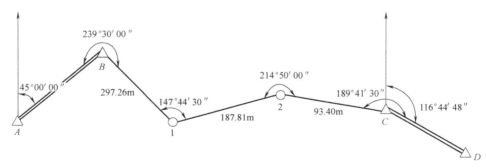

图6-23 附合导线作业图

7. 前方交会、侧方交会、后方交会各适用于何种情况？

第 7 章

GNSS测量原理与方法

全球导航卫星系统（Global Navigation Satellite System，GNSS），又称为定位导航测时（Positioning Navigation Timing，PNT）系统，属于无线电定位系统，能够在全球范围内全天候地提供时间、空间基准及与定位有关的实时信息。GNSS泛指所有的导航卫星系统，包括全球的、区域的和增强的，如美国的GPS（Global Position System，GPS）、俄罗斯的GLONASS（俄语里"全球导航卫星系统"的简称是GLONASS）、我国的北斗卫星导航系统（BeiDou Navigation Satellite System，BDS），以及相关的增强系统，如美国的WAAS（广域增强系统）、欧洲的EGNOS（欧洲静地星导航重叠服务）和日本的MSAS（多功能卫星增强系统）等，还包括在建和计划建设的其他卫星导航系统。目前，世界上成规模的全球导航卫星系统有美国的GPS、俄罗斯的GLONASS、欧盟的Galileo和我国的BDS。

本章将首先介绍导航定位的发展简史，然后介绍GNSS的组成、时空坐标系、定位原理及GNSS测量的实施。

7.1 概述

自古以来，人类的生产、生活始终离不开时间和空间两大特征信息，人类从古至今发展的导航技术无不是在围绕时间、空间信息的获取展开的。在古代，人们利用星星和地形地物作为参照物来确定行进方向和所在位置，黄帝战蚩尤时发明了"指南车"，后来人类相继发明了磁罗盘、六分仪等。19世纪电磁波的发现为近代无线电导航奠定了基础，无线电导航根据无线电波在地面传播的时间来确定载体的位置，较典型的有罗兰A、罗兰C、奥米伽和台卡等。此时的无线电定位虽在定位速度、自动化程度、定位精度等方面较天文定位有长足进步，且定位已基本不受气象条件的限制，但是，地面无线电导航定位系统仍然解决不了作用距离（覆盖）和定位精度之间的矛盾问题。

1957年10月，苏联发射了人类史上第一颗人造地球卫星，美国科学家通过对卫星发射的无线电信号多普勒频移进行研究，以及利用地面跟踪站的多普勒测量资料来确定卫星轨道后，得出了对已经精密确定轨道后的卫星进行多普勒测量可以确定用户的位置的结论。基于上述理论，经过不懈努力，美国于1964年建成了子午卫星系统，该系统于1967年解禁民用，但是子午卫星系统由于卫星数目少（6颗）、卫星运行高度较低（平均约1000km）、从地面站观测到卫星的时间间隔较长（约1.5h）、不能进行三维连续导航、获得一次导航所需时间较长等缺点，限制了该系统使用范围的进一步拓展。

1969年621B计划研究验证美国空军的全球导航系统的概念。1972年中，在美国陆海空和其他卫星导航管理官员的共同努力下，GPS 概念设计完成。1972 年末，GPS 开发概念报告（DSP）完成，申请国防系统采购评估委员会（DSARC）批准，并启动 GPS 基金。1972 年 12 月，布莱特·帕金森领导的 GPS 联合计划办公室（JPO）成立。然而，由于该系统太过庞大、投资过于巨大、建设期太漫长，组成星座的卫星从设计的 24 颗被减为 18 颗。自第一次海湾战争中 GPS 大显身手后，GPS 又被核准建设 24 颗卫星的星座。经过二十多年的建设，到 1995 年，美国 GPS 达到全工作能力（FOC）。

比美国 GPS 稍晚，俄罗斯也开始建立自己的全球卫星导航定位系统 GLONASS。而随着 GPS 等应用的不断深入和拓展，包括美国在内的世界各国也在积极发展基于全球卫星导航定位系统的增强系统，增强系统大致分为星基增强系统（SBAS）和陆基增强系统两种类型。其中，星基增强系统有美国的广域增强系统（WAAS）、第一个针对 GLONASS 和 GPS 卫星提供卫星星历和时钟校正量的俄罗斯差分校正和监测（SDCM）系统、欧洲静地星导航重叠服务（EGNOS）、日本的多功能卫星增强系统（MSAS）、印度的 GPS 辅助型静地轨道增强系统（GAGAN）、加拿大用来扩展 WAAS 的 CWAAS 以及我国与尼日利亚合建的为非洲大陆提供服务的 NigComSat-1 等。陆基增强系统有美国的海事差分 GPS（MDGPS）和局域增强系统（LAAS）以及澳大利亚的陆基区域增强系统（GRAS）。

鉴于技术的不断进步及新的需求，美国开始了 GPS 现代化计划。近年来，世界各主要国家基于国家安全和经济发展等方面的考虑，也都在积极发展自己的导航卫星系统，其中已成规模的有俄罗斯的 GLONASS、我国的北斗卫星导航系统、欧盟的伽利略系统，与此同时印度、日本也在积极发展覆盖本国的区域导航卫星系统。从现行的 GNSS 发展计划可知，2020 年将有 140 余颗导航卫星在轨运行。

Galileo、BDS 两大系统部署完成后，未来用户将面临四大系统 100 多颗导航卫星同时并存、互相兼容的情况。那时，用户可以基于自己所需的精度、可靠性和费用，根据各个导航卫星系统的不同特点和优势，有选择地采用最优方案，综合利用多系统导航卫星信息。

7.2 GNSS 的组成

通俗地讲，卫星导航定位系统就是以人造地球卫星作为导航台的星基无线电导航系统，为全球陆、海、空、天的各类载体提供实时、高精度的位置、速度和时间信息，因而又被称为天基定位、导航和授时（PNT）系统。GNSS 既是对 GPS、GLONASS、Galileo、BDS、QZSS（日本准天顶卫星系统）、IRNSS（印度区域导航卫星系统）等这些单个卫星导航定位系统的统一称谓，也指代它们的增强型系统；同时，GNSS 还指代所有这些卫星导航定位系统及其增强系统的相加混合体，即 GNSS 是一个由多个卫星导航定位及其增强系统所组成的大系统，是一个系统的系统。从导航卫星系统运行原理的角度看，他们彼此之间存在许多共性。

尽管 GPS、GLONASS、Galileo 和 BDS 在系统构成上可能有着各自略微不同的定义与特点，但是基本上可以将任何一个被动式 GNSS 视为由如图 7-1 所示的三个独立部分构成：空间星座部分、地面监控部分和用户设备部分。

GNSS 整个系统的运行原理可简要概括如下：首先，空间星座部分的各颗 GNSS 卫星向地面发射导航信号；然后，地面监控部分通过接收、测量各个卫星信号，进而确定卫星的运行轨道，并将卫星的运行轨道信息上传给卫星，让卫星在其所发射的信号上转播这些卫星运行轨道信息；最后，用户设备部分通过接收、测量各颗可见卫星的信号，进而确定用户接收机自身的空间位置。

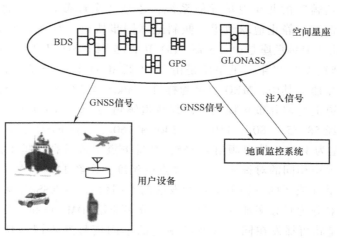

图 7-1　被动式 GNSS 的三个组成部分

7.2.1　空间星座部分

空间星座部分的主体是分布在空间轨道中运行的导航卫星，它们通常分布在中地球轨道（Middle Earth Orbits，MEO）、静止地球轨道（Geostationary Earth Orbits，GEO）或倾斜地球同步轨道（Inclined Geosynchronous Orbits，IGO）。作为导航定位卫星，GNSS 卫星的主要功能是持续向地球发射导航信号，使地球上任一点在任何时刻都能观察到足够多数目的卫星。卫星所发射的导航信号除了包含信号发射时间信息以外，还向外界传送卫星轨道参数等可用来帮助接收机实现定位的数据信息。GNSS 卫星的基本功能概括如下：接收并存储由地面监控部分发来的导航信息，接收并执行从地面监控部分发射的控制指令，进行部分必要的数据处理，向地面连续不断地发射导航信号，以及通过推进器调整自身的运行姿态等。

GPS 空间星座设计为 21 颗卫星加 3 颗轨道备用卫星（实际已有 27~28 颗在轨运行卫星），3 颗备用卫星可在必要时根据指令代替发生故障的卫星。卫星分布在 6 个轨道面上，每个轨道面上有 4 颗卫星，卫星轨道面相对地球赤道面的倾角约为 55°，各轨道平面升交点的赤经相差 60°，在相邻轨道上，卫星的升交距角相差 30°。轨道平均高度约为 20200km，卫星运行周期为 11 小时 58 分。位于地平线以上的卫星颗数随时间和地点的不同而不同，最少可见 4 颗，最多可见 11 颗。

GLONASS 卫星均匀分布在 3 个轨道平面内，轨道倾角为 64.8°，每个轨道面上等间隔分布 8 颗卫星，卫星距地高度 19100km，卫星运行周期为 11 小时 15 分钟。民用无任何限制，不收费。

建成后的 Galileo 卫星星座将呈 Walker 型星座形式，将由 30 颗地球中轨（MEO）卫星组成，其中的 27 颗为工作卫星，3 颗作为备用卫星。这些卫星将分布在 3 个圆形轨道面上，两两轨道面之间相隔 120°，而每个轨道面上安置着 10 颗卫星，其中 1 颗为备用卫星，其余的 9 颗工作卫星均匀地分布在轨道面上，即同一轨道面上的两两相邻工作卫星之间均相隔

40°。卫星运行轨道的长半径为29601km，轨道高度为23222km，相对于地球赤道面的轨道倾角为56°。在设定卫星仰角滤角为10°和不计备用卫星的条件下，Galileo卫星星座能够保证全球各地在任何时刻都至少能看到6颗卫星。

无论是"区域覆盖"的北斗卫星导航系统，还是"全球覆盖"的北斗卫星导航系统，都采用了在中地球轨道、静止地球轨道、倾斜地球同步轨道三种轨道上部署卫星的星座形式。"区域覆盖"北斗卫星星座是由"5颗GEO卫星+5颗IGSO卫星+4颗MEO卫星"构成的混合星座。"全球覆盖"北斗卫星星座是由"27颗MEO卫星+5颗GEO卫星+3颗IGSO卫星"构成的混合星座，其中，MEO卫星为标准Walker24/3/1星座，分布在间隔120°的3条轨道上，每条轨道上均匀分布9颗卫星，其轨道倾角为55°，高度为24126km；5颗GEO卫星分别定点于东经58.75°、80°、110.5°、140°和160°；3颗IGSO卫星分布在间隔120°的3条轨道上，相位差为120°，轨道倾角为55°，其星下点轨迹重合，星下点轨迹是一个跨越南北半球的上、下大小相同的对称8字，交叉点的经度为东经118°。

为区分不同卫星（或者同一颗卫星）所发射的不同信号，GNSS需要采用一种多址技术机制。多址技术一般分为码分多址（CDMA）、频分多址（FDMA）和时分多址（TDMA）三种，其中，CDMA是将可播发在同一载波频率上的不同信号经不同的伪随机噪声（PRN）码扩频调制，FDMA是将不同信号播发在不同的载波频率上，TDMA是将可播发在同一载波频率上的不同信号成分通过分时而共享一个信道。GPS、Galileo采用CDMA机制，GLONASS采用FDMA机制。

通过载波调制，GNSS信号在某个波段的频率上被播发出去，不同GNSS的不同服务信号可能占用不同的频谱资源。国际电信联盟（ITU）对频谱资源的利用有着严格的规范，它将L、S和C波段分配给卫星导航服务，并将GNSS划分到无线电导航卫星服务（RNSS）和航空无线电导航服务（ARNS）频段，而其中的ARNS频段受到了ITU的严格控制与保护。频谱分配的基本原则是"先来先用"。

7.2.2 地面监控部分

地面监控部分（也称为地面支撑系统）负责整个系统的平稳运行，它通常至少包括若干个组成卫星跟踪网的监测站、将导航电文和控制命令播发给卫星的注入站和一个协调各方面运作的主控站，其中主控站在某种程度上可成为整个GNSS的核心。地面监控部分主要执行如下一些功能：跟踪整个星座卫星，测量它们所发射的信号；计算各颗卫星的时钟误差，以确保卫星时钟与系统时间同步；计算各颗卫星的轨道运行参数；计算大气层延时等导航电文中所包含的各项参数；更新卫星导航电文数据，并将其上传给卫星；监视卫星发生故障与否，发送调整卫星轨道的控制命令；启动备用卫星，安排发射新卫星等事宜。

当前，GPS地面监控部分包括2个主控站，16个监测站和12个注入站，均由美国军方控制。

GLONASS的地面监控部分由系统控制中心、中央同步器、遥测遥控站和外场导航控制设备组成。地面监控部分的功能由前苏联境内的许多场地完成。前苏联解体后，GLONASS由俄罗斯航天局接管，地面监控部分已缩减到仅限俄罗斯境内场地了，系统控制中心和中央同步处理器位于莫斯科，遥测遥控站位于圣彼得堡、捷尔诺波尔、埃尼谢斯克和共青城。

Galileo的地面监控部分主要由30个监测站、5个遥测遥控站（TT&C）、9个上行站、2

个地面控制中心（GCC）和高性能通信网络组成。地面监控部分通过分布全球的遥测遥控站在 S 波段内发送对卫星的控制指令，并在 C 波段将导航电文发送给卫星。

"全球覆盖"BDS 的地面监测网将是一个涵盖法国的 Toulouse、德国的 Weiheim、澳大利亚的 Perth、美国的檀香山、南美的 Falxlands 和俄罗斯境内若干地面监测站的大型国内外地面监测网。

7.2.3 用户设备部分

用户设备部分，通俗地讲即接收机，它的功能是接收、跟踪 GNSS 卫星导航信号，通过对卫星信号进行频率变换、功率放大和数字化处理，以便从中测量出从卫星到接收机天线的信号传播时间，并解译出卫星所发送的导航电文，从而求解出接收机本身的位置、速度和时间（PVT）。根据用户被授予的不同身份，接收机可获准利用民用、商用和军用等多个不同用途与权限的 GNSS 信号。在当前 GNSS 服务发展状况下，民用接收机已经呈多频、多模形式，其中多频接收机一般指接收和利用单个 GNSS 所播发的多个频点上的信号，而多模接收机指的是接收和利用多个 GNSS（比如 GPS/GLONASS 或 GPS/GLONASS/BDS）所播发的信号。卫星所发射的信号是空间星座部分和用户设备部分的接口，所有 GNSS 通常向外公布关于免费民用信号的接口控制文件（ICD），以便于人们对民用 GNSS 信号的使用和对民用 GNSS 接收机的开发。

7.3 GNSS 时空坐标系

7.3.1 GNSS 时间系统

在跟踪站对 GNSS 卫星进行定轨时，测出卫星位置的同时，必须提供相应的瞬时时刻。而用户接收机要通过测出到卫星之间的距离来进行定位，也必须精确测定卫星到接收机间的信号传播时间。因此，导航卫星、监控系统、接收机等需要被纳入到一个统一的时间系统中，建立一个精密的时间系统对卫星定位具有特别重要的意义。而确定一个时间系统和确定其他测量基准一样，要定义时间单位（长度）和原点（起始历元）。

1. 协调世界时和原子时

世界时（Universal Time，UT）是以地球自转为基础的一个时间系统。由于极移、不恒定的地球自转速度和其他季节性变化等因素，世界时不是一个严格均匀的时间系统。比如，由于地球自转速度呈现逐渐变慢的趋势，因而经极移校正后的世界时 UT1 仍按每年大约 1 秒的速度变慢。即使如此，天文学、大地天文测量等学科和应用部门仍需要这种以地球自转为基础的世界时。

卫星测量学会普遍采用原子时（Atomic Time，AT）作为高精度的时间基准。许多国家都建有各自的原子时，而不同地方的原子时之间存在着必然的差异。为创建一个统一的原子时系统，国际上对位于 50 多个国家的共计约 200 座原子钟产生的原子时采取加权平均的方法形成了国际原子时（International Atomic Time，IAT，源于法文 Temps Atomique International），一个高精度、均匀的时间系统。然而，由于国际原子时与地球自转无关，所以它与 UT1 的差距逐年变大，因此，国际原子时不适用于我们在地球上对太阳、月球和星际等天文现象准时地进行观测。

1972 年，国际原子时成为建立协调世界时（Coordinated Universal Time，CUT）的国际标准。协调世界时简称协调时，实质上是世界时和国际原子时两者间的一种折中：一方面，协调时严格以精确的国际原子时秒长为基础；另一方面，当协调时与世界时 UT1 的差距超过 0.9s 时，协调时就会采用闰秒（又常称为跳秒）的方法加插一秒，使协调时在时刻上尽量接近世界时，这使得协调时与世界时的差异始终保持在 0.9s 之内。

2. GPS 时间系统（GPST）

GPS 建立了一个基于原子时的 GPS 时间（GPST）系统，它的秒长是根据对安装在 GPS 地面监测站上的原子钟和配置在卫星上的原子钟的观测量综合得出的。

GPS 时间的原点是这样规定的：GPS 时间的零时刻（即相应的 GPS 星期数和 TOW 值全为零）与 CUT 的 1980 年 1 月 6 日（星期日）零时刻相一致。自那一刻起，GPS 时间开始周期性地计数，即 GPS 时间是连续的，它没有类似于协调世界时 CUT 的跳秒现象。也正从那一刻起，GPS 时间和 CUT 时间均比国际原子时 IAT 落后 19s。随后，美国海军天文台（USNO）定期将其所维持的 CUT 与 GPS 时间相比较，并控制 GPS 时间，使之与 IAT 保持同步，即 GPS 时间（记为 t_{GPS}）始终落后于 IAT（记为 t_{IAT}）19s。即

$$t_{GPS} \approx t_{IAT} - 19s \tag{7-1}$$

由于 GPS 时间是连续变化的，不存在跳秒，因而 GPS 时间随国际原子时 IAT 一起与协调世界时 CUT 之间整数秒的差异随着 CUT 的跳秒而不断变化。将 GPS 时间超前 CUT（记为 t_{CUT}）的整数秒差异记为 Δt_{LS}，即

$$t_{GPS} \approx t_{CUT} + \Delta t_{LS} \tag{7-2}$$

2012 年 7 月 1 日以后，Δt_{LS} 等于 16s，即 GPS 时间比 CUT 超前 16s。除了整数秒的差异以外，GPS 时间与 CUT（或 IAT）之间还存在着一个小于 1μs 的秒内偏差，因此式（7-1）和式（7-2）才用了约等号。

3. GLONASS 时间系统

GLONASS 的时间系统简称 GLONASS 时间，它由 GLONASS 的中央同步器（CS）氢原子钟产生、维持，其频率偏差小于 $5×10^{-14}$，并以 CUT 为基准，更确切地说，它紧密跟随俄罗斯莫斯科 CUT 时间 CUT_{SU}。GLONASS 地面监控部分不断地对其系统时间进行监测与调整，使得 GLONASS 时间与 CUT_{SU} 之间的秒内差异通常被控制在 100ns 之内。同时，因为 GLONASS 时间被设置成超前 CUT_{SU} 时间 3 小时，所以 GLONASS 时间与 CUT_{SU} 之间除了存在这个小于 100ns 的细微秒内差异之外，还包含一个 3 小时整的差异。

因为 CUT（包括 CUT_{SU}）时间存在跳秒机制，所以跟随 CUT_{SU} 的 GLONASS 时间 t_{GLO} 并不像 GPS 时间 t_{GPS} 一样是连续的，而是也存在跳秒现象，且与 CUT 同时跳秒，这也使得 GLONASS 时间与 CUT_{SU} 之间不再存在整数秒（不计 3 小时整）的差异。虽然 GLONASS 型卫星的导航电文没有安排用来通知用户关于系统时间跳秒的数据比特，但是 GLONASS-M 型卫星增加了提供关于跳秒通告的导航电文数据比特，并且 GLONASS 用户被至少提前三个月告知计划中的 GLONASS 时间跳秒事件。

4. Galileo 时间系统（GST）

Galileo 时间系统基于一个连续运行的原子时，它通过对一系列原子频率标准的整合来维持，其中氢原子钟被作为主钟。Galileo 时间系统与国际原子时 IAT 之间存在一个整数秒的

恒定差异，两者之间的秒内偏差被控制在 28ns 之内。由于 Galileo 时间系统不跳秒，所以它与 CUT 之间整数秒的差异随着 CUT 的跳秒而变。Galileo 时间系统的原点定义为 UT 时间的 1999 年 8 月 22 日（星期日）零时零点，即从 8 月 21 日星期六午夜转变到 8 月 22 日星期日凌晨的零时零点。在这一原点起始时刻，Galileo 时间系统比 CUT 时间超前 13s，而这一整数秒差异值会逐渐随着 CUT 的跳秒而变大。

5. 北斗时间系统（The BeiDou Time）

北斗卫星导航定位系统的时间系统是北斗时间系统（The BeiDou Time，BDT），其秒长取国际单位制秒（SI），起算历元是协调世界时（CUT）2006 年 1 月 1 日 0 时 0 分 0 秒。BDT 是一种连续时间的时间尺度，通过设在中科院国家授时中心（NTSC）的校标站做 BDT 与 CUT_{NTSC} 的时间比对。BDT 与 CUT_{NTSC} 的偏差保持在 100ns 以内。BDS 的时间系统与 GPS 时间一样无闰秒。BDT 与国际原子时（IAT）存在 33s 的偏差，即

$$t_{BDT} + 33s = t_{IAT} \tag{7-3}$$

目前北斗卫星 RDSS 导航电文给出的时间不是 CUT，而是起算时元为 2000 年 1 月 1 日 0 时 0 分 0 秒的北京时间。

7.3.2　GNSS 空间坐标系统

卫星定位的目的是确定目标的空间位置和运动状态，而描述目标的空间位置、运动状态需要参照某一具体的参考坐标系。卫星定位常采用空间直角坐标系及其相对应的大地坐标系，由于坐标轴指向的不同，又有天球坐标系和地球坐标系之分。天球坐标系是一种惯性坐标系，其坐标原点及各坐标轴指向在空间保持不变，即与地球自转无关，用来描述卫星的运行位置和状态。地球坐标系（也叫地固坐标系）则是与地球相关联的坐标系，用于描述地面观测站的空间位置。

1. 几个概念

天球是指以地球质心为中心，以无穷大为半径的理想球体。

天轴是地球自转轴的延伸直线，天轴和天球表面的交点称为天极。

由于地球形状近似于一个两级扁平赤道隆起的椭球体，因此在日月和其他天体的引力作用下，地球的自转轴方向并非恒定不变。地球自转轴的变化，意味着天极的运动，天文学中把天极的运动分解为一种长周期运动——岁差，以及一种短周期运动——章动。

地球自转轴除了受到日、月等引力在空间变化外，还受到地球内部质量不均匀的影响而在地球体内部运动。前者将导致产生岁差和章动，后者将导致地极在地球表面的位置变化，这种现象称为地极移动，简称极移。

地球坐标系，在大地测量学中，指固定在地球上与地球一起旋转的坐标系。其坐标原点选在参考椭球中心或者地心，X 轴指向为原点指向地球赤道面与本初子午线的交点，Z 轴指向与地极方向相同，Y 轴指向由右手定则确定。

由于地球的地极在不断变化，Z 轴指向的定义，一种是协议地球坐标系，一种是瞬时地球坐标系。协议地球坐标系的 Z 轴由协议地极方向确定，即协议地球坐标系就是采用协议地极方向 CTP（Conventional Terrestrial Pole）作为 Z 轴指向的地球坐标系。

2. WGS-84 坐标系

由美国国防部（DoD）下属的国防制图局（DMA）制定的世界大地坐标系（WGS）是

协议地球坐标系的一种近似实现，经过多次修改和完善，其 1984 年版的世界大地坐标系（WGS-84）已经是一个相当精确的协议地心地固直角坐标系。WGS-84 协议地心地固直角坐标系经常被简称为 WGS-84 地心地固坐标系或 WGS-84 直角坐标系，其定义如下：

1) 坐标原点 O 位于地球质心。
2) Z 轴指向国际时间局（BIH）所定义的、编号为 1984.0 的协议地球北极。
3) X 轴指向 WGS-84 参考子午面与平均天文赤道面的交点，其中 WGS-84 参考子午面并行于 BIH 所定义的零子午面。
4) 本直角坐标系满足右手坐标系。

WGS-84 的建立是基于美国子午（Transit）卫星系统的多普勒测量值，而 Transit 系统基准站的位置准确度为 1~2m；1996 年，美国更新了 WGS-84 坐标系统，基于校正位置坐标后的基准站完成了坐标系统更新。

3. GLONASS 坐标系统

GLONASS 卫星位置坐标原先表达在前苏联的 1985 年地心坐标系（简称 SGS-85），后来，GLONASS 坐标参考系改为 SGS-90。前苏联解体后，GLONASS 所采用的 SGS-90 坐标系改名为 PZ-90（当前更具体编号为 PZ-90.02）。类似于 GPS 的 WGS-84 一样，PZ-90 是一个自成一体的地心地固直角坐标系，GLONASS 星历参数（即卫星在参考时间点的位置、速度和加速度）表达在 PZ-90 坐标系中。GLONASS PZ-90 坐标系的定义如下：

1) 坐标原点 O 位于地球质心。
2) Z 轴指向国际地球自转（及参考系统）服务（IERS）所推荐的协议地极，即 1900 年—1905 年的平均北极位置点。
3) X 轴指向地球赤道与国际时间局（BIH）所定义的零子午线的交点，即 XOZ 平面相当于平均格林尼治零子午面。
4) Y 轴的建立使此直角坐标系满足右手坐标系。

PZ-90 坐标系所采用的参考椭球 PZ-90.02 定义的基本常数为：

1) 长半轴 $a = 6378136\text{m}$。
2) 地球（含大气层）地心引力常数 $GM = 398600.4418 \times 10^9 \text{m}^3/\text{s}^2$。
3) 椭球扁率 $f = 1/298.25784$。
4) 地球自转角速度 $\omega = 7.292115 \times 10^{-5} \text{rad/s}$。
5) 地球重力场正常二阶带谐系数 $C_{2,0} = -484165 \times 10^{-9}$。

需引起注意的是，GLONASS 的地球参考框架已于 2007 年 9 月更新，更新后的 PZ-90.02 与 ITRF 基本一致，两者之间已被建立不必做任何坐标变换。

4. Galileo 的 GTRF 大地坐标系

国际地球参考框架（ITRF）是由国际地球自转（及参考系统）服务（IERS）负责建立、维持的一个地心直角坐标系，是国际公认的最为精确的全球参考框架。由于 ITRF 的基准站考虑地球板块和潮汐等这些随时间变化的影响因素，因而 ITRF 会不断更新，如 ITRF2005 是其中一版。

Galileo 系统所采用的空间坐标系统称为 Galileo 地球参考框架（GTRF），与 ITRF 紧密相关，与最新版的 ITRF 之间的差异（2 倍中误差）最大不超过 3cm，其几何定义为：原点位于地球质心，z 轴指向 IERS（International Earth Rotation Service）推荐的协议地球原点

（CTP）方向，x 轴指向地球赤道与 BIH 定义的零子午线交点，y 轴满足右手坐标系。

GTRF 大地坐标系采用的 4 个主要椭球参数如下：

1) 长半径为 $a = 6378136.55\text{m}$。
2) 地球（含大气层）引力常数 $GM = 3.986004415 \times 10^{14} \text{m}^3/\text{s}^2$。
3) 重力位球谐函数二阶带谐系数 $J_2 = 1.0826267 \times 10^{-3}$。
4) 扁率 $f = 1/298.25769$。

5. CGCS2000 坐标系

北斗卫星导航系统采用的坐标系是 CGCS2000（China Geodetic Coordinate System 2000，CGCS2000），是通过国家 GPS 大地控制网约 2500 个高精度大地控制点的三维坐标（时元为 2000.0）实现的，精度为 3cm 左右。CGCS2000 大地坐标系的定义为：原点位于地球质心，z 轴指向 IERS 定义的参考极方向，x 轴为 IERS 定义的参考子午面（IRM）与通过原点且同 z 轴正交的赤道面的交线，y 轴与 z、x 轴构成右手直角坐标系。CGCS2000 于 2008 年 6 月发布，2008 年 7 月 1 日开始实施，计划 8~10 年完成我国现有大地基准的转换。

比较 WGS-84 地心地固坐标系与 PZ-90 坐标系的定义，可发现两者的区别主要在于 z 坐标轴方向定义不一致。此外，由于 WGS-84 和 PZ-90 坐标系分别基于各自不同的观测基准站对大地的测量，而不同观测基准站的站址和站址坐标误差以及测量误差等，都将导致这两个坐标系间在原点和 z 轴等方面存在差异。

经多次校正后，如今的 WGS-84 与 ITRF（或 GTRF）两坐标系统之间的差异非常小，在 10cm 以内，甚至小于 WGS-84 本身的系统误差。因此，对绝大多数非精密定位应用来讲，WGS-84、GTRF 和 ITRF 三个空间坐标系通常被认为是相互一致的，它们的任意两两之间无须任何坐标转换；但是，在测绘等精密定位应用中，进行 GPS 和 Galileo 联合定位有必要在 WGS-84 与 GTRF 之间进行适当的坐标转换。

7.4 GNSS 定位原理

7.4.1 概述

从数学的角度来看 GNSS 定位的实质如下：处于天空中的 GNSS 卫星的三维坐标位置是已知的，而地面点的三维位置是未知的。GNSS 卫星到地面点的空间距离可以通过 GNSS 卫星信号传播的速度乘上信号从 GNSS 卫星传送到地面点的时间差求得。而时间差是两个时刻之差，即 GNSS 卫星发出信号的时刻与地面点接收机收到信号的时刻之差。这两个时刻是两种钟测出来的：一个是卫星上装的原子钟；另一个是地面点上接收机的钟，即石英钟。两种钟的稳定度即精度不可同日而语。因此，必须将这个时间差即钟差设为未知数。如此，每个地面点就有 4 个未知数（其中 3 个为地面点的空间三维坐标值，一个为钟差），必须同时观测 4 颗卫星，并通过这 4 个空间距离建立 4 个方程，解出 4 个未知数，这时只有唯一解。如果同时观测得到的 GNSS 卫星的数量超过了 4 颗，就会出现方程数大于未知数的情况，此时就要用最小二乘法进行平差求解。

在 GNSS 卫星定位中，按测距方式的不同，GNSS 卫星定位原理和方法主要分为伪距测量定位、载波相位测量定位和差分 GNSS 定位等。按接收机状态的不同，又分为静态定位和动态定位。静态定位指待定点静止不动，GNSS 接收机安置其上，连续观测数分钟或更长时间，以确定待定点的三维坐标，又称为绝对定位。若同时用两台 GNSS 接收机分别安置在两个固定点上，连续观测一定时间，则可确定两点之间的相对位置（三维坐标差 Δx，Δy，Δz），称为相对定位。动态定位是指至少有一台 GNSS 接收机是处于运动状态下所测定的各观测时刻运动中的 GNSS 接收机的位置（绝对位置或相对位置）。

7.4.2 伪距测量

伪距法定位是由 GNSS 接收机在某一时刻测得 4 颗以上 GNSS 卫星的伪距及已知的卫星位置，采用距离交会法求接收机天线所在点的三维坐标。所测伪距就是由卫星发射的测距码信号达到 GNSS 接收机的传播时间乘以光速所得出的量测距离。由于卫星钟差、接收机误差及无线电信号经过电离层和对流层时的延迟，实际测出的距离 x' 与卫星到接收机的几何距离 x 有一定差值，因此一般称量测出的距离为伪距。GPS 中，用 C/A 码进行测量的伪距为 C/A 码伪距，用 P 码测量的伪距为 P 码伪距。

7.4.3 载波相位测量

载波相位测量的观测量是 GNSS 接收机所接收的卫星载波信号与接收机振荡器产生的参考信号之间的相位差。由于载波信号是一种周期性的正弦信号，而相位测量只能测定其不足一个波长的部分，因而存在着整周数不确定性的问题，解算过程比较复杂。

载波相位理论上是 GNSS 信号在被接收机接收时刻的瞬时载波相位值。接收机接收时刻的瞬时载波相位值（φ_1）、载波相位的初始值（φ_0）、载波的波长（λ）与接收机到卫星的瞬时距离（L）之间的关系如式（7-4）。根据载波相位求出卫星到接收机的瞬时距离后，基于 GNSS 定位的基本原理即可求出接收机的位置。

$$L = \lambda(\varphi_0 - \varphi_1) \tag{7-4}$$

但是，实际中无法直接测量出任何信号的瞬时载波相位值，测量接收到的是具有多普勒频移的载波信号与接收机产生的参考载波信号之间的相位差。GNSS 信号被接收机接收后，首先实现对卫星信号的跟踪，跟踪成功后，接收机本地伪随机码与卫星的伪随机码严格对齐给出伪距观测量，之后通过锁相环实现相位的锁定，锁相后接收机本地信号相位与 GNSS 载波信号相位相同，此时接收机本地信号与初始相位的差即为载波相位观测量。

7.4.4 绝对定位概述

绝对定位又叫单点定位，通常指在协议地球坐标系中，直接确定观测站相对于坐标系原点（地球质心）绝对坐标的一种定位方法。利用 GNSS 进行绝对定位的基本原理，是以 GNSS 卫星和用户接收机天线之间的距离（或距离差）观测量为基础，并根据已知的卫星瞬时坐标来确定用户接收机天线所对应的点位，即观测站的位置。

GNSS 绝对定位方法的实质，是测量学中的空间距离后方交会。为此，在 1 个观测站上原则上有 3 个独立的距离观测量便足够，这时观测站应处于以 3 颗卫星为球心，相应距离为半径的球与观测站所在平面交线的交点（见图 7-2）。

但是，由于 GNSS 采用了单程测距的原理，同时卫星钟与用户接收机钟又难以保持严格同步，所以，实际观测的测站到卫星之间的距离均包含卫星钟和接收机钟同步差的影响

（故习惯称之为伪距）。卫星钟差可以通过导航电文中所给出的有关钟差参数加以修正，接收机钟差则难以预先准确地确定。为此，在1个观测站上，为实时求解4个未知参数（3个点位坐标分量和1个钟差参数），便至少需要4个同步伪距观测值，即至少必须同时观测4颗卫星。

绝对定位依据接收机的状态又分为静态绝对定位和动态绝对定位。动态绝对定位一般精度较低，为10~40m，只能用于导航定位。

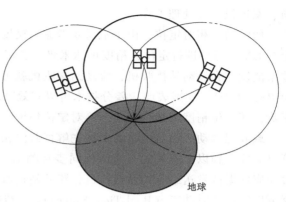

图 7-2 三球交会

静态绝对定位是指接收机天线处于静止状态，对所有可见卫星进行同步连续观测，测定接收机天线与各卫星之间的伪距观测值，通过数据处理，计算出测站点的绝对坐标。

7.4.5 相对定位概述

相对定位，也叫差分定位，是目前 GNSS 定位中精度最高的一种定位方法，被广泛应用于大地测量、精密工程测量、地球动力学的研究和精密导航。

相对定位的最基本方法，如图 7-3 所示，是将两台 GNSS 接收机分别安置在基线的两端，并同步（即同时）观测相同的 GNSS 卫星，以确定基线端点的相对位置（通常是距离）。此方法，一般可推广到多台接收机安置在若干条基线的端点，通过同步观测 GNSS 卫星，以确定多条基线向量的情况。

因为在两个观测站或多个观测站同步观测相同卫星的情况下，卫星的轨道误差、卫星误差、接收机钟差及电离层和对流层的折射误差等，对观测量的影响具有一定的相关性，所以利用这些观测量的不同线性组合（通常是求差）进行相对定位，便可有效消除或减弱上述误差的影响，从而提高相对定位的精度。

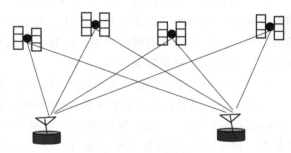

图 7-3 相对定位

在 GNSS 的差分（相对）定位中，载波相对定位是一种高精度差分定位方法，通常用观测值域差分。静态相对定位，由于接收机是固定不动的，这样便可能通过连续观测，取得足够的多余观测数据，以改善定位精度。在精度要求较高的测量工作中，如大地测量和地球动力学研究等领域，通常采取这一方法。

动态相对定位是将流动站接收机安置在运动载体上，两台接收机同步观测相同的卫星，以确定运动点相对于参考站的位置或轨迹。动态定位既可采用伪距观测量，也可采用相位观测量。

根据数据处理方式的不同，动态相对定位通常分为实时处理和测后处理。其中，实时处理要求测量过程中实时地获取定位结果，因此在流动站和参考站间必须实时地传输观测数据或观测量的修正数据。测后处理通常是在外业测量结束后，对观测数据进行详细分析、诊断、发现粗差等处理工作。

伪距动态相对定位，由于不需要考虑模糊度问题，只需在一个历元时刻同步观测 4 颗以上的 GNSS 卫星进行定位，精度可达米级。若将参考站观测数据（又称为改正数）通过相应数据链发送到流动站接收机，流动站接收机就可以实现所谓实时差分 GNSS 定位（Real Time DGPS, RTD）。实践表明，差分技术可以有效减弱卫星轨道误差、钟差、大气折射误差等的影响，其定位精度远超伪距动态绝对定位精度。

载波相位动态相对定位需要预先解算载波相位整周模糊度，确定整周模糊度后，定位解算只需要 4 颗以上卫星的一个历元同步观测值。若将参考站观测数据（又称为改正数）通过相应数据链发送给流动站接收机，流动站接收机在确定载波相位观测值的初始模糊度后，就可以实现实时动态（Real Time Kinematic, RTK）相对定位。目前，流动站与参考站的距离小于 20km 时，其定位精度可达到 1~3cm。

7.5 GNSS 测量的实施

同传统测量相类似，GNSS 测量同样包括外业和内业两部分。其中，外业工作主要包括选点、建立标志和观测等。内业工作主要包括技术设计、数据处理及技术总结等。如果按照 GNSS 测量实施的工作程序，则大致分为以下阶段：网的优化设计，选点及建立标志，外业观测，数据处理。

7.5.1 GNSS 网的优化设计

GNSS 网的优化设计，是实施 GNSS 测量的第一步，这项工作的主要内容包括精度指标的合理确定、网的图形设计和基准设计。对 GNSS 的精度要求，主要取决于网的用途。而网的图形设计，不仅要考虑网的用途，同时要考虑到经费、时间和人力的消耗以及所需接收机的类型、数量和后勤保障条件等。

常用的 GNSS 网图形有三角形网、环形网、附合路线和星形网。

明确 GNSS 成果在平差计算中所采用的坐标系统，给出已知的起算数据，这项工作成为 GNSS 网的基准设计。GNSS 网的基准包括网的位置基准、方位基准和尺度基准。其中，位置基准一般由给定的起算点坐标确定；方位基准一般由给定的起算方位角确定，也可将 GNSS 基线向量的方位网作为方位基准；尺度基准一般由地面上的电磁波测距边确定，基准的确定是通过网的整体平差实现的。

7.5.2 选点及建立标志

由于 GNSS 测量时观测点之间不要求通视，故选点工作较传统测量大为简化，并省去了建觇标的费用，降低了成本。但 GNSS 测量有其自身的特点，选点时应满足以下要求：观测站应安置在交通便利、易于安置接收机且视野开阔的地方；应远离大功率无线发射台和高压线，以免其磁场对 GNSS 信号产生干扰；应避开大面积的水面或完全平整的建筑表面，以减弱多路径效应的影响等。

点选定后，应按规定建立标志，并绘制点之记。

7.5.3 GNSS 测量的作业模式

随着 GNSS 测量后处理软件的发展，用 GNSS 技术确定两点间基线向量的方法有很多种测量方案可供选择，这些不同的测量方案称为 GNSS 测量的作业模式。目前，GNSS 测量的作业模式主要有静态相对定位、快速静态相对定位、准动态相对定位、动态相对定位、实时动态（RTK）测量等模式。

1. 经典静态相对定位模式

作业流程：采用两台以上 GNSS 接收机，分别安置在待测基线的两端点上，同步观测 4 颗以上卫星，根据基线长度和精度要求，每时段长一般为 1~3h。

定位精度：基线相对定位精度可达到 $5mm+1\times D\times 10^{-6}$，$D$ 为基线长度（km）。

特点：网的布设形式如图 7-4 所示，可采用三角形网、环形网，有利于观测成果的检核，增加网的图形强度，提高观测成果的可靠性和精度。

适用范围：建立地壳监测和大型工程的变形监测网；建立国家或地方大地控制网；建立精密工程测量控制网；进行岛屿与大陆联测等。

2. 快速静态相对定位模式

作业流程：在测区中部选择一个基准站，安置一台 GNSS 接收机，连续跟踪所有可见卫星；另一台 GNSS 接收机依次到周围各点流动设站，并静止观测数分钟，如图 7-5 所示。

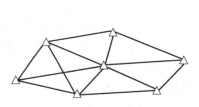

图 7-4 静态相对定位

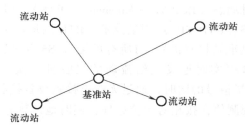

图 7-5 快速静态相对定位

定位精度：流动站相对于基准站的基线向量中误差为 $5mm+1\times D\times 10^{-6}$。

特点：用于流动站测量的接收机，在流动站之间移动的过程中，不必保持对所有卫星的连续跟踪，但在观测时应确保有 5 颗以上卫星可供观测，要求流动站与基准站之间的距离不超过 20km。本作业模式测量速度快、精度高，但直接观测边不能构成闭合环，可靠性差。

使用范围：小范围控制测量、工程测量、地籍测量、碎步测量等。

3. 准动态相对定位模式

作业流程：在测区内选一基准站，安置一台 GPS 接收机，连续跟踪所有可见卫星；另一台流动接收机在起点 1 处，静止观测数分钟；在保持对卫星跟踪的情况下，流动接收机依次在 2、3、4 等点观测数秒钟，如图 7-6 所示。

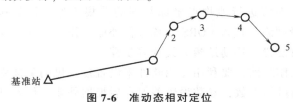

图 7-6 准动态相对定位

精度：流动站相对于基准站的基线向量中误差为 $(10\sim20)mm+(1.0\times D\times10^{-6})$。

特点：该作业流程工作效率极高。作业时至少有 5 颗以上卫星可供观测，流动接收机在移动时，应保持对卫星的跟踪，一旦卫星信号失锁，应在下一流动点上观测数分钟，要求基准站到流动站之间距离小于 20 km。

适用范围：控制测量的加密、施工放样、碎步测量、线路测量、地籍测量等。

4. 动态相对定位模式

作业流程：在测区内选一基准站，安置一台 GPS 接收机，连续跟踪所有可见卫星；另一台接收机安置在运动载体上，在起始点 1 处，静止观测数分钟；在保持对卫星跟踪的情况下，安置接收机的运动载体从起点开始出发，接收机按照预定的采样间隔，依次在 2、3、4 等点自动观测，如图 7-7 所示。

精度：运动站相对于基准站的基线测量精度为 $(10\sim20mm)+(1.0\times D\times10^{-6})$。

特点：本作业模式工作效率较高。作业时至少需要 5 颗以上卫星可供观测，接收机在运动过程中应保持对卫星的跟踪，一旦卫星信号失锁，应停止运动，静止观测数分钟，再继续测量。要求基准站到运动站之间的距离小于 15 km。

图 7-7 动态相对定位

5. 实时动态测量模式

实时动态（Real Time Kinematic，RTK）测量定位技术是以载波相位测量为依据的实时差分 GPS（RTD GPS）测量技术。RTK 测量定位的基本思想是在基准站上安置一台 GNSS 接收机（基准站接收机），对所有可见 GNSS 卫星进行连续跟踪观测，并通过无线电发射设备，将观测数据实时地发送给流动的接收机（流动站接收机）。在流动站上，接收机在接收 GNSS 卫星信号的同时，通过无线电接收设备接收基准站发送的同步观测数据，然后以载波相位为观测值，按相对定位原理，实时地计算并显示流动站的三维坐标及精度。

7.5.4 外业观测的实施

此项工作具体内容包括对中、平整、量取仪器高、定向、开机、设置接收机参数、监视接收机的工作状态、关机等。另外，还需记录开关机时刻、点号、接收机号，以供数据处理时用。下面以某公司生产的一款 GNSS 接收机为例，概要性介绍采用 GNSS 接收机进行外业观测的作业流程。

该款 GNSS 接收机，可以完成静态测量和 RTK 测量任务，其中 RTK 测量有电台工作模式、网络工作模式和 CORS 模式等三种实现方式。由于该款接收机内置收发一体电台，故电台工作模式又细分为内置电台工作模式和外置电台工作模式，而内置电台工作模式下工作距离限定在 3~4km；当采用网络工作模式进行作业时要特别注意提供开通网络流量的手机卡；CORS 模式下可以利用具有网络 RTK 技术的 CORS 系统，用户无须架设基准站，只需要将该款接收机作为移动站，即可进行地物点坐标数据的采集工作，该款接收机可通过 WIFI 或 GSM/GPRS 的方式登录网络，接入 CORS 系统进行外业工作。三种模式下的工作流程都包括仪器架设、基准站参数设置、移动站参数设置等步骤。

静态模式下外业工作之前，要利用专用软件来设置接收机的采样率、高度截止角、数据记录方式、数据记录时段等参数，参数设置并保存后根据外业工作安排进行施测工作，施测工作结束后及时将数据进行下载存储。

7.5.5 数据处理

GNSS 数据处理的目的是从原始的观测结果测码伪距、载波相位观测值、卫星星历等数据出发，得到最终的 GNSS 定位结果。整个过程包括数据传输、预处理、基线向量解算和 GNSS 网平差计算等阶段。GNSS 外业观测数据是接收机记录的原始观测数据，内业用相应软件（后处理软件）将观测数据传输给计算机，并进行数据预处理和基线向量解算，进一步对基线向量网进行平差计算，最终获得定位结果。其中，数据预处理的目标是对观测数据进行平滑滤波检验剔除粗差，并对数据文件格式标准化，包括 GNSS 卫星轨道方程标准化、卫星钟差标准化、观测数据文件标准化等，对载波相位观测值进行整周跳修复，对观测值进行电离层、对流层改正等。目前国内外广泛应用的 GNSS 数据处理软件有瑞士伯尔尼大学天文研究院研制的 Bernese 软件、德国地学研究中心的 EPOS 软件、挪威的 GEOSAT 软件、武汉大学自主研发的 PANDA 软件等。

【本章小结】

GNSS 测量的原理是理想情况下在统一的时空坐标系中，根据三个已知坐标点和未知坐标点的距离，通过求解方程组解出未知点的坐标。实际求解过程中，根据未知因素的情况适当增加已知坐标点和距离。其中，已知坐标点指代太空中正常运行的空间星座部分，未知坐标点指代处于正常工作状态的用户设备，已知坐标点与未知坐标点间的距离用伪距或载波代表，维持整个 GNSS 系统功能平稳运行的其他部分称为地面监控部分。实际施测过程中，综合考虑现有 GNSS 设备状况、施测力量等因素，在保证精度的前提下，设计、选择合理的施测模式并进行外业观测和数据处理。

【思考题与练习题】

1. 简述卫星定位技术的发展历程。
2. 简述 GNSS 的组成，并说明各部分的作用。
3. 从数学的角度简述 GNSS 定位的基本原理。
4. 简述 GPS 时间系统与协调世界时的区别。
5. 简述相对定位原理。
6. 简述绝对定位原理。
7. GNSS 定位中为何要引入天球坐标系？
8. 简述 GNSS 测量的必要步骤。

第8章 地形图基础

地图就是依据一定的数学法则,使用地图语言,通过制图综合在一定的载体上,表达地球(或其他天体)上各种事物的空间分布、联系及时间中的发展变化状态的图形。传统地图的载体多为纸张,随着科技的发展出现了电子地图等载体。

地图按内容可分为普通地图和专题地图两类。普通地图为综合反映地表最基本的自然和人文现象的地图。普通地图以水系、居民地、交通网、地貌、地界和各种独立目标为制图对象,不突出反映某一种要素。专题地图是根据专业需要,突出反映一种或几种主题要素的地图,其中作为主题的要素表示很详细,其他要素则围绕主题表达的需要,作为地理基础概略表示,如着重表示的旅游景点的旅游地图就是很常见的一种专题地图。

地形图是普通地图的一种,是按一定比例尺,用规定的符号表示地物、地貌平面位置和高程的正射投影图。地形图既表示地物的平面位置又表示地貌形态,而平面图只表示平面位置,不反映地貌形态。

8.1 地形图的比例尺

8.1.1 比例尺的定义

地形图上一段直线的长度与地面上相应线段的实际水平长度之比称为地形图的比例尺。

8.1.2 比例尺的种类

1. 数字比例尺

数字比例尺一般取分子为1,分母为整数的分数表示。设图上某一直线长度为d,相应实地的水平长度为D,则该图的比例尺为

$$\frac{d}{D} = \frac{1}{\frac{D}{d}} = \frac{1}{M}$$

式中 M——比例尺分母,分母越大(分数值越小),则比例尺就越小。

为了满足经济建设和国防建设的需要,测绘和编制了各种不同比例尺的地形图。常称1∶100万、1∶50万、1∶20万为小比例尺地形图;1∶10万、1∶5万、1∶2.5万为中比例尺地形图;1∶1万、1∶5000、1∶2000、1∶1000和1∶500为大比例尺地形图。工程建筑类各专业通常使用大比例尺地形图。

2. 图示比例尺

为了用图方便，以及减小由于图纸伸缩而引起的使用中的误差，在绘制地形图时，常在图上绘制图示比例尺。最常见的图示比例尺为直线比例尺。图 8-1 为 1∶500 的直线比例尺，由间距 2mm 的两条平行线构成，取 2cm 为基本单位分成若干大格，一个基本单位表示 10m，将左边的一个基本单位再分成 10 等分，每等分表示 1m，大小格分界处注以 0，右边其他大格分界处注记按实际比例尺换算的实际长度（本图为 10m、20m、…），从直线比例尺上可直接读得整米数，估读到 0.1m。

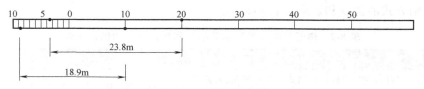

图 8-1 1∶500 的直线比例尺

使用时，先用分规在图上量取某线段的长度，然后将分规的右针尖对准右边的某个整分划，使分规的左针尖在最左边的基本单位内。

8.1.3 比例尺精度

一般认为，人肉眼能分辨的最小距离为 0.1mm，因此一般在图上量度或者实地测图描绘时，只能达到图上 0.1mm 的精度，因此，我们把图上 0.1mm 所表示的实地水平距离称为比例尺精度，即

$$比例尺精度 = 0.1\text{mm} \times M$$

式中，M 为比例尺分母。

可以看出，比例尺越大，其比例尺精度越高。不同比例尺的比例尺精度见表 8-1。

比例尺精度的概念，对测图和设计用图都有重要的意义。根据测图比例尺，可以确定测图时量距应该精确到什么程度，如在测 1∶1000 地形图时，实地量距只需取到 10cm；另外，可根据设计所需比例尺精度，确定测图比例尺，如要在图上量出实地最短线段长度为 20cm，采用的测图比例尺应不小于 1∶2000。

表 8-1 比例尺精度与比例尺的关系

比例尺	1∶500	1∶1000	1∶2000	1∶5000
比例尺精度/m	0.05	0.1	0.2	0.5

由表 8-1 可以看出，比例尺越大，表示地物地貌越详细，精度越高。但一幅图所反映的面积也越小，而且测图工作量会成倍增加。因此，采用何种比例尺测图，应从工程规划、施工实际需要的精度出发，不盲目追求更大比例尺的地形图。

8.2 地形图的分幅与编号

为了便于测绘、保管、检索和使用，所有的地形图均需按规定的大小进行统一分幅和进行系列编号。

8.2.1 地形图的分幅

地形图分幅的方式通常有两种：梯形分幅（经纬线分幅）和矩形分幅。

梯形分幅：用经线和纬线分割图幅，大多数情况下表现为上下为曲线的梯形。小比例尺地形图多用梯形分幅。

矩形分幅：用矩形分割图幅，矩形的大小根据图纸规格、用户使用方便及编图的需要而定。它多应用于城市和工程建设的大比例尺地形图。

两种分幅方式的优点和缺点见表8-2。

表 8-2 梯形分幅（经纬线分幅）和矩形分幅的优、缺点

分幅方法	优 点	缺 点
矩形分幅	图幅间拼接方便；各图幅面积相对平衡；方便图纸的使用和印刷；图的边界线可避开分割重要地物	制图区域只能一次投影，变形较大
梯形分幅	图幅有明确的地理范围，可分开多次投影，变形较小	图边为曲线时拼接不便；高纬度地区图幅面积缩小，不利于纸张的使用和印刷

8.2.2 地形图的编号

1. 梯形分幅的编号

我国的地形图是在 1∶100 万比例尺地形图的基础上进行分幅和编号的。我国现行的分幅编号方法是 1∶100 万地图用行列式编号的方法，其他比例尺地形图均在其后再叠加行列号形成。表8-3 说明了我国基本比例尺地形图的图幅范围大小。

表 8-3 我国基本比例尺地形图的图幅范围大小

比例尺		1∶100 万	1∶50 万	1∶25 万	1∶10 万	1∶5 万	1∶2.5 万	1∶1 万	1∶5000
图幅范围	经差	6°	3°	1°30′	30′	15′	7′30″	3′45″	1′52.5″
	纬差	4°	2°	1°	20′	10′	5′	2′30″	1′15″

各比例尺与图幅间的编号关系如图 8-2 所示。其中实线连接表示其编号系统，而虚线则仅表示图幅间的包含关系，编号上则不直接发生联系。

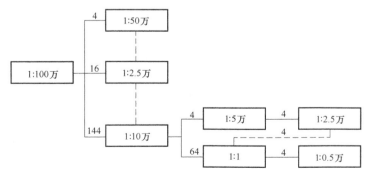

图 8-2 我国基本比例尺地形图分幅与编号

根据 GB/T 13989—2012《国家基本比例尺地形图分幅和编号》的规定，基本比例尺地

形图编号方法如下：

（1）1∶100万比例尺地形图编号　按"行列"编号。从赤道算起，每4°纬度差为一行，至南、北纬88°各有22行，用大写拉丁字母A、B、C、…、V表示，南半球加前缀S，北半球加前缀N，而我国由于全位于北半球，字母省略。

从180°经线算起，自西向东每6°经差为一列，全球分为60列，用阿拉伯数字1~60表示。

一个列号和一个行号就组成一幅1∶100万地形图的编号。如图8-3所示，北京某地的经度为东经118°24′20″，纬度为39°56′30″，其所在的1∶100万比例尺地形图的图号为J50。

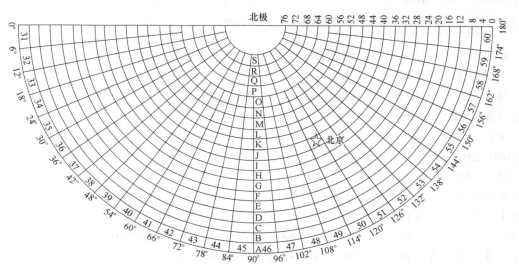

图8-3　1∶100万地形图编号

（2）1∶5000~1∶50万比例尺地形图编号　都是在1∶100万地图编号的基础上进行的。它们的编号都由10个代码组成，其中前三位是所在1∶100万地图的编号，第4位是比例尺代码（见表8-4），后面6位分为两段，5~7位是图幅的行号码，8~10位是图幅的列号码；不足三位时前面加"0"如图8-4所示。

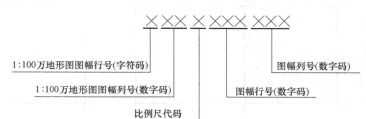

图8-4　1∶5000~1∶50万比例尺地形图图号的构成

表8-4　我国基本比例尺的代码

比例尺	1∶50万	1∶25万	1∶10万	1∶5万	1∶2.5万	1∶1万	1∶5000
代码	B	C	D	E	F	G	H

2. 矩形分幅的编号

实际上，1∶2000比例尺以上的大比例尺及1∶5000小区域地形图都使用矩形分幅方法来管理图幅，这种分幅方式有利于工程设计、施工及行政管理等对地图的需求。图幅大小一般为50cm×50cm和50cm×40cm两种；其分幅以纵、横坐标的整公里数或整百米数作为其分界线。各种比例尺的图幅与面积见表 8-5。

表 8-5 矩形分幅的图幅与面积

比例尺	50×40 分幅		50×50 分幅		
	图幅大小/cm	实地面积/km²	图幅大小/cm	实地面积/km²	一幅 1∶5000 图所含幅数
1∶5000	50×40	5	40×40	4	1
1∶2000	50×40	0.8	50×50	1	4
1∶1000	50×40	0.2	50×50	0.25	16
1∶500	50×40	0.05	50×50	0.625	64

矩形图幅的编号一般采用图幅西南角坐标以公里为单位表示,坐标 x 在前,坐标 y 在后,中间用连字符连接。

编号时,1∶5000 地形图坐标取至 1;1∶2000,1∶1000 地形图坐标取至 0.1;1∶500 地形图坐标取至 0.01。

某些工矿企业和城镇,面积较大,而且测绘有几种不同比例尺的地形图,编号时是以 1∶5000 比例尺地形图为基础,并作为包括在本图幅中的较大比例尺图幅的基本图号。例如,某 1∶5000 图幅西南角的坐标值 $x=10$,$y=10$,则其图幅编号为"10-10"。这个图号将作为该图幅中的较大比例尺所有图幅的基本图号。也就是在 1∶5000 图号的末尾分别加上罗马字Ⅰ、Ⅱ、Ⅲ、Ⅳ,就是 1∶2000 比例尺图幅的编号。同样,在 1∶2000 图幅编号的末尾分别再加上Ⅰ、Ⅱ、Ⅲ、Ⅳ,就是 1∶1000 的编号,在 1∶1000 比例尺的图号末尾再加上Ⅰ、Ⅱ、Ⅲ、Ⅳ,就是 1∶500 图幅的编号,如图 8-5 所示。

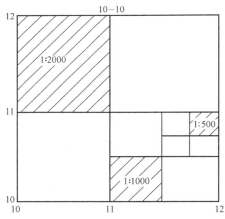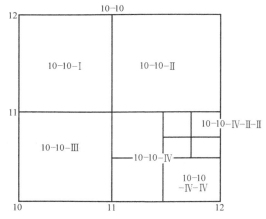

图 8-5 矩形分幅的编号

8.3 地形图图外注记

8.3.1 图廓

图廓是图幅四周的范围线,有内图廓和外图廓之分。内图廓是地形图分幅时的坐标格网或经纬线，是本幅图的实际边界线。外图廓是距内图廓一定距离以外绘制的加粗平行线，仅起装饰作用。在内图廓外四角处注有坐标值，并在内图廓线内侧，每隔10mm绘有5mm的短线，表示坐标网线的位置，如图8-6所示。

8.3.2 图名和图号

图名就是本幅图的名称，常用本幅图内著名的地名、村庄、工厂的名称来命名。图号就是本幅图的编号。图上标注编号可确定该幅图所在的位置。图名和图号标在北图廓的上方中央。图8-6中图名为刘家院，图号为10.0-10.0。

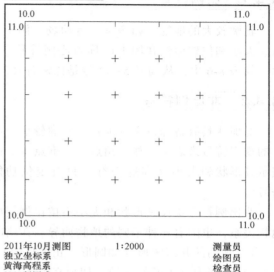

图8-6 地形图图外注记

8.3.3 接图表

说明本幅图与相邻图幅的关系的表格称为接图表。供索取相邻图幅时使用。中间一格画有斜线的代表本幅图，四邻分别注明相应的图号或图名，并绘注在图廓的左上方（见图8-6）。此外，除了接图表外，有些地形图还把相邻图幅图号分别注在东、西、南、北图廓线中间，进一步表明与四邻图幅的关系。

8.3.4 三北方向图

中小比例尺图的南图廓线右下方，还绘有真子午线、磁子午线和坐标纵轴三个方向之间的角度关系称为三北方向图，如图8-7所示。利用该关系图，可对图上任意方向的真方位角、磁方位角、坐标方位角进行换算。

8.3.5 图廓外的其他注记

在图的左下方，注有该图所采用的平面坐标系、高程系和基本等高距、地形图图式、测绘方法和测绘日期。图的左边为测绘单位。在图的右下方为测、绘图人员和检查人员的签名。

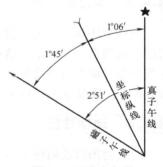

图8-7 三北方向图

8.4 地物符号

地形是地物和地貌的总称。地物是地面上天然或人工形成的物体，如湖泊、河流、房屋、道路等。地面上的地物和地貌，应按国家测绘总局颁发的GB/T 20257.1—2007《国家基本比例尺地图图式 第1部分：1∶500、1∶1000、1∶2000地形》中规定的符号表示在图上。表8-6为部分常用大比例尺图的地物符号。

根据国家测绘总局颁发的 GB/T 20257.1—2007《国家基本比例尺地图图式》，地物符号分为以下几种：

8.4.1 比例符号

轮廓较大的地物，如房屋、运动场、湖泊、森林、田地等，凡能按比例尺把它们的形状、大小和位置缩绘在图上的称为比例符号。这类符号一般是用实线或点线表示其外围轮廓。如表 8-6 中，从编号 5~14 号是比例符号。

8.4.2 非比例符号

对那些具有特殊意义的地物，轮廓较小，不能按比例尺缩小绘在图上时，就采用统一尺寸的规定符号来表示，如三角点、水准点等。这类符号在图上只表示地物的中心位置，不能表示其形状和大小（即这类符号只有定位功能）。如表 8-6 中，从编号 1~4 号是非比例符号。

非比例符号不仅其形状和大小不按比例绘出，而且符号的中心位置与该地物实地的中心地物关系，也随着各种不同的地物而异，在测图和用图时应注意下列几点：

1) 规则的几何图形（如圆形、正方形等），以图形几何中心为实地地物的中心位置。
2) 底部为直角形的符号（如独立树等），以符号的直角顶点为实地地物的中心位置。
3) 宽底符号（如烟囱、岗亭等），以符号底部中心为实地地物的中心位置。
4) 几何图形组合符号（如路灯等），以符号下方图形的几何中心为实地地物的中心位置。
5) 下方无底线的符号（如山洞、窑洞等），以符号下方两端点连线的中心实地地物的中心位置。

8.4.3 半比例符号

一些呈线状延伸的地物，其长度能按比例尺缩小绘在图上，而其宽度不能按比例缩绘，需用一定的符号来表示，这种符号称为半比例符号。如表示铁路、公路、通信线等的符号，这类符号只能表示地物的位置（以符号的中心线定位）和其长度，而不能表示其宽度。在表 8-6 中，从编号 33~36 号都是半比例符号。

8.4.4 地物注记

对地物加以说明的文字、数字或特有符号称为地物注记。如河流的名称、流向；房屋的名称、层数等。

表 8-6 部分常用大比例尺图的图式符号

编号	名称	符号	编号	名称	符号
1	小三角点 摩天岭——点名 294.21——高程	3.0 ▽ $\dfrac{摩天岭}{294.21}$	2	导线点 I 16——等级、点号 84.46——高程	2.0 ⊙ $\dfrac{I16}{84.46}$

(续)

编号	名称	符号	编号	名称	符号
3	图根点 （a）埋石的 N16——点号 84.46——高程 （b）不埋石的 25——点号 62.74——高程	(a) 1.6 ○ N16/84.46　2.6 (b) 1.6 ⊙ 25/62.74	15	露天舞台、检阅台	台
4	水准点	2.0 ⊗ BM5/32.804	16	台阶	0.6 / 1.0 / 1.0
5	一般房屋 砖——建筑材料 3——房屋层数	砖3	17	烟囱及烟道 （a）烟囱 （b）烟道 （c）架空烟道	(a) 3.6　(b) 1.0　(c) 砖　1.0
6	简单房屋		18	亭 （a）依比例尺 （b）不依比例尺	(a) 佥 2.0 1.0　(b) 2.4 佥
7	建筑中房屋	建	19	露天设备	┌ 卐 ┐ 1.0 卐 2.0 / 2.0
8	廊房	砖3 ○ ○ ○ 1.0	20	路灯	1.4 / 0.3 / 2.8 ○ 0.8 / ○ / 1.0
9	悬空通廊	混4 ⋈ 混4	21	照射灯 （a）杆式 （b）桥式 （c）塔式	(a) 1.8 4.0 1.8　(b) ⋈　(c) 2.0
10	建筑物下的通道	混3	22	露天体育场 有看台的 （a）司令台 （b）门洞	(a)　(b) 工人体育场 45° / 1.6
11	门廊	混5 ○ ○ 1.0	23	贮水池、游泳池 （a）高于地面的 （b）低于地面的 （c）有盖的	(a) 水　水 (b) 水 (c) 水
12	檐廊	混4			
13	柱廊 （a）无墙壁的 （b）一边有墙壁的	(a) ┌ ○ ○ ○ ┐ (b) ┌ ○ ○ ○ ┘ 1.0			
14	打谷场、球场	球			

(续)

编号	名称	符号	编号	名称	符号
24	陡坎 (a) 未加固的 (b) 已加固的	(a) 2.0 (b) 3.0	31	下水	2.0
25	假石山	4.0 2.0 2.0 1.0	32	上水	2.0
			33	高压	4.0
26	垃圾台 (a) 依比例尺 (b) 不依比例尺	(a) (b)	34	低压	4.0
27	塑像 (a) 依比例尺 (b) 不依比例尺	(a) (b) 3.1 1.9	35	栅栏、栏杆	10.0 1.0
28	旗杆	1.6 1.0 4.0 1.0	36	围墙 (a) 依比例尺 (b) 不依比例尺	(a) 10.0 0.5 (b) 10.0 0.5
			37	电信	2.0
29	宣传橱窗、广告牌	1.0 2.0	38	阀门	1.6 3.0
30	窑洞	放比例地 面上窑洞　不放比例地 面上窑洞 房屋式窑洞	39	水龙头	2.0 3.6

8.5 地貌符号

在地图上表示地貌的方法有多种，可根据不同的情况选取相应的表示方法，如由于雨水的冲刷而形成的冲沟用冲沟符号表示、坡度超过70°以上的地貌通常用陡崖符号表示，对于堆积有大量砾石的河岸滩则用点线标明砾石堆积的范围，在其范围内绘以砾石符号表示。但大多数情况下使用等高线加高程注记的方法来表达地貌。

8.5.1 等高线的定义

等高线是地面上高程相同的相邻各点连成的光滑的闭合曲线。

假设有一山头,如图 8-8 所示,如果以一系列等间距的水准面与它相截,各水准面与山头表面交线的高程相等,再把这些交线铅垂投影到水平面上,并按规定的比例尺缩绘在图纸上,就得到用等高线表示的该山头的地貌图。

相邻等高线之间的高差称为等高距,等高距用 h 表示。同一幅图上,等高距不变。

相邻等高线之间的水平距离称为等高线平距,用 d 表示。从图 8-9 中不难看出,等高线平距越大,坡度越平缓,反之则越陡。

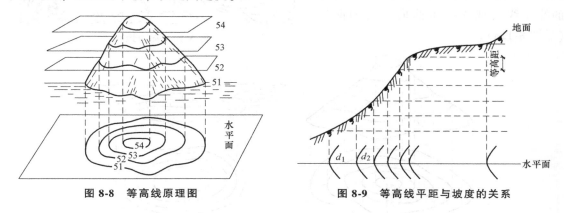

图 8-8 等高线原理图　　图 8-9 等高线平距与坡度的关系

8.5.2 等高线的分类

为了充分表示出地貌特征,等高线有首曲线、计曲线、间曲线、助曲线四种类型。

1. 首曲线

首曲线又叫基本等高线,是指从高程基准面起算,按规定的等高距描绘的等高线,用宽度为 0.15mm 的细实线表示。

2. 计曲线

从高程基准面起算,高程能被 5 倍基本等高距整除的等高线,将其加粗加注高程称为计曲线。

3. 间曲线和助曲线

当基本等高线不足以显示局部地貌特征时,按二分之一基本等高距所加绘的等高线称为间曲线,用长虚线表示。按四分之一基本等高距所加绘的等高线称为助曲线,用短曲线表示。此两种等高线均可不闭合。

8.5.3 典型地貌的等高线

地球表面高低起伏的形态千变万化,但它们都是由几种典型的地貌综合而成的。典型地貌主要有:山头和洼地、山脊和山谷、鞍部、陡崖和悬崖等,如图 8-10 所示。

1. 山头和洼地

图 8-11a 所示为山头的等高线,图 8-11b 所示为洼地的等高线。山头和洼地的等高线都

是一组闭合曲线，但它们的高程注记不同。内圈等高线的高程注记大于外圈者为山头；反之，内圈等高线的高程小于外圈者为洼地。也可用示坡线来表示山头和洼地。示坡线是垂直于等高线的短线，用以指示坡度下降的方向。

2. 山脊和山谷

向一个方向延伸的高地称为山脊。山脊上最高点的连线称为山脊线。山脊的等高线表现为一组凸向低处的曲线（见图8-12a）。

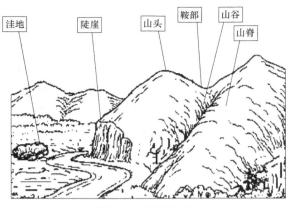

图 8-10　典型地貌

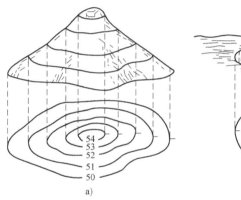
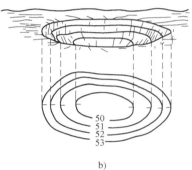

图 8-11　山头和洼地等高线

向一个方向延伸的洼地称为山谷。山谷中最低点的连线称为山谷线，山谷线上的等高线表现为一组凸向高处的曲线（见图8-12b）。

在山脊上，雨水会以山脊线为分界线而流向山脊的两侧，所以山脊线又称为分水线。在山谷中，雨水由两侧山坡汇集到谷底，然后沿山谷线流出，所以山谷线又称为集水线。山脊线和山谷线合称为地性线。

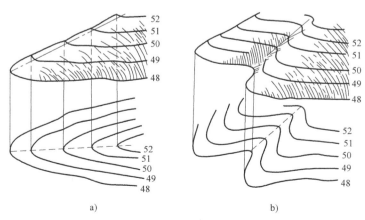

图 8-12　山脊和山谷等高线

3. 鞍部

鞍部是相邻两山头之间呈马鞍形的低凹部位（见图8-13）。鞍部等高线的特点是在一圈大的闭合曲线内，套有两组小的闭合曲线。

4. 陡崖和悬崖

陡崖是坡度在70°以上或为90°的陡峭崖壁，若用等高线表示将非常密集或重合为一条线，因此采用陡崖符号来表示，如图8-14a所示。

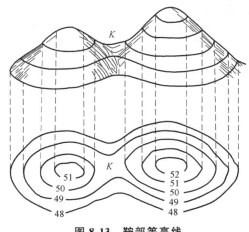

图 8-13 鞍部等高线

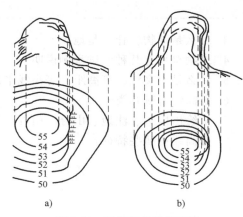

图 8-14 陡崖和悬崖等高线

悬崖是上部突出，下部凹进的陡崖。上部的等高线投影到水平面时与下部的等高线相交，下部凹进的等高线用虚线表示，如图8-14b所示。

8.5.4 等高线的特征

通过研究等高线表示地貌的规律性，可以归纳出等高线的特征，它对于地貌的测绘和等高线的勾绘以及正确使用地形图都有很大帮助。

1) 同一等高线上各点的高程相等。

2) 等高线是闭合曲线，不能中断，如果不在同一图幅内闭合，则必定在相邻的其他图幅内闭合。

3) 除绝壁和悬崖以外，等高线不能重合或相交。

4) 等高线经过山脊线或山谷线时改变方向，因此山脊线与山谷线应与等高线正交。

5) 在同一幅地形图上，等高距相同。所以，等高线越稀疏表示地面坡度越小，反之，则表示地面坡度越大。倾斜平面的等高线是一组间距相等且平行的直线。

【本章小结】

本章主要介绍了地图、地形图的概念、比例尺、比例尺精度、地形图图名、地形图的分幅和编号、图廓、接图表、地物符号、等高线。

【思考题与练习题】

1. 什么是地图？什么是地形图？

2. 什么是比例尺？什么是比例尺精度？按比例尺计算表 8-7 中的未知数。

表　8-7

比例尺	实地水平距离/m	图上长度/mm
1∶500	10	?
1∶1000	?	10
1∶2000	?	50
?	500	100

3. 什么是地物？什么是地貌？
4. 地物符号有几种？试举例说明。
5. 什么是等高线、等高距、等高线平距？
6. 等高线有哪几类？
7. 试绘出山头、洼地、山脊、山谷、鞍部五种典型地貌的等高线。
8. 等高线有哪些特征？

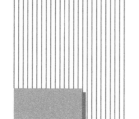

第 9 章 大比例尺地形图测绘

控制测量工作结束后，就可以根据图根控制点测定地物、地貌特征点的位置和高程，并按规定的比例尺和符号缩绘成地形图。大比例尺地形图测绘方法主要有解析测图法、数字测图法。其中解析测图法又有多种方法，本章主要介绍经纬仪配合量角器测绘法和数字测图法。

9.1 测图前的准备工作

测图前，除做好仪器、工具及资料的准备工作外，还应做好下列工作。

9.1.1 收集资料与现场踏堪

收集测区已有地形图及测量成果资料，包括已有地形图的测绘日期、使用的坐标系统等。已有控制点的点数、等级、坐标、坐标系统及点之记。现场踏堪是在测区现场了解测区位置、地物、地貌情况、测量控制点的实地位置，确定控制点的可用性。

9.1.2 图纸准备

目前地形图测绘一般采用聚酯薄膜，其厚度为 0.07~0.1mm，经过热定型处理后，具有透明度好、伸缩性小、不怕潮湿、牢固耐用等特点。图纸弄脏之后，可用水洗涤，便于使用和简化了成图的工序，着墨之后可以晒蓝图。但聚酯薄膜易燃、易折和老化，故在使用保管过程中应注意防火、防折。

1. 坐标格网绘制

聚酯薄膜图纸分为空白图纸和带有坐标方格网的图纸。印有坐标方格网的图纸又有 50cm×50cm 的正方形分幅和 50cm×40cm 的矩形分幅两种规格。

如果购买的聚酯薄膜图纸是空白图纸，则需要在图纸上精确绘制坐标方格网，每个方格网的尺寸应为 10cm×10cm。目前绘制方格网的方法一般采用 AutoCAD 绘制，按照比例出图。

为了保证坐标方格网的精度，无论是成品图纸还是自己绘制的坐标方格网图纸，都应进行以下几项检查：

1）用直尺检查各方格网的交点是否在同一直线上，如图 9-1 中直线 12，其偏离值不应超过 0.2mm。

2）检查各个方格网的对角线长度，其长度与理论值（14.14cm）误差不应超过 0.3mm。

超过限差，应当重新绘制。成品方格网图纸，则应予作废。

2. 展绘控制点

根据图根控制点坐标将其点位在图纸上标出称为展绘控制点。展绘控制点前，首先要根据图的分幅位置，确定坐标格网线的坐标值，坐标值要标注在相应格网边线的外侧，如图9-2所示。

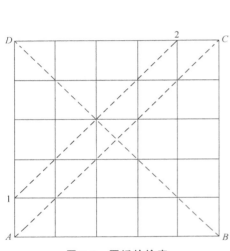

图 9-1 图纸的检查

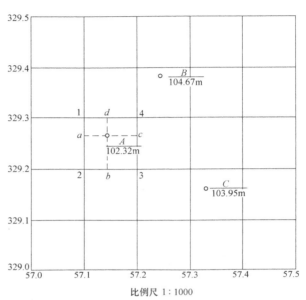

图 9-2 控制点的展绘

展点时，首先根据控制点的坐标确定其所在的方格。例如控制点 A 的坐标 $x=329266.652$m，$y=57141.160$m，由图可以查看出，A 点在方格1234内。从1、2点分别向右各量取 $\Delta x=(329266.652\mathrm{m}-329200\mathrm{m})/1000=6.665$cm，定出 a、c 两点；同理从2、3点分别向上各量 $\Delta y=(57141.160\mathrm{mm}-57100\mathrm{mm})/1000=4.116$cm，得 b、d 两点，直线 ac、bd 的交点就是 A 点的位置。同法可将其他控制点展绘在图纸上，最后用比例尺量取各相邻控制点间的距离作为检查，其距离与相应的理论值之间的误差不应超过图上±0.3mm，否则需要重新展绘。在图纸上的控制点要注记点名和高程，在控制点的右侧以分数形式注明，分子为点名，分母为高程，如图9-2中 A、B、C 点。现在，利用计算机和绘图仪已能高质量地完成方格网绘制及控制点的展绘工作，具体做法见数字图的测绘。

为了保证地形图的精度，测区内应有一定数目的解析图根控制点。GB 50026—2007《工程测量规范》规定，测区内解析图根控制点的个数，一般地区不宜少于表9-1的规定。

表 9-1 一般地区解析图根点的个数

测图比例尺	图幅尺寸（cm）	解析图根点（个）		
		全站仪测图	GNSS-RTK测图	平板测图
1∶500	50×50	2	1	8
1∶1000	50×50	3	1~2	12
1∶2000	50×50	4	2	15

9.2 碎部点的测量方法

在地形图测绘中，决定地物、地貌位置的特征点称为碎部点，碎部点测量就是确定碎部点的平面位置与高程，并按规定在图上描绘地物、地貌的形状。

对于地物，碎部点应选在地物轮廓的方向线变化处，如房屋角点、道路转折点或交叉点、河岸水涯线或水渠的转弯点等。连接这些特征点，便能得到与实地相似的地物形状。对于一些形状不规则的地物，一般规定主要地物凸凹部分在地形图上大于 0.4mm 均应表示出来；小于 0.4mm 时可用直线连接。一些非比例表示的地物，如独立树、纪念碑和电线杆等独立地物，则应选在中心点位置。地貌特征点通常选在最能反映地貌特征的山脊线、山谷线等地性线上，如山顶、鞍部、山脊、山谷、山坡、山脚等坡度或方向的变化点，图 9-3 所示的立尺点。利用这些特征点勾绘等高线，才能在地形图上真实地反映出地貌来。

碎部点的密度应该适当，过稀不能详细反映地形的细小变化，过密则增加野外工作量，造成浪费。碎部点在地形图上的间距为 2~3cm，各种比例尺的碎部点间距可按 GB 50026—2020《工程测量标准》和 CJJ/T 8—2011《城市测量规范》规定执行。

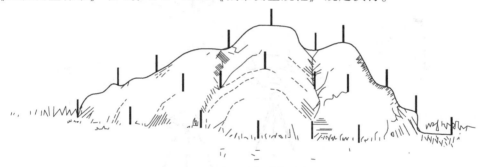

图 9-3 地貌碎部点的选择

9.3 大比例尺地形图的解析测绘方法

大比例尺地形图的测绘方法有解析测图法和数字测图法。解析测图法又有多种方法，本节简要介绍经纬仪配合量角器测绘法，数字测图法在本章后面介绍。

9.3.1 经纬仪配合量角器

1. 经纬仪配合量角器测图的基本原理

基本原理是极坐标法。根据测站上一个已知方向，测定已知方向与碎部点之间的水平角度并测出测站点与碎部点的水平距离，按照比例尺将碎部点绘制在地形图上的方法。如图 9-4 所示，A、B 为已展绘在图上的图根控制点，房角点 1、2 为待定点，以 1 点为例，分别测出水平角 β_1 和水平距离 D_1，用量角器和比例尺便可在图上确定出 1 点平面位置，同理可确定出其他点的位置。

2. 经纬仪配合量角器测绘法

经纬仪测绘法的实质是极坐标法。用经纬仪测量出水平角。利用视距测量方法测出水平距离和高差，计算出待定点的高程，用量角器和比例尺按观测数据在图纸上标定碎部点位置，并在需要的点右侧标注高程。如图 9-5 所示，图中点 A、点 B、点 C 为已知控制点，以 1 点为例进行外业测量、内业绘图的操作步骤如下：

（1）测站准备 在测站点 A 安置经纬仪，量取仪器高 i，瞄准后视点 B 的标注，将水平度盘读数配置为 0°；小平板仪安置在经纬仪旁边，在绘制

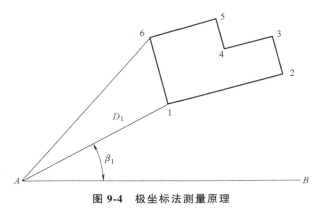

图 9-4 极坐标法测量原理

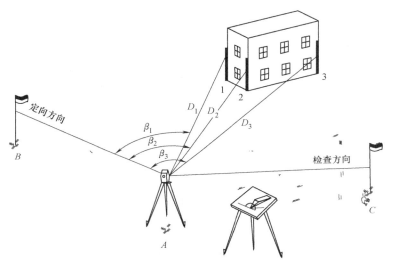

图 9-5 经纬仪配合量角器测绘法原理

了坐标方格网的图纸上展绘点 A、点 B、点 C 等控制点，然后将聚酯薄膜图纸用透明胶带固定在图板上，用直尺和铅笔在图纸上绘出直线 AB 作为量角器的 0 方向线，用大头针插入专用量角器的中心，并将大头针准确的钉入图纸上的 A 点。

（2）经纬仪配合量角器测绘法内外业 在碎部点 i 竖立水准标尺，盘左瞄准水准标尺，读出视线方向的水平度盘读数 β_i，竖直读数 L_i，上丝读数 a_i，下丝读数 b_i，则测站至碎部点的水平距离 D_i。

及碎部点高程 H_i 的计算公式为

$$D_i = 0.1|b_i - a_i|[\cos(90 - L_i + x)]^2$$
$$H_i = H_0 + d_i \tan(90 - L_i + x) + i_0 - (a_i + b_i)/2000$$

式中 H_0——测站点高程（m）；

i_0——测站仪器高（m）；

x——经纬仪竖盘指标差（°′″）。

碎部测量过程中，每隔一定数量的点需要重新照准后视点检查水平度盘零方向，变化量

在 2′之内合格，继续进行该测站的碎部测量，否则从上一个检查的点开始重新定向进行碎部测量工作。

碎部点测量数据记录及计算结果见表 9-2。

表 9-2　经纬仪视距法测图数据

测站高程 H_A = 99.256m，后视方向 B，测站仪器高 i_0 = 1.45m，竖盘指标差为 x = 0°02′

碎部测量	视距测量观测结果				计算结果	
	上丝读数/mm	下丝读数/mm	水平度盘读数	竖直读数	水平距离/m	高程/m
1	1200	0617	92°13′	91°12′24″	58.276	98.604
2	1200	0679	102°52′	91°56′18″	52.052	98.307
3	1200	0556	117°38′	91°37′36″	64.360	98.345

（3）展绘碎部点　如图 9-6 所示，地形图比例尺为 1∶1000，以图纸上 A、B 两点的连线为零方向线，转动量角器，使量角器上 $β_1$ = 92°13 的角度分划值对准零方向线，在 $β_1$ 角的方向上量取距离 D_1/M = 58.276m/1000 = 5.83cm，用铅笔点一个小圆点做标志，在小圆点右侧 1mm 的位置注记其高程值 H_1 = 4.688m，字头朝北，即得到碎部点 1 的图上位置。

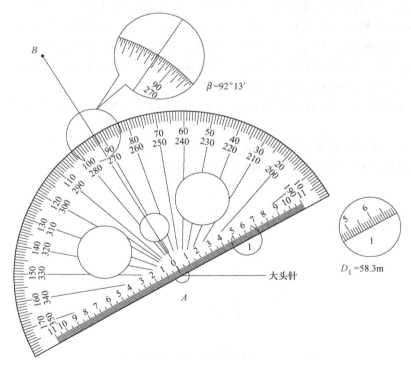

图 9-6　使用量角器展绘碎部点示例

使用同样的方法，在图纸上展绘表 9-2 中的 2、3 点，在图纸上连接 1、2、3 点，通过推平行线将所测房屋绘出。

经纬仪配合量角器测绘法一般需要 4 人配合完成，其分工是：观测 1 人，记录计算 1 人，绘图 1 人，立尺 1 人。

9.3.2 地形图的绘制

外业工作中，应对照现场实地情况进行地物和地貌的随测随绘。

1. 地物绘制

地物应按地形图图式规定的符号表示。房屋轮廓应用直线或者弧线连接，对于不规则的道路、河流的弯曲部分应根据实地现场测量的碎部点用光滑的曲线进行连接。对于一些不能按照比例绘制的但是比较重要的地物点，如控制点、各种检修井等，则在图上定出中心位置，用图式规定的不依比例符号表示。

2. 等高线的勾绘

首先用铅笔描绘出山脊线、山谷线等地形线，然后用内插法绘制等高线。不能用等高线表示的地貌如悬崖、陡崖、峭壁、土堆、冲沟、雨裂等，应用图式规定的符号表示。

由于碎部点一般选择在变坡处，因此相邻点之间可视为均匀坡度，这样可在两相邻碎部点的连线上，按平距与高差成正比例的关系，内插出两点间各等高线通过的位置。

如图 9-7a 所示，地面上有外业测量的 a、b、c、d、e 五个碎部点，a、b 的高程分别为 99.3m 及 103.9m，基本等高距为 1m，则这两个高程点之间有 100m、101m、102m、103m 这四条等高线通过。根据平距与高差成比例的原理，先目估定出 100m、103m 等高线的位置，因 a 点和 100m 等高线的高差为 0.7m，则有 $0.7:4.6 = x:16.5$ 的比例关系存在，其中 x 为 a 点和 100m 等高线的水平距离，算出 $x = 2.5$mm，从 a 点沿 ab 连线方向量取 2.5mm 即得 100m 等高线的位置，同理可得 103m 等高线的位置。再把 100m 和 103m 之间的等高线平距三等分，可定出 101m、102m、103m 三条等高线的位置。同理，在 ac、ad、ae 段上定出相应的点，如图 9-7b 所示。将高程相等的相邻点连成光滑的曲线，即为等高线，如图 9-7c 所示。

实际工作中，用以上解析法计算来确定等高线应通过位置，太过麻烦，一般不采用，此处仅用来说明内插原理。通常是采用目估法来确定，原理与上述原理相同，只不过用目估代替了计算。

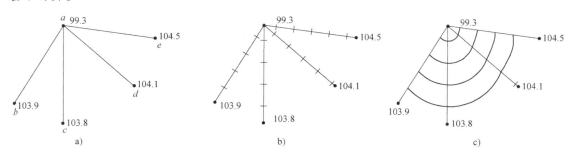

图 9-7 目估法勾绘等高线（单位：m）

a）外业测量碎部点 b）内插高程 c）勾绘等高线

勾绘等高线时，应对照实际情况，先画计曲线，后画首曲线，并注意等高线通过山脊线、山谷线的走向。

一个测站周围的碎部点测绘完成后，对照实地检查，确认没有遗漏和错误后，才可以搬站。

在某些测图中,对精度要求高的主要地物点,如厂房角点、地下管线检查井、烟囱中心等,当视距测量的精度满足不了要求时,可用经纬仪测水平角,钢尺丈量距离,水准仪测高差来满足点位需要。

经纬仪测绘法的优点是操作简单、灵活、直观,可以边测边画,现场对照地物、地貌进行核实,及时发现问题进行修正。但是由于需要现场计算距离和高程,速度比较慢。

9.3.3 地形图测绘的基本要求

1. 仪器设置及测站检查

GB 50026—2020《工程测量标准》对地形测图时仪器的设置及测站上的检查要求如下:

1) 全站仪的对中偏差不应大于5mm,仪器高和棱镜高应量至1mm。

2) 全站仪测图应选择远处的图根点作为测站定向点,并应施测另一图根点的坐标和高程,作为测7站检核;检核点的平面位置较差不应大于图上0.2mm,高程较差不应大于基本等高距的1/5。

3) 全站仪在作为过程中和作业结束前,应对定向方位进行检查。

4) 对于RTK测图,不同基准站作业时,流动站应检测地物重合点,点位较差不应大于图上0.6mm,高程较差不应大于基本等高距的1/3。

2. 地物点、地形点测距长度

全站仪测图的最大测距长度见表9-3。

表9-3 全站仪测图的最大测距长度　　　　　　　　　　　　　　（单位:m）

比例尺	最大测距长度	
	地物点	地形点
1:500	160	300
1:1000	300	500
1:2000	450	700
1:5000	700	1000

3. 高程注记点的分布

1) 地形图上高程注记点应均匀分布,丘陵地区高程注记点间距宜符合表9-4的规定。

表9-4 丘陵地区高程注记点间距

比例尺	1:500	1:1000	1:2000
高程注记点间距/m	15	30	50

注:平坦及地形简单地区可放宽至1.5倍,地貌变化较大的丘陵地、山地与高山地应适当加密。

2) 坡坎、山顶、鞍部、山脊、山脚、谷底、谷口、沟底、沟口、凹地、台地、河川湖地岸旁、水崖线上及其他地面倾斜变换处,均应测高程注记点。

3) 城市建筑区高程注记点应测设在道路中心线、路交叉口、建筑物的室内外高程、检查井井口、挡土墙、桥面、广场等空地、较大的绿化植被区域及其他变坡点处。

4) 基本等高距为0.5m时,高程注记点应注记至cm,基本等高距大于0.5m时可注记至dm。

4. 地物、地貌的绘制

在测绘地物、地貌时,应遵守"看不清不绘"的原则。地形图上的线划、符号和注记应在现场完成。

按基本等高距测绘的等高线为首曲线。从 0m 起算，每隔四根首曲线加粗一根计曲线，并在计曲线上注明高程，字头朝向高处，但应避免在图内倒置。山顶、鞍部、凹地等不明显处等高线应加绘示坡线。当首曲线不能显示地貌特征时，可测绘 1/2 基本等高距的间曲线。

城市建筑区和不便于绘制等高线的地方，可不绘等高线。

9.3.4 地形图的拼接、检查和提交的资料

1. 地形图的拼接

当测区面积较大时，整个测区要分成若干图幅来进行测绘。在相邻图幅的连接处，由于各幅图均存在测量误差和绘制误差，无论是地物还是地貌往往都不能完全吻合。如图 9-8 所示，将相邻图幅重叠对准坐标格网线时，上、下幅图边的房屋、道路、等高线等都存在偏差。如接边差小于表 9-5 中规定的平面、高程中误差的 $2\sqrt{2}$ 倍时，取平均位置加以修正，并据此改正相邻图幅的地物、地貌位置。超过限差应到实地检查，补测修正。

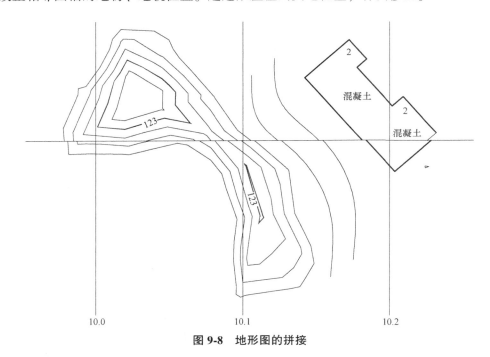

图 9-8 地形图的拼接

表 9-5 地物点、地形点平面和高程中误差

地区分类	点位中误差（图上）/mm	邻近地物点间距中误差（图上）/mm	等高线高程中误差（等高距）			
			平地	丘陵地	山地	高山地
城市建筑区和平地、丘陵地	≤0.5	≤±0.4	≤1/3	≤1/2	≤2/3	≤1
山地、高山地和设站施测困难的旧街坊内部	≤0.75	≤±0.6				

2. 地形图的检查

为了保证地形图的质量，除施测过程中加强检查外，在地形图测绘完成后，作业人员和

作业小组应对完成的成果、成图资料进行严格的自检和互检，确认无误后方可上交。地形图检查的内容包括内业检查和外业检查。

（1）内业检查　图根控制点的密度应符合要求，位置恰当；各项较差、闭合差应在规定范围内；原始记录和计算成果应正确，项目填写齐全。地形图图廓、方格网、控制点展绘精度应符合要求；测站点的密度和精度应符合规定；地物、地貌各要素测绘应正确、齐全，取舍恰当，图式符号运用正确，接边精度应符合要求。图例表填写应完整清楚，各项资料齐全。

（2）外业检查

1）巡视检查。根据内业检查的情况，有计划地确定巡视路线，进行实地对照查看，检查地物、地貌有无遗漏；等高线是否逼真合理，符号、注记是否正确等。

2）仪器设站检查。根据内业检查和巡视检查发现的问题，到野外设站检查，除对发现的问题进行修正和补测外，还应对本测站所测地形进行检查，除对在室内检查和巡视检查过程中发现的重点错误和遗漏进行补测和更正外，对一些怀疑点，地物、地貌复杂地区，图幅的四角或中心地区，也需抽样设站检查，看原测地形图是否符合要求。仪器检查量为每幅图内容的10%。

3. 地形图的整饰

当原图经过拼接和检查后，要进行清绘和整饰，使图面更加合理、清晰、美观。整饰应遵循先图内后图外，先地物后地貌，先注记后符号的原则进行。工作顺序为：内图廓、坐标格网，控制点、地形点符号及高程注记，独立物体及各种名称、数字的绘注，居民地等建筑物，各种线路、水系等，植被与地类界，等高线及各种地貌符号等。图外的整饰包括外图廓线、坐标网、经纬度、接图表、图名、图号、比例尺、坐标系统及高程系统、施测单位、测绘者及施测日期等。图上地物以及等高线的线条粗细、注记字体大小均按规定的图式进行绘制。

地形原图铅笔整饰应符合下列规定：

1）地物、地貌各要素，应主次分明、线条清晰、位置准确、交接清楚。

2）高程的注记，应注于点的右侧，离点位的间隔应为1mm，字头朝北。

3）各项地物、地貌均应按规定的符号绘制。

4）各项地理名称注记位置应适当，并检查有无遗漏或不明之处。

5）等高线须合理、光滑、无遗漏，并与高程注记点相适应。

6）图幅号、方格网坐标、测图时间应书写正确整齐，样式如图9-9所示。

4. 地形测图全部工作结束后应提交的资料

1）图根点展点图、水准路线图、埋石点点之记、测有坐标的地物点位置图、观测与计算手簿、成果表。

2）地形原图、图例簿、接图表、按版测图的接边纸。

3）技术设计书、质量检查验收报告及精度统计表、技术总结等。

9.4　大比例尺数字图的测绘

数字测图是用全站仪或者GNSS-RTK采集碎部点的坐标，应用数字测图软件绘制成图，

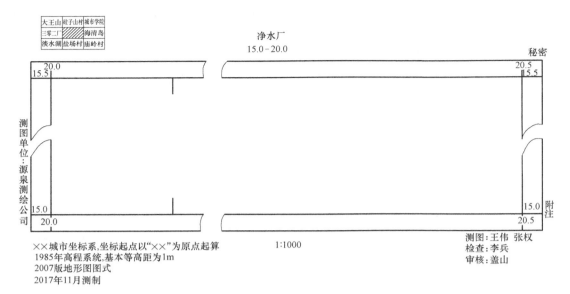

图 9-9 地形图图廓整饰样式

注：1. 本整饰样式适用于正方形分幅或矩形分幅的 1∶500、1∶1000、1∶2000 地形图制作。
2. 图名可采用地名或企、事业单位名称。图名选择有困难时，可不注明图名，仅注图号，图名为两个字的其字隔为两个字，三个字的字隔为一个字，四个字以上的字隔一般为 2～3mm。
3. 接图表可采用图名或图号中一种即可；农村居民地，企、事业单位跨越两幅图时，若本图面积较邻图小，将名称注记在图廓间，图内不注。面积与邻幅相等时，则将名称注在方便的图幅内，邻幅则注在图廓间，使两幅拼接时，避免注记重复。
4. 中断在内图廓线上的等高线，其高程不易判读时，应当在图廓间适当注出其高程；境界通过内图廓时，在图廓间注出区域名称。

其方法有草图法与电子平板法。国内有多种比较成熟的数字图软件，本节介绍其中两种：南方测绘数字测图软件 CASS7.0 和北京威远图公司的 SV300 V9。随书光盘中有 CASS7.0 版本和 SV300 V9 的安装文件。

9.4.1 CASS7.0 数字图测绘软件

1. CASS7.0 操作方法简介

双击 Windows 桌面的 CASS7.0 图标启动 CASS，图 9-10 为 CASS7.0 for AutoCAD 2006 的操作界面。

CASS 与 AutoCAD 2006 都是通过执行命令的方式进行操作，执行命令的常用方式有下拉菜单、工具栏、屏幕菜单、在命令行直接输入命令名（或别名）。由于 CASS 的命令太多不易记忆，因此操作 CASS 主要使用前三种方式。因下拉菜单与工具栏的使用方法与 AutoCAD 完全相同，所以本节只介绍 CASS 的"地物绘制菜单"与"属性版面"的操作方法。

地物绘制菜单：图 9-10 右侧为停靠在绘图区右侧的 CASS 绘制地物菜单，左键双击（以下简称双击）菜单顶部的双横线"═════"为使该菜单悬浮在绘图区，双击悬浮菜单顶部"CASS7.0成图软件"为使该菜单恢复停靠在绘图区右侧。左键单击（以下简称单击）地物绘制菜单上方的""按钮为关闭该菜单，地物绘制菜单关闭后，执行下拉菜单"显示\地物绘制菜单"命令才能重新打开该菜单。

地物绘制菜单的功能是绘制各类地物与地貌符号。

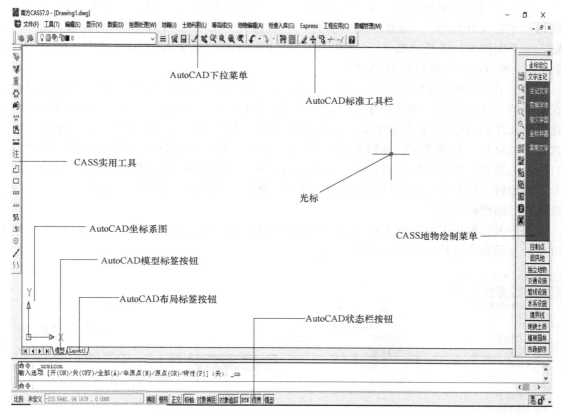

图 9-10 CASS7.0 for AutoCAD 2006 的操作界面

2. 草图法数字测图

外业使用全站仪（或 GNSS-RTK）测量碎步点的三维坐标，领图员实时绘制碎步点构成的地物轮廓线、类别并记录碎步点点号，碎步点点号应与全站仪自动记录的点号严格一致。内业将全站仪内存中的碎步点三维坐标下载到 PC 的数据文件中，将其转换为 CASS 展点坐标文件，在 CASS 中展绘碎步点的坐标，再根据野外绘制的草图在 CASS 中绘制地物。

（1）人员组织

1）观测员 1 人：负责操作全站仪，观测并记录碎步点坐标，观测中应注意检查后视方向，并与领图员核对碎步点点号。

2）领图员 1 人：负责指挥立镜员，现场勾绘草图。要求熟悉地形图图式，以保证草图的简洁及准确无误，应注意经常与观测员对点号，一般每测 50 个碎步点应与观测员核对一次点号。

草图应有固定格式，不应随便画在几张纸上；每张草图应包含日期、测站、后视、测量员、领图员等信息；搬站时，应更换图纸。

3）立镜员 1 人：负责现场立镜，要求对立镜跑点有一定的经验，以保证内业制图的方便；经验不足者，可由领图员指挥立镜，以防引起内业制图的麻烦。

4）内业制图员：一般由领图员担任制图任务，操作CASS展绘坐标文件，对照草图连线成图。

（2）野外采集数据下载　菜单界面中，选择"存储管理"，再选择"数据导出"，继续选择"坐标文件导出"，选择导出的文件，然后选择"确认"，选择"600（660）格式"，输入一个文件名，选择"确认"，即将当前项目内的坐标数据输出到SD卡当中，将SD卡插到PC上就可以将数据传输到PC中。

（3）在CASS中展绘碎步点　执行下拉菜单"绘图处理\定显示区"命令（见图9-11a），在弹出的"文件选择"对话框中选择需要展绘的坐标文件，单击"打开"按钮（以下简称选坐标文件）；执行屏幕右侧菜单"坐标定位\点号定位"命令（见图9-11b），选坐标文件；执行下拉菜单"绘图处理\展野外测点点号"命令，弹出"绘图比例"对话框（见图9-11c），选择后，按回车键即可，再选坐标文件即可在绘图区看见展绘好的碎步点点位和点号，若想将点号删除，则执行下拉菜单"编辑\删除\实体所在图层"，点取任意一点点号，所选点号即删除完成。

用户可以根据需要执行下拉菜单"绘图处理\切换展点注记"命令，在弹出的图9-11d所示的对话框中选择所需的注记内容。

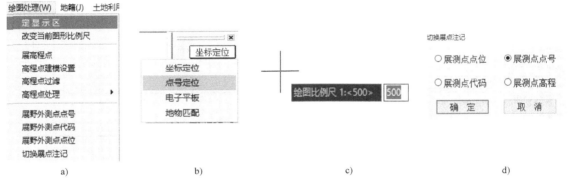

图9-11　展绘碎布点命令界面

a）定显示区　b）点号定位　c）设置比例尺　d）展点注记

（4）根据草图绘制地物　在图9-12所示的草图中，有A、B、C三个导线点，其CASS展点格式坐标文件为光盘"导线点.dat"文件，用Windows记事本打开该文件，内容如图9-13左图所示，每行坐标数据的格式为：有编码坐标——"点号，编码，y，x，H"，无编码点坐标——"点号，y，x，H"，分隔数据位的逗号应为西文逗号。

将全站仪安置在A点，使用全站仪采集1~3号点的坐标；再将全站仪搬站至C点，使用同一个坐标文件，继续采集4~16号点的坐标，设从全站仪导出的CASS展点格式坐标文件为光盘"2.txt"文件，内容如图9-13右图所示。

下面介绍根据图9-12所示草图，在CASS中绘制数字地形图的方法。

启动CASS7.0，按照展绘碎步点的方式，将导线点与碎步点展绘出来，单击AutoCAD状态栏按钮上的"捕捉"，选择右键，单击"设置"，继续单击"对象捕捉"，单击最近点前的方框，在绘图时鼠标即可捕捉到最近点，单击AutoCAD状态栏按钮上的"正交"将其关闭。

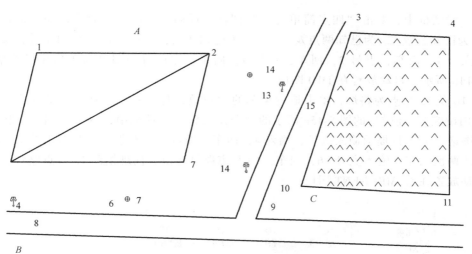

图 9-12　野外绘制的地物草图

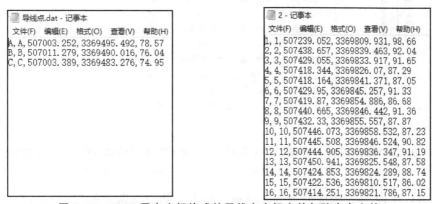

图 9-13　CASS 展点坐标格式的导线点坐标文件与碎步点文件

由图 9-12 所示的草图可知，1、2、7 号点为房屋的三个角点，单击地物绘制菜单的"居民地"按钮，在展开的列表菜单中单击"普通房屋"，在弹出的如图 9-14a 所示的"普

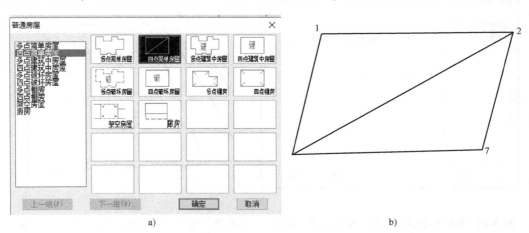

图 9-14　执行地物绘制菜单的"居民地 \ 普通房屋 \ 四点简单房屋"命令的对话框及绘制的房屋

通房屋"对话框中,双击"四点简单房屋"图标,返回到绘图区,命令行提示选择绘图方式,1. 为已知三点/2. 为已知两点及宽度/3. 为已知四点,选择"1",按回车键,按提示分别输入点号1,回车,点号2,回车,点号7,回车,即可看到四点简单房屋已绘制完毕,如图9-14b所示,自动放置在JMD图层。

4、16及13号点为路灯,单击地物菜单的"市政部件"按钮,在展开的列表菜单中单击"公用设施",在弹出的图9-15a所示的"公用设施"对话框中,双击"路灯"图标,返回到绘图区,命令行提示输入点号,输入4,回车,即可看到在点号4位置上路灯已绘制完毕,连续两次回车,输入点号16,回车,16号点路灯完成,同理绘制13号点路灯,绘制的路灯自动放置在COMPONENT图层。

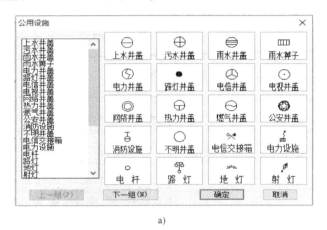

图9-15 执行地物绘制菜单"市政部件\公用设施\路灯"命令的对话框及其绘制的路灯符号
a)"市政部件\公用设施\路灯"命令的对话框 b)路灯符号

3、10、11及12号点围成的为人工草地,单击地物绘制菜单的"植被园林"按钮,在展开的列表菜单中单击"草地",在弹出的如图9-16a所示的"草地"对话框中,双击"人工草地"图标,返回到绘图区,选择"1. 绘制边界",回车,输入点号3,回车,输入点号

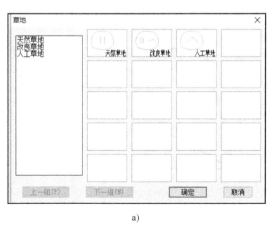
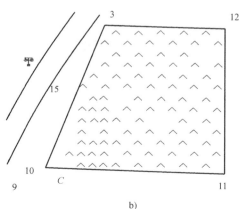

图9-16 执行地物绘制菜单"植被园林\草地\人工草地"命令的对话框及其绘制的人工草地
a)"植被园林\草地\人工草地"命令的对话框 b)人工草地

10，回车，输入点号 11，回车，输入点号 12，回车，输入闭合 C，回车，显示"拟合线<N>:N"，回车，选择"1. 保留边界"，回车，即可看到人工草地绘制完毕，如图 9-16b 所示绘制的人工草地自动放在 ZBTZ 图层。

9、15 号点为公路，单击地物绘制菜单的"交通设施"按钮，在展开的列表菜单中单击"公路"，在弹出的图 9-17a 所示的"公路"对话框中，双击"平行等级公路"图标，返回到绘图区，输入点号 9，回车，输入点号 15，回车，按<Esc>键，显示"拟合线<N>:N"，回车，选择"2. 边宽式"，回车，输入公路宽度，回车，公路绘制完毕，如图 9-17b 所示绘制的公路自动保存在 DLSS 图层。

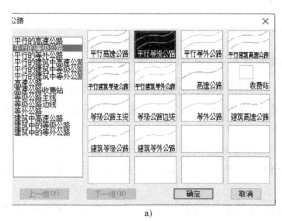 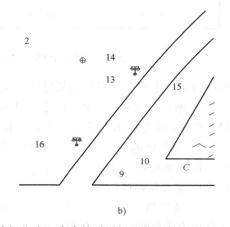

图 9-17 执行地物绘制菜单"交通设施\公路\平行等级公路"命令的对话框及其绘制的公路

3. 绘制等高线与添加图框

操作 CASS 绘制等高线之前，应先创建数字地面模型 DTM（Digital Terrestrial Model）。DTM 是指在一定区域范围内，规则网格点或三角点的平面坐标（x, y）和其他地形属性的数据集合。如果该地形属性是该点的高程坐标 H，则该数字地面模型又称为数字高程模型 DEM（Digital Elevation Model）。DEM 从微分角度三维地描述了测区地形的空间分布，用 DEM 可以按用户设定的等高距生成等高线、绘制任意方向的断面图、坡度图、计算指定区域的土方量等。

下面以 CASS7.0 及地形坐标文件"123.dat"为例，介绍等高线的绘制方法。

（1）建立 DTM 执行下拉菜单"绘图处理\定显示区"命令，选坐标文件，执行下拉菜单"等高线\建立 DTM"命令，在弹出的图 9-18a 所示的"建立 DTM"对话框中，选择"由数据文件生成"单选框，选坐标文件，其余设置如图中所示。单击"确定"按钮，屏幕显示图 9-18b 所示的三角网，它位于 SJW（意指三角网）图层。

（2）修改数字地面模型 对于现实地貌的多样性、复杂性和某些点的高程缺陷（如山上有房屋，而屋顶上又有控制点），直接使用外业采集的碎步点很难一次性生成准确的数字高程模型，这就需要对生成的数字高程模型进行修改，它是通过修改三角网来实现的。相关命令如图 9-19 所示，具体介绍如下：

1）"删除三角形"：执行 AutoCAD 的 erase 命令，删除所选的三角形。当某局部内没有等高线通过时，可以删除周围的三角网。如果误删，可执行 U 命令恢复。

2）"过滤三角形"：如果 CASS 无法绘制等高线或绘制的等高线不光滑，这是由于某些三

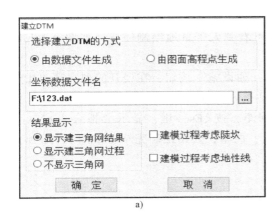 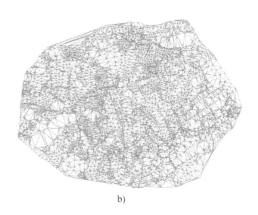

图 9-18 "建立 DTM"对话框的设置与创建的 DTM 三角网的结果

角形的内角太小或三角形的边长悬殊太大所至,可用该命令过滤掉部分形状特殊的三角形。

3) "增加三角形":单击屏幕上任意三个点可以增加一个三角形,当所选择的点没有高程时,CASS 将提示用户手动输入其高程值。

4) "三角形内插点":要求用户在任意一个三角形内指定一个内插点,CASS 自动将内插点与该三角形的三个顶点连接构成三个三角形。当所选择的点没有高程时,CASS 将提示用户手动输入其高程值。

5) "删三角形顶点":当某一个点的坐标有误时,可以用该命令删除它,CASS 会自动删除与该点连接的所有三角形。

6) "重组三角形":在一个四边形内可以组成两个三角形,如果认为三角形的组合不合理,可以用该命令重组三角形,重组前后的差异如图 9-20 所示。

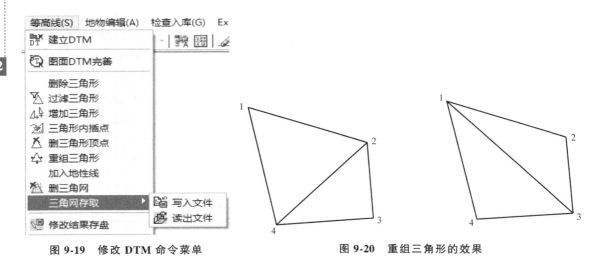

图 9-19 修改 DTM 命令菜单　　　　图 9-20 重组三角形的效果

7) "删三角网":生成等高线后就不需要三角网了,如果要对等高线进行处理,则三角网就比较碍事,可以执行该命令删除三角网。最好先执行下面的"三角网存取"命令,以便在需要时通过读入保存的三角网文件恢复。

8)"三角网存取":如图9-19所示,该命令下有"写入文件"和"读出文件"两个字命令。"写入文件"是将当前图形中的三角网命名存储为扩展名为SJW的文件;"读出文件"是读取执行"写入文件"命令保存的扩展名为SJW的三角网文件。

9)"修改结果存盘":完成三角形的修改后,应执行该命令保存后,其修改内容才有效。

(3) 绘制等高线 对用坐标文件"123.dat"创建的三角网执行下拉菜单的"等高线\绘制等高线"命令,弹出图9-21所示的"绘制等值线"对话框,根据需要完成对话框的设置后单击"确定"按钮,CASS开始自动绘制等高线,执行"等高线\删三角网"命令将三角网去掉。

采用图9-21所示设置,使用坐标文件"123.dat"绘制的等高线如图9-22所示。

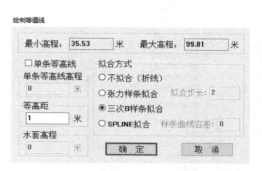

图9-21 "绘制等值线"对话框的设置

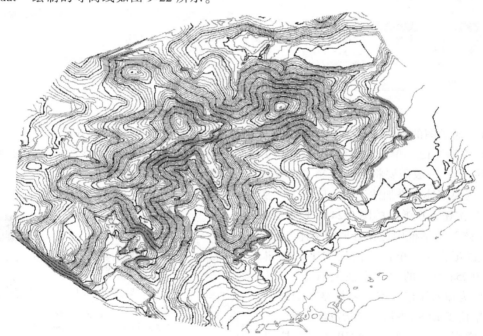

图9-22 使用坐标文件"123.dat"绘制的等高线(等高距1m)

(4) 等高线的修饰

1)等高线注记。四种注记方法,命令位于下拉菜单"等高线\注记等高线"下,如图9-23所示。批量注记等高线时,一般选择"沿直线高程注记"命令,它要求用户先执行AutoCAD的line命令绘制一条基本垂直等高线的辅助线,所绘直线的方向应注记高程字符字头的朝向。执行"沿直线高程注记"命令后,CASS自动删除该辅助直线,注记字符自动放置在DGX(意指等高线)图层。

2)等高线修剪。多种修剪等高线的命令位于下拉菜单"等高线\等高线修剪"下,如图9-23所示。

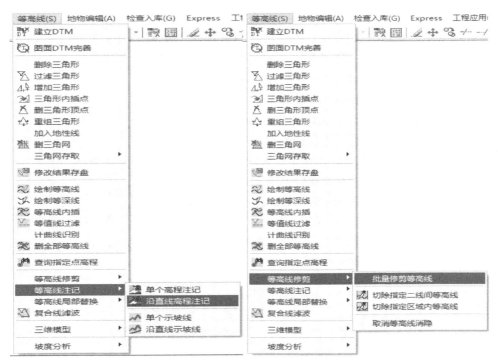

图 9-23 等高线注记与修剪命令选项

（5）地形图的整饰 本节只介绍使用最多的添加注记和图框的操作方法。

1）添加注记。单击地物绘制菜单下的"文字注记"按钮展开其命令列表，单击列表命令添加注记，一般需要将地物绘制菜单设置为"坐标定位"模式。

① 变换字体：添加注记前，应单击"变换字体"按钮，在弹出的图 9-24 右侧所示的"选取字体"对话框中选择合适的字体。

② 注记文字：单击"注记文字"按钮，弹出图 9-25a 所示的"文字注记信息"对话框，图中为输入注记文字"科技路"的结果，注记文字位于 DLSS 图层，意指道路设施。

③ 常用文字：单击"常用文字"按钮，弹出图 9-25b 所示的"常用文字"对话框，用户所选的文字不同，注记文字将位于不同的图层。例如，选择"厕"时，注记文字位于 DLDW 图层，意指独立地物；选择"苗"时注记文字应位于 ZBTZ 图层，意指植被园林。

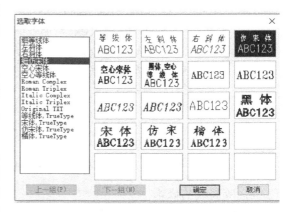

图 9-24 设置地物绘制菜单为"坐标定位"模式与执行"变换字体"命令的界面

④ 定义字形：该命令实际上是 AutoCAD 的 style 命令，其功能是创建新的文字样式。

⑤ 坐标坪高：单击"坐标坪高"按钮，弹出图 9-26 所示的"坐标坪高"对话框，主要用于注记点的平面坐标和标高。

2）加图框。为某个等高线图形加图框的操作方法如下：

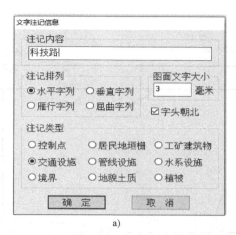 

图 9-25 分别执行"注记文字"和"常用文字"命令弹出的对话框

a) 注记设置 b) 常用文字

① 先执行下拉菜单"文件\CASS 参数配置"命令,在弹出的"CASS7.0 参数配置"对话框的"图框设置"选项卡中设置好图框的注记内容,本例设置的内容如图 9-27 所示。

② 执行下拉菜单"绘图处理\标准图幅(50cm×40cm)"命令,弹出图 9-28 所示的"图幅整饰"对话框,单击拾取图框左下角,完成设置后单击"确认"按钮,CASS 自动按对话框的设置为图 9-22 的等高线地形图加图框并以内图框为边界,自动修剪内图框外的所有对象,结果如图 9-29 所示。

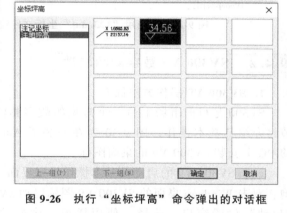

图 9-26 执行"坐标坪高"命令弹出的对话框

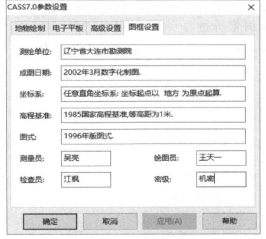

图 9-27 执行 CASS 下拉菜单"文件\CASS 参数配置"命令,设置"图框设置"选项卡

图 9-28 设置"图幅整饰"对话框

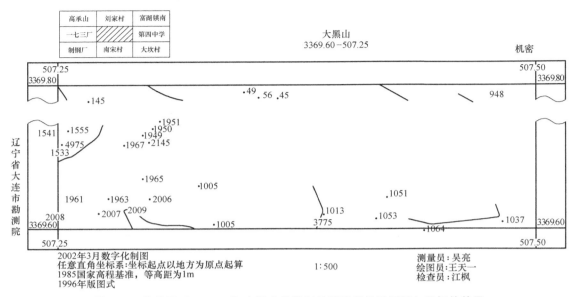

图 9-29　为使用"123.dat"坐标文件绘制的等高线地形图添加图框的效果

9.4.2　SV300 V9 数字测图软件

1. SV300 V9 操作方法简介

SV300 是目前市场上另一个常见的数字测图软件。本节将介绍其基本操作。图 9-30 为在安装了 AutoCAD 2015 的 PC 上安装 SV300 V9 的桌面图标。

（1）SV300 V9 的启动及基本操作设定界面　插入软件狗，双击 Windows 桌面的 SV300 V9 图标启动 SV300，显示"启动"设置窗口，选择"使用样板"中的"标准"样板，单击"确定"。如图 9-31 所示，"启动"窗口左下角的"样板说明"中显示本数字绘图软件采用国家标准 2007 版图式。随即显示"选择工作路径"窗口，如图 9-32 所示，选择工作目录为

图 9-30　SV300 V9 的桌面图标

图 9-31　SV300 V9 for AutoCAD2015 的"启动"窗口

图 9-32　"选择工作路径"窗口

"D：\workpath\"，单击"确定"按钮，进入如图9-33所示的SV300 V9 for AutoCAD 2015的操作界面。

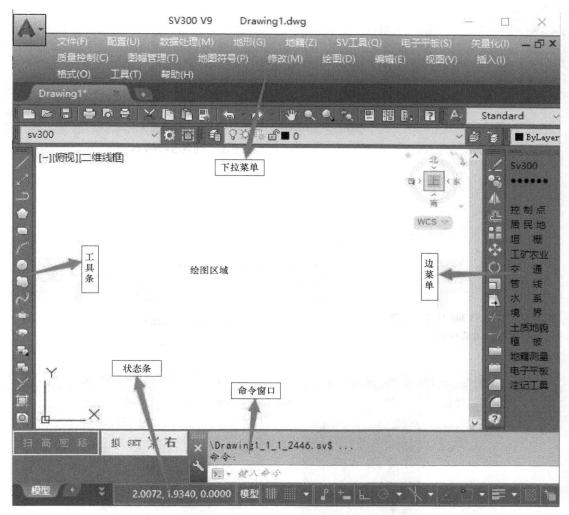

图9-33 SV300 V9 for AutoCAD 2015的操作界面

在正式绘图之前，需要加载SV300环境、设定比例，如图9-34所示。

若SV300启动之后，边菜单未显示，可以依次选择下拉菜单中的"配置\边菜单显示"，即可展开边菜单。

边菜单显示之后，应当加载SV300环境。同样的，依次选择下拉菜单中的"配置\SV300环境"，即可加载。加载完成后，可以看到命令窗口显示"数字成图软件环境已加入"，如图9-35所示。

然后设置比例，依次选择下拉菜单中的"配置\设定比例"，按需求在命令窗口中输入比例，例如1∶500，则输入500，回车，比例设定完成，如图9-36所示。

以上即为数字成图软件SV300绘图前的准备工作。下面介绍SV300的边菜单的应用。

（2）SV300的边菜单 前面介绍过边菜单的展开方法，但有时边菜单会变得过宽，占据了很多的绘图区域，影响用户查看和编辑图样，如图 9-37 所示。

图 9-35　加载 SV300 环境

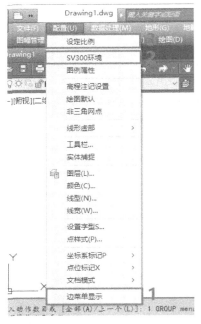

图 9-34　加载 SV300 环境、设定
比例、边菜单显示

图 9-36　设定比例

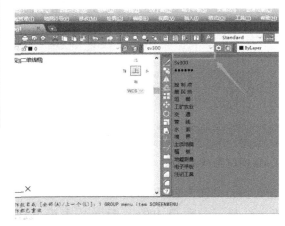

图 9-37　过宽的边菜单

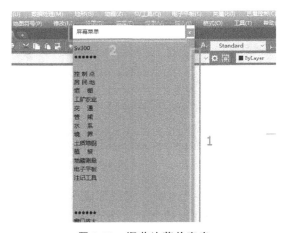

图 9-38　调节边菜单宽度

此时可以单击图 9-37 矩形框线框选的部分，将边菜单拖到绘图区域。然后单击图 9-38 中 1 号框线框选的边线，左右移动鼠标即可调节边菜单宽度。调节完毕后，单击 2 号矩形框框选的部位，将边菜单移动到原先的位置，即可将边菜单移回原处。

图 9-39 中所示的边菜单（或屏幕菜单）包含了 SV300 的符号绘制功能，所有的国标图式符号均已分门别类地安排在菜单中的控制点、居民地、垣栅、工矿农业、交通、管线、水系、境界、土质地貌、植被十个大项下。例如垣栅，选择边菜单的垣栅即显示"垣栅"对话框，可以看到垣栅大项下包括城墙（完整的）、城墙门、城墙台阶、城墙（破坏的）、不

依比例尺的城墙、城楼（依比例）、土城墙等，如图 9-39 所示。绘制地形符号时按照类别选择出相应的对话框，然后双击对应的幻灯片或对话框左边的列表（或选对应项后，单击"确定"或"OK"按钮），即可在屏幕上绘制符号了。

2. 草图法数字测图

外业的碎部点采集完成之后，将全站仪中的数据文件下载到 PC 中，整理好进行外业时绘制的草图，在 PC 上打开 SV300，加载 SV300 环境、设定比例之后（绘图前 SV300 的准备工作前面已经介绍，不再赘述），要按照绘图的需要设置对象捕捉、关闭正交，完成以上步骤即可展点、绘图。下面介绍 SV300 的展点及常用地物的绘制。

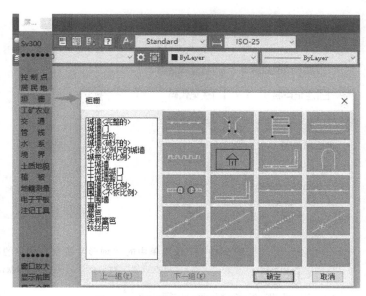

图 9-39 边菜单中的"垣栅"命令

（1）在 SV300 中展绘碎部点　执行下拉菜单中的"地形\展点"命令，在弹出的"打开 SV 坐标文件"对话框中选择需展绘的坐标文件（如数据文件"草图法数字测图的数据文件.dat"），单击"打开"按钮。此时显示"展点设置"对话框，仅选择"注记点名""检查同名点"，单击"确定"按钮即完成展点。若在绘图窗口中未出现点位，可以通过选择边菜单中的"显示全图"或双击鼠标滚轮以显示全部点位，如图 9-40 所示。

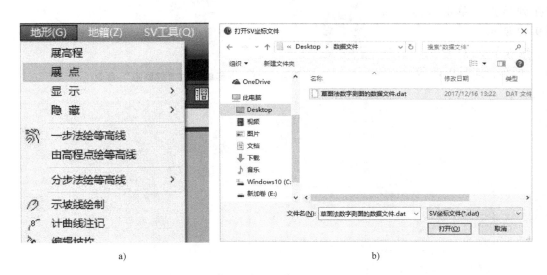

a) b)

图 9-40 下拉菜单中的"地形\展点"命令的执行

a）下拉菜单"地形"中的"展点"命令　b）"打开 SV 坐标文件"对话框

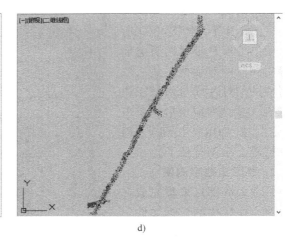

c)

图 9-40 下拉菜单中的"地形\展点"命令的执行（续）

c)"展点设置"对话框　d) 显示全部点位

（2）根据草图绘制数字图

1）控制点。选择边菜单中的"控制点"命令，在显示的"控制点"对话框中选择相应的控制点，如"不埋石的图根点"，单击"确定"按钮，如图 9-41 所示。

在绘图区域找到导线点，捕捉到该点，单击该点，如图 9-42 所示。

输入导线点点名，例如"1"，回车，如图 9-43 所示。

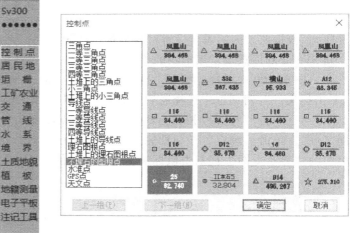

图 9-41 边菜单中的"控制点"命令

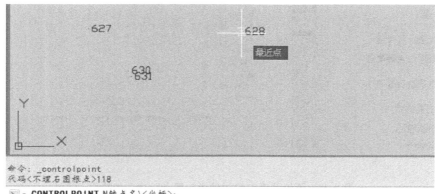

图 9-42 捕捉导线点

图 9-43　输入导线点点名

核对该导线点高程，无误则回车，如图 9-44 所示。

图 9-44　核对该导线点高程

至此，导线点 1 绘制完成，如图 9-45 所示。

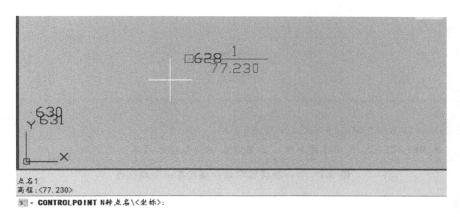

图 9-45　导线点 1

2）居民地。选择边菜单中的"居民地 \ 普通房屋"，在显示的"普通房屋"对话框中选择"一般房屋"，单击"确定"按钮，如图 9-46 所示。

此时，按照外业绘制的草图依次连接特征点即可绘制出该"一般房屋"。捕捉并左键选择第一个特征点之后，可以看到命令栏出现"MARKFACE E 延伸 \ J 转角延伸 \ Z 转角方式 \ A 圆弧 \ N 转点名 \ <坐标>:"，如图 9-47 所示。接着捕捉选择第二个特征点，可以看到两点之间连接了一条红色实线，命令栏出现"MARKFACE W 两点、宽 \ F 三点 \ E 延伸 \ J 转角延伸 \ Z 转角方式 \ A 圆弧 \ N 转点名 \ <坐标>:"，如图 9-48 所示。

下面依次介绍命令"W 两点、宽""F 三点""E 延伸""J 转角延伸""Z 转角方式""A 圆弧"。

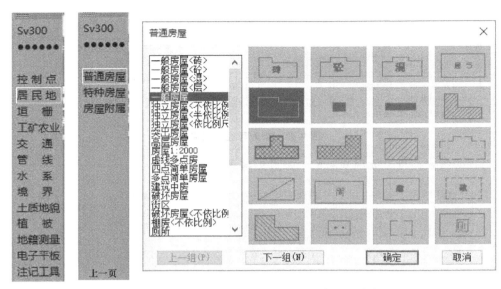

图 9-46 边菜单中的"居民地\普通房屋"命令

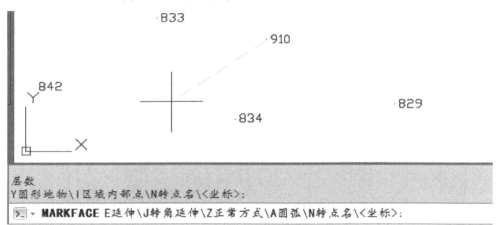

图 9-47 "一般房屋"命令捕捉第一个特征点

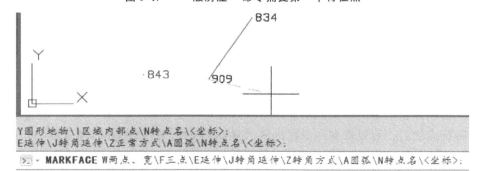

图 9-48 "一般房屋"命令捕捉第二个特征点

① "W 两点、宽"。在命令栏输入 w,回车。命令栏出现 "MARKFACE Point 宽度点\输入宽度(左正右负):",如图 9-49 所示。输入正数,则向左绘制出以第一点(834 点)到

第二点（909 点）为长，以输入值为宽的矩形。输入负数，则会向右绘制出以点 834 到点 909 为长，以输入数的绝对值为宽的矩形。或直接捕捉某一点（如点 843），则会在从点 834 到点 909 方向的左侧绘制出以第一点到第二点为长，以该点到点 834 与点 909 的连线的距离为宽的矩形，如图 9-50 所示。

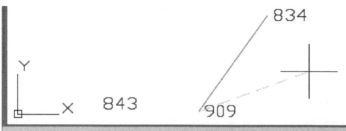

图 9-49　命令栏出现"MARKFACE Point 宽度点 \ 输入宽度（左正右负）："

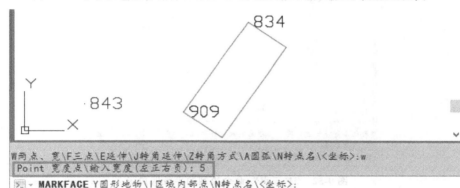

a)

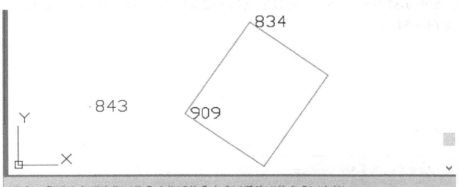

b)

图 9-50　命令"MARKFACE Point 宽度点\输入宽度（左正右负）："
a) 以输入值为宽的矩形　b) 以 843 点到点 834 与点 909 的连线的距离为宽的矩形

② "F 三点"。在命令栏输入 f，回车，命令栏出现 "MARKFACE N 转点名\<坐标>:"，如图 9-51 所示。此时，捕捉选择第三点（点 843），则绘制出以点 834 到点 909 的连线和点 909 到点 843 的连线为边长的平行四边形，如图 9-52 所示。

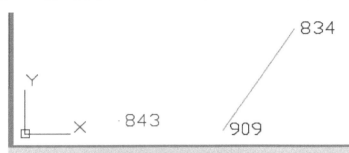

图 9-51　命令栏出现 "MARKFACE N 转点名\<坐标>:"

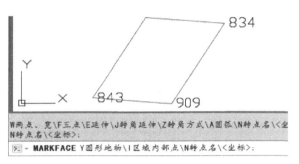

图 9-52　"F 三点"命令绘制的平行四边形

③ "E 延伸"。在命令栏输入 e，回车，命令栏出现 "MARKFACE 输入延伸距离:"，输入数值 5，如图 9-53 所示。回车，可以看到沿着点 834 到点 909 的方向，线段延长了数值 5 的长度，如图 9-54 所示。

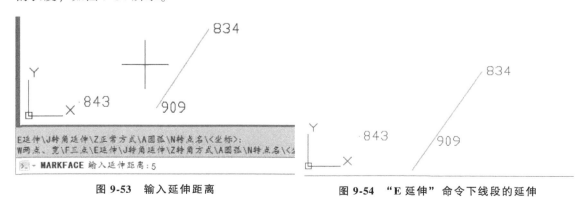

图 9-53　输入延伸距离　　　　　　图 9-54　"E 延伸"命令下线段的延伸

④ "J 转角延伸"。在命令栏输入 j，回车，命令栏出现 "MARKFACE 距离:"输入数值 5，回车，命令栏出现 "MARKFACE 角度:"，如图 9-55 所示。

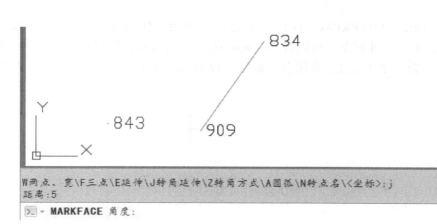

图 9-55　命令栏出现"MARKFACE 角度:"

输入 90，回车，则绘制出沿着点 834 到点 909 方向逆时针转过 90°，长为 5 的线段，如图 9-56 所示。

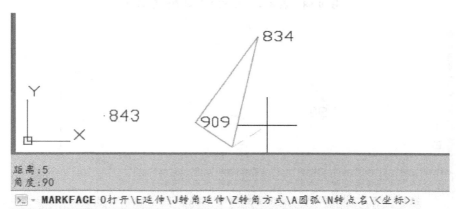

图 9-56　"J 转角延伸"命令效果

此时，虽然绘图区域显示的是一个闭合的三角线框，继续选择下一个特征点则会变化为一个闭合的四边形线框，如图 9-57 所示，依次类推，继续选择多边形的边会继续增加。

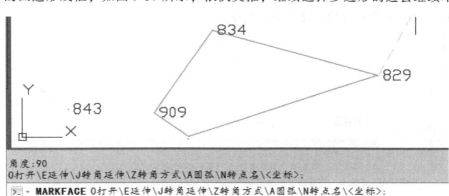

图 9-57　"J 转角延伸"命令后的点捕捉

此时命令栏出现"MARKFACE O 打开\E 延伸\J 转角延伸\Z 转角方式\A 圆弧\N 转点名\<坐标>:",输入 O 并回车,可以看到点 834 到点 829 之间的线段被打开如图 9-58 所示,输入 C 并回车,则上述线段又重新闭合,如图 9-59 所示。其余命令已有介绍,不再赘述。

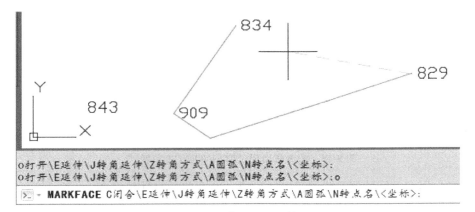

图 9-58　点 834 到点 829 之间的线段打开

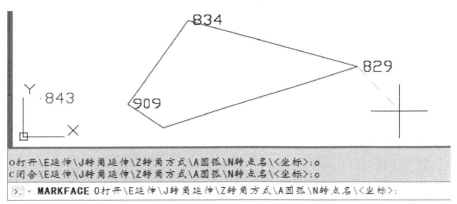

图 9-59　点 834 到点 829 之间的线段闭合

⑤"Z 转角方式"。在命令栏输入 z,回车,命令栏出现"MARKFACE W 两点、宽\F 三点\E 延伸\J 转角延伸\Z 转角方式\A 圆弧\N 转点名\<坐标>:",如图 9-60 所示。以上这些命令的操作其余各节均有介绍,这里不再赘述。

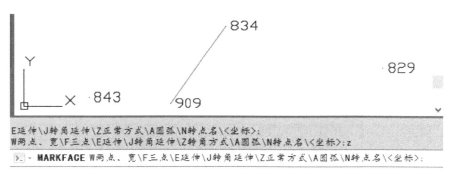

图 9-60　"Z 转角方式"命令输入后

⑥ "A 圆弧"。在命令栏输入 a，回车，命令栏出现"MARKFACE 输入圆弧第二点：N 转点名\<坐标>:"，如图 9-61 所示。依次选择后续的两个特征点（如点 845、点 835），即绘制出经过点 909、点 845、点 835 的一段弧线。此时命令行出现"MARKFACE O 打开\E 延伸\J 转角延伸\Z 转角方式\A 圆弧\N 转点名\<坐标>:"（以上这些命令的操作已在其余各节介绍，这里不再赘述），如图 9-62 所示。

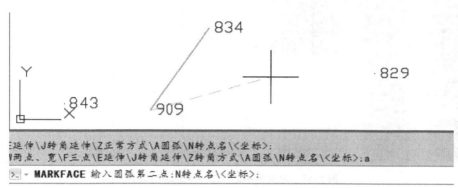

图 9-61 "MARKFACE 输入圆弧第二点：N 转点名\<坐标>:"

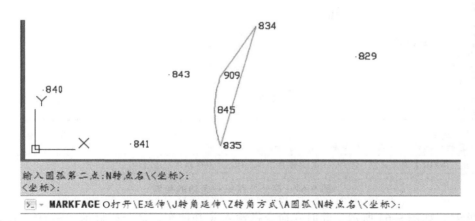

图 9-62 "MARKFACE O 打开\E 延伸\J 转角延伸\Z 转角方式\A 圆弧\N 转点名\<坐标>:"

以上即是"居民地\普通房屋\一般房屋"中常用命令的介绍，居民地中其他地物的绘制命令与此大同小异，同学可以自行探索。

3）道路。以等外公路为例进行道路绘制。选择边菜单中的"交通 \ 公路"，在显示的"公路"对话框中选择"等外公路"，单击"确定"按钮，如图 9-63 所示。此时，按照外业绘制的草图依次连接特征点即可绘制出该"等外公路"。捕捉并左键选择第一个特征点之后，可以看到命令栏出现"SVDLINE E 延伸\J 转角延伸\Z 转角方式\A 圆弧\N 转点名\<坐标>:"，接着捕捉第二个特征点，可以看到两点之间连接了一条灰色实线，命令栏依旧出现"SVDLINE E 延伸\J 转角延伸\Z 转角方式\A 圆弧\N 转点名\<坐标>:"，如图 9-64 所示。命令栏出现的"等外公路"的绘制命令与前面介绍的"一般房屋"的绘制命令几乎无差异，在此不再过多地介绍。

按照草图绘制出公路的一边后，右击或回车，命令栏出现"SVDLINE W 宽度 \ <输入另

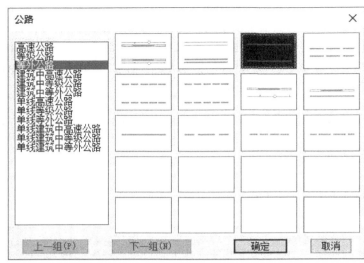

图 9-63 边菜单中的"交通\公路"命令

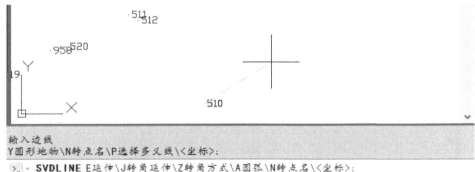

图 9-64 等外公路第一条边的绘制

一条边线>",如图 9-65 所示,此时在命令栏输入 w 并回车,命令栏显示"SVDLINE 请输入宽度",在命令栏输入所绘制的公路的宽度(如 10),回车。

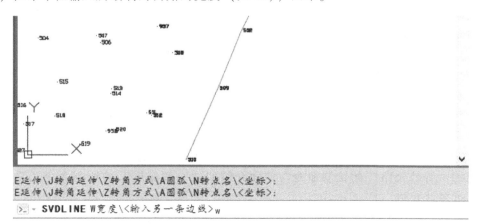

图 9-65 命令栏显示"SVDLINEW 宽度\<输入另一条边线>"

绘图窗口中沿着连接特征点的方向向右偏移 10 绘出公路的另一边，如图 9-66 所示。

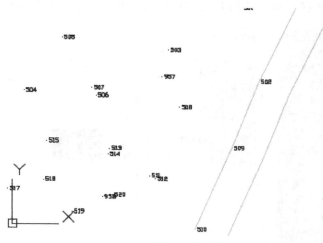

图 9-66 "等外公路"的绘制

以上即"等外公路"的绘制方法，其他路做法相同。

4）路灯。选择边菜单中的"工矿农业\公共设施"，在显示的"公共设施"对话框中选择"路灯"，单击"确定"按钮，如图 9-67 所示。

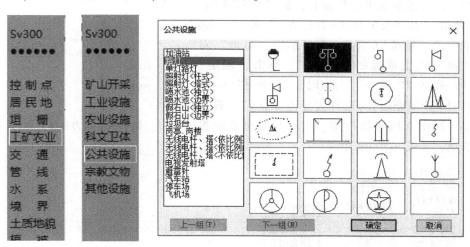

图 9-67 "公共设施"中的"路灯"命令

按照草图所绘制的路灯所在的点位，单击该点位，即可绘制出路灯，如图 9-68 所示。

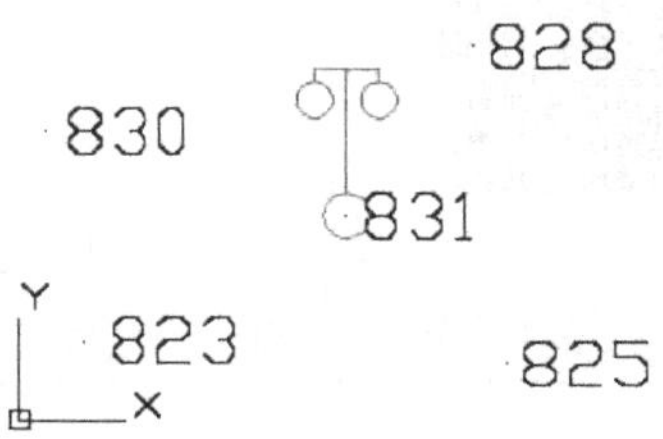

图 9-68 路灯绘制

5）管线（以电力检修井为例）。选择边菜单中的"管线\地下检修井"，在显示的"地下检修井"对话框中选择"电力检修井"，单击"确定"按钮，如图 9-69 所示。

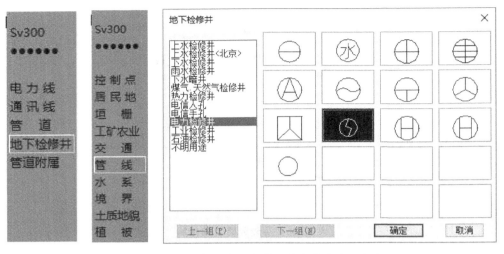

图 9-69 "地下检修井"中的"电力检修井"命令

按照草图所绘制的电力检修井所在的点位，单击该点位，即可绘制出电力检修井，如图 9-64 所示。

6）植被（以"人工草地<有边界>"为例）。选择边菜单中的"植被\草地"，在显示的"草地"对话框中选择"人工草地<有边界>"，单击"确定"按钮，如图 9-71 所示。此时，命令栏显示"SVHATCHD 绘填充边界<选择边界内部点>"。选择闭合的多线段围起的线框内部，即可绘制出有边界的人工草地，如图 9-72 所示。

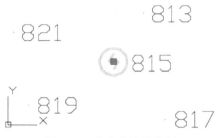

图 9-70 电力检修井绘制

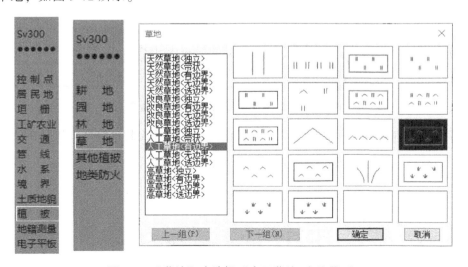

图 9-71 "草地"中选择"人工草地<有边界>"

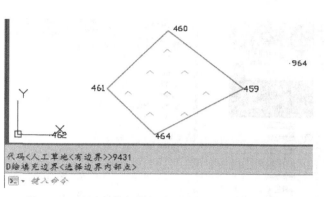

图 9-72 以闭合的多线段绘制出有边界的人工草地

如果没有已有的封闭区域，则可以选择另一种绘图方式，即在命令行中输入 D，回车。按照草图依次连接人工草地的每个角点，形成闭合线框，然后右击或回车，即可绘制出有边界的人工草地，如图 9-73 和图 9-74 所示。

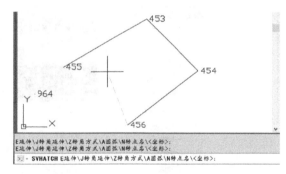

图 9-73 依次捕捉人工草地的每个角点

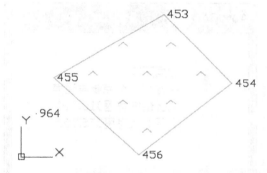

图 9-74 捕捉角点绘制出有边界的人工草地

7）绘制等高线。SV300 的等高线的绘制方法有一步法绘制等高线、由高程点绘等高线、分步法绘等高线。由于分步法绘等高线可以对三角网进行修饰以得到比较理想的等高线，因此在我们的工作学习中比较常用。下面重点介绍分步法绘制等高线。绘制等高线前需将图纸及数据文件准备好，以备绘制时使用。

① 数据检查。依次选择下拉菜单中的"地形\分步法绘等高线\数据检查"，如图 9-75 所示。在显示的"打开高程离散点数据文件"对话框中选中地形图对应的数据文件，单击"打开"按钮，如图 9-76 所示。

在接下来显示的对话框中会提示数据是否正确，是否有重复，如图 9-77 所示。数据正确无误，则数据检查完成，进行下一步。

② 建立模型。依次选择下拉菜单中的"地形\分步法绘等高线\建立模型"，如图 9-78 所示。在显示的"打开构网数据文件"对话框中选中地形图对应的数据文件，单击"打开"按钮，如图 9-79 所示。

此时，显示"提示"对话框，提示内容为"是否进行数据合法性检查？"，单击"确定"按钮，如图 9-80 所示。

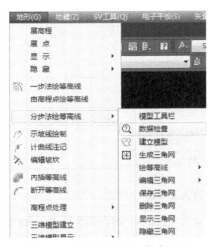

图 9-75 "数据检查"命令打开

图 9-76 "打开高程离散点数据文件"对话框

图 9-77 数据检查结果

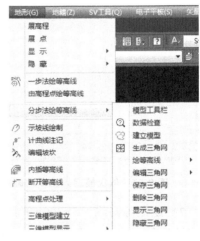

图 9-78 选择"建立模型"命令

图 9-79 "打开构网数据文件"对话框

图 9-80 "提示"对话框

在接下来显示的对话框中会提示数据是否正确,是否有重复,无误则单击"确定"按钮,如图 9-81 所示。此时,显示"拓扑建立参数设置"对话框,勾选"处理坡坎",如图 9-82 所示,单击"确定"按钮。

图 9-81 数据合法性检查结果

图 9-82 "拓扑建立参数设置"对话框

至此,模型建立完成,如图 9-83 所示。

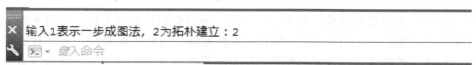

图 9-83 模型建立完成

③生成三角网。依次选择下拉菜单中的"地形\分步法绘等高线\生成三角网",如图 9-84 所示。此时,可以看到绘图窗口中三角网绘制完成。接下来需要对三角网进行一些编辑(三角网的编辑命令如图 9-85 所示)。

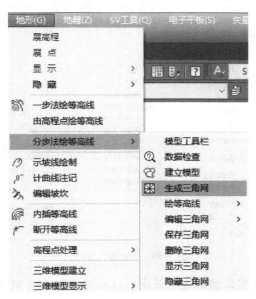

图 9-84 "生成三角网"命令

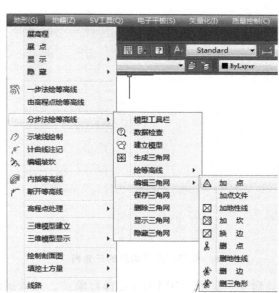

图 9-85 "加点"命令

④ 编辑三角网。

a. "加点"。有时外业测量不能详尽地测出所需的点位,可能会进行补测,或者其他点位不全的情况，此时就需要用到"加点"命令。先展入补测点位，完成后依次选择下拉菜单中的"地形\分步法绘等高线\编辑三角网\加点"。在绘图窗口中选择相应的点位，如图9-86所示。命令栏显示"输入该点的高程（318.710--376.300）：<0.000>"，如图9-87所示。

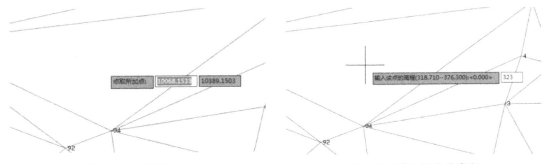

图 9-86　选择所加点　　　　　　　　　图 9-87　输入该点的高程

在命令行输入相应点的高程，回车，则局部三角网会根据新点重构，如图9-88所示。

b. "删边"。构成三角网的这些三角形越接近等边三角形效果越好，所以对这些三角形需要进行一些手工的修饰，尤其是三角网边缘处的那些角度要么特别大、要么特别小的三角形，要作删除处理。依次选择下拉菜单中的"地形\分步法绘等高线\编辑三角网\删边"，如图9-89所示。

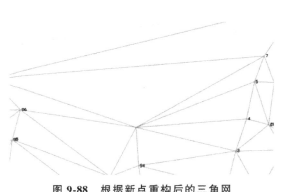

图 9-88　根据新点重构后的三角网　　　　图 9-89　"删边"命令

命令栏显示"DELTIN 选择对象："，接着围绕三角网的边缘依次框选那些不符合要求的三角形，选择完毕后，右击或回车，删边完成，如图9-90和图9-91所示。

三角网编辑完成后，可以将三角网保存，以便将来使用。

⑤ "保存三角网"。依次选择下拉菜单中的"地形\分步法绘等高线\保存三角网"，如图9-92所示。

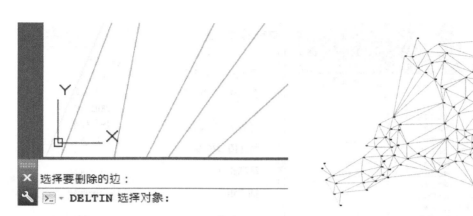

图 9-90　命令栏显示"选择对象"　　　　图 9-91　删边完成后效果

在显示的"存储 DTM 数据文件"对话框中选择三角网文件将要存放的文件夹，在"文件名"一栏命名三角网文件，单击"保存"按钮，如图 9-93 所示。至此，三角网文件保存完成。

图 9-92　"保存三角网"命令　　　　图 9-93　"存储 DTM 数据文件"对话框

⑥ 绘等高线（根据三角网图）。依次选择下拉菜单中的"地形\分步法绘等高线\绘等高线\根据三角网图"，如图 9-94 所示。

在显示的"等高线参数设置"对话框中，设置等高距（如"1"），选择合适的拟合方法，单击"确认"按钮，如图 9-95 所示。可以看到绘图窗口中，等高线已经绘制完成，如图 9-96 所示。

⑦ 删除三角网或隐藏三角网。"绘等高线"完成后，可以看到图上比较凌乱。这是因为三角网还在的缘故，应当使用"删除三角网"或"隐藏三角网"命令将三角网删除或隐藏。依次选择下拉菜单中的"地形\分步法绘等高线\删除三角网"或"隐藏三角网"，如图 9-97 所示。可以看到绘图窗口只剩下等高线，三角网已经被隐藏或删除，如图 9-98 所示。

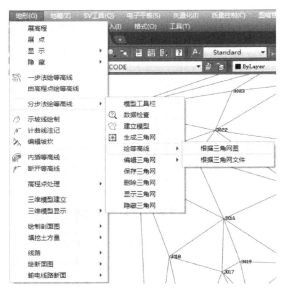

图 9-94 "根据三角网图"命令　　　　图 9-95 "等高线参数设置"对话框

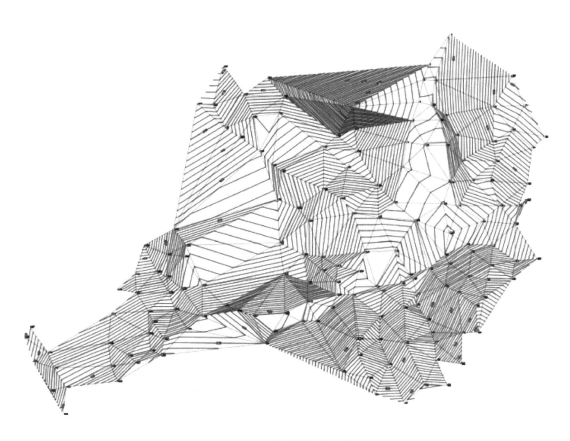

图 9-96 等高线绘制完成

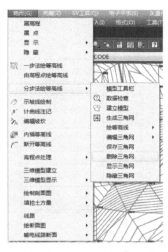 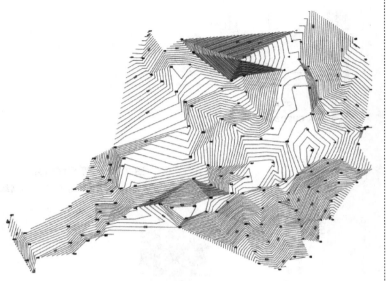

图 9-97 "删除三角网"或"隐藏三角网"　　　图 9-98　隐藏或删除三角网后的等高线

⑧ 断开等高线。等高线须在房屋、坡坎等地物处断开，依次选择下拉菜单中的"地形、断开等高线"，如图 9-99 所示。在显示的"等高线断开"对话框中勾选需要的地物类型（如房屋），如图 9-100 所示，单击"确定"按钮。

命令栏提示"CUTDZX 选择实体："，选择相应的地物（如房屋），右击或回车。可以看到等高线在相应的地物处断开，这样等高线就算绘制成功了，如图 9-101 所示。

图 9-99　"断开等高线"命令　　　　图 9-100　"等高线断开"对话框

⑨ 隐藏点名、展高程。

隐藏点名：依次选择下拉菜单中的"地形、隐藏、点名"，如图 9-102 所示。

展高程：依次选择下拉菜单中的"地形、展高程"，如图 9-103 所示。

在显示的"展高程点的 SV 坐标文件"对话框中选择地形图对应的数据文件，单击"打开"按钮，如下图 9-104 所示。

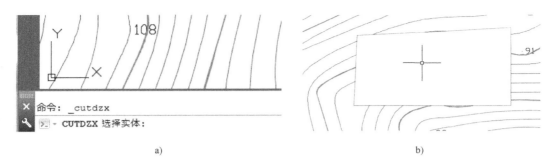

图 9-101 等高线断开

a）选择相应的实体　b）断开的等高线

图 9-102 "隐藏、点名"命令

图 9-103 "展高程"命令

在显示的"展点设置"对话框中按照间距、精度等要求设置"间距""高程精度"等，单击"确定"按钮，如图 9-105 所示。

图 9-104 "展高程点的 SV 坐标文件"对话框

如图9-106所示，可见高程已经展出。至此，分步法绘等高线完成。

图9-105 "展点设置"对话框

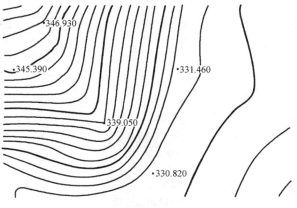

图9-106 展高程完成后的等高线图

3. 添加图廓

对特定图样添加图廓前，靠近图样内容左下角沿着 x 轴和 y 轴画出两条互相垂直的线，然后用坐标扯旗功能扯出垂足的坐标，如图9-107所示，垂足坐标为 $x = 9805.848$，$y = 10138.192$，记录该坐标并删除这两条线和扯出的坐标，然后使用 SV 工具里的查询功能量出图样沿 x、y 轴的长度，取大于实际长度的整百数并记录，如图9-107所示，沿 x 轴长700、沿 y 轴长900。

接着依次选择下拉菜单中的"图幅管理、手动图廓、标准图廓"，如图9-108所示。

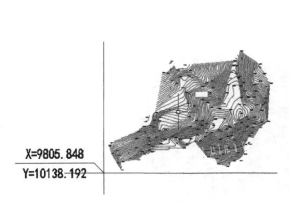

图9-107 图样左下角坐标

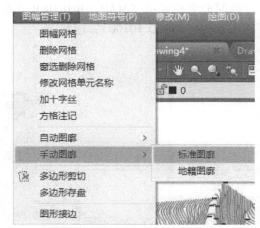

图9-108 下拉菜单"手动图廓"
中的"标准图廓"命令

此时，显示"图廓整饰"对话框，勾选"绘格网线"，在"左图章"文本框填写注明坐标系统、国家高程系、板式图、测图日期；"右图章"文本框填写如测图人员、检查人员、审视人员；"测图单位"文本框填写如测量绘制图样的单位；"编号"文本框填写图样编号；"图名"文本框填写图样名称，如图9-109所示。填写完成后，单击"确认"按钮。

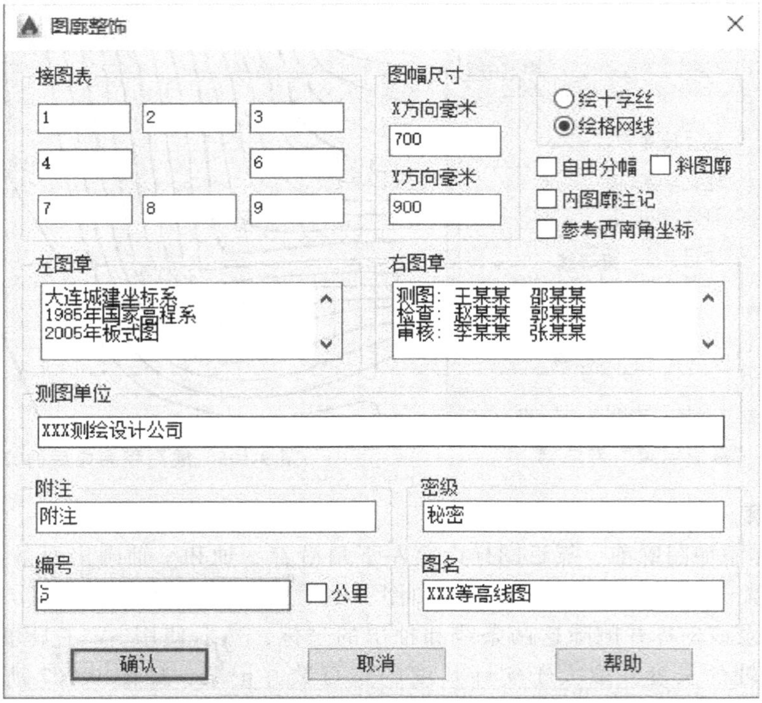

图 9-109 "图廊整饰"对话框

此时命令栏显示"MAP_ BORDER 图框左下角屏幕坐标:",如图 9-110 所示,在命令栏输入坐标(9800,10100),回车。

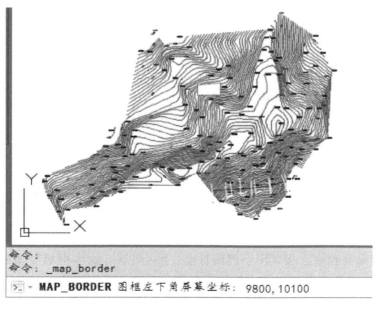

图 9-110 输入图廊左下角坐标

可以看到绘图窗口出现图廓,如图9-111所示,图廓左下角为左图章,右下角为右图章。

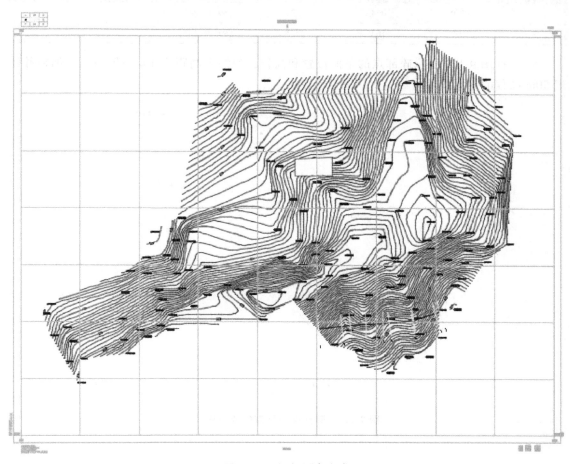

图 9-111 添加图廓完成

【本章小结】

本章主要介绍了大比例尺地形测图的测图方法。要点主要有经纬仪配合量角器测绘法、目估法等高线勾绘、全站仪数字化测图原理、方法。

【思考题与练习题】

1. 测图前应做哪些准备工作?
2. 什么是地形特征点?它在测图中有何作用?
3. 经纬仪配合量角器测绘地形图进行直线定向时,为何直线越长,定向误差越小?
4. 简述全站仪数字化测图系统的组成及数字化测图过程。
5. 表9-6是经纬仪解析法在测站 A 上观测的两个碎部点的记录,定向点为 B,仪器高为 $i_A = 1.43\text{m}$,经纬仪的竖盘指标差为 $x = -0°2'$,测站高程为 $H_A = 103.447\text{m}$,试计算碎部点的水平距离和高程。

表 9-6　碎部点观测记录

序号	上丝读数/mm	下丝读数/mm	水平度盘读数	竖直读数	水平距离/m	高程/m
1	1300	0643	93°13′	89°12′24″		
2	2100	1635	97°52′	91°46′18″		

6. 根据图 9-112 所示碎部点的平面位置和高程，勾绘等高距为 1m 的等高线，加粗并注记 50m 高程的等高线。

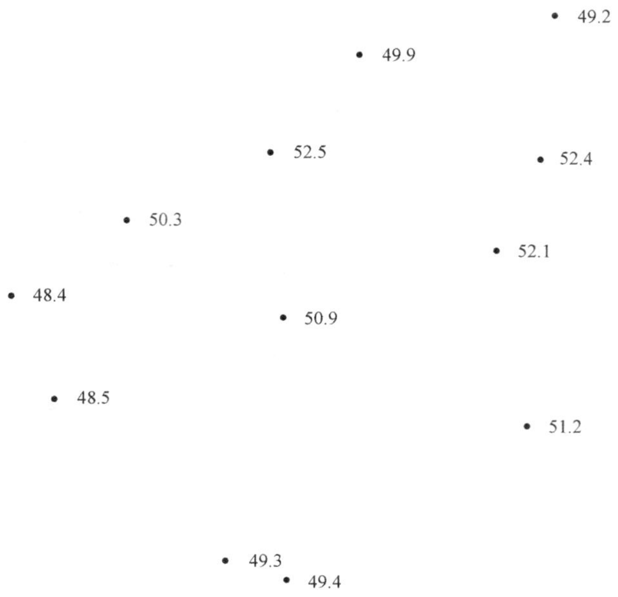

• 49.2

• 49.9

• 52.5　　　• 52.4

• 50.3

• 52.1

• 48.4

• 50.9

• 48.5

• 51.2

• 49.3
• 49.4

图 9-112　碎部点的平面位置和高程

第10章 地形图的应用

在工程项目规划设计中，大比例尺地形图是不可缺少的地形资料，它是设计时确定点位及计算工程量的主要依据。设计人员要在地形图上量距离、取高程、定位置、放设施，只有全面掌握地形资料，才能因地制宜、正确且合理地进行规划设计。因此，设计人员要能够顺利地阅读地形图，并能借助地形图得到相应数据以解决工程上的一些基本问题。

10.1 地形图的识读

阅读地形图不仅局限于认识图上哪里是村庄、哪里是河流、哪里是山头等孤立现象，而且要能分析地形图，把图上显示的各种符号和注记综合起来构成一个整体的立体模型展现在人们眼前。因此，首先要了解图外一些注记内容，然后阅读图内的地物、地貌。下面举例说明阅读的过程和方法。

10.1.1 图廓外注记

图 10-1 为整幅图中的一部分。图幅正下方注有比例尺（1∶2000）；左下方注有平面坐标、高程系统、基本等高距及采用的地形图图式版本；图的正上方注有图名（刘家院）和图号（10.0-10.0）。图号是以图幅西南角坐标表示的。图的左上方标有相邻图幅接合图表。图的方向以纵坐标线向上为正北方。若图幅纵坐标线上方不是正北，则在图边另画有指北方向线。此外，还注有测绘方法、单位和日期。

10.1.2 地物分布

图中从北至南有李家庄、刘家院两个居民地，两地之间有清水河，以渡船相通。河的北边有铁路和简易公路，路旁有路堑和路堤；河的南边有四条小溪汇流入清水河。从刘家院往东、西、南三方各有小路通往邻幅，刘家院的北面有小桥、墓地、石碑；图的西南角有一庙宇及小三角点，点旁注记的分子 A51 为点号，分母 A51 点的高程；正南和东北角分别有 5 号、7 号埋石的图根点。另外，图内 10mm 长的 "+" 字线中心为坐标格网交点。

10.1.3 地貌分布

图幅的西、南两方是逶迤起伏的山地，其中南面狮子岭往北是一山脊，其两侧是谷地，西北角小溪附近有两处冲沟地段；西南角附近有一鞍部叫凉风垭，东北角是起伏不大的山丘；清水河沿岸是平坦地带。另外图幅内还较均匀地注记了一些高程点。

10.1.4 植被分布

图的西、南方及东北角山丘上都是疏林和灌木，清水河沿岸是稻田，刘家院东面是旱地、南面是果树林。李家庄与刘家院周围都有零星树和灌木丛。

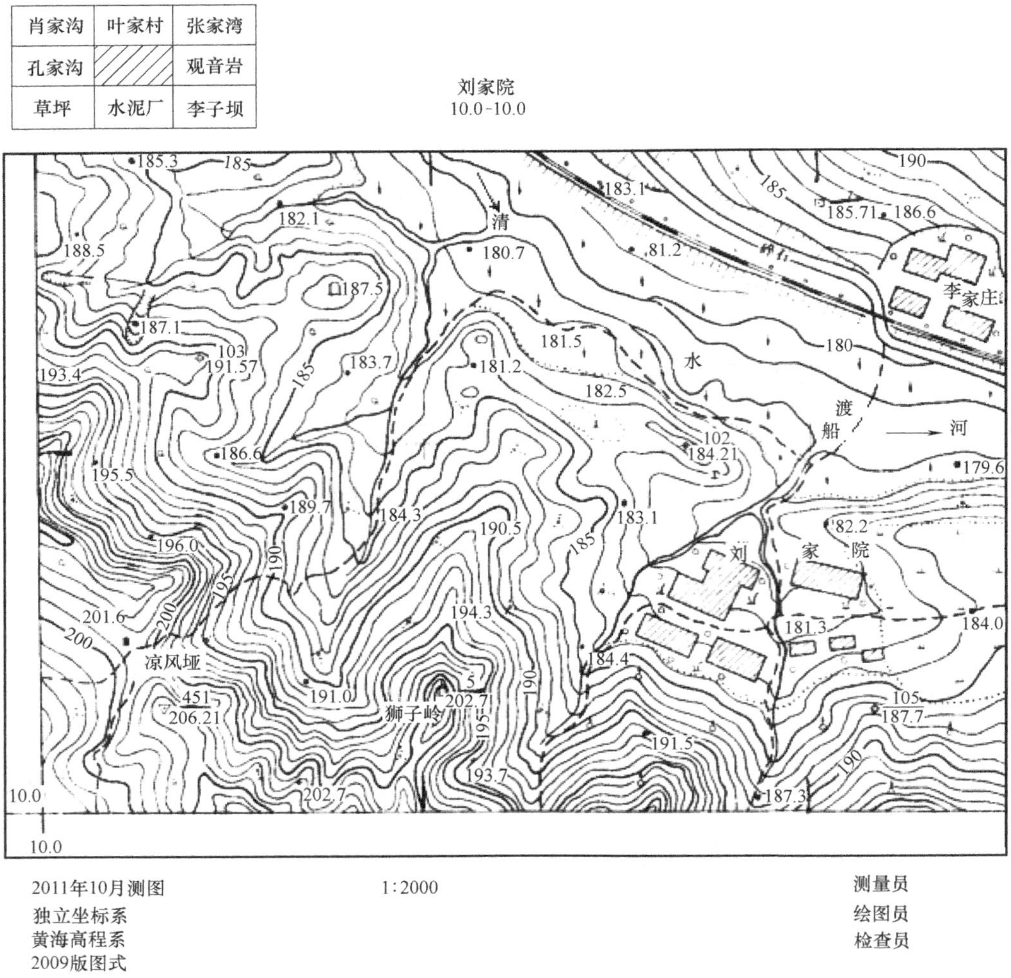

图 10-1 刘家院地形图

通过以上分析，本图幅中的复杂地形就像立体模型一样逼真地展现在我们面前了。

由以上阅读方法得知，必须掌握地形图图式所规定的地物、地貌符号、注记和形式等，才能顺利地阅读地形图。在读图时，要看清所采用的坐标、高程系统，以防用错。同时，在识读地形图时，应注意地面上的地物和地貌不是一成不变的。由于城乡建设的迅速发展，地面上的地物、地貌也随之发生变化，因而地形图上所反映的情况往往落后于现实。所以，在应用地形图进行规划以及解决工程设计和施工中的各种问题时，除了细致识读地形图外，还需要结合实地勘察，对建设用地做全面正确的了解。

10.2 地形图应用的基本内容

10.2.1 求地形图上某点的坐标和高程

1. 确定点的坐标

如图 10-2 所示,欲确定图上 A 点的坐标,首先根据图廓坐标的标记和点 A 的图上位置,绘出坐标方格 abcd,再按比例尺(1∶1000)量取 ag 和 ae 的长度:ag = 83.9m,ae = 72.2m。

则

$x_g = x_a + ag = 57100\text{m} + 83.9\text{m} = 57183.9\text{m}$

$y_g = y_a + ae = 18100\text{m} + 72.2\text{m} = 18172.2\text{m}$

为了校核,还应量取 ab 和 ad 的长度。但是,由于图纸会产生伸缩,使方格边长往往不等于理论长度 l(本例 l = 10cm)。为了求得精确的坐标值,可采用下式进行计算

$$\begin{cases} x_A = x_a + \dfrac{l}{ab} \cdot ag \cdot M \\ y_A = y_a + \dfrac{l}{ad} \cdot ae \cdot M \end{cases} \quad (10\text{-}1)$$

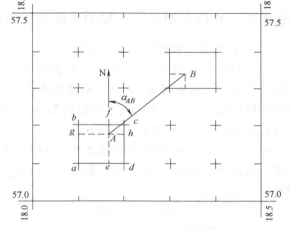

图 10-2 求图上某点的坐标

2. 确定点的高程

在地形图上的任一点,可以根据等高线及高程标记确定其高程。如图 10-3 所示,p 点正好在等高线上,则其高程与所在的等高线高程相同,从图上看为 27m。如果所求点不在等高线上,如图 10-3 中的 k 点,则过 k 点做一条垂直于相邻等高线的线段 mn,量取 mn 的长度 d,再量取 mk 的长度 d_1,则 k 点的高程 H_k 可按比例内插求得。

$$H_k = H_m + \Delta h = H_m + \dfrac{d_1}{d} h \quad (10\text{-}2)$$

式中 H_m——m 点的高程(m);

　　　h——等高距(m)。

在图上求某点的高程时,通常可以根据相邻两等高线的高程目估确定。例如,图 10-3 中的 k 点的高程可以估计为 27.7m,因此,其高程精度低于等高线本身的精度。GB 50026—2007《工程测量规范》规定,在平坦地区,等高线的高程误差不应超过 1/3 等高距;丘陵地区,不应超过 1/2 等高距。由此可见,如果等高距为 1m,则平坦地区为 0.5m,山区可达 1m。所以,用目估法确定点的高程是允许的。

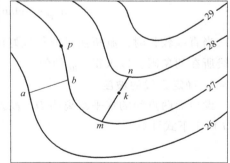

图 10-3 求图上某点的高程

10.2.2 在地形图上求两点间的水平距离

在地形图上求两点间的水平距离的方法有两种。

（1）直接量取　用卡规在图上直接卡出线段的长度，再与图示比例尺比量，即可得其水平距离。也可以用毫米尺取图上长度并换算为水平距离，但后者受图纸伸缩的影响。

（2）根据两点的坐标计算水平距离　当距离较长时，为了消除图纸变形的影响以提高精度，可用两点的坐标计算距离。如图10-2所示，求 AB 的水平距离，首先按式（10-1）求出两点的坐标值 x_A、y_A 和 x_B、y_B，然后按照式（10-3）计算水平距离

$$D_{AB} = \sqrt{(x_B-x_A)^2+(y_B-y_A)^2} = \sqrt{\Delta x^2+\Delta y^2} \tag{10-3}$$

10.2.3 在地形图上求直线的坐标方位角和坡度

1. 在地形图上求直线的坐标方位角

（1）图解法　如图10-4所示，求直线 BC 的坐标方位角时，可先过 B、C 两点精确地作平行于坐标格网纵线的直线，然后用量角器量测 BC 的坐标方位角 α_{BC} 和 CB 的坐标方位角 α_{CB}。

同一直线的正反坐标方位角之差为180°。但是由于量测存在误差，设量测结果为 α'_{BC} 和 α'_{CB}，则可按下式计算

$$\alpha_{BC} = \frac{(\alpha'_{BC}+\alpha'_{CB}\pm 180°)}{2} \tag{10-4}$$

按图10-4的情况，式（10-4）右边括号内应取"-"号。

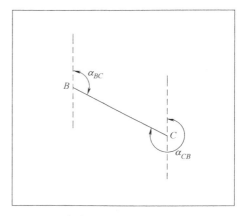

图10-4　在地形图上求直线的坐标方位角

（2）解析法　先求出 B、C 两点的坐标，再按式（10-5）计算 BC 的坐标方位角

$$\alpha_{BC} = \arctan\left(\frac{y_C-y_B}{x_C-x_B}\right) = \arctan\left(\frac{\Delta y_{BC}}{\Delta x_{BC}}\right) \tag{10-5}$$

当直线较长时，解析法可取得较好的效果。计算时，要依 Δx_{BC}、Δy_{BC} 的符号来判定 BC 直线所在的象限，以求得 α_{BC} 的值。

2. 确定直线的坡度

设地面两点间的水平距离为 D，高差为 h，而高差与水平距离之比称为坡度，以 i 表示，则 i 可用下式计算

$$i = \frac{h}{D} = \frac{h}{dM} \tag{10-6}$$

式中　d——两点在图上的长度（m）；

M——地形图比例尺分母。

如果图中的 A、B 两点，其高差 h 为1.5m，若量得 AB 图上的长为10cm，并设地形图比例尺为1∶500，则 AB 线段的地面坡度为

$$i = \frac{h}{D} = \frac{h}{dM} = \frac{1.5\text{m}}{0.1\text{m} \times 500} = 3\%$$

坡度 i 常以百分率或千分率表示。坡度有正负之分,"+"为上坡,"-"为下坡。如果两点间的距离较长,中间通过疏密不等的等高线,则式(10-6)所求地面坡度为两点的平均坡度。

10.3 图形面积的量算

在地形图上量算面积的方法较多,应根据具体情况选择不同的方法。下面介绍几种常用方法。

10.3.1 多边形面积量算

1. 几何图形法

可将多边形划分为若干个几何图形来计算。如图 10-5 所示,所求多边形 12345 的面积分解为 Ⅰ、Ⅱ、Ⅲ 三个三角形,求出各三角形面积,其面积总和即为整个多边形的面积。

各三角形的面积可直接用比例尺量出 Ⅰ、Ⅱ、Ⅲ 每个三角形底边长 c 及其高 h,按式(10-7)计算得到

$$A = ch/2 \tag{10-7}$$

也可以用边长和坐标方位角来计算每个三角形面积。在图 10-5 中,先求出多边形各顶点 1、2、3、4、5 的坐标,按式(10-3)分别求出点 1 和点 2、点 1 和点 3、点 1 和点 4、点 1 和点 5 的长度 D_1、D_2、D_3、D_4,按式(10-5)求出坐标方位角 α_{12}、α_{13}、α_{14}、α_{15}。则各三角形的面积为

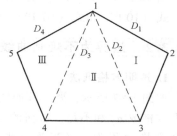

图 10-5 几何图形法算面积

$$S_Ⅰ = \frac{1}{2} D_1 D_2 \sin(\alpha_{13} - \alpha_{12})$$

$$S_Ⅱ = \frac{1}{2} D_2 D_3 \sin(\alpha_{14} - \alpha_{13})$$

$$S_Ⅲ = \frac{1}{2} D_3 D_4 \sin(\alpha_{15} - \alpha_{14})$$

图形总面积为

$$A = S_Ⅰ + S_Ⅱ + S_Ⅲ \tag{10-8}$$

2. 坐标计算法(解析法)

多边形图形面积很大时,可在地形图上求出各顶点的坐标(或全站仪测得),直接用坐标计算面积。

如图 10-6 所示,将任意四边形各顶点按顺时针编号为 1、2、3、4,各点坐标分别为 (x_1, y_1)、(x_2, y_2)、(x_3, y_3)、(x_4, y_4)。由图可知,四边形 1234 的面积等于梯形 33′2′2 加梯形

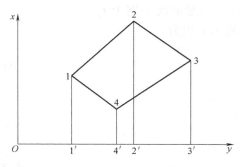

图 10-6 解析法算面积

22′1′1 的面积再减去 33′4′4 与梯形 44′1′1 的面积。即

$$A = [(x_3+x_2)(y_3-y_2)+(x_2+x_1)(y_2-y_1)-(x_3+x_4)(y_3-y_4)-(x_4+x_1)(y_4-y_1)]/2$$

整理后得

$$A = [y_1(x_4-x_2)+y_2(x_1-x_3)+y_3(x_2-x_4)+y_4(x_3-x_1)]/2$$

若四边形各顶点投影于 y 轴，则为

$$A = [x_1(y_4-y_2)+x_2(y_2-y_3)+x_3(y_2-y_4)+x_4(y_3-y_1)]/2$$

若图形为 n 边形，则一般形式为

$$A = \frac{1}{2}\sum_{i=1}^{n} y_i(x_{i-1} - x_{i+1}) \tag{10-9}$$

或

$$A = \frac{1}{2}\sum_{i=1}^{n} x_i(y_{i-1} - y_{i+1}) \tag{10-10}$$

式中 n——多边形边数。

当 $i=1$ 时，y_{i-1} 和 x_{i-1} 分别用 y_n 和 x_n 代入；当 $i=n$ 时，y_{i+1} 和 x_{i+1} 分别用 y_i 和 x_i 代入。

式（10-9）和式（10-10）计算出的结果可作为计算检核。

10.3.2 边界为不规则曲线的面积量算

1. 透明方格纸法

如图 10-7 所示，要计算曲线内的面积，将一张透明方格纸覆盖在图形上，数出曲线内的整方格数 n_1 和不足一整格的方格数 n_2。设每个方格面积为 a（当为毫米方格时，$a = 1\text{mm}^2$）

$$A = (n_1+n_2/2)aM^2 \tag{10-11}$$

式中 M——比例尺分母。计算时应注意 a 的单位。

2. 平行线法

如图 10-8 所示，将绘有间距为 h 的平行线透明纸覆盖在图形上，并转动透明纸，使平行线与图形的上、下边线相切。每相邻两平行线间的图形可近似视为梯形，梯形的高为 h，梯形的底分别为 l_1、l_2、…、l_n，则各个梯形面积为

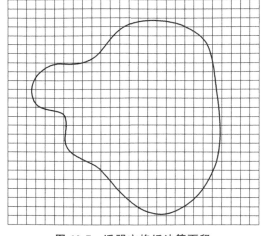

图 10-7 透明方格纸法算面积

$$A_1 = \frac{1}{2}h(0+l_1)$$

$$A_2 = \frac{1}{2}h(l_1+l_2)$$

$$\vdots$$

$$A_n = \frac{1}{2}h(l_{n-1}+l_n)$$

$$A_{n+1} = \frac{1}{2}h(l_n+0)$$

图形的面积

$$A = A_1 + A_2 + \cdots + A_n$$
$$= h(l_1 + l_2 + \cdots + l_n) = h\sum_{i=1}^{n} l$$

（10-12）

除上述方法外，使用求积仪也是确定面积的一种简便方法，且可以保证一定的精度。电子求积仪是专门用来确定图形面积的专用工具，其优点是操作简便、速度快，适用于任意图形的面积量算。求积仪的使用方法随品牌不同而各异。

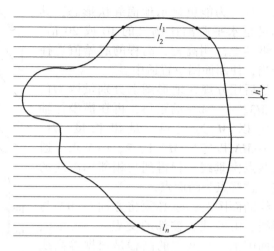

图 10-8　平行线法求面积

10.4　地形图在工程中的应用

10.4.1　按规定的坡度选择线路

在图上确定道路、管线的线路时，常要求在规定的坡度内选择一条最短线路。其原理是

$$d = \frac{h}{iM}$$

（10-13）

先计算出该路线经过相邻等高线之间的最小水平距离 d，根据 d 在等高线之间选定路线。如图 10-9 所示，以 A 为圆心，d 为半径画圆弧，看是否与等高线相交，若 d 太小无交点时，说明坡度小于限制坡度，此时路线按最短距离绘出；若有交点，则会出现多条选择路线，在实际工作中，可综合考虑一些其他因素；若少占或不占农用田、建筑费用最少、要避开塌方或崩裂地区等，以便确定路线的最佳方案。

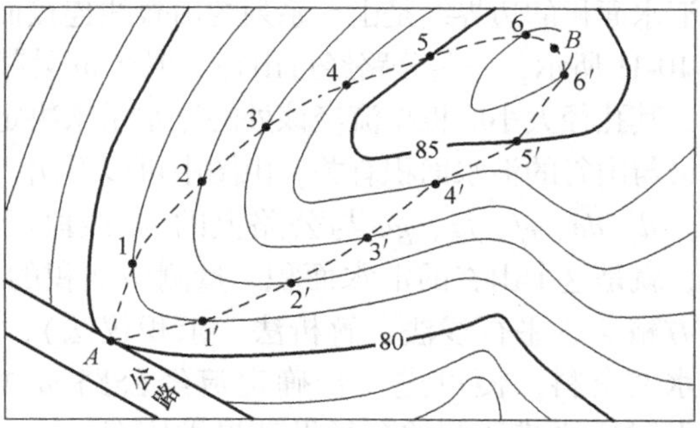

图 10-9　确定同坡度线路

10.4.2　按指定方向绘制纵断面图

断面图是显示指定方向地面起伏变化的剖面图，可供道路、隧道、管道等设计坡度、计算土石方量及边坡放样用，可以根据地形图中的等高线来绘制。

如图 10-10 所示，利用地形图绘制 MN 两点间断面图时，首先要确定方向线 MN 与等高线交点 1、2、3、…、9 的高程及各交点至起点 M 的水平距离，然后再根据点的高程及水平距离按一定的比例尺绘制成断面图。具体做法如下：

首先绘制直角坐标轴线，横坐标轴 D 表示水平距离，比例尺与地形图相同；纵坐标轴 H

表示高程，为能更显示地面起伏形态，其比例尺是水平距离比例尺的 10 或 20 倍。并在纵轴上注明高程，高程的起始值选择要恰当，使断面图位置适中。

然后用分规在地形图上分别量取 M1、M2、M3、⋯、MN 的距离，再在横坐标轴 D 上，以 M 为起点，量出长度 M1、M2、⋯MN 以定出 M、1、2、⋯N 点。通过这些点做垂线，就得到与相邻标高线的交点，这些点为断面点。

绘断面图时，还必须将方向线 MN 与山脊线、山谷线、鞍部的交点 a、b、c 绘在断面图上。这些点的高程是根据等高线或碎部点高程按比例内插法求得的。最后，用光滑曲线将各断面点连接起来，即得 MN 方向的断面图。

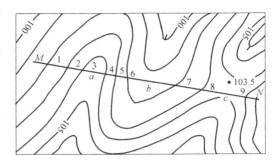

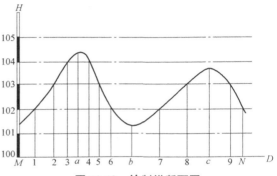

图 10-10　绘制纵断面图

10.4.3　在地形图上求汇水面积

修筑道路有时候要跨越河流或山谷，这时就必须建桥梁或涵洞；兴修水库必须筑坝拦水。而桥梁、涵洞孔径的大小，水坝的设计位置与坝高，水库的蓄水量等，都要根据汇集这个地区的水流量来确定。汇集水流量的面积称为汇水面积。

由于雨水是沿山脊（分水线）向两侧山坡分流，所以汇水面积的边界线是由一系列的山脊线连接而成的。如图 10-11 所示，一条公路经过山谷，拟在 m 处架桥或修涵洞，其孔径大小应根据流经该处的流水量来决定，而流水量又与山谷的汇水面积有关。由图中可以看出，由山脊线 bc、cd、de、ef、fg、ga 与公路上的 ab 线段所围成的面积，就是这个山谷的汇水面积。量测该面积的大小（可用方格法、平行线法、解析法、求积仪法），再结合气象水文资料，便可进一步确定流经公路 m 处的水量，从而对桥梁或涵洞的孔径设计提供依据。

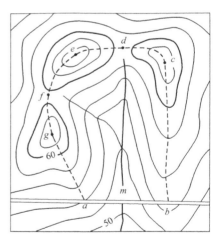

图 10-11　汇水面积的确定

确定汇水面积的边界时，应注意以下几点：

1）边界线（除公路 ab 段外）应与山脊线一致，且与等高线垂直。

2）边界线是经过一系列的山脊线、山头和鞍部的曲线，并与河谷的指定断面（公路或水坝的中心线）闭合。

10.4.4　土地平整时的土石方计算

在工业与民用建筑工程中，通常要对拟建地区的自然地貌加以改造，整理成为水平或倾斜的场地，使改造后的地貌适于布置和修建建筑物，便于排泄地面水，满足交通运输和敷设地下管线的需要。这些改造地貌的工作称为平整场地。在平整场地中，为了使场地的土石方工程合理，即填方与挖方基本平衡，往往先借助地形图进行土石方量的概算，以便对不同方案进行比较，从而选出其中最优方案。场地平整的方法很多，其中设计等高线法是应用最广泛的一种，下面着重介绍这种方法。

1. 设计成水平场地的土石方计算

对于大面积的土石方估算常用此法。如图 10-12 所示，要求将原有一定起伏的地形平整成一水平场地，其步骤如下：

（1）绘方格网并求各方格顶点的高程　在地形图的拟平整场地内绘制方格网，方格网的大小取决于地形的复杂程度、地形图比例尺大小及土石方概算精度，一般为10m或20m。然后根据等高线目估或内插得各方格顶点地面高程，并注记在格点右上方。

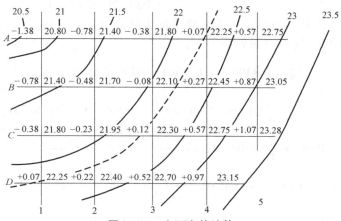

图 10-12　土石方的计算

（2）计算设计高程　设计高程应根据工程的具体要求来确定。大多数工程要求挖填土石方量大致平衡，这时，设计高程的计算方法是：将每一方格4个顶点的高程加起来除以4，得到各方格的平均高程 H_i（$i=1、2、3、\cdots、n$），再把每个方格的平均高程相加除以方格总数 n，就得到设计高程 H_0，即

$$H_0 = \frac{H_1 + H_2 + \cdots + H_n}{n} \tag{10-14}$$

实际计算时并非这样，而是根据方格顶点的地面高程及各方格顶点在计算每格平均高程时出现的次数来进行计算的。从图中可以看出，方格网的角点 A1、D1、A5、C5、D4 的地面高程，在计算平均高程时只用到一次，边点 A2、A3、A4、B1、B5、C1、D2、D3 的高程用了两次。拐点 C4 的高程用了三次，而中间点 B2、B3、B4、C2、C3 的高程用了四次。因此，将上式按各方格顶点的高程在计算中出现的次数进行整理，则

$$H_0 = \frac{\sum H_角 + 2\sum H_边 + 3\sum H_拐 + 4\sum H_中}{4n} \tag{10-15}$$

现将图中各方格顶点的高程及方格总数代入式（10-15）得设计高程为22.18m。在地形图中内插求出 22.1m 等高线（图中虚线），这就是不挖不填的边界线，称为填、挖边界线，又叫零线。

（3）计算填、挖高度　各方格顶点填挖高度为该点的地面高程与设计高程之差，即

$$h = H_地 - H_设 \tag{10-16}$$

h 为"+"表示挖深，为"-"表示填高。并将 h 值注于相应方格顶点的左上方。

（4）计算挖、填土方量　填、挖土石方量可分别以角点、边点、拐点和中点计算。

如图 10-12 所示，设每一方格面积为 $400m^2$，计算的设计高程是 22.18m，每一方格的填高或挖深数据已分别按式（10-16）计算出来，并注记在相应方格顶点的左上方。于是可按

式（10-17）计算出挖方量和填方量

$$\begin{cases} 角点:填(挖)高 \times \dfrac{1}{4} 方格面积 \\ 边点:填(挖)高 \times \dfrac{2}{4} 方格面积 \\ 拐点:填(挖)高 \times \dfrac{3}{4} 方格面积 \\ 中点:填(挖)高 \times 1\ 方格面积 \end{cases} \quad (10\text{-}17)$$

实际计算时，可按方格线依次计算挖、填方量，再计算挖方量总和及填方量总和。图 10-12 中土石方量计算如下：

$A: V_W = \dfrac{1}{4} \times 400\text{m}^3 \times 0.57\text{m} + \dfrac{2}{4} \times 400\text{m}^2 \times 0.07\text{m} = 71\text{m}^3$

$V_T = \dfrac{1}{4} \times 400\text{m}^2 \times 1.38\text{m} + \dfrac{2}{4} \times 400\text{m}^2 \times (0.78\text{m} + 0.38\text{m}) = 370\text{m}^3$

$B: V_W = \dfrac{2}{4} \times 400\text{m}^2 \times 0.87\text{m} + \dfrac{4}{4} \times 400\text{m}^2 \times 0.27\text{m} = 282\text{m}^3$

$V_T = \dfrac{2}{4} \times 400\text{m}^2 \times 0.78\text{m} + \dfrac{4}{4} \times 400\text{m}^2 \times (0.48\text{m} + 0.08\text{m}) = 380\text{m}^3$

$C: V_W = \dfrac{1}{4} \times 400\text{m}^2 \times 1.07\text{m} + \dfrac{3}{4} \times 400\text{m}^2 \times 0.57\text{m} + \dfrac{4}{4} \times 400\text{m}^2 \times 0.12\text{m} = 326\text{m}^3$

$V_T = \dfrac{2}{4} \times 400\text{m}^2 \times 0.38\text{m} + \dfrac{4}{4} \times 400\text{m}^2 \times 0.23\text{m} = 168\text{m}^3$

$D: V_W = \dfrac{1}{4} \times 400\text{m}^2 \times (0.07\text{m} + 0.97\text{m}) + \dfrac{2}{4} \times 400\text{m}^2 \times (0.22\text{m} + 0.52\text{m}) = 252\text{m}^3$

总挖方量为 $v_W = 931\text{m}^3$

总填方量为 $v_T = 918\text{m}^3$

实际计算时，也可按式（10-17）列表计算（特别当方格网较复杂时，表格更适用）。以图 10-12 为例计算结果如表 10-1 所示。

表 10-1 土石方计算表

点号	挖深/m	填高/m	所占面积/m²	挖方量/m³	填方量/m³
A1		−1.38	100		138
A2		−0.78	200		156
A3		−0.38	200		76
A4	+0.07		200	14	
A5	+0.57		100	57	
B1		−0.78	200		156
B2		−0.48	400		192
B3		−0.08	400		32
B4	+0.27		400	108	
B5	+0.87		200	174	
C1		−0.38	200		76
C2		−0.23	400		92
C3	+0.12		400	48	
C4	+0.57		300	171	
C5	+1.07		100	107	
D1	+0.07		100	7	
D2	+0.22		200	44	
D3	+0.52		200	104	
D4	+0.97		100	97	
Σ				931	918

从计算结果可以出，总挖方量和总填方量相差 $13m^3$，产生原因有两个：一是计算取位的关系；二是实际上在 20 见方的方格内，地面还有较多起伏变化，而我们计算土方时将表面近似为一个平面。若算出的填、挖土方之差小于总土方的 7%，在工程实际中是允许的，可认为满足"填、挖方平衡"的要求。因此我们认为上例满足"填、挖方平衡"的要求。

2. 设计成倾斜场地的土石方计算

将原地形改造成某一坡度的倾斜面，一般可根据填、挖土方量平衡的原则，绘出设计倾斜面的等高线。但是有时要求所设计的倾斜面必须包含不能改动的某些高程点（称为设计斜面的控制高程点）。例如，已有道路的中线高程点；永久性或大型建筑物的外墙地坪高程等。如图 10-13 所示，设 A、B、C 三点为控制高程点，其地面高程分别为 54.6m，51.3m 和 53.7m。要求将原地形改造成通过 A、B、C 三点的倾斜面，其步骤如下：

（1）确定设计等高线的平距　过 A、B 两点做直线，用比例内插法在 AB 线上求出高 54m、53m、52m 等各点的位置，也就是设计等高线应经过 AB 线上的相应位置，如 d、e、f、g 等点。

（2）确定设计等高线的方向　在 AB 直线上求出一点 p，使其高程等于 C 点（53.7m）。过 pC 连线，则 pC 方向就是设计等高线的方向。

（3）插绘设计倾斜面的等高线　过 d、e、f、g 点做 pC 的平行线（图中虚线），即为设计倾斜面的等高线。过设计等高线和原图上同名高程的等高线交点的连线（如图中连接 1、2、3、4、5 等点）就可得到填挖边界线。图中绘有短线的一侧为填土区，另一侧为挖土区。

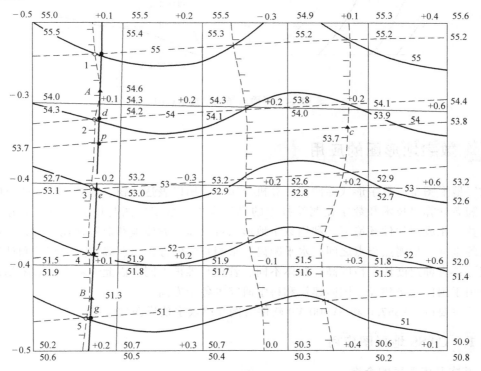

图 10-13　设计成倾斜场地的土石方计算

(4) 计算填、挖土石方量　与设计成水平场地的土石方计算方法相同,首先在图上绘制方格网,并确定各方格顶点的填挖高度。不同之处是各方格顶点的设计高程是根据设计等高线内插求得的,并注记在方格顶点的右下方。其地面高程和填挖高度仍注记在方格顶点的右上方和左上方。填挖土石方量的计算与设计成水平场地方法相同。

土石方量的计算除了方格网法,还可以采用断面法。如图 10-14 所示,先绘制间隔一定距离的断面图,在断面图上绘出设计高程,计算其与断面图所包围的填(A_{Ti})挖(A_{Wi})方面积计算两相邻断面间的土石方量

$$\begin{cases} V_{T1} = \dfrac{1}{2}(A_{T1}+A_{T2})L \\ V_{W1} = \dfrac{1}{2}(A_{W1}+A_{W2})L \end{cases} \quad (10\text{-}18)$$

最后求出总填挖方量

$$\begin{cases} V_{T总} = \sum V_{Ti} \\ V_{W总} = \sum V_{Wi} \end{cases} \quad (10\text{-}19)$$

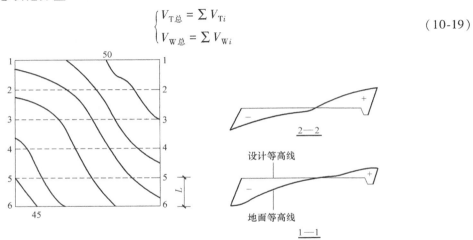

图 10-14　断面法场地平整示意图

10.5　数字地形图的应用

数字地形图是以数字形式存储在计算机介质上,用以表达地物、地貌特征点的空间集合形态。随着计算机技术和数字化测绘技术的迅速发展,数字地图与传统地图相比有诸多优点:在数字化成图软件环境下,利用数字地形图可以非常方便地获取各种地形信息,如量测各个点的坐标、量测点与点之间的水平距离、量测直线的方位角、确定点的高差和计算两点间坡度等;查询速度快、精度高;载体不同、管理与维护不同。因此,数字地形图越来越广泛地应用于国民经济建设、国防建设和科学研究等各个方面。

本节主要以 CASS7.0 和 SV300 V9 软件为例介绍数字地形图的应用。

10.5.1　CASS 地形图应用

1. 基本几何要素的查询

主要介绍如何查询指定点坐标,查询两点距离及方位,查询线长,查询实体面积。操作

界面如图 10-15 所示。

（1）查询指定点坐标　单击"工程应用"下拉菜单中的"查询指定点坐标"，用鼠标选择所要查询的点即可。也可以根据图面的点生成坐标文件。方法是：单击菜单中的"工程应用"，最下面有三个菜单项，分别是："指定点生成数据文件""高程点生成数据文件""等高线生成数据文件"。输入文件名，在屏幕上单击确定点位，然后输入地物编码和点号，生成多行的数据文件。用高程点生成数据文件，如果有现成的不是高程点的图面点，也可以通过图层变换，将点转到高程点图层，然后生成数据文件。

（2）查询两点距离及方位　单击"工程应用"下拉菜单下的"查询两点距离及方位"。用鼠标分别选择所要查询的两点即可。

注意：显示的两点间的距离为实地距离。

（3）查询线长　单击"工程应用"下拉菜单中的"查询线长"。用鼠标选择图上曲线即可得到。

（4）查询实体面积　单击"工程应用"下拉菜单下的"查询实体面积"。用鼠标选择待查询的实体的边界线即可，要注意实体应该是闭合的。

图 10-15　基本几何要素查询界面

（5）计算表面积　通过 DTM 建模，在三维空间内将高程点连接为带坡度的三角形，再通过每个三角形面积累加得到整个范围内不规则地貌的面积。计算图 10-16 所示矩形范围内地貌的表面积，图 10-17 为 DTM 建模，图 10-18 为建模计算表面积的结果。

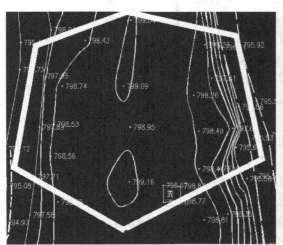

图 10-16　选定计算区域

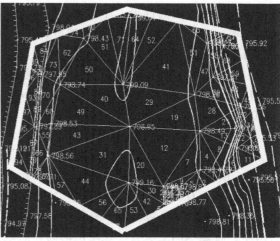

图 10-17　DTM 建模

2. 土方量的计算

（1）DTM法土方计算　由DTM模型来计算土方量是根据实地测定的地面点坐标（x，y，z）和设计高程，通过生成三角网来计算每一个三棱锥的填挖方量，最后累积得到指定范围内填方和挖方的总量，并绘出填挖方分界线。

DTM法土方计算共有三种方法：第一种是由坐标数据文件计算；第二种是依照图上高程点进行计算；第三种是依照图上的三角网进行计算。前两种算法包含重新建立三角网的过程，第三种方法直接采用图上已有的三角形，不再重建三角网。以下分别介绍三种方法的操作过程。

图10-18　表面积计算结果

1）根据坐标数据文件计算。用复合线画出所要计算土方的区域，一定要闭合，但是尽量不要拟合。因为拟合过的曲线在进行土方计算时会用折线迭代，影响计算结果的精度。单击"工程应用\DTM法土方计算\根据坐标文件"。此时会提示"选择边界线"，用鼠标选择所画的闭合复合线后会弹出图10-19所示的"DTM土方计算参数设置"对话框。

区域面积：为复合线围成的多边形的水平投影面积。

平场标高：指设计要达到的目标高程。

边界采样间隔：边界插值间隔的设定，默认值为20m。

边坡设置：选中"处理边坡"复选框后，则坡度设置功能变为可选，选中放坡的方式（向上或向下：指平场高程相对于实际地面高程的高低，平场高程高于地面高程则设置为向下放坡），然后输入坡度值。设置好计算参数后屏幕上显示填挖方的提示框（挖方量=××××立方米，填方量=××××立方米），同时图上绘出所分析的三角网、填挖方的分界线，如图10-20所示。计算的三角网构成存储在dtmtf.log文件中，如图10-21所示。

图10-19　土方计算参数设置

用鼠标在适当位置单击，CASS会在该处绘出一个表格，如图10-22所示，包含平场面积、最大高程、最小高程、平场标高、填方量、挖方量和图形。

2）根据图上高程点计算。首先要展绘高程点，然后用复合线绘出所要计算土方的区域。单击"工程应用"下拉菜单下"DTM法土石方计算"中"根据图上高程点计算"，然后据提示选择计算区域边界或直接在屏幕选取要参与计算的高程点或控制点（键入"ALL"后回车，将选取图上所有已经绘出的高程点或控制点），弹出土方计算参数设置对话框，后续操作与坐标计算法相同。

3）也可根据图上已编辑好的三角网进行DTM法土石方计算。

图 10-20 三角网土石方计算

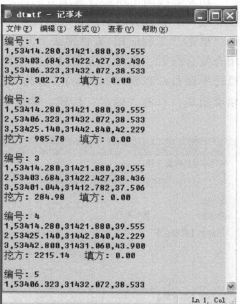

图 10-21 三角网文件

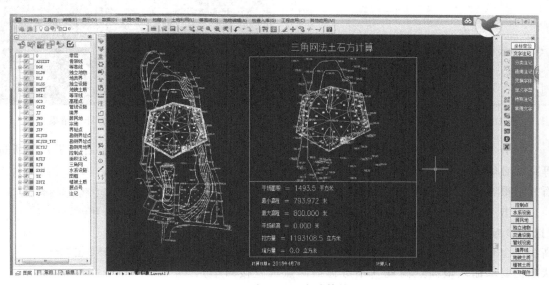

图 10-22 三角网土石方计算结果

（2）方格网法土方计算 由方格网来计算土方量是根据实地测定的地面点坐标（x, y, z）和设计高程，通过生成方格网来计算每一个方格的填挖方量，最后累积得到指定范围内填方和挖方的总量，并会出填挖方分界线。

系统首先将方格四个顶点高程相加（可通过周围高程内插得到），取平均值与设计高程相减，通过指定方格边长得到方格面积，用长方体的体积计算公式得到填挖方量。具体操作步骤如下：

用复合线画出所要计算土方的区域，一定要闭合，但是尽量不要拟合。因为拟合过的曲线在进行土方计算时会用折线迭代，影响计算结果的精度，也会增加计算时间。

单击"工程应用\方格网法土方计算"，此时会提示"选择边界线"，用鼠标选择所画的闭合复合线后，弹出"方格网土方计算"对话框（见图10-23），给定高程坐标文件；输入设计平面目标高程（如28m），方格宽度（一般设为10m或20m，本例为10m），方格越小精度越高；单击"确定"按钮，则显示图10-24所示的结果。

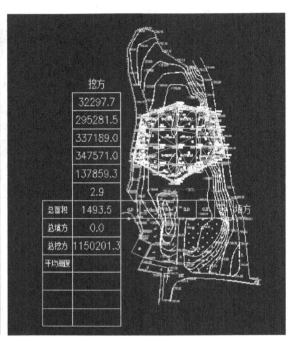

图10-23　"方格网土方计算"对话框　　　图10-24　方格网法土方计算结果

（3）等高线法土方计算　用等高线法可计算任意两条等高线之间的土石方量，但所选等高线必须闭合。由于等高线所围面积可求，两条等高线之间的高差已知，因此等高线间土石方量很容易求出。其操作步骤为：

单击"工程应用\等高线法土方计算"，屏幕会提示"选择参与计算的封闭等高线"，可逐条单击参与计算的等高线，也可按住左键拖框选择，然后单击"确定"按钮，状态栏要求输入最高点高程（不考虑最高点就直接回车），此时弹出总方量信息框，如图10-25所示。单击"确定"按钮，指定表格左上角位置，绘制表格如图10-26所示（不绘制表格就直接回车）。

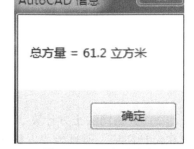

图10-25　总方量信息

3. 断面图的绘制

绘制断面图的方法有四种：由坐标文件生成、根据里程文件绘制、根据等高线绘制、根据三角网绘制。

（1）由坐标文件生成　坐标文件指的是由野外观测得到的包含高程点的文件，此方法绘制断面图的过程如下：

先用复合线生成断面线，单击"工程应用\绘断面图\根据已知坐标"，提示"选择断面线"。用鼠标选择纵断面线，系统弹出"断面线上取值"对话框。如果"坐标获取方式"选择"由数据文件生成"，则在"坐标数据文件名"栏中选定高程点数文件，并确定断面图的相关参数，如图10-27所示。横向比例为1：500（系统默认值1：500，可以自己根据需要选定输入）；纵向比例为1：100（系统默认值为1：100，可以自己根据需要选定输入）；断面图的位置可手工输入，也可在图面上拾取；也可选择是否绘制平面图、标尺、标注等。单击"确定"按钮后，在屏幕上出现所选断面线的断面图，如图10-28所示。

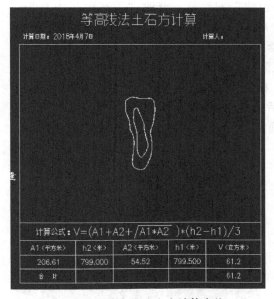

图10-26 等高线法土方计算表格

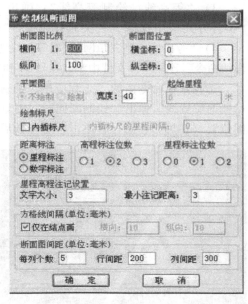

图10-27 "绘制纵断面图"对话框

（2）根据里程文件绘制 打开CASS7.0，选择菜单命令中的"工程应用、绘制断面图、根据里程文件"命令，弹出"绘制横断面"对话框，在这对话框中输入横断面图纵向比例（1：100）和横向比例（1：500）、断面图位置等参数后单击"确定"按钮，并绘制横断面图，如图10-29所示。

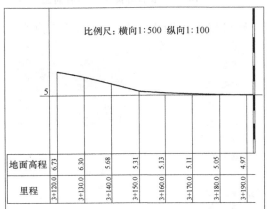

图10-28 由坐标文件生成的断面图

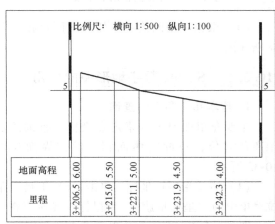

图10-29 根据里程文件绘制的断面图

（3）根据等高线绘制　在CASS7.0环境中，展出坐标数据文件的测点点号，并绘制等高线。基本操作如下：

1)"绘图处理、展野外测点点号"；弹出"输入坐标数据文件名"对话框，打开坐标文件，展绘出测点点号。

2)"等高线、建立DTM"；弹出"建立DTM"对话框，在"选择建立DTM方式"中选择"用数据文件生成"；在"坐标数据文件名"中打开坐标文件；在"结果显示"中选择"显示建三角网结果"；单击"确定"按钮完成DTM的建立。

3)"等高线、绘制等高线"；弹出"绘制等值线"对话框，修改"等高距"为0.5m；"拟合方式"中选择"三次B样条拟合"；单击"确定"按钮完成等高线的绘制。

4)"等高线、删三角网"。在等高线地形图中绘制道路的横断面剖面线；使用复合线绘制多段线命令，连接坐标文件中测点点号34和88，起点测点34，终点测点88，如图10-30所示。

选择菜单命令中的"工程应用、绘制断面图、根据等高线"命令，用鼠标选择图10-30中横断面位置线，弹出"绘制断面图"对话框，对话框中输入横断面图的纵横方向比例、断面图位置（在屏幕任意位置单击）等参数后单击"确定"按钮，并绘制纵断面图如图10-31所示。

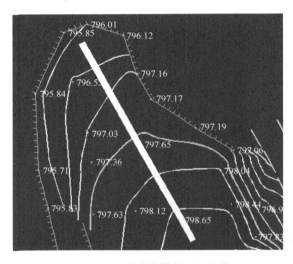

图10-30　道路的横断面剖面线

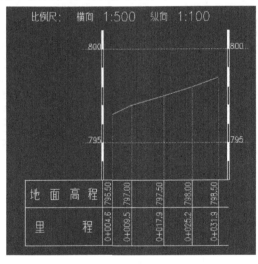

图10-31　根据等高线绘的断面图

（4）根据三角网绘制　如果图面存在三角网，则可以根据断面线与三角网的交点来绘制断面图。

10.5.2　SV300数字地形图的应用

1. 基本几何要素的查询

主要介绍如何查询指定点坐标，查询两点距离及方位，查询实体面积。操作界面如图10-32所示。

（1）查询指定点坐标　单击"SV工具"下拉菜单中的"坐标扯旗"，用鼠标选择所要查询的点即可。每次使用会弹出"坐标扯旗设置"

图10-32　下拉菜单中"SV工具"的查询功能

对话框，如图 10-33 所示。按需要设置"图层""字高""精度"和坐标"前缀""格式"，完成后即可坐标扯旗，效果如图 10-34 所示。

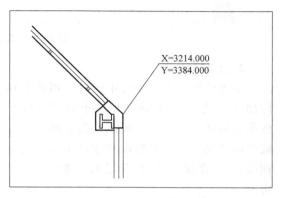

图 10-33 "坐标扯旗设置"对话框　　　　　图 10-34 坐标扯旗效果

（2）查询两点距离及方位　单击"SV 工具"下拉菜单下的"查询、平面距离"，用鼠标分别选择所要查询的两点即可，结果如图 10-35 所示。

图 10-35 查询"平面距离"

单击"SV 工具"下拉菜单下的"查询、方位角"。用鼠标分别选择所要查询的两点即可，结果如图 10-36 所示。

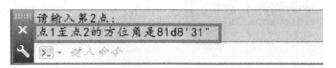

图 10-36 查询"方位角"

（3）查询面积　单击"SV 工具"下拉菜单下的"查询、面积"。用鼠标选择待查询图形的节点即可，要注意图形应该是闭合的，如图 10-37 所示。查询结果如图 10-38 所示。

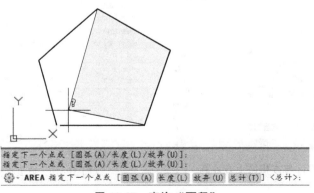

图 10-37 查询"面积"

图 10-38 查询"面积"结果

2. 土方量计算

土方计算是工程建设中比较常用的工程应用计算之一，SV300 V9 的土方量计算是依据方格网法进行的，可以处理平场和多种坡度的情况。它是根据设计标高和天然地面标高两种数据计算土方量的，如图 10-39 所示。

下面对根据设计的坡度面进行土方量计算进行介绍，主要分两步：坡度面设计和方格网土方计算如图 10-40 所示。进行土方量计算之前，先将测得的数据通过展点导入到 SV300 界面中，用闭合的多段线圈出边界范围。

（1）坡度面设计

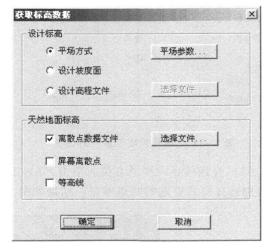

图 10-39 获取标高数据

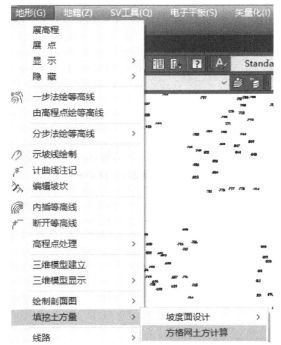

图 10-40 坡度面设计与方格网土方计算

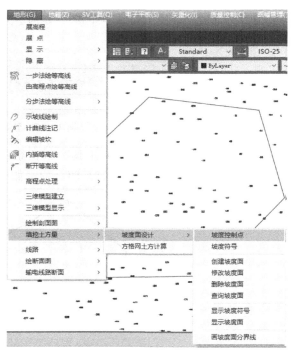

图 10-41 坡度面设计的命令

1）坡度控制点。依次单击菜单中的"地形、填挖土方量、坡度面设计、坡度控制点"，如图10-41所示，有关坡度面设计的命令几乎都在此处，此后不再赘述。命令栏显示"TNTHEIGHTSYMBOL 选择定位点:"，在坡面相应位置捕捉该定位点，单击该点，如图10-42所示。然后在命令栏输入高程，如图10-43所示。

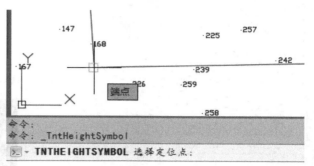

图10-42 捕捉坡度控制点的定位点

此时，在绘图区域绘出坡度控制点符号，如图10-44所示。

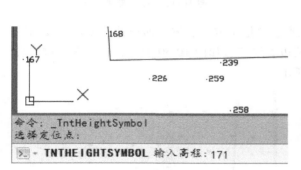

图10-43 输入控制点高程

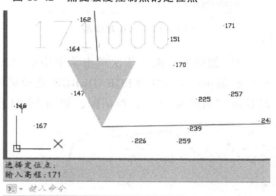

图10-44 绘出坡度控制点

2）坡度符号。依次单击菜单中的"地形、填挖土方量、坡度面设计、坡度符号"。如图10-45所示，命令栏显示"TNTGRADESYMOL 选择定位点:"，在坡面相应位置捕捉该定位点，单击该点。此时显示"输入坡度"对话框，如图10-46所示，分别输入设计的横、纵坡度。

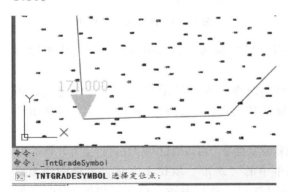

图10-45 捕捉坡度符号定位点

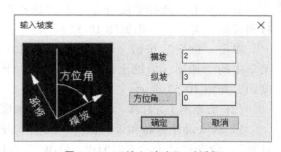

图10-46 "输入坡度"对话框

单击"方位角"按钮，如图10-47所示，此时应捕捉相应方向的点或输入角度以获取方位角，如图10-48所示，单击"确定"按钮。此时绘图窗口显示出坡度符号，如图10-49所示。

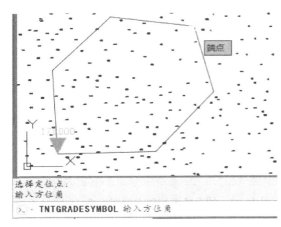

图 10-47　获取方位角

图 10-48　输入坡度完成

3）创建坡度面。依次单击菜单中的"地形、填挖土方量、坡度面设计、创建坡度面",命令栏显示"TNTMAKEGRADERGN 选择区域边界线:",如图 10-50 所示,选择多段线。此时显示"坡度面定义"对话框,如图 10-51 所示。

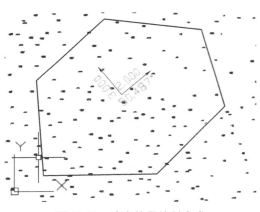

图 10-49　坡度符号绘制完成

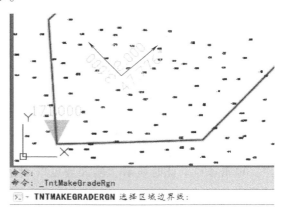

图 10-50　选择区域边界线

分别单击"选择坡度符号"及"选择控制点符号"按钮,在绘图区域分别选中坡度符号和控制点符号,结果如图 10-52 所示。

单击"确定"按钮,坡度面创建完成。如果绘图界面没有显示坡度面,可以通过单击菜单中的"地形、填挖土方量、坡度面设计、显示坡度面",选择"Show 显示"以显示坡度面,如图 10-53 所示。

(2) 方格网土方计算　根据上面设计的坡度面和坡度符号,可以通过网格法进行土方计算了。

1）获取设计标高和天然标高。依次单击菜单中的"地形、填挖土方量、方格网法土方计算",命令栏显示"WELTOP_ FGWTF 选择边界线:",选择前述多段线,弹出图 10-54 所示对话框。

在"设计标高"中可以选择用"平场方式""设计坡度面""设计高程文件"三者之一。选择"设计坡度面",即上面设计的坡度面。"天然地面标高"可以用"离散点数据文件""屏幕离散点""等高线"中的任意组合。选择"离散点数据文件",单击"选择文件"

按钮，打开离散点数据文件。单击"确定"按钮，弹出"格网法土方计算"对话框，如图10-55所示。

2）格网法土方计算。格网法土方计算各参数说明如下：

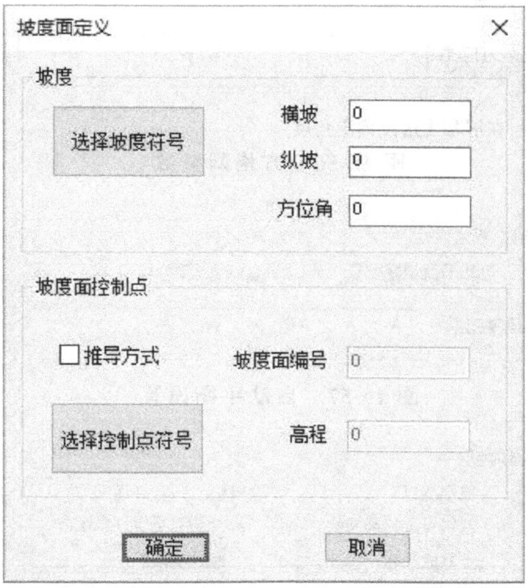

图10-51 "坡度面定义"对话框

图10-52 设置完成的"坡度面定义"对话框

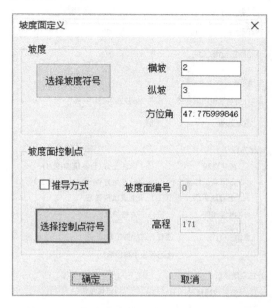

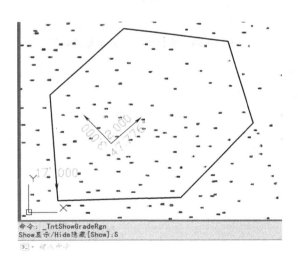

图10-53 坡度面绘制完成

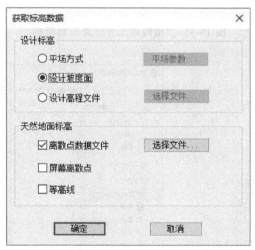

图10-54 "获取标高数据"对话框

方格网参数如图10-56所示，裁切方格网是指土方计算的时候，裁切掉边界线外的方格网；自动平衡设置如图10-57所示。

输出内容、文本参数设置，选择"标注高程""土方成果表""标注土方（合并填挖方）""方格填充"，单击"确认"按钮，选择相应的文件夹存放土方计算成果表，如图10-58和图10-59所示。

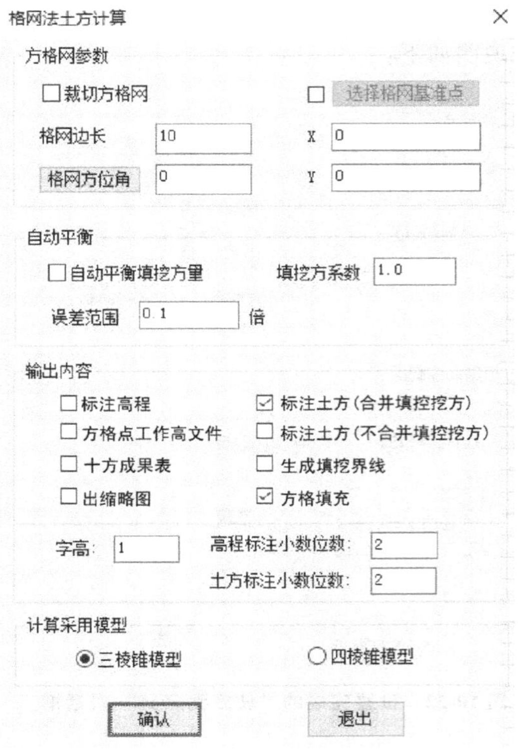

图 10-55 "格网法土方计算"对话框

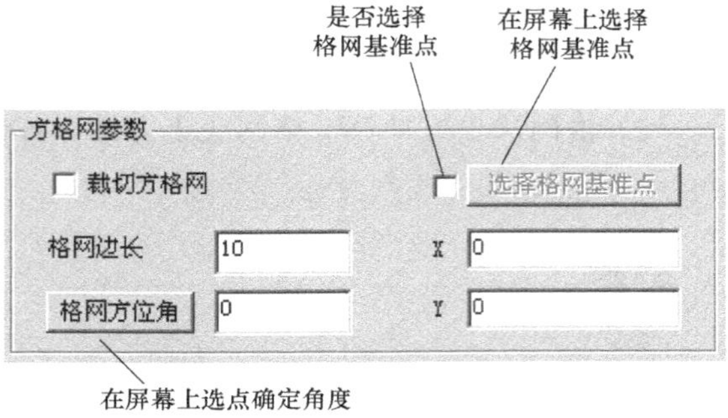

图 10-56 方格网参数

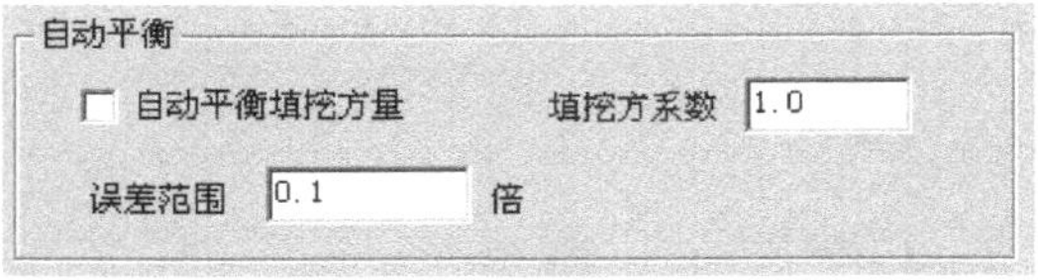

图 10-57 自动平衡设置

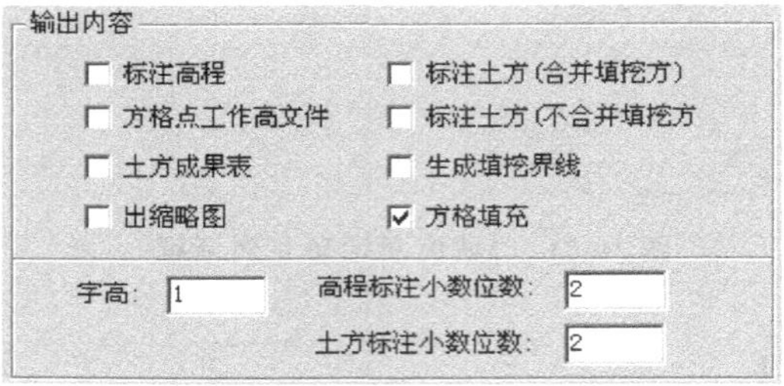

图 10-58 输出内容、文本参数设置

图 10-59 输入成果文件名

等待土方计算完成，如图10-60所示。

完成后绘图窗口如图10-61所示，打开图层控制，关闭图层"tfHatch"，如图10-62所示。

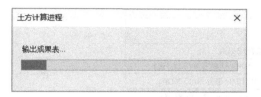

图 10-60　土方计算进程

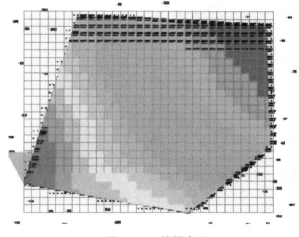

图 10-61　绘图窗口

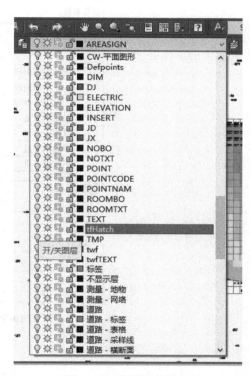

图 10-62　打开图层控制

放大绘图窗口，可以看到每个方格网的数据，如图10-63所示。

回到桌面，找到存放土方计算成果表的文件夹，打开土方计算成果表，如图10-64所示。土方计算成果细表如图10-65所示。

sH=333.58 (8.98m)	sH=337.55 (12.14m)	sH=341.52 (16.25m)
H=324.60	H=325.41	H=325.27
T=214.96	T=304.96	T=398.00
sH=330.54 (5.19m)	sH=334.51 (7.95m)	sH=338.49 (12.65m)
H=325.35	H=326.56	H=325.84
T=116.96	T=208.46	T=302.00
sH=327.51	sH=331.48	sH=335.45

图 10-63　方格网数据

土方计算成果表

土方计算成果表	
委托单位：	
项目名称：	
测算单位：	
土方计算综合成果表	
总地块平面面积	15083.71平方米(22.63亩)
填土区平面面积	9210.92平方米(13.82亩)
挖土区平面面积	5872.80平方米(8.81亩)
总挖土方量	160302.5立方米
总填土方量	337141.4×1.00=337141.4立方米
单位挖方量	7085.0方/亩
单位填方量	14900.9方/亩
备注：	
	测算单位签(章)

图 10-64　土方计算成果表

土方计算成果细表

计算公式：

方格网号	方格中心坐标 N	方格中心坐标 E	挖方量（立方米）	填方量（立方米）	方格网面积（平方米）
001	10221	10087	0.8	0.0	0.0
002	10221	10092	86.6	0.0	2.7
003	10221	10097	220.0	0.0	7.3
004	10221	10102	340.2	0.0	11.8
005	10221	10107	442.9	0.0	16.4
006	10221	10112	501.6	0.0	21.0
007	10221	10117	412.0	0.0	20.7
008	10221	10122	52.5	0.0	3.6
009	10226	10062	37.0	0.0	0.0
00a	10226	10067	223.3	0.0	5.0
00b	10226	10072	399.4	0.0	9.5
00c	10226	10077	542.0	0.0	14.1
00d	10226	10082	653.0	0.0	18.6
00e	10226	10087	735.1	0.0	23.2
00f	10226	10092	726.8	0.0	25.0
00g	10226	10097	670.5	0.0	25.0
00h	10226	10102	618.0	0.0	25.0
00i	10226	10107	560.1	0.0	25.0
00j	10226	10112	467.8	0.0	25.0
00k	10226	10117	345.0	0.0	25.0
00l	10226	10122	227.2	0.0	23.2
00m	10226	10127	40.4	0.0	6.4
00n	10231	10032	0.8	0.0	0.0
00o	10231	10037	144.3	0.0	2.6
00p	10231	10042	374.4	0.0	7.2
00q	10231	10047	577.4	0.0	11.7

综合成果表　成果细表

图 10-65　土方计算成果细表

3. 设计平场高程

展点并用闭合多段线圈起待计算区域后，单击"地形、填挖土方量、方格网土方计算"，选择之前所绘制的待计算区域，弹出图 10-66 对话框。

单击"平场参数"按钮，弹出图 10-67 所示对话框，输入设计平场高程，如"320"，单击"确定"按钮。回到"获取标高数据"对话框，设置天然地面标高，勾选"离散点数据文件"，然后单击"选择文件"按钮。弹出"选择天然标高数据文件名"对话框，找到并选择展点所用数据文件，如图 10-68 所示，单击"打开"按钮。弹出"文件高程点与多义线相对位置关系"对话框，如图 10-69 所示。

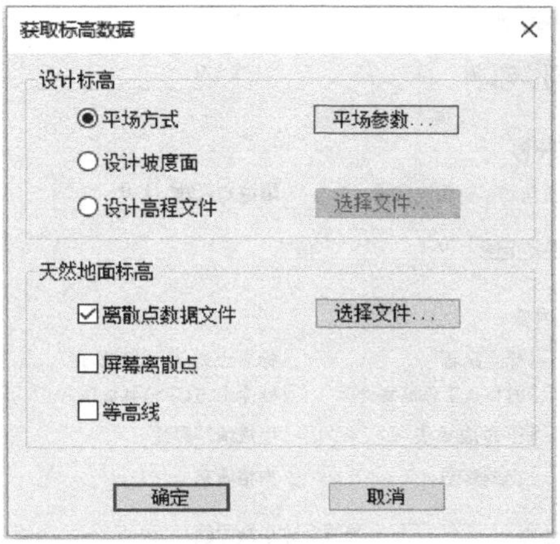

图 10-66 "获取标高数据"对话框 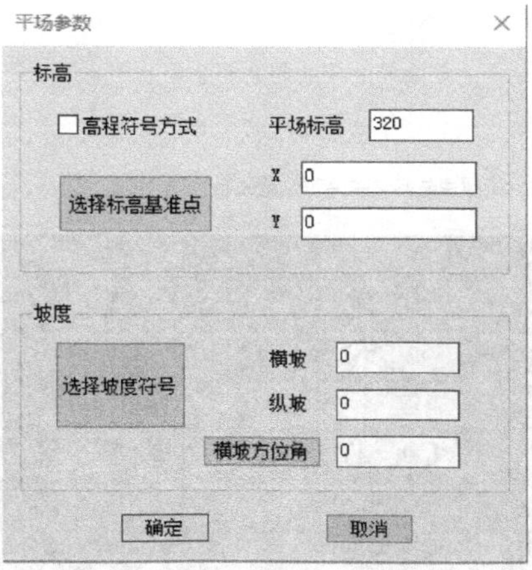　　　　　图 10-67 "平场参数"对话框

图 10-68 "选择天然标高数据文件名"对话框

单击"继续"按钮,回到"获取标高数据"对话框,单击"确定"按钮,弹出图10-55所示的"格网法土方计算"对话框,图10-70所示。根据实际情况设置"格网边长","格网边长"数值越小,计算结果越精确,但计算量也随之增大。如果在本区域内想将高处挖去填在低处整平,可以选择"自动平衡填挖方量"。最后设置输出内容,选择需要的输出内容即可。最后单击"确认"按钮。后续操作与前述方格网法计算土石方一致,不再赘述。

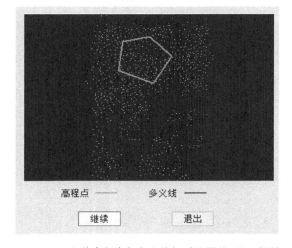

图 10-69 "文件高程点与多义线相对位置关系"对话框

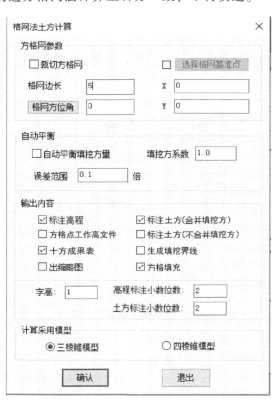

图 10-70 "格网法土方计算"对话框

4. 剖面图

展点完成后,在需要绘制剖面的位置绘制一条多段线,如图10-71所示。

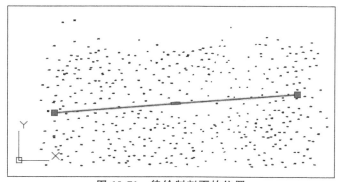

图 10-71 待绘制剖面的位置

依次单击"地形、绘制剖面图、根据SV数据文件",如图10-72所示。

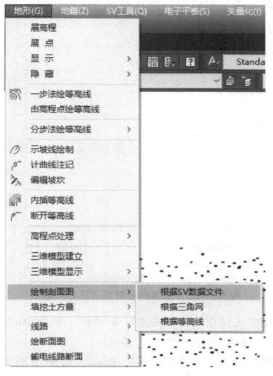

图 10-72　下拉菜单中"根据 SV 数据文件"绘制剖面图

命令栏显示"PMXELEVATION 选择边界线",在绘图窗口单击之前画好的多段线,如图 10-73 所示。

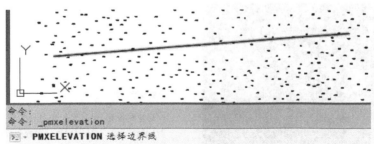

图 10-73　命令栏显示"PMXELEVATION 选择边界线"

命令栏显示"PMXELEVATION 天然地面数据采集方式 [File 使用数据文件 Screen 屏幕选择]<S>?",如图 10-74 所示,在命令栏输入 f,回车。

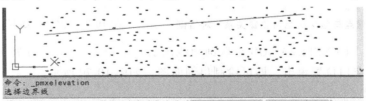

图 10-74　命令栏显示"PMXELEVATION 天然地面数据采集方式 [File 使用数据文件 Screen 屏幕选择] <S>?"

显示"选择离散数据文件"对话框，找到展点所使用的数据文件，选中，如图10-75所示，单击"打开"按钮。

图 10-75　"选择离散数据文件"对话框

显示"文件高程点与多义线相对位置关系"对话框，如图10-76所示，检查显示内容与绘图窗口内容是否一致，一致则单击"继续"按钮。

显示"绘制纵断面图"对话框，如图10-77所示，按照绘图需求设置"标注间隔值""比例设置"，设置完成后，单击"确认"。

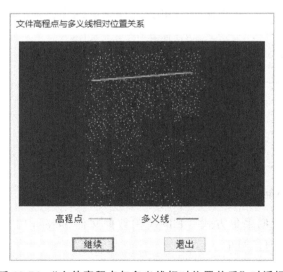

图 10-76　"文件高程点与多义线相对位置关系"对话框　　图 10-77　窗口"绘制纵断面图"

命令栏显示"PMXELEVATION 点取剖面线图的左下角:"，如图10-78所示，在绘图区域找一块合适的空白位置单击，即可绘制出剖面图，如图10-79所示。

5. 地物焊接

野外测图时，为了制图方便，经常会将一个实体分为几段测量，对于制图不会有问题，

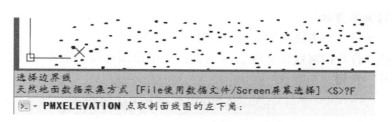

图 10-78　命令栏显示"PMXELEVATION 点取剖面线图的左下角:"

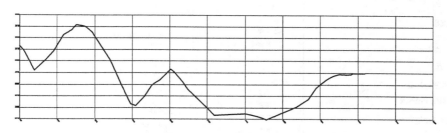

图 10-79　剖面图绘制完成

但若考虑以后的图形管理，如一个多点房分为两个实体，若入库则按两个实体入库，进入 GIS 后就会出现问题。"地物焊接"的具体操作如下：

依次单击"SV 工具、地物焊接"，如图 10-80 所示。依次单击需要焊接的两个实体，如图 10-81 所示。焊接完成后，两个实体变为一个，如图 10-82 所示。

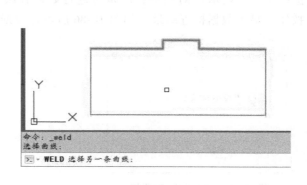

图 10-80　"SV 工具"中的"地物焊接"　　　　图 10-81　选中需要焊接的实体

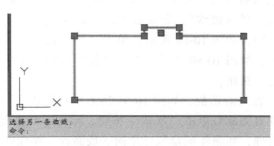

图 10-82　焊接完成

6. 一步法绘制等高线

依次单击"地形、一步法绘等高线",如图 10-83 所示。

此时,显示"打开构网数据文件"对话框,选中绘图所用的数据文件,如图 10-84 所示,单击"打开"按钮。

图 10-83 "地形"下拉菜单中的"一步法绘等高线"

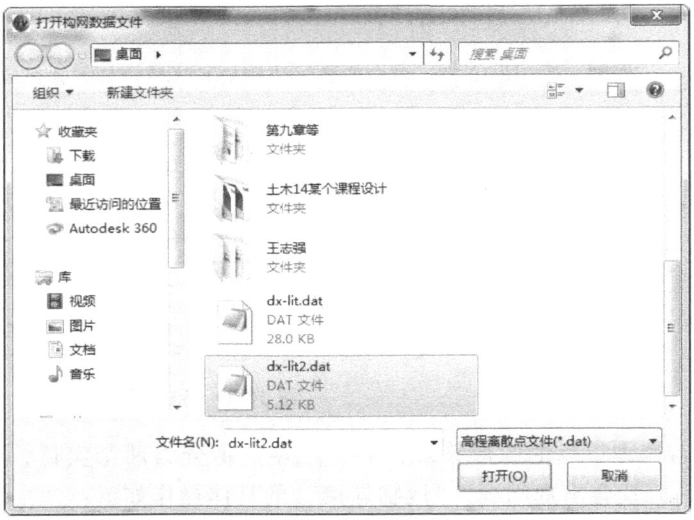

图 10-84 "打开构网数据文件"对话框

窗口显示"提示"对话框,问是否进行数据合法性检查,如图 10-85 所示,单击"确定"按钮。显示数据检查结果,如图 10-86 所示,数据正确无误则单击"确定"按钮。

图 10-85 "提示"对话框

图 10-86 数据合法性检查结果

窗口显示"拓扑建立参数设置"对话框,如图 10-87 所示,按照需求进行设置,如果地形图中有坡坎,则需勾选"处理坡坎",完成后单击"确定"按钮。显示"提示"对话框,下一步是否建立拓扑三角网,如图 10-88 所示,单击"是"按钮。

询问是否绘制三角网,如图 10-89 所示,单击"是"按钮。下一步是否绘制等值线,如图 10-90 所示,单击"是"按钮。

弹出"等高线参数设置"对话框,如图 10-91 所示,按照需求设置等高距、插值距等,选择合适的拟合方法,设置完成后单击"确认"按钮。至此,等高线已经绘出,如图 10-92 所示,但还需进一步的处理,如删除或隐藏三角网、展高程。删除或隐藏三角网、展高程在

第 9 章的分步法绘制等高线部分已经做了介绍，这里不再赘述，处理完后的等高线如图 10-93 所示。

图 10-87 "拓扑建立参数设置"

图 10-88 "提示"对话框（1）

图 10-89 "提示"对话框（2）

图 10-90 "提示"对话框（3）

图 10-91 "等高线参数设置"对话框

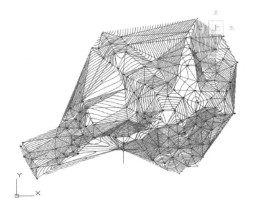

图 10-92 绘出等高线

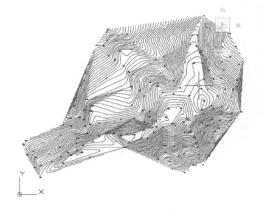

图 10-93 等高线绘制完成

【本章小结】

本章主要介绍了求地形图上某点的坐标和高程，求地形图上直线距离、方位角、坡度，求地形图上图形面积，地形图上选线，绘断面图，算汇水面积、算土石方、数字地形图的应用。

【思考题与练习题】

1. 地形图的基本应用有哪些？

2. 从地形图上量得 A、B 两点的坐标和高程如下：$x_A = 1237.52\text{m}$，$y_A = 976.03\text{m}$，$H_A = 163.574\text{m}$，$x_B = 1176.02\text{m}$，$y_B = 1017.35\text{m}$，$H_B = 159.634\text{m}$。试求：AB 水平距离、AB 边的坐标方位角及 AB 直线坡度。

3. 如图 10-94 所示，每一方格面积为 400m^2，每一个方格顶点的实测高程均注在顶点的右上方，在该图范围内进行土石方平整，试分别计算挖方总量及填方总量。

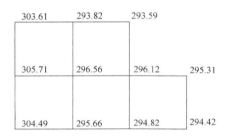

图 10-94 某场地方格网

4. 什么是数字地形图？数字地形图与模拟地形图相比有哪些优点？

5. 利用数字地形图数据，可以在 CASS7.0 中进行哪些应用？

6. 利用数字地形图数据，可以在 SV300 V9 中进行哪些应用？

第 11 章 施工测量基本工作

施工测量的基本工作包括已知水平距离测设、已知水平角测设、已知高程测设、点的平面位置测设、已知坡度直线测设等内容。

11.1 已知水平距离测设

已知水平距离测设就是根据已知的起点、线段方向和两点间的水平距离找出另一端点的地面位置。放样已知水平距离所用的工具与测量地面两点间水平距离相同。

11.1.1 钢尺测设已知水平距离

使用钢尺测设已知水平距离适用于较短距离，较长距离请使用全站仪测设。

1）一般方法：从已知点开始沿给定的方向，用钢尺直接丈量出已知水平距离，定出这段距离的另一端点。为了校核，应再丈量一次，若两次丈量的相对误差在限差内，取平均位置作为该端点的最后位置。

2）精确方法：当测设精度要求较高时，应使用检定过的钢尺，用经纬仪定线，根据已知水平距离，经过尺长改正、温度改正和倾斜改正后，计算出实地测设长度。然后根据计算结果，用钢尺进行测设。

11.1.2 全站仪测设已知水平距离

用全站仪测设已知水平距离与用钢尺测设已知水平距离的方法一致，先用跟踪法放样出另一端点，再精确测定两点间水平距离，最后进行改正。

如图 11-1 所示，在 A 点安置全站仪，反光棱镜在已知方向上前后移动，使仪器显示的水平距离等于待测设的水平距离，定出 C' 点。为了进一步提高放样精度，可以精确测定 A、

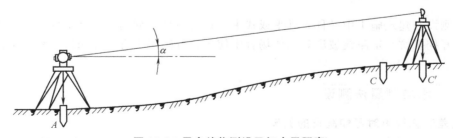

图 11-1 用全站仪测设已知水平距离

C' 两点间水平距离,最终经改正得到 C 点。再实测 AC 距离,其不符值应在限差之内,否则应再次进行改正,直至符合限差为止。

11.2 已知水平角测设

已知水平角测设,就是根据水平角的已知数据和一个已知边的方向,使用经纬仪将角的另一边方向标定在地面上。

1. 一般方法

如图 11-2 所示,已知地面方向 OA,O 点为顶点,β 为已知水平角角值,OB 为欲定的方向线。首先在 O 点安置经纬仪,盘左位置瞄准 A 点,使水平度盘读数为 $0°00'00''$。之后转动照准部,使水平度盘读数恰好为 β 值,在此视线上定出 B' 点。换为盘右位置,同法测设出 B'' 点。若 B' 点和 B'' 点间误差符合限差要求,取点 B' 和点 B'' 的中点 B,则 $\angle AOB$ 就是要测设的 β 角。

2. 精确方法

如图 11-3 所示,先用一般方法测设出 B' 点,再用测回法对 $\angle AOB'$ 观测若干个测回,求出各测回平均值 β_1,并计算出其与已知水平角角值的差值 $\Delta\beta = \beta - \beta_1$。之后计算改正距离 $BB' = OB' \times \Delta\beta/\rho$,自 B' 点沿 OB' 的垂直方向量出距离 BB',定出 B 点,则 $\angle AOB$ 就是要测设的角度。量取改正距离时,若 $\Delta\beta$ 为正,则沿 OB' 的垂直方向向外量取;若 $\Delta\beta$ 为负,则沿 OB' 的垂直方向向内量取。

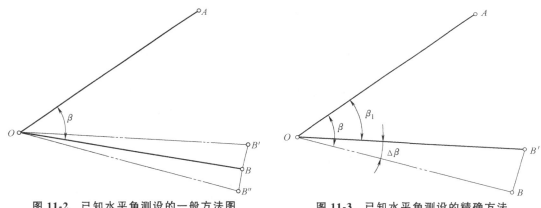

图 11-2　已知水平角测设的一般方法图　　　图 11-3　已知水平角测设的精确方法

11.3 已知高程测设

高程测设在建筑施工中又称为抄平或找平,是将设计高程测定在制定桩位上,主要在平整场地、开挖基坑、定路线坡度等工作场合中使用,方法主要有水准测量法和全站仪三角高程放样法。

11.3.1 水准测量法测设

1. 高差变化较小时已知高程的测设

已知高程的测设,可以利用水准测量的方法,根据已知水准点,将设计高程标定到作业面上。

如图 11-4 所示，某建筑物的室内地坪设计高程为 $H_设$，附近有一水准点 BM3，其高程为 H_3。现在要求把该建筑物的室内地坪高程测设到木桩 A 上，作为施工时控制高程的依据。测设方法如下：

1）在水准点 BM3 和木桩 A 之间安置水准仪，在 BM3 立水准尺，用水准仪的水平视线测得后视读数为 a，此时视线高程为 $H_i = H_3 + a$。

2）计算 A 点水准尺尺底为室内地坪高程时的前视读数 $b = H_视 - H_i$。

3）上下移动竖立在木桩 A 侧面的水准尺，直至水准仪的水平视线在尺上截取的读数为 b 时，紧靠尺底在木桩上画一水平线，其高程即为 $H_设$。

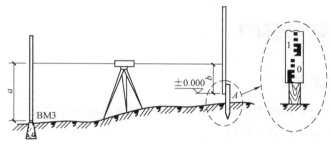

图 11-4 已知高程的测设

2. 高差变化较大时已知高程的测设

当向较深的基坑或较高的建筑物上测设已知高程点时，如水准尺长度不够，可利用钢尺向下或向上引测。

如图 11-5 所示，欲在深基坑内设置一水平桩，使其高程为 $H_设$。地面附近有一水准点 BMR，其高程为 H_R。测设方法如下：

1）在基坑一边架设吊杆，杆上吊一根零点向下的钢尺，尺的下端挂上 10kg 的重锤，放入油桶中。

2）在地面安置一台水准仪，设水准仪在 BMR 点所立水准尺上读数为 a_1，在钢尺上读数为 b_1。

3）在坑底安置另一台水准仪，设水准仪在钢尺上读数为 a_2。

4）计算水平桩处水准尺底高程 $H_设$ 时，水平桩处尺应读数为

$$b_2 = H_R + a_1 - (b_1 - a_2) - H_设$$

5）改变钢尺悬挂位置，再次观测，以资检核。

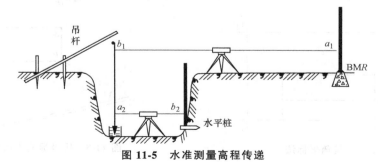

图 11-5 水准测量高程传递

用同样的方法，也可从低处向高处测设已知高程的点。

11.3.2 全站仪三角高程放样法测设

当预测设的高程点与水准点之间的高差相差较大时也可采用全站仪测设。如图 11-6 所示，在基坑边缘的水准点 A 点处安置全站仪，量取仪器高 i_A，在 B 点处安置反光镜，量取棱镜高 V_B，测量仪器与棱镜间的高差，计算出 B 点木桩与 A 点木桩间的高差，进而得到 B 点桩顶的高程 H'_B，在 B 点桩的侧面桩顶以下 $H'_B - H_{B应}$ 位置画线，即得到预测设的 B 点高程。

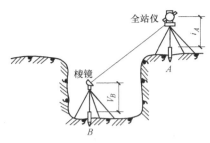

图 11-6　三角测量高程传递

11.4 点的平面位置测设

11.4.1 常规测设方法

常规测设方法中较常用的主要有直角坐标法、极坐标法和距离交会法等，随着光电测距仪的发展角度交会的方法已较少使用。

（1）直角坐标法　直角坐标法是根据直角坐标原理，利用纵横坐标之差测设点的平面位置的。直角坐标法适用于施工控制网为建筑方格网或建筑基线形式的建筑施工场地。

1）计算测设数据。如图 11-7 所示，Ⅰ、Ⅱ、Ⅲ、Ⅳ为建筑施工场地的建筑方格网点，a、b、c、d 为欲测设建筑物的四个角点，根据设计图上各点坐标值，可求出测设数据。

2）点位测设。首先在Ⅰ点安置经纬仪或全站仪，瞄准Ⅳ点，沿视线方向测设出 m 点和 n 点。之后在 m 点安置经纬仪或全站仪，瞄准Ⅳ点，按逆时针方向测设 90°角，沿视线方向测设出 a 点和 b 点。同法在 n 点定出 c 点和 d 点。最后检查建筑物四角是否等于 90°，各边长是否等于设计长度，其误差均应在限差以内。测设上述距离和角度时，可根据精度要求分别采用一般方法或精确方法。

（2）极坐标法　极坐标法是根据一个水平角和一段水平距离测设点的平面位置的。极坐标法适用于量距方便，且待测设点距离建筑施工场地控制点较近的情况。

1）计算测设数据。如图 11-8 所示，A 点、B 点为已知平面控制点，其坐标值分别为 (x_A, y_A)、(x_B, y_B)，P 点为建筑物的一个角点，其坐标为 (x_P, y_P)。现根据 A、B 两点，用极坐标法测设 P 点。首先计算 AB 边的坐标方位角 $\alpha_{AB} = \arctan \dfrac{\Delta y_{AB}}{\Delta x_{AB}}$ 和 AP 边的坐标方位角

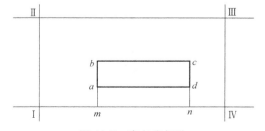

图 11-7　直角坐标法

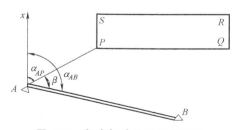

图 11-8　极坐标法平面位置测设

$\alpha_{AP} = \arctan \dfrac{\Delta y_{AP}}{\Delta x_{AP}}$,每条边在计算时,应根据 Δx 和 Δy 的正负情况,判断并计算该边的坐标方位角大小。则 AP 与 AB 之间的夹角 $\beta = \alpha_{AB} - \alpha_{Ap}$,若 $\alpha_{AB} < \alpha_{Ap}$,则 $\beta = \alpha_{AB} - \alpha_{Ap} + 360°$,A、P 两点间的水平距离 $D_{AP} = \sqrt{\Delta x_{AP}^2 + \Delta y_{AP}^2}$。

2)点位测设方法。首先在 A 点安置经纬仪或全站仪,瞄准 B 点,按逆时针方向测设 β 角,定出 AP 方向,再沿 AP 方向自 A 点测设水平距离 D_{AP},定出 P 点。同法可测设 Q、R、S 点。全部测设完毕后,检查建筑物四角是否等于 90°,各边长是否等于设计长度,其误差均应在限差以内。同样,在测设距离和角度时,可根据精度要求分别采用一般方法或精确方法。

(3)距离交会法　距离交会法是由两个控制点测设两段已知水平距离,交会定出点的平面位置。距离交会法适用于待测设点至控制点的距离不超过一尺段长,且地势平坦、钢尺量距方便的建筑施工场地。

1)计算测设数据。如图 11-9 所示。A 点、B 点为已知平面控制点,P 为待测设点,根据 A、B、P 三点的坐标值,分别计算出 D_{AP} 和 D_{BP}。

2)点位测设方法。将钢尺的零点对准 A 点,以 D_{AP} 为半径在地面上画一圆弧。再将钢尺的零点对准 B 点,以 D_{BP} 为半径在地面上再画一圆弧。两圆弧的交点即为 P 点的平面位置。

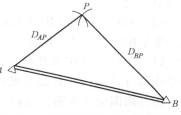

图 11-9　距离交会法平面位置测设

11.4.2　数字化测设方法

1. 全站仪法测设

(1)已知点设站点位测设　此种方法的实质是极坐标法测设,其中计算距离和角度这些测设数据的过程由全站仪完成,测设方法与极坐标法类似。首先将仪器安置在控制点,并在测设测量模式下输入或调取安置仪器控制点的坐标数据,之后进行后视定向,瞄准后视方向之后输入或调取后视点坐标或后视方向坐标方位角,随后进行坐标的测设,输入或调取待测设点点位后按照全站仪的指示转动照准部并指挥棱镜位置,直至棱镜位于待放样点位置。

(2)自由设站点位测设　随着电子科技的发展,电子全站仪的功能也越来越强大,给测设工作带来了很多便利。现在能通过在合适的位置自由架设全站仪,通过与已知点联测得到该位置的测站坐标,进而将该点作为已知点,以此点作为控制点进行放样工作,此种方法即为自由设站测设法。采用自由设站测设法时,应根据工程实际情况进行精度估算,以便使放样结果达到设计要求。为了保证测量成果的可靠精度,自由设站测设法往往要有一定数量的多余观测,通常采用联测多点的方式进行。

2. GNSS 方法点位测设

由于 GNSS 具有定位精度高、观测时间短、观测站间无须通视、能提供全球统一的地心坐标等特点,被广泛应用于控制测量中。对于精度要求非常高的大型建筑物,如对特大桥、隧道、互通式立交等进行控制测量,宜用静态测量。而一般工程的控制测量,则可采用

GNSS-RTK 动态测量。

为保证卫星信号的质量，测站上空应尽可能开阔，在 10°~15° 高度角以上不能有成片的障碍物。为减少各种电磁波对 GNSS 卫星信号的干扰，在测站周围约 200m 的范围内不能有强电磁波干扰源，同时远离对电磁波信号反射强烈的地形、地物，测站应选择在交通便利、易于保存的地方。

（1）静态 GNSS 测设 GNSS 控制网有多种布设形式，最常用的布网形式是同步图形扩展式。将多台接收机在不同测站上进行同步观测，在完成一个时段的同步观测后，又迁移到其他的测站上进行同步观测，每次同步观测都可以形成一个同步图形，不同的同步图形间一般有若干个公共点相连，整个 GNSS 网由这些同步图形构成。在测量过程中，对网中距离较近的点一定要进行同步观测，以获得它们间的直接观测基线。其优点在于扩展速度快，图形强度较高，且作业方法简单。

将观测得到的 GNSS 数据导入到计算机后经对应的后期数据处理软件处理解算后即得到控制点的坐标值。

（2）GNSS-RTK（Real Time Kinematic）测设 GNSS-RTK 测设一般采用单基准站布网形式，又称为星形网形式。如图 11-10 所示，以一台接收机作为基准站，在某测站上连续开机观测，其余的接收机（流动站）在此基准站观测期间，与其保持数据通信联系并在其周围流动观测，每到一点就进行实时观测，所有这样测得的同步基线就形成了一个以基准站为中心的星形。

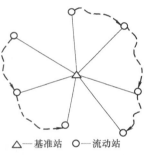

△—基准站 ○—流动站

图 11-10 星形网形式

单基准站式的测量方式的效率很高，基本上实现了实时观测，但是由于各流动站一般只与基准站之间有同步观测基线，故一般情况下测量精度稍差。为提高准确性，每个测站应至少进行两次观测，通过将实时坐标与设计坐标相比较，从而进行坐标测设。

11.5　已知坡度直线测设

在道路建设、敷设上下水管道及排水沟等工程时，常要测设指定的坡度线。

已知坡度线测设是根据设计坡度和坡度端点的设计高程，用水准测量的方法将坡度线上各点的设计高程标定在地面上的。

如图 11-11 所示，A、B 为坡度线的两端点，其水平距离为 D，设 A 点的高程为 H_A，要沿 AB 方向测设一条坡度为 i_{AB} 的坡度线。测设方法如下：

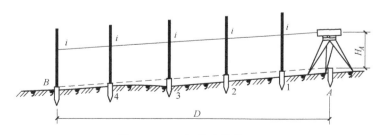

图 11-11 已知坡度线的测设

1）根据 A 点的高程、坡度 i_{AB} 和 A、B 两点间的水平距离 D，计算出 B 点的设计高程。

2）按测设已知高程的方法，在 B 点处将设计高程 H_B 测设于 B 桩顶上，此时，AB 直线即构成坡度为 i_{AB} 的坡度线。

3）将水准仪安置在 A 点上，使基座上的一个脚螺旋在 AB 方向线上，其余两个脚螺旋的连线与 AB 方向垂直。量取仪器高度 i，用望远镜瞄准 B 点的水准尺，转动在 AB 方向上的脚螺旋或微倾螺旋，使十字丝中丝对准 B 点水准尺上等于仪器高 i 的读数，此时，仪器的视线与设计坡度线平行。

4）在 AB 方向线上测设中间点，分别在 1、2、3…处打下木桩，使各木桩上水准尺的读数均为仪器高 i，这样各桩顶的连线就是欲测设的坡度线。

如果设计坡度较大，超出水准仪脚螺旋所能调节的范围，则可用经纬仪测设，其测设方法与水准仪测设坡度直线的方法一样。

【本章小结】

本章介绍了施工测量的基本工作，主要内容包括已知水平距离测设、已知水平角测设、已知高程测设、点的平面位置测设、已知坡度直线测设等内容。

【思考题与练习题】

1. 施工测量的基本工作包括哪些？
2. 角度测设的方法有哪些？如何操作？
3. 点的平面位置测设方法主要有哪些？
4. 高程放样有哪几种方法测设？
5. 简述用全站仪在已知点设站测设已知坐标点位置的一般方法。
6. 已知控制点 A、B 及待定点 P 的坐标如下：$x_A = 189.000\text{m}$，$y_A = 102.000\text{m}$，$x_B = 185.100\text{m}$，$y_B = 126.700\text{m}$，$x_P = 200.000\text{m}$，$y_P = 110.000\text{m}$，计算从用角度交会法放样 P 点所需的测设数据。

第12章 工业与民用建筑施工测量

12.1 施工测量概述

12.1.1 施工测量的任务

在施工过程中进行的一系列测量工作称为施工测量。施工测量的目的是将图样上设计好的建筑物或构筑物的平面位置 x、y 和高程 H，按设计要求以一定的精度测设在地面上，作为施工的依据，并在施工过程中进行各项衔接测量工作。

施工测量的工作内容主要包括：建立施工控制网、测设建筑物的主要轴线、测设建筑物细部、工程竣工测量及建筑物变形监测等。施工测量的实质是测设点位，通过距离、角度和高程等元素的测设，实现建筑物点、线、面、体的放样。施工测量不同于地形测量，其间出现的任何差错都可能造成严重的质量事故和经济损失，因此工程测量人员必须严格按照 GB 50026—2007《工程测量规范》仔细测量和复核，力争将错误率降到最低，同时及时了解施工方案和进度，密切配合施工，保证工程质量。

12.1.2 施工测量的特点

施工测量是直接为工程施工服务的，因此它必须与施工组织计划相协调。在施工测量前，测量人员应熟悉施工现场的控制测量成果、技术总结、有关地形图、工程建筑物的设计文件及其精度要求，随时掌握工程进度情况，使测量精度和速度满足施工的需要。

施工测量的精度主要取决于建（构）筑物的大小、性质、用途、材料、施工方法等因素。一般高层建筑施工测量精度高于低层建筑，装配式建筑施工测量精度高于非装配式，钢结构建筑施工测量精度高于钢筋混凝土结构建筑。往往局部精度高于整体定位精度。施工测量受施工干扰大。

施工测量是设计与施工之间的桥梁，贯穿于整个施工过程中，是施工的重要组成部分。由于施工测量要求的精度较高，施工现场各种建筑物的分布面广，且往往同时开工兴建。所以，为了保证各建筑物测设的平面位置和高程都有相同的精度并且符合设计要求，施工测量也必须遵循"由整体到局部、先高级后低级、先控制后碎部"的原则组织实施。

12.1.3 施工放样的基本要求

工业与民用建筑物施工放样前应准备好建筑总平面图、图样设计说明、轴线平面图、基础平面图、设备基础图、土方开挖图、结构图、管网图等相关资料,并依照设计说明和国家测量规范等对施工放样的精度进行设计,以满足施工需要。建筑物施工放样、轴线投测和标高传递的允许偏差值参见表12-1的规定。

表12-1 建筑物施工放样、轴线投测和标高传递的允许偏差

项 目	内 容		允许偏差/mm
基础桩位放样	单排桩或群桩中的边桩		±10
	群桩		±20
各施工层上放线	外廓主轴线长度 L/m	$L \leq 30$	±5
		$30 < L \leq 60$	±10
		$60 < L \leq 90$	±15
		$L > 90$	±20
	细部轴线		±2
	承重梁、柱、墙边线		±3
	非承重墙边线		±3
	门窗洞口线		±3
轴线竖向投测	每层		3
	总高 H/m	$H \leq 30$	5
		$30 < H \leq 60$	10
		$60 < H \leq 90$	15
		$90 < H \leq 120$	20
		$120 < H \leq 150$	25
		$H > 150$	30
标高竖向传递	每层		±3
	总高 H/m	$H \leq 30$	±5
		$30 < H \leq 60$	±10
		$60 < H \leq 90$	±15
		$90 < H \leq 120$	±20
		$120 < H \leq 150$	±25
		$H > 150$	±30

柱子、桁架和梁安装测量允许偏差值参见表12-2的规定。

表12-2 柱子、桁架和梁安装测量允许偏差

测量内容		允许偏差/mm
钢柱垫板标高		±2
钢柱±0标高检查		±2
混凝土柱(预制)±0标高检查		±3
柱子垂直度检查	钢柱牛腿	5
	柱高10m以内	10
	柱高10m以上	柱高/1000,且≤20
桁架和实腹梁、桁架和钢架的支承结点间相邻高差的偏差		±5
梁间距		±3
梁面垫板标高		±2

构件预装测量允许偏差值参见表12-3的规定。

表12-3 构件预装测量允许偏差

测量内容	允许偏差/mm
平台面抄平	±1
纵横中心线的正交度	±0.8$\sqrt{l}$
预装过程中的抄平工作	±2

注：l为自交点起算的横向中心线长度的米数，长度不足5m时以5m计。

附属构筑物安装测量允许偏差值参见表12-4的规定。

表12-4 附属构筑物安装测量允许偏差

测量内容	允许偏差/mm
栈桥和斜桥中心线的投点	±2
轨面的标高	±2
轨道跨距的丈量	±2
管道构件中心线的定位	±5
管道标高的测量	±5
管道垂直度的测量	管道垂直距离/1000

12.1.4 施工控制测量简述

由于在勘测设计阶段所建立的控制网是为测图而建立的，并非因施工的需要而建立的，所以控制点的分布、密度和精度，都难以满足施工测量的要求；另外，在平整场地时，一些控制点会被破坏。因此施工之前，需在建筑场地恢复或重建场区控制网。

1. 场区控制网的特点

场区控制网控制范围小、控制点密度大、点位分布有特殊要求、精度要求高、使用频繁且受施工干扰大。同时为了使由控制点坐标反算的两点间水平距离与实地两点间水平距离之差尽量小，实际工作中往往投影到指定高程面而非大地水准面，并且采用独立的与施工控制网点连线相平行或垂直的独立建筑坐标系。

2. 场区控制网分类

场区控制网分为平面控制网和高程控制网两种类型。

（1）场区平面控制网 场区平面控制网一般仍采用工程设计时所使用的坐标系，随着全站仪的普及一般布设成导线网的形式，并根据建筑总平面图、建筑场地地形和施工方案等因素综合考虑建网方案。平面控制网的等级和精度应符合以下规定：

1）建筑场地大于$1km^2$的工程项目或重要工业区，应建立一级或以上精度等级的平面控制网。

2）建筑场地小于$1km^2$的工程项目或一般工业区，可建立二级精度的平面控制网。

3）用原有控制网作为场地控制网时，必须进行复测检查。

场区一、二级导线测量的主要技术要求应符合表12-5的规定。

（2）场区高程控制网 场区高程控制网一般布设成闭合环线、附合路线或结点网形式。大中型项目的场区高程测量不应低于三等水准精度。首级高程控制点应布设在不受施工影响的施工区外，作为整个施工期间高程测量的依据。由首级高程控制点引测的高程施工控制点要满足在施工放样时1~2站即可测设所需的测量点。场区水准点可单独节设在场地相对比较稳定的区域，也可设置在平面控制点的标石上。相邻水准点间距宜小于1km，距离建筑物不宜小于25m，距离回填土边线不宜小于15m。在高差很大的工程施工中，可采用GNSS高程测量或精密三角高程测量引测高程施工控制点，一定要注意保证其精度。

表 12-5 场区导线测量的主要技术要求

等级	导线边长/km	平均边长/m	测角中误差(″)	测距相对中误差	测回数		角度闭合差(″)	导线全长相对闭合差
					2″级仪器	6″级仪器		
一级	2.0	100~300	5	1/30000	3	—	$10\sqrt{n}$	≤1/15000
二级	1.0	100~200	8	1/14000	2	4	$16\sqrt{n}$	≤1/10000

对于施工过程中无法保存的少量高程控制点，应将其高程引测至其旁边稳固建（构）筑物上，引测精度不低于原高程点的精度等级，在每个较大的建筑物墙、柱的侧面，还要测设一些±0.000m水准点，用红漆绘成顶为水平线的"▼"形符号。

3. 施工坐标系与测量坐标系的坐标换算

施工坐标系也称为建筑坐标系，其坐标轴往往与主要建筑物主轴线平行或垂直，与测量坐标系不一致，因此，施工测量前常需要进行施工坐标系与测量坐标系的坐标换算。

如图12-1所示，设xOy为测量坐标系，$x'O'y'$为施工坐标系，x_O、y_O为施工坐标系的原点O'在测量坐标系中的坐标，α为施工坐标系的纵轴$O'x'$在测量坐标系中的坐标方位角。若已知P点的施工坐标为$(x'_P、y'_P)$，则可按下式将其换算为测量坐标$(x_P、y_P)$

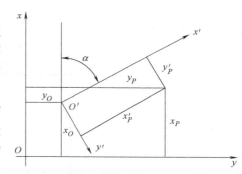

图 12-1 施工坐标系与测量坐标系的换算

$$\begin{cases} x_P = x_O - x'_P\cos\alpha - y'_P\sin\alpha \\ y_P = y_O + x'_P\sin\alpha + y'_P\cos\alpha \end{cases} \quad (12-1)$$

若已知P点的测量坐标，则可按下式将其换算为施工坐标

$$\begin{cases} x'_P = (x_P - x_O)\cos\alpha + (y_P - y_O)\sin\alpha \\ x'_P = -(x_P - x_O)\sin\alpha + (y_P - y_O)\cos\alpha \end{cases} \quad (12-2)$$

12.2 民用建筑施工测量

12.2.1 施工前的准备工作

1) 准备与检查资料及图样设计图是施工测量的主要依据，在测设前，应熟悉建筑物的设计图，了解施工建筑物与相邻地物的相互关系，以及建筑物的尺寸和施工的要求等，并仔细核对各设计图的有关尺寸。在实际工作中拿到的部分大样图是"示意图"，需认真检查，若遇到尺寸不符情况需更改尺寸标注，修改正确后使用。

2) 现场踏勘全面了解现场情况，对施工场地上的平面控制点和水准点进行检核。

3) 放样草图及放样计划

① 制订测设方案。根据设计要求、定位条件、现场地形和施工方案等因素，制订测设方案，包括测设方法、测设数据计算和绘制测设略图。

② 仪器和工具。对测设所使用的仪器和工具进行严格的检验和校正，确保仪器、工具的正常使用。

12.2.2 建筑基线的布设

建筑基线是建筑场地的施工控制基准线，即在建筑场地布置一条或几条轴线。它适用于建筑设计总平面图布置比较简单的小型建筑场地。

（1）建筑基线的布设形式　建筑基线的布设形式应根据建筑物的分布、施工场地地形等因素来确定。常用的布设形式有"一"字形、"L"形、"十"字形和"T"形，如图12-2所示。

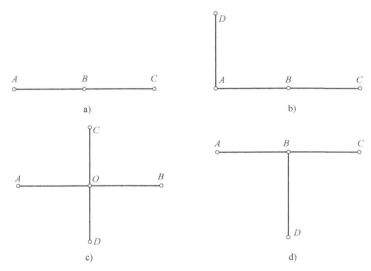

图 12-2　建筑基线的布设形式
a)"一"字形基线　b)"L"形基线　c)"十"字形基线　d)"T"形基线

（2）建筑基线的布设要求

1) 建筑基线应尽可能靠近拟建的主要建筑物，并与其主要轴线平行，以便使用比较简单的直角坐标法进行建筑物的定位。

2) 建筑基线上的基线点应不少于三个，以便相互检核。

3) 建筑基线应尽可能与施工场地的建筑红线相连接。

4) 基线点位应选在通视良好和不易被破坏的地方，为能长期保存，要埋设永久性的混凝土桩。

（3）建筑基线的测设方法　根据施工场地的条件不同，建筑基线的测设方法有以下两种：

1) 根据建筑红线测设建筑基线。由城市测绘部门测定的建筑用地界定基准线称为建筑红线。在城市建设区，建筑红线可用作建筑基线测设的依据。如图12-3所示，AB、AC 为建筑红线，1、2、3 为建筑基线点，利用建筑红线测设建筑基线的方法如下：

首先，从 A 点沿 AB 方向量取 d_1 定出 P 点，沿 AC 方向量取 d_2 定出 Q 点。

然后，过 B 点作 AB 的垂线，沿垂线量取 d_2 定出 2 点，做出标志；过 C 点作 AC 的垂线，沿垂线量取 d_1 定出 3 点，做出标志；用细线拉出直线 $P3$ 和 $Q2$，两条直线的交点即为 1 点，做出标志。

图 12-3　根据建筑红线测设建筑基线

最后，在 1 点安置经纬仪，精确观测 $\angle 213$，其与 $90°$ 的差值应小于 $\pm 20''$。

2）根据附近已有控制点测设建筑基线。在新建筑区，可以利用建筑基线的设计坐标和附近已有控制点的坐标，用极坐标法测设建筑基线。如图 12-4 所示，A 点、B 点为附近已有控制点，1、2、3 为选定的建筑基线点。

首先，根据已知控制点和建筑基线点的坐标，计算出测设数据 β_1、D_1、β_2、D_2、β_3、D_3。然后，可用极坐标法、全站仪坐标法或 GPS-RTK 方法测设 1、2、3 点。

由于存在测量误差，测设的基线点往往不在同一直线上，且点与点之间的距离与设计值也不完全相符，因此，需要精确测出已测设直线的折角 β' 和距离 D'，并与设计值相比较。如图 12-5 所示，如果 $\Delta\beta = \beta' - 180°$ 超过 $\pm 15''$，则应对 $1'$、$2'$、$3'$ 点在与基线垂直的方向上进行等量调整，调整方向如图所示，调整量按下式计算

$$\delta = \frac{ab}{a+b} \times \frac{\Delta\beta}{2\rho} \qquad (12\text{-}3)$$

式中　δ——各点的调整值（m）；

a、b——线段 12、23 的长度（m）。

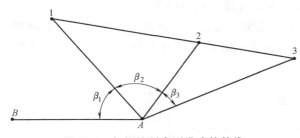

图 12-4　根据控制点测设建筑基线

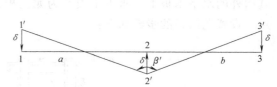

图 12-5　基线点的调整

如果测设出 1、2 和 2、3 间距离超限，即 $\frac{\Delta D}{D} = \frac{D' - D}{D} > \frac{1}{10000}$，则以 2 点为准，按设计长度沿基线方向调整 1、3 点。

12.2.3　建筑方格网的布设

由正方形或矩形组成的施工平面控制网称为建筑方格网，或称为矩形网。建筑方格网适用于按矩形布置的建筑群或大型建筑场地。

1. 布设建筑方格网

布设建筑方格网时，应根据总平面图上各建（构）筑物、道路及各种管线的布置，结

合现场的地形条件来确定，先确定方格网的主轴线 AOB 和 COD，再布设方格网，如图 12-6 所示。

建筑方格网的测设方法如下：

1）主轴线测设。主轴线测设与建筑基线测设方法相似。首先，准备测设数据。然后，测设两条互相垂直的主轴线 AOB 和 COD，如图 12-6 所示。主轴线实质上是由 5 个主点 A、B、O、C 和 D 组成的。最后，精确检测主轴线点的相对位置关系，并与设计值相比较，如果超限，则应进行调整。

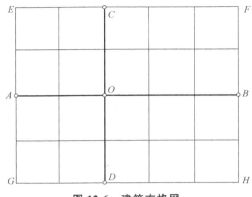

图 12-6 建筑方格网

2）方格网点测设。如图 12-6 所示，主轴线测设后，分别在主点 A、B 和 C、D 安置经纬仪，后视主点 O，向左右测设 90°水平角，即可交会出田字形方格网点。随后再做检核，测量相邻两点间的距离，看是否与设计值相等，测量其角度是否为 90°，误差均应在允许范围内，并埋设永久性标志。

建筑方格网轴线与建筑物轴线平行或垂直，因此，可用直角坐标法进行建筑物的定位，计算简单，测设比较方便，而且精度较高。其缺点是必须按照总平面图布置，其点位易被破坏，而且测设工作量也较大。

由于建筑方格网的测设工作量大，测设精度要求高，必要时可委托专业测量单位进行。

2. 龙门板和轴线控制桩的设置

建筑物定位后，所确定的外墙轴线交点桩（角桩），在基槽开挖时将被破坏，而这些角桩还需要用来恢复施工时的轴线位置，因此基槽开挖前需将轴线引测到基槽边线以外不易被破坏的位置，做好标志。引测轴线的方法有龙门板法和轴线控制桩法。

（1）龙门板法　龙门板法适用于小型民用建筑物。为了施工方便，常将各轴线引测到基槽外的水平木板上。水平木板称为龙门板，固定龙门板的木桩称为龙门桩，如图 12-7 所示。设置龙门板的步骤如下：

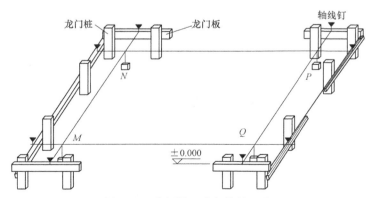

图 12-7 龙门板、龙门桩的设置

1）在建筑物四角与隔墙两端，基槽开挖边界线以外 1.5~2m 处，设置龙门桩。龙门桩要钉得竖直、牢固，龙门桩的外侧面应与基槽平行。

2）根据施工场地的水准点，用水准仪在每个龙门桩外侧，测设出该建筑物室内地坪设计高程线（即±0.000m标高线），并做出标志。

3）沿龙门桩上±0.000m标高线钉设龙门板，这样龙门板顶面的高程就同在±0.000m的水平面上。然后，用水准仪校核龙门板的高程，如有差错应及时纠正，其允许误差为±5mm。

4）在N点安置经纬仪，瞄准P点，沿视线方向在龙门板上定出一点，用小钉做标志，纵转望远镜在N点的龙门板上也钉一个小钉。用同样的方法，将各轴线引测到龙门板上，所钉的小钉称为轴线钉。轴线钉定位误差应小于±5mm。

5）用钢尺沿龙门板的顶面，检查轴线钉的间距，其误差不超过1：2000。检查合格后，以轴线钉为准，将墙边线、基础边线、基础开挖边线等标定在龙门板上。

龙门板法使用方便，但占用场地多，对交通影响大，且需要使用较多的木料，因此在现在的机械化施工中，不使用此方法而是使用轴线控制桩法。

（2）轴线控制桩法　轴线控制桩设置在基槽外基础轴线的延长线上，作为开槽后各施工阶段恢复轴线的依据。轴线控制桩一般设置在基槽外2~4m处，打下木桩，桩顶钉上小钉，准确标出轴线位置，并用混凝土包裹木桩，如图12-8所示。若附近有建（构）筑物，也可把轴线投测到建（构）筑物上，用红漆做出标志，以代替轴线控制桩。为了保证控制桩的精度，一般将控制桩与定位桩一起测设，并且为了预防控制桩遭到破坏，应预设多余控制桩点。

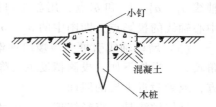

图 12-8　轴线控制桩

3. 基础施工测量

建筑物±0.000m以下的部分称为建筑物的基础，按照构造方式可分为条形基础、独立基础、筏形基础和箱形基础等。基础施工测量的主要内容包括基槽开挖边线放线、基槽开挖深度控制、垫层施工测设和基础放样等。

（1）基槽开挖边线放线　基槽开挖前，需按照基础剖面图的设计尺寸，计算基槽开挖边线的尺寸，即基槽侧面与地面交线，然后由基线控制桩中线向两边量取基槽开挖边线位置，做出记号，并将同侧对应的相邻记号点之间沿直线撒上白灰等，就可以依照白灰线位置开挖基槽。

（2）基槽开挖深度控制　为了控制基槽的开挖深度，当快挖到槽底设计标高时，应用水准仪根据地面上±0.000m点，在槽壁上每隔2~3m测设一些水平小木桩（称为水平桩），如图12-9所示，使木桩的上表面离槽底的设计标高为一固定值（如+0.500m），并沿着水平桩在槽壁上弹上墨线，作为控制挖深和铺设基础垫层的依据。

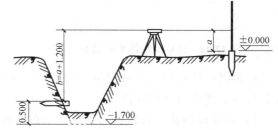

图 12-9　设置水平桩

（3）垫层施工测设　进行垫层施工前，应根据轴线控制桩或龙门板对基槽宽度和槽底标高进行复核，合格后方可进行垫层施工。垫层施工前应用拉线吊铅锤的方法在槽底层测设出垫层的边线，并在槽底设置垫层标高桩，使桩上标记线的高程等于垫层设计高程，作为垫层施工的依据。

（4）基础放样　垫层施工完成后，根据龙门板或轴线控制桩同样用拉线吊铅锤的方法将墙基轴线投测到垫层上，经按设计尺寸严格测量校核后，弹上墨线并用红油漆画上标记。

12.2.4　楼层轴线与高程的传递

1. 外控法

外控法即轴线的外部投测，是在建筑物外部，根据建筑物轴线控制桩利用经纬仪进行轴线的竖向投测，也称为经纬仪引桩投测法。具体操作方法如下：

（1）在建筑物底部投测中心轴线位置　高层建筑的基础工程完工后，将经纬仪安置在轴线控制桩 A_1、A_1'、B_1 和 B_1' 上，把建筑物主轴线精确地投测到建筑物的底部，并设立标志，如图 12-10 中的 a_1、a_1'、b_1 和 b_1'，以供下一步施工与向上投测之用。

（2）向上投测中心线　随着建筑物不断升高，要逐层将轴线向上传递，将经纬仪安置在中心轴线控制桩 A_1、A_1'、B_1 和 B_1' 上，严格整平仪器，用望远镜瞄准建筑物底部已标出的轴线 a_1、a_1'、b_1 和 b_1' 点，用盘左和盘右分别向上投测到每层楼板上，并取其中点作为该层中心轴线的投影点，即图中的 a_2、a_2'、b_2 和 b_2'。

（3）增设轴线引桩　当楼房逐渐增高，而轴线控制桩距建筑物又较近时，望远镜的仰角较大，操作不便，投测精度也会降低。为此，要将原中心轴线控制桩引测到更远的安全地方，或者附近大楼的屋面。

具体做法是：将经纬仪安置在已经投测上去的较高层（如第十层）楼面轴线 $a_{10}a_{10}'$ 上，如图 12-11 所示，瞄准地面上原有的轴线控制桩 A_1 和 A_1' 点，用盘左、盘右分中投点法，将轴线延长到远处 A_2 和 A_2' 点，并用标志固定其位置，A_2、A_2' 即为新投测的轴控制桩。更高各层的中心轴线，可将经纬仪安置在新的引桩上，按上述方法继续进行投测。

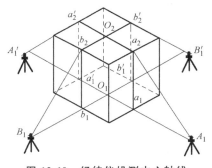

图 12-10　经纬仪投测中心轴线

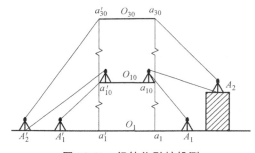

图 12-11　经纬仪引桩投测

在多层建筑墙身砌筑过程中，为了保证建筑物轴线位置正确，可用垂球或经纬仪将轴线投测到各层楼板边缘或柱顶上。

1）垂球投测法。将较重的垂球悬吊在楼板或柱顶边缘，当垂球尖对准基础墙面上的轴线标志时，线在楼板或柱顶边缘的位置即为楼层轴线端点位置，并画出标志线。各轴线的端点投测完后，用钢尺检核各轴线的间距，符合要求后，继续施工，并把轴线逐层自下向上传递。吊垂球法简便易行，不受施工场地限制，一般能保证施工质量。但当有风或建筑物较高时，投测误差较大，应采用其他投测法。

2）经纬仪投测法。在轴线控制桩上安置经纬仪，严格整平后，瞄准基础墙面上的轴线标志，用盘左、盘右分中投点法，将轴线投测到楼层边缘或柱顶上。将所有端点投测到楼板上之后，用钢尺检核其间距，相对误差需满足限差要求。检查合格后，才能在楼板分间弹线，继续施工。

2. 内控法

内控法即轴线的内部投测，是在建筑物内±0.000m平面设置轴线控制点，并预埋标志，以后在各层楼板相应位置上预留200mm×200mm的传递孔，在轴线控制点上直接采用吊线坠法或激光铅垂仪法，通过预留孔将其点位垂直投测到任一楼层。

（1）内控法轴线控制点的设置　在基础施工完毕后，在±0.000m首层平面上适当位置设置与轴线平行的辅助轴线。辅助轴线距轴线500~800mm为宜，并在辅助轴线交点或端点处埋设标志，如图12-12所示。

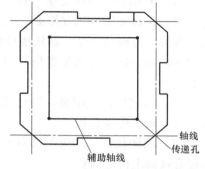

图12-12　内控法轴线控制点的设置

（2）吊线坠法　吊线坠法是利用钢丝悬挂重垂球的方法，进行轴线竖向投测的。这种方法一般用于高度在50~100m的高层建筑施工中，垂球的质量为10~20kg，钢丝直径为0.5~0.8mm。投测方法如图12-13所示，在预留孔上面安置十字架，挂上垂球，对准首层预埋标志。当垂球线静止时，固定十字架，并在预留孔四周做出标记，作为以后恢复轴线及放样的依据。此时，十字架中心即为轴线控制点在该楼面上的投测点。用吊线坠法实测时，要采取一些必要措施，如用铅直的塑料管套着坠线或将垂球沉浸于油中，以减少摆动。

（3）激光铅垂仪法

1）激光铅垂仪是一种专用的铅直定位仪器，适用于高层建筑物、烟囱及高塔架的铅直定位测量。激光铅垂仪的基本构造如图12-14所示，主要由氦氖激光器、精密竖轴、发射望远镜、水准管、基座、激光电源及接收屏等部分组成。激光铅垂仪的竖轴是空心筒轴，两端有螺扣，上下端分别与发射望远镜和氦氖激光器套筒相连接，二者位置可对调，构成向上或向下发射激光束的铅垂仪。仪器上设置有两个互成90°的水准管，仪器配有专用激光电源。

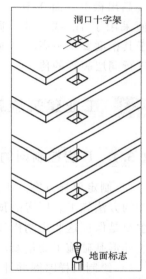

图12-13　吊线坠法投测轴线

2）激光铅垂仪投测轴线。使用激光铅垂仪进行轴线投测的方法与吊线坠法类似：

① 在首层轴线控制点上安置激光铅垂仪，利用激光器底端（全反射棱镜端）所发射的激光束进行对中，通过调节基座整平螺旋，使水准管气泡严格居中。

② 在上层施工楼面预留孔处，放置接受靶。

③ 接通激光电源，启辉激光器发射铅直激光束，通过发射望远镜调焦，使激光束汇聚成红色耀目光斑，投射到接受靶上。

④ 移动接受靶，使靶心与红色光斑重合，固定接受靶，并在预留孔四周做出标记，此时，靶心位置即为轴线控制点在该楼面上的投测点。

3. 高程的传递

在多层建筑施工中,要由下层向上层传递高程,以便楼板、门窗口等的标高符合设计要求。高程传递的方法有以下几种:

(1) 利用钢尺直接丈量 对于高程传递精度不十分高的建筑物,通常用钢尺直接丈量来传递高程。对于二层以上的各层,每砌高一层,就从楼梯间用钢尺测出上一层的+0.500m 标高线,为避免累积误差,每层均应从首层直接向上引测。

(2) 吊钢尺法 用悬挂钢尺代替水准尺,用水准仪读数,从下向上传递高程。

(3) 测距仪法 用测距仪向上测量距离,加上仪器高即可直接向上传递高程。

建筑物每一层都要进行高程的传递,以往大多采用 50 线(高出板上表面 0.5m),现在有很多施工单位为了施工方便采用了 1m 线,其实质均是在同一层传递地面标高,由于其精度要求不高,目前比较广泛使用的是用激光扫平仪进行同层高程的传递。

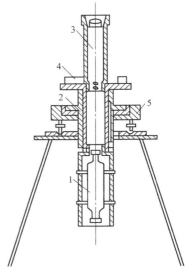

图 12-14 激光铅垂仪的基本构造
1—氦氖激光器 2—精密竖轴
3—发射望远镜 4—水准管 5—基座

12.3 工业建筑施工测量

12.3.1 厂房控制网的测设

1) 制定放样方案。工业建筑中以厂房为主体,一般工业厂房多采用预制构件,在现场装配的方法施工。厂房的预制构件有柱子、吊车梁和屋架等。因此,工业建筑施工测量的工作主要是保证这些预制构件安装到位。具体任务为:厂房矩形控制网测设、厂房柱列轴线放样、杯形基础施工测量及厂房预制构件安装测量等。

2) 绘制放样略图并计算放样数据。

3) 厂房矩形控制网的测设。

12.3.2 厂房柱列轴线和柱基的测设

1. 柱列轴线的测设

根据厂房平面图上所注的柱间距和跨距尺寸,用钢尺沿矩形控制网各边量出各柱列轴线控制桩的位置,如图 12-15 中的 1′、2′、…,并打入大木桩,桩顶用小钉标出点位,作为柱基测设和施工安装的依据。丈量时应以相邻的两个距离指标桩为起点分别进行,以便检核。

2. 柱基的测设

1) 安置两台经纬仪,在两条互相垂直的柱列轴线控制桩上,沿轴线方向交会出各柱基的位置(即柱列轴线的交点),此项工作称为柱基定位。

2) 在柱基的四周轴线上,打入四个定位小木桩 a、b、c、d,其桩位应在基础开挖边线

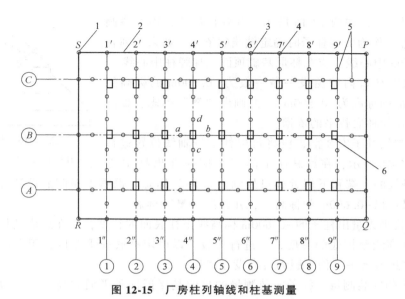

图 12-15 厂房柱列轴线和柱基测量

1—厂房控制桩 2—厂房矩形控制网 3—柱列轴线控制桩 4—距离指标桩 5—定位小木桩 6—柱基础

外比基础深度大 1.5 倍的地方,作为修坑和立模的依据。

3)按照基础详图所注尺寸和基坑放坡宽度,用特制角尺,放出基坑开挖边界线,并撒出白灰线以便开挖,此项工作称为基础放线。

4)在进行柱基测设时,应注意柱列轴线不一定都是柱基的中心线,有的是立模、吊装等习惯用中心线,此时,应将柱列轴线平移,定出柱基中心线。

3. 柱基施工测量

(1)基坑开挖深度的控制 当基坑挖到一定深度时,应在基坑四壁,离基坑底设计标高+0.500m 处,测设水平桩,作为检查基坑底标高和控制垫层的依据。

(2)杯形基础立模测量 杯形基础立模测量有以下三项工作:

1)基础垫层打好后,根据基坑周边定位小木桩,用拉线吊垂球的方法,把柱基定位线投测到垫层上,弹出墨线,用红漆画出标记,作为柱基立模板和布置基础钢筋的依据。

2)立模时,将模板底线对准垫层上的定位线,并用垂球检查模板是否垂直。

3)将柱基顶面设计标高测设在模板内壁,作为浇筑混凝土的高度依据。

12.3.3 安装测量

1. 柱子安装测量

(1)柱子安装应满足的基本要求 柱子中心线应与相应的柱列轴线一致,其允许偏差为±5mm。牛腿顶面和柱顶面的实际标高应与设计标高一致,其允许误差为±(5~8)mm,柱高>5m 时为±8mm。柱身垂直允许误差:当柱高≤5m 时,为±5mm;当柱高 5~10m 时,为±10mm;当柱高≥10m 时,则为柱高的 $\frac{1}{1000}$,但不得大于±20mm。

(2)柱子安装前的准备工作

1)在柱基顶面投测柱列轴线柱基拆模后,用经纬仪根据柱列轴线控制桩,将柱列轴线投测到杯口顶面上，如图12-16所示，并弹出墨线，用红漆画出"▶"标志，作为安装柱子时确定轴线的依据。如果柱列轴线不通过柱子的中心线，应在杯形基础顶面上加弹柱中心线。

用水准仪在杯口内壁测设一条一般为-0.600m的标高线（一般杯口顶面的标高为-0.500m），并画出"▼"标志，如图12-17所示，作为杯底找平的依据。

2）柱身弹线柱子安装前，应将每根柱子按轴线位置进行编号。如图12-18所示，在每根柱子的三个侧面弹出柱中心线，并在每条线的上端和下端近杯口处画出"▶"标志。根据牛腿面的设计标高，从牛腿面向下用钢尺量出-0.600m的标高线，并画出"▼"标志。

3）杯底找平先量出柱子的-0.600m标高线至柱底面的长度，再在相应的柱基杯口内量出-0.600m标高线至杯底的高度，并进行比较，以确定杯底找平厚度，用水泥砂浆根据找平厚度在杯底进行找平，使牛腿面符合设计高程。

（3）柱子的安装测量 柱子安装测量的目的是保证柱子平面和高程符合设计要求，柱身铅直。

1）预制的钢筋混凝土牛腿柱插入杯口后，应使柱子三面的中心线与杯口中心线对齐，可用直角尺进行判定，并用木楔或钢楔临时固定。

2）柱子立稳后，立即用水准仪检测柱身上的±0.000m标高线，其允许误差为±3mm。

3）如图12-18a所示，用两台经纬仪，分别安置在柱基纵、横轴线上，离柱子的距离不小于柱高的1.5倍，先用望远镜瞄准柱底的中心线标志，固定照准部后，再缓慢抬高望远镜观察柱子偏离十字丝竖丝的方向，指挥用系在柱子上部的钢丝绳拉直柱子，直至从两台经纬仪中观测到的柱子中心线都与十字丝竖丝重合为止。

4）在杯口与柱子的缝隙中浇入混凝土，以固定柱子的位置。

5）在实际安装时，一般是一次把许多柱子都竖起来，然后进行垂直校正。这时，可把两台经纬仪分别安置在纵、横轴线的一侧，一次可校正几根柱子，如图12-18b所示，但仪器偏离轴线的角度应在15°以内。

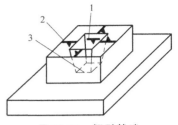

图 12-16 杯形基础

1—柱中心线 2—标高线 3—杯底

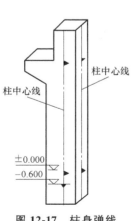

图 12-17 柱身弹线

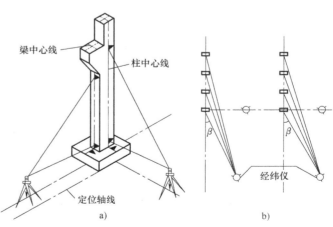

图 12-18 柱垂直度校正

a）单根柱垂直度校正 b）多根柱垂直度校正

（4）柱子安装测量的注意事项　所使用的经纬仪必须严格校正，操作时，应使照准部水准管气泡严格居中。校正时，除注意柱子垂直外，还应随时检查柱子中心线是否对准杯口柱列轴线标志，以防柱子安装就位后产生水平位移。在校正变截面的柱子时，经纬仪必须安置在柱列轴线上，以免产生差错。在日照下校正柱子的垂直度时，应考虑日照使柱顶向阴面弯曲的影响，为避免此种影响，宜在多云天气时校正。

2. 吊车梁安装测量

吊车梁安装测量主要是保证吊车梁中线位置和吊车梁的标高满足设计要求。

（1）吊车梁安装前的准备工作

1）在柱面上量出吊车梁顶面标高。根据柱子上的±0.000m 标高线，用钢尺在柱子上部牛腿一侧量取吊车梁顶面设计标高，并用墨线弹出设计标高线，作为调整吊车梁面标高的依据。

2）在吊车梁上弹出梁的中心线。如图 12-19 所示，在吊车梁的顶面和两端面上，用墨线弹出梁的中心线，作为安装定位的依据。

图 12-19　弹出吊车梁的中心线

3）在牛腿面上弹出梁的中心线根据厂房中心线，在牛腿面上投测出吊车梁的中心线，投测方法如下：如图 12-20a 所示，利用厂房中心线 A_1A_1，根据设计轨道间距，在地面上测设出吊车梁中心线（也是吊车轨道中心线）$A'A'$ 和 $B'B'$。在吊车梁中心线的一个端点 A'（或 B'）上安置经纬仪，瞄准另一个端点 A'（或 B'），固定照准部，抬高望远镜，即可将吊车梁中心线投测到每根柱子的牛腿面上，并用墨线弹出梁的中心线。

（2）吊车梁的安装测量　安装时，使吊车梁两端的梁中心线与牛腿面梁中心线重合，是吊车梁初步定位。采用平行线法，对吊车梁的中心线进行检测，校正方法如下：

1）如图 12-20b 所示，在地面上，从吊车梁中心线，向厂房中心线方向量出长度 a（一般为 1m），得到平行线 $A''A''$（或 $B''B''$）。

2）在平行线一端点 A''（或 B''）上安置经纬仪，瞄准另一端点 A''（或 B''），固定照准部，抬高望远镜进行测量。

3）此时，另外一人在梁上移动横放的木尺，当视线对准尺上 1m 刻划线时，尺的零点应与梁面上的中心线重合。若不重合，可用撬杠等移动吊车梁，使吊车梁中心线到 $A''A''$（或 $B''B''$）的间距等于 a 为止。

吊车梁安装就位后，先按柱面上定出的吊车梁设计标高线对吊车梁面进行调整，然后将水准仪安置在吊车梁上，每隔 3m 测一点高程，并与设计高程比较，误差应在 3mm 以内。

3. 屋架安装测量

（1）屋架安装前的准备工作　屋架吊装前，用经纬仪或其他方法在柱顶面上，测设出屋架定位轴线。在屋架两端弹出屋架中心线，以便进行定位。

（2）屋架的安装测量　屋架吊装就位时，应使屋架的中心线与柱顶面上的定位轴线对准，允许误差为 5mm。屋架的垂直度可用垂球或经纬仪进行检查。用经纬仪检校方法如下：

1）在屋架上安装三把卡尺，一把卡尺安装在屋架上弦中点附近，另外两把分别安装在屋架的两端。自屋架几何中心沿卡尺向外量出一定距离，一般为 500mm，做出标志。

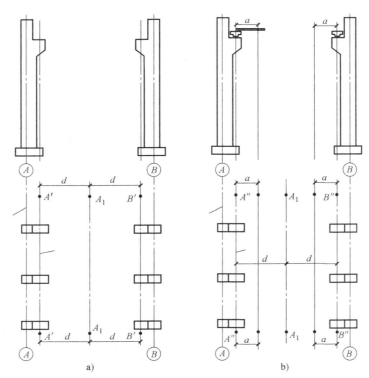

图 12-20 吊车梁安装测量

a) 利用厂房中心线直接测设梁中心线 b) 利用厂房中心线的平行线测设梁中心线

2) 在地面上，距屋架中线同样距离处，安置经纬仪，观测三把卡尺的标志是否在同一竖直面内，如果屋架竖向偏差较大，则用机具校正，最后将屋架固定。

垂直度允许偏差为：薄腹梁为 5mm；桁架为屋架高的 1/250。

12.3.4 烟囱、水塔施工测量

烟囱和水塔的施工测量相近似，现以烟囱为例加以说明。烟囱是截圆锥形的高耸构筑物，其特点是基础小，主体高。施工测量工作主要是严格控制其中心位置，保证烟囱主体竖直。

1. 烟囱的定位、放线

（1）烟囱的定位 烟囱的定位主要是定出基础中心的位置。定位方法如下：

1) 按设计要求，利用与施工场地已有控制点或建筑物的尺寸关系，在地面上测设出烟囱的中心位置 O 点（即中心桩）。

2) 如图 12-21 所示，在 O 点安置经纬仪，任选一点 A 作后视点，并在视线方向上定出 a 点，倒转望远镜，通过盘左、盘右分中投点法定出 b 和 B 点；然后，顺时针测设 90°，定出 d 和 D 点，倒转望远镜，定出 c 和 C 点，得到两条互相垂直的定位轴线 AB 和 CD。

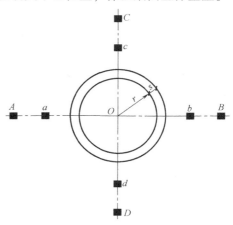

图 12-21 烟囱的定位、放线

3）A、B、C、D 四点至 O 点的距离为烟囱高度的 1～1.5 倍。a、b、c、d 点是施工定位桩，用于修坡和确定基础中心，应设置在尽量靠近烟囱而不影响桩位稳固的地方。

（2）烟囱的放线　以 O 点为圆心，以烟囱底部半径 r 加上基坑放坡宽度 s 为半径，在地面上用皮尺画圆，并撒出白灰线，作为基础开挖的边线。

2. 烟囱的基础施工测量

1）当基坑开挖接近设计标高时，在基坑内壁测设水平桩，作为检查基坑底标高和打垫层的依据。

2）坑底夯实后，从定位桩拉两根细线，用垂球把烟囱中心投测到坑底，钉上木桩，作为垫层的中心控制点。

3）浇筑混凝土基础时，应在基础中心埋设钢筋作为标志，根据定位轴线，用经纬仪把烟囱中心投测到标志上，并刻上"+"字，作为施工过程中控制筒身中心位置的依据。

3. 烟囱筒身施工测量

（1）引测烟囱中心线　在烟囱施工中，应随时将中心点引测到施工的作业面上。

1）在烟囱施工中，一般每砌一步架或每升模板一次，就应引测一次中心线，以检核该施工作业面的中心与基础中心是否在同一铅垂线上。引测方法如下：

在施工作业面上固定一根木枋，在木枋中心处悬挂 8～12kg 的垂球，逐渐移动木枋，直到垂球对准基础中心为止。此时，木枋中心就是该作业面的中心位置。也可用激光垂准仪（光学铅锤仪）进行投测。

2）烟囱每砌筑完 10m，必须用经纬仪引测一次中心线。引测方法如下：如图 12-21 所示，分别在控制桩 A、B、C、D 上安置经纬仪，瞄准相应的控制点 a、b、c、d，将轴线点投测到作业面上，并做出标记；然后，按标记拉两条细绳，其交点即为烟囱的中心位置，并与垂球引测的中心位置比较，以做校核。烟囱的中心偏差一般不应超过砌筑高度的 $\dfrac{1}{1000}$。

3）对于高大的钢筋混凝土烟囱，烟囱模板每滑升一次，就应采用激光铅垂仪进行一次烟囱的铅直定位，定位方法如下：在烟囱底部的中心标志上，安置激光铅垂仪，在作业面中央安置接收靶；在接收靶上，显示的激光光斑中心即为烟囱的中心位置。

4）在检查中心线的同时，以引测的中心位置为圆心，以施工作业面上烟囱的设计半径为半径，用刻划尺杆画圆，如图 12-22 所示，以检查烟囱壁的位置。

（2）烟囱外筒壁收坡控制　烟囱筒壁的收坡是用靠尺板来控制的。靠尺板的形状如图 12-23 所示，靠尺板两侧的斜边应严格按设计的筒壁斜度制作。使用时，把斜边贴靠在筒体外壁上，若垂球线恰好通过下端缺口，说明筒壁的收坡符合设计要求。

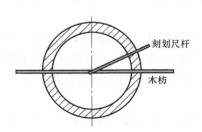

图 12-22　烟囱壁位置的检查

图 12-23　坡度靠尺板

(3) 烟囱筒体标高的控制　首先用水准仪在烟囱底部的外壁上测设出+0.500m（或任一整分米数）的标高线，再以此标高线为准，用钢尺直接向上量取高度。

12.4　建筑物变形观测概述

为保证建筑物在施工和运营过程中的安全，以及为建筑物的设计、施工、管理及科学研究提供可靠的资料，在建筑物施工和运行期间，需要对建筑物的变形进行定期观测，这种观测称为建筑物变形观测。建筑物变形观测的主要内容有建筑物沉降观测、建筑物倾斜观测、建筑物裂缝观测、位移观测和挠度观测等。

12.4.1　变形观测的特点

1）观测精度高。由于变形观测的结果直接关系到建筑物的安全，影响对变形原因和变形规律的正确分析，因此变形观测必须有较高的精度。变形观测的精度要求取决于该建筑物预计允许变形值的大小和进行观测的目的。一般情况下，如果变形观测是为了确保建筑物的安全，则测量精度应为允许值的 $\frac{1}{10} \sim \frac{1}{20}$，从研究角度上讲则还应高很多。

2）重复观测量大。建筑物由于各种原因产生的变形都具有时间效应。计算变形量最基本的方法是计算建筑物上同一点在不同时间的坐标差和高程差。这就要求变形观测必须按照一定的时间周期进行重复观测。重复观测的频率取决于观测的目的、预计的变形量大小和变形速率。通常要求观测的次数既能反映出变化的过程，又不遗漏变化的时刻。

3）数据处理严密。建筑物的变形一般都较小，甚至与观测精度处在同一个数量级；同时，重复观测的数据量较大，要从大量数据中精确提取变形信息，必须采用严密的数据处理方法。数据处理的过程也是进行变形分析和预报的过程。

12.4.2　变形观测的方法

1）常规测量方法常规测量方法包括精密水准测量、三角高程测量、三角（边）测量、导线测量、交会法等。测量仪器主要有经纬仪（光学、电子）、水准仪（光学、电子）、电磁波测距仪及全站仪等。这类方法的测量精度高，应用灵活，适用于不同变形体和不同的工作环境。

2）摄影测量与三维扫描方法。该法不需接触被监测的工程建筑物，获取影像的信息量大，利用率高。外业工作量小，观测时间短，可获取快速变形过程，可同时确定工程建筑物上任意点的变形。实时数字摄影测量和三维数字扫描为该技术在变形观测中的应用开拓了更好的前景。

3）特殊测量方法。特殊测量方法包括各种准直测量法（如激光准直仪）、挠度曲线测量法（测斜仪观测）、液体静力水准测量法和微距离精密测量法（如铟瓦线尺测距仪）等。这些方法可实现连续自动监测和遥测，且相对精度高，但测量范围不大，提供局部变形信息。

4）空间测量技术。空间测量技术包括甚长基线干涉测量（VLBI）、卫星测高、全球定位系统（GPS）等。空间测量技术先进，可以提供大范围的变形信息，是研究地球板块运动和地壳形变等全球性变形的主要手段。全球定位系统（GPS）已成功应用于山体滑坡监测，高精度 GPS 实时动态监测系统实现了对大坝全天候、高频率、高精度和自动化的变形监测。

12.4.3 变形测量点的布设

变形测量点分为基准点、工作基点和变形观测点。基准点通常都埋设在比较稳固的基岩上或在变形范围以外，应尽可能稳固并便于长期保存。每个工程至少应有三个基准点。介于观测点和基准点之间的过渡点称为"工作基点"。工作基点一般埋设在被观测对象附近，要求在观测期内保持稳定。变形观测点应设立在建筑物上能准确反映变形特征的位置上，可从工作基点或邻近的基准点对其进行观测。

12.4.4 沉降观测

建筑物沉降观测通常是用水准测量的方法，周期性地观测建筑物上的沉降观测点和水准基点之间的高差变化值。具体工作要求参见 JGJ 8—2016《建筑变形测量规程》。

1. 水准基点的布设

水准基点是沉降观测的基准，因此水准基点的布设应满足以下要求：

1）要有足够的稳定性。水准基点必须设置在沉降影响范围以外，冰冻地区水准基点应埋设在冰冻线以下 0.5m。

2）要具备检核条件。为了保证水准基点高程的正确性，水准基点最少应布设三个，以便相互检核。

3）要满足一定的观测精度。水准基点和观测点之间的距离应适中，距离太远会影响观测精度，一般应在 100m 范围内。

2. 沉降观测点的布设

沉降观测点应依据建筑物的形状、结构、地质条件、桩形等因素综合考虑，布设在最能敏感反映建筑物沉降变化的地点。一般布设在建筑物四角、差异沉降量大的位置、地质条件有明显不同的区段及沉降裂缝的两侧。埋设时注意观测点与建筑物的连接要牢靠，使得观测点的变化能真正反映建筑物的变化情况，并根据建筑物的平面设计图绘制沉降观测点布点图，以确定沉降观测点的位置。在工作点与沉降观测点之间要建立固定的观测路线，并在架设仪器站点与转点处做好标记桩，保证各次观测均沿统一路线。沉降观测点的布设应满足以下要求：

1）沉降观测点的位置。沉降观测点应布设在能全面反映建筑物沉降情况的部位，如建筑物四角、沉降缝两侧、荷载有变化的部位、大型设备基础、柱子基础和地质条件变化处。

2）沉降观测点的数量。一般沉降观测点是均匀布置的，它们之间的距离一般为 10~20m。

3）沉降观测点的设置形式如图 12-24 所示。

3. 沉降观测

（1）观测周期　观测的时间和次数应根据工程的性质、施工进度、地基地质情况及基础荷载的变化情况而定。

1）当埋设的沉降观测点稳固后，在建筑物主体开工前，进行第一次观测。

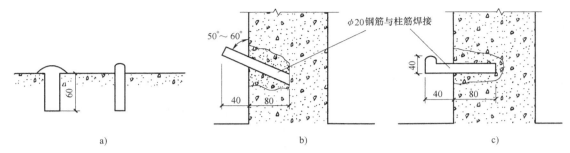

图 12-24　沉降观测点的设置形式

a）地表沉降观测点　b）、c）建筑物沉降观测点

2）在建（构）筑物主体施工过程中，一般每盖 1~2 层观测一次。如中途停工时间较长，应在停工时和复工时进行观测。

3）当发生大量沉降或严重裂缝时，应立即或几天一次连续观测。

4）建筑物封顶或竣工后，一般每月观测一次，如果沉降速度减缓，可改为 2~3 个月观测一次，直至沉降稳定为止。

（2）观测方法　观测时先后视水准基点，接着依次前视各沉降观测点，最后再次后视该水准基点，两次后视读数之差不应超过 ±1mm。另外，沉降观测的水准路线（从一个水准基点到另一个水准基点）应为闭合水准路线。

（3）精度要求　沉降观测的精度应根据建筑物的性质而定。

1）多层建筑物的沉降观测，可采用 DS_1 或 DS_3 级水准仪，用二等水准测量的方法进行，其水准路线的闭合差不应超过 $\pm 1.4\sqrt{n}$ mm（n 为测站数）。

2）高层建筑物的沉降观测，则应采用 DS_{05} 或 DS_1 级精密水准仪，用二等水准测量的方法进行，其水准路线的闭合差不应超过 $\pm 0.6\sqrt{n}$ mm（n 为测站数）。

（4）工作要求　沉降观测是一项长期、连续的工作，为了保证观测成果的正确性，应尽可能做到四定，即固定观测人员，固定的水准仪和水准尺，固定的水准基点，按固定的实测路线和测站进行。

4. 沉降观测的成果整理

（1）整理原始记录　每次观测结束后，应检查记录的数据和计算是否正确，精度是否合格，然后，调整高差闭合差，推算出各沉降观测点的高程，并填入"沉降观测表"中（见表 12-6）。

（2）计算沉降量　计算内容和方法如下：

1）计算各沉降观测点的本次沉降量：

沉降观测点的本次沉降量＝本次观测所得的高程－上次观测所得的高程

2）计算累积沉降量：

累积沉降量＝本次沉降量＋上次累积沉降量

将计算出的沉降观测点本次沉降量、累积沉降量和观测日期、荷载情况等记入"沉降观测记录表"中（见表 12-6）。

（3）绘制沉降曲线　图 12-25 所示为沉降曲线图，沉降曲线分为两部分，即时间与沉降量关系曲线和时间与荷载关系曲线。

表 12-6　沉降观测记录表

观测次数	观测时间	各观测点的沉降情况						…	施工进展情况	荷载情况 /(t/m²)
		1			2					
		高程 /m	本次沉降量 /mm	累积沉降量 /mm	高程 /m	本次沉降量 /mm	累积沉降量 /mm	…		
1	2001.01.10	50.454	0	0	50.473	0	0	…	一层平口	
2	2001.02.23	50.448	−6	−6	50.467	−6	−6		三层平口	40
3	2001.03.16	50.443	−5	−11	50.462	−5	−11		五层平口	60
4	2001.04.14	50.440	−3	−14	50.459	−3	−14		七层平口	70
5	2001.05.14	50.438	−2	−16	50.456	−3	−17		九层平口	80
6	2001.06.04	50.434	−4	−20	50.452	−4	−21		主体完	110
7	2001.08.30	50.429	−5	−25	50.447	−5	−26		竣工	
8	2001.11.06	50.425	−4	−29	50.445	−2	−28		使用	
9	2002.02.28	50.423	−2	−31	50.444	−1	−29			
10	2002.05.06	50.422	−1	−32	50.443	−1	−30			
11	2002.08.05	50.421	−1	−33	50.443	0	−30			
12	2002.12.25	50.421	0	−33	50.443	0	−30			

注：水准点的高程 BM1 为 49.538m；BM2 为 50.123m；BM3 为 49.776m。

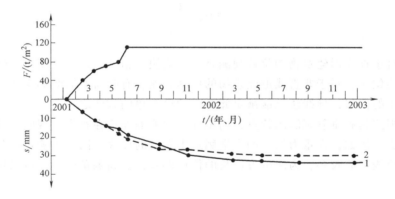

图 12-25　沉降曲线

1）绘制时间与沉降量关系曲线。首先，以沉降量 s 为纵轴，以时间 t 为横轴，组成直角坐标系。然后，以每次累积沉降量为纵坐标，以每次观测日期为横坐标，标出沉降观测点的位置。最后，用曲线将标出的各点连接起来，并在曲线的一端注明沉降观测点号码，这样就绘制出了时间与沉降量关系曲线。

2）绘制时间与荷载关系曲线　首先，以荷载 F 为纵轴，以时间 t 为横轴，组成直角坐标系。然后，根据每次观测时间和相应的荷载标出各点，将各点连接起来，即可绘制出时间与荷载关系曲线。

12.4.5　水平位移观测

建筑物水平位移观测是测定建筑物的平面位置随时间而移动的大小及方向的。位移观测首先要在建筑物附近埋设测量控制点，再在建筑物上设置位移观测点。位移观测的方法主要

有基准线法和导线法两种:

1. 基准线法

某些建筑物只要求测定某特定方向上的位移量,如大坝在水压力方向上的位移量,这种情况可采用基准线法进行水平位移观测。其基本原理是以通过建筑轴线或平行于建筑物轴线的竖直平面为基准面,在不同时期分别测定位于此轴线上的观测点与此基准面的偏移值,即可求出观测点在垂直于轴线方向上的水平位移。基准线法中较常使用的是测小角法。

观测时,先在位移方向的垂直方向上建立一条基准线,如图 12-26 所示。A 点、B 点为控制点,P_i 点为观测点。只要定期测量观测点 P_i 与基准线 AB 的角度变化值 $\Delta\beta$,即可测定水平位移量,$\Delta\beta$ 测量方法如下:在 A 点安置精密经纬仪,第一次观测水平角 $\angle BAP_1 = \beta_1$,第二次观测水平角 $\angle BAP_1' = \beta_2$,两次观测水平角的角值之差即 $\Delta\beta = \beta_2 - \beta_1$。

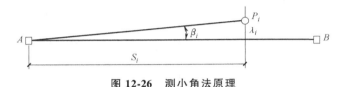

图 12-26 测小角法原理

其位移量可按下式计算

$$\delta = D_{AP} \frac{\Delta\beta}{\rho} \tag{12-4}$$

2. 导线法

基准线法对于直线形建筑物的位移观测具有速度快、精度高、计算简单的优点,但只能测定一个方向的位移。对于非直线形建筑物的位移观测,有时需要同时测定建筑物上某观测点在两个方向上的位移,导线法是能满足此要求的最简单的方法之一。

由于变形观测具有重复观测的特点,用于变形观测的导线在布设、观测、计算等方面具有其自身的特点。例如,在重力拱坝的水平廊道中布设的导线是两端不测定向角的导线,导线边长较短,导线点数较多,为减少方位角的传递误差,提高测角效率,可采用隔点设测站观测的方法。

12.4.6 建筑物倾斜观测

用测量仪器来测定建筑物的基础和主体结构倾斜变化的工作称为建筑物倾斜观测。

1. 一般建筑物主体的倾斜观测

一般建筑物主体的倾斜观测,应测定建筑物顶部观测点相对于底部观测点的偏移值,再根据建筑物的高度计算建筑物主体的倾斜度,即

$$i = \tan\alpha = \frac{\Delta D}{H} \tag{12-5}$$

式中 i——建筑物主体的倾斜度;

ΔD——建筑物顶部观测点相对于底部观测点的偏移值(m);

H——建筑物的高度(m);

α——倾斜角(°)。

由式(12-5)可知,倾斜测量主要是测定建筑物主体的偏移值 ΔD。偏移值 ΔD 的测定

一般采用经纬仪投影法。具体观测方法如下：

1）如图 12-27 所示，将经纬仪安置在固定测站上，该测站到建筑物的距离为建筑物高度的 1.5 倍以上。瞄准建筑物 X 墙面上部的观测点 M，用盘左、盘右分中投点法定出下部的观测点 N。用同样的方法，在与 X 墙面垂直的 Y 墙面上定出上观测点 P 和下观测点 Q。M、N 和 P、Q 即为所设观测标志。

2）隔一段时间后，在原固定测站上，安置经纬仪，分别瞄准上观测点 M 和 P，用盘左、盘右分中投点法得到 N′点和 Q′点。如果 N 点与 N′点、Q 点与 Q′点不重合，说明建筑物发生了倾斜。

3）用尺子量出在 X、Y 墙面的偏移值 ΔA、ΔB，然后用矢量相加的方法，计算出该建筑物的总偏移值 ΔD，即

$$\Delta D = \sqrt{\Delta A^2 + \Delta B^2} \tag{12-6}$$

根据总偏移值 ΔD 和建筑物的高度 H 即可计算出其倾斜度 i。

2. 圆形建（构）筑物主体的倾斜观测

对圆形建（构）筑物主体的倾斜观测，是在互相垂直的两个方向上测定其顶部中心对底部中心的偏移值。直接观测偏移值的方法如下：

1）如图 12-28 所示，在烟囱底部横放一根标尺，在标尺中垂线方向上，安置经纬仪，经纬仪到烟囱的距离约为烟囱高度的 1.5 倍。

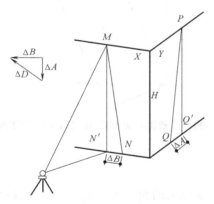

图 12-27 一般建筑物主体的倾斜观测

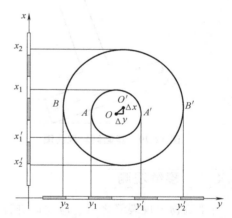

图 12-28 圆形建（构）筑物主体的倾斜观测

2）用望远镜将烟囱顶部边缘两点 A、A′及底部边缘两点 B、B′分别投到标尺上，得读数为 y_1、y_1' 及 y_2、y_2'，如图 12-28 所示。烟囱顶部中心 O 对底部中心 O′在 y 方向上的偏移值 Δy 为

$$\Delta y = \frac{y_1 + y_1'}{2} - \frac{y_2 - y_2'}{2} \tag{12-7}$$

3）用同样的方法，可测得在 x 方向上，顶部中心 O 的偏移值 Δx 为

$$\Delta x = \frac{x_1 + x_1'}{2} - \frac{x_2 - x_2'}{2} \tag{12-8}$$

4）用矢量相加的方法，计算出顶部中心 O 对底部中心 O′的总偏移值 ΔD，即

$$\Delta D = \sqrt{\Delta x^2 + \Delta y^2} \tag{12-9}$$

根据总偏移值 ΔD 和圆形建（构）筑物的高度 H 即可计算出其倾斜度 i。

除直接观测偏移值的方法外，还可以通过同时观测 x 方向与 y 方向顶部边缘两点、底部边缘两点的水平度盘读数和仪器与烟囱的距离，计算出顶部中心 O 对底部中心 O' 的总偏移值 ΔD。另外，也可采用激光铅垂仪或悬吊垂球的方法，直接测定建（构）筑物的倾斜量。

3. 建筑物基础的倾斜观测

建筑物基础的倾斜观测一般采用精密水准测量的方法，定期测出基础两端点的沉降量差值 Δh，如图 12-29 所示，再根据两点间的距离 L，即可计算出基础的倾斜度

$$i = \frac{\Delta h}{L} \tag{12-10}$$

对整体刚度较好的建筑物的倾斜观测，也可采用基础沉降量差值，推算主体偏移值。如图 12-30 所示，用精密水准测量测定建筑物基础两端点的沉降量差值 Δh，再根据建筑物的宽度 L 和高度 H，推算出该建筑物主体的偏移值 ΔD，即

$$\Delta D = \frac{\Delta h}{L} H \tag{12-11}$$

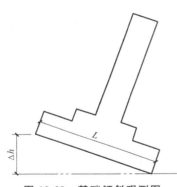

图 12-29 基础倾斜观测图

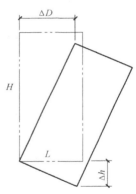

图 12-30 基础倾斜观测-测定建筑物的偏移值

12.4.7 裂缝观测

当建筑物出现裂缝之后，应立即进行全面检查，对变化大的裂缝进行观测。画出裂缝分布图，对裂缝进行编号，观测每一条裂缝的位置、走向、长度、宽度、深度及变化程度。

裂缝观测标志应根据裂缝重要性及观测期长短安置不同类型的标志，观测标志应具有可供量测的明晰断面或中心。每条裂缝应布设至少两处标志，一处设在最宽处，另一处设在裂缝末端。常用的裂缝观测方法有以下两种：

（1）石膏板标志 用厚 10mm，宽 50~80mm 的石膏板，固定在裂缝的两侧。当裂缝继续发展时，石膏板也随之开裂，从而观察裂缝继续发展的情况。

（2）镀锌薄钢板标志 如图 12-31 所示，用两块镀锌薄钢板，一片取 150mm×150mm 的正方形，固定在裂缝的一侧。另一片为 50mm×200mm 的矩形，固定在裂缝的另一侧，使两块镀锌薄钢板的边缘相互平行，并使其中的一部分重叠。在两块镀

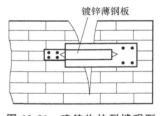

图 12-31 建筑物的裂缝观测

锌薄钢板的表面涂上红色油漆。如果裂缝继续发展，两块镀锌薄钢板将逐渐拉开，露出正方形上未涂红色油漆的部分，其宽度即为裂缝加大的宽度，可用尺子量出。

12.4.8 挠度观测

在建筑物垂直面内各个不同高程点相对于底点的水平位移称为挠度。建筑物主体挠度观测应按照建筑物结构类型在各不同高度或各层沿一定垂直方向布设观测点，挠度值由建筑物上下不同高度点相对于底点的水平位移值确定。

挠度观测通常采用正垂线法，即从建筑物顶部悬挂一根铅垂线直至底部，在铅垂线的不同高度上设置观测点，测量出各点与铅垂线之间的相对位移值。如图 12-32 所示，任一观测点 N 的挠度可按照下式计算

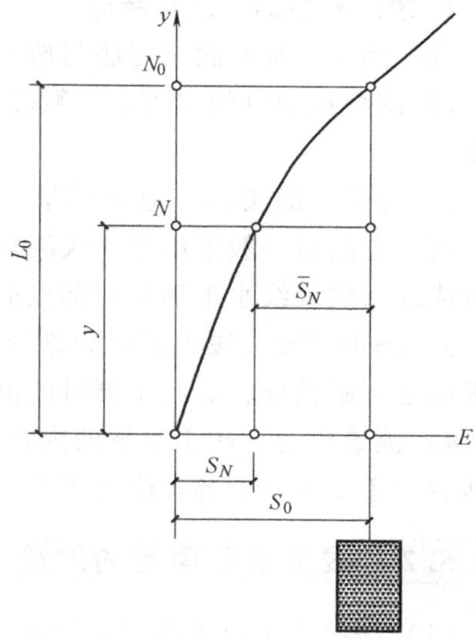

$$S_N = S_0 - \bar{S}_N \tag{12-12}$$

图 12-32 挠度观测

式中 S_0——底点与顶点之间的相对位移；

$\bar{S}_N$——任一点与顶点之间的相对位移。

12.5 竣工总平面图编绘

在每一个单项工程完成后，为了全面反映竣工后的现状，为后期建（构）筑物的管理、维修、扩建、改建及事故处理等提供实际资料，也为工程验收提供依据，需要编绘竣工总平面图。竣工总平面图的编绘包括竣工测量和资料编绘两方面内容。

12.5.1 竣工测量

建（构）筑物竣工验收时进行的测量工作称为竣工测量。必须由施工单位进行竣工测量，并提出该工程的竣工测量成果，作为编绘竣工总平面图的依据。

1. 竣工测量的内容

1）工业厂房及一般建筑物测定各房角坐标、几何尺寸，各种管线进出口的位置和高程，室内地坪及房角标高，并附注房屋结构层数、面积和竣工时间。

2）地下管线测定检修井、转折点、起终点的坐标，井盖、井底、沟槽和管顶等的高程，附注管道及检修井的编号、名称、管径、管材、间距、坡度和流向。

3）架空管线测定转折点、结点、交叉点和支点的坐标，支架间距、基础面标高等。

4）交通线路测定线路起终点、转折点和交叉点的坐标，路面、人行道、绿化带界线等。

5）特种构筑物测定沉淀池的外形和四角坐标、圆形构筑物的中心坐标、基础面标高、构筑物的高度或深度等。

2. 竣工测量的方法与特点

竣工测量的基本测量方法与地形测量相似，区别在于以下几点：

1) 图根控制点的密度。一般竣工测量图根控制点的密度要大于地形测量图根控制点的密度。

2) 碎部点的实测。地形测量一般采用视距测量的方法，测定碎部点的平面位置和高程；而竣工测量一般采用经纬仪测角、钢尺量距的极坐标法测定碎部点的平面位置，采用水准仪或经纬仪视线水平测定碎部点的高程；也可用全站仪进行测绘。

3) 测量精度。竣工测量的测量精度要高于地形测量的测量精度。地形测量的测量精度要求满足图解精度，而竣工测量的测量精度一般要满足解析精度，应精确至厘米。

4) 测绘内容。竣工测量的内容比地形测量的内容更丰富。竣工测量不仅测地面的地物和地貌，还要测地下各种隐蔽工程，如上、下水及热力管线等。

12.5.2 竣工总平面图的编绘

（1）编绘竣工总平面图的依据

1) 设计总平面图，单位工程平面图，纵、横断面图，施工图及施工说明。

2) 施工放样成果、施工检查成果及竣工测量成果。

3) 更改设计的图样、数据、资料（包括设计变更通知单）。

（2）竣工总平面图的编绘方法

1) 在图纸上绘制坐标方格网。绘制坐标方格网的方法、精度要求，与地形测量绘制坐标方格网的方法、精度要求相同。

2) 展绘控制点。坐标方格网画好后，将施工控制点按坐标值展绘在图纸上。展点对所临近的方格而言，其允许误差为±0.3mm。

3) 展绘设计总平面图。根据坐标方格网，将设计总平面图的图面内容，按其设计坐标，用铅笔展绘于图纸上，作为底图。

4) 展绘竣工总平面图。按设计坐标进行定位的工程，应以测量定位资料为依据，按设计坐标（或相对尺寸）和标高展绘。对原设计进行变更的工程，应根据设计变更资料展绘。对有竣工测量资料的工程，若竣工测量成果与设计值之比差不超过所规定的定位允许误差时，按设计值展绘；否则，按竣工测量资料展绘。

（3）竣工总平面图的整饰

1) 竣工总平面图的符号应与原设计图的符号一致。有关地形图的图例应使用国家地形图图示符号。

2) 对于厂房应使用黑色墨线绘出该工程的竣工位置，并应在图上注明工程名称、坐标、高程及有关说明。

3) 对于各种地上、地下管线，应用各种不同颜色的墨线绘出其中心位置，并应在图上注明转折点及井位的坐标、高程及有关说明。

4) 对于没有进行设计变更的工程，用墨线绘出的竣工位置与按设计原图用铅笔绘出的设计位置应重合，但其坐标及高程数据与设计值比较可能稍有出入。随着工程的进展，逐渐在底图上，将铅笔线都绘成墨线。

（4）实测竣工总平面图　对于直接在现场指定位置进行施工的工程、以固定地物定位施工的工程及多次变更设计而无法查对的工程等，只能进行现场实测，这样测绘出的竣工总平面图称为实测竣工总平面图。

【本章小结】

本章介绍了工业与民用建筑施工测量的基本任务、基本工作和常用方法。主要内容包含：施工测量的任务、测设的基本工作、建筑定位基线和轴线的定位放线、工业建筑施工测量以及建筑变形监测和竣工总平面图编绘等。在介绍工业与民用建筑施工测量常规测量仪器方法的基础上，对新型仪器和现代测绘技术在施工测量中的应用也作了相应介绍。

【思考题与练习题】

1. 名词解释：建筑基线、建筑方格网、沉降观测。
2. 施工测量有哪些特点？施工测量的实质是什么？
3. 建筑物变形观测主要包含哪些内容？
4. 已知建筑坐标系的原点在测量坐标系中的坐标为 O'（285.78，258.66），纵轴为北偏东 $30°$，有一控制点在测量坐标系中的坐标为 P（477.55，455.77），试求其在建筑坐标系中的坐标。

第 13 章 管道工程测量

13.1 管道工程测量概述

管道种类繁多，主要有给水、排水、热力、电信、燃气、输油等类型，在城镇及城镇工业区，管道上下穿插、纵横交错，形成管道网。为各种管道设计和施工所进行的测量工作称为管道工程测量。

管道工程测量的任务有两个方面：一是为管道工程的设计提供必要的地形图和断面图等必要资料；二是按设计的要求将管道位置施测于实地，指导施工。其主要内容包括已有资料的准备、勘察定线、管道中线测量、纵横断面测量、管道施工测量及管道竣工测量等。

管道工程多属于地下构筑物，在测量、设计或施工时如果出现问题，一经埋设之后，往往会造成严重损失。因此，在接到管道工程测量任务后，应熟悉管道设计图，了解设计意图、精度及工程进度安排，核定测量中所采用的坐标、高程系统及施工区域内已有控制点情况；在施测中严格按设计要求进行，并做到"步步有检核"，以保证施工质量。

13.2 管道中线测量

管道中线测量的任务就是将设计的管道中心线位置在实地测设并标定出来，其主要内容有主点测设、中桩测设、转向角测量等。

1. 主点测设

管道的起点、终点及转向点统称为管道的主点，主点的位置及管道的方向是在设计时确定的，如图 13-1 所示。主点测设传统方法有图解法和解析法两种方法，现在主要采用全站仪坐标放样功能直接将设计点位放样于实地，即在全站仪放样功能下，输入控制点及主点的坐标进行放样。

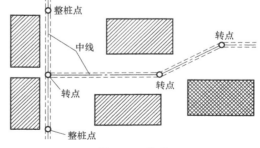

图 13-1 管道

主点测设完毕后，必须进行校核工作。可以采用坐标检核，即利用全站仪数据采集功能，对所测设的各点进行坐标测量，并比较设计坐标与实测坐标的差值，看其是否满足工程的精度要求；也可采用距离检核，即通过主点的坐标计算出相邻主点间的距离，然后实地进行量测，看其是否满足工程的精度要求。

2. 中桩测设

从管道的起点开始，沿中线设置整桩和加桩，这项工作称为中桩测设。其目的是测定管线长度及测绘纵、横断面图。

从起点开始，按里程每隔某一整数设置一桩，这种桩称为整桩。根据不同的管道类型，整桩距离一般也不同，一般为20m、30m，最大不超过50m。

当相邻整桩之间有重要地物（如铁路、公路、桥梁、旧有管道等）或者地面坡度有变化时，应加设木桩，此为加桩。

不论是整桩还是加桩，在实地上均应按里程注明桩号，桩号要用红漆写在木桩的侧面或附近的建筑物上，字面要朝管线的起始方向，写后要进行校核。

中桩测量同样采用全站仪进行测量。

3. 转向角测量

转向角（或称为偏角）是管道改变方向后与原方向的夹角，用 α 表示。转向角有左、右之分，偏转后的方向位于原来方向右侧时称为右转向角；偏转后的方向位于原来方向左侧时称为左转向角。转向角测量的目的是标定下一个交点所在的方向。

当中线在地面上确定后，在交点处用经纬仪或者全站仪施测管道右角 β，由 β 推算转向角 α。如图 13-2 所示，当 $\beta<180°$ 时，$\alpha=180°-\beta$，此时为右转向角；当 $\beta>180°$ 时，$\alpha=\beta-180°$，此时为左转向角。

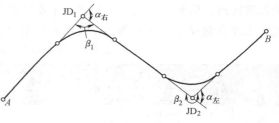

图 13-2 转向角

13.3 管道纵、横断面图测绘

13.3.1 纵断面图的测绘

纵断面测量的任务是在中线上的里程桩测定后，根据管道附近敷设的水准点高程，测量中线上各桩的地面高程，然后根据所测得的高程及相应的各桩号绘制纵断面图。纵断面图一般以各桩间的水平距离为横坐标，以各桩的地面高程为纵坐标，它显示了管道中线方向上地面高低起伏和坡度陡缓情况，是管道设计中确定管道埋深、坡度和计算土方量的主要依据。其主要工作内容有布设水准点、线路水准测量和纵断面图的绘制。

1. 布设水准点

一般沿管道中线方向每隔 1~2km 设置一永久性水准点，作为全线高程的主要控制点，中间每隔 300~500m 设置一临时性水准点，作为纵断面水准测量和施工时引测高程的依据。

水准点应布设在便于引点、便于长期保存，且在施工范围以外的稳定建（构）筑物上；水准点的高程可用附合（或闭合）水准路线的高一级水准点，按四等水准测量的精度和要求进行引测。

2. 线路水准测量

纵断面水准测量一般以两相邻水准点为一测段，从一个水准点出发，逐点测量地面上各桩高程，再附合到另一水准点上，以资检核。在测量中一般以中桩为转点，也可另设。由于转点在测量中起到高程传递的作用,故在转点上的读数需读至毫米位并记录。两转点间的各桩称为中间点,中间点无传递高程的作用,且其读数只用于计算本点的高程,故其读数用仪器高法读至厘米位并记录即可,如图 13-3 所示。水准路线的高差闭合差视不同工程的具体要求而定,一般情况下高差闭合差若小于 $\pm 40\sqrt{L}\,\mathrm{mm}$（$L$ 为路线长度,以 km 计算）,就认为成果合格。

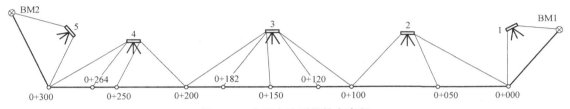

图 13-3 中间点法测量转点高程

在施测中,由于在每站中会测量若干个中间点,为防止仪器下沉,影响高程闭合差,一般先测转点,后测中间点。在与下一个水准点闭合后,新的一段水准路线应以该段水准路线起始水准点起算,继续施测,以免误差累积。表 13-1 为某纵断面水准路线记录计算数据。

表 13-1 某纵断面水准路线记录计算数据

测站	点号	水准尺读数/mm			高差/m		视线高程/m	高程/m	备注
		后视	前视	中视	+	-			
1	BM1	1084					73.812	72.728	水准点 BM1=72.728m
	0+000		1165			0.081		72.647	
2	0+000	1242						72.647	
	0+050			132			73.889	72.569	
	0+100		1477			0.235		72.412	
3	0+100	1514						72.412	
	0+120			121				72.716	
	0+150			106			73.926	72.866	
	0+182			128				72.646	
	0+200		0845		0.669			73.081	
4	0+200	1186						73.081	
	0+250			158				72.687	
	0+264			142			74.267	72.847	
	0+300		1394		0.208			72.873	
5	0+300	1864						72.873	
	BM2		1672		0.192		74.737	73.078 (73.065)	(推算值)

注：高差闭合差 $\Delta h=73.015\mathrm{m}-73.078\mathrm{m}=-13\mathrm{mm}$, $\pm 40\sqrt{0.4}\,\mathrm{mm}=\pm 25\mathrm{mm}$, 测量成果合格。BM2 的已知值为 73.078m。

3. 纵断面图的绘制

绘制纵断面图前应根据线路长度和高差确定比例尺和设计图幅。展绘时,通常以管道的里程为横坐标，高程为纵坐标。为了明显表示地面起伏，纵断面图的高程比例尺要比水平比例尺放大 10 倍或 20 倍。纵断面图分为上下两部分：图的上半部绘制原有地面线和管道设计线；下半部分则填写有关测量及管道设计的数据如图 13-4 所示。

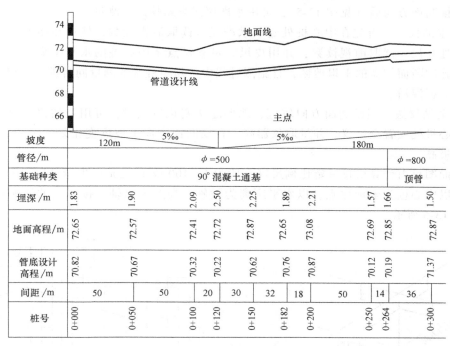

图 13-4 某管道纵断面图

纵断面图一般可按如下步骤进行绘制：

1) 确定纵横比例尺。

2) 选择适当的标尺高起点高程。若管线较长，且高程变化较大，可在绘制完一段断面图之后，另定标尺起点高程，分段绘制。

3) 画出各桩号的地面点高程，连接相邻的高程点，得到地面实际高程变化的纵断面图。

4) 在纵断面图上绘出管道设计线。

5) 在坡度栏内注明坡度方向，用"／""＼"表示上、下坡，在坡度线上注明坡度值，以千分数表示，在线下注明这段坡度距离。

6) 根据坡度起点的设计高程 $H_{设}$、设计坡度 i 和水平距离 D 按下式计算各点的设计高程

$$H_{设} = H_{起} + iD \tag{13-1}$$

7) 按下式计算管道埋设深度，将数据填入"埋深"栏内

$$h = H_{地} - H_{管底} \tag{13-2}$$

13.3.2 横断面图的测绘

横断面图是在中线各整桩和加桩处，垂直于中线的方向，测出两侧地形变化点至管道中

线的距离和高差，依此绘制的断面图。横断面反映的是垂直于管道中线方向的地面起伏情况，它是计算土石方和施工时确定开挖边界等的依据。

横断面施测的宽度由管道的直径和埋深来确定，一般两侧各为20m左右。当用十字方向架定出横断面方向后（见图13-5），可用水准仪或全站仪进行测量。

（1）水准仪法　首先在中心桩处竖立水准尺，读取后视读数，然后在横断面方向上的坡度变化处立尺，读取前视读数，并用皮尺丈量立尺点至中心桩的水平距离。此法精度较高，适于施测断面较宽的平坦地区，且施测过程中可与中桩水准测量同时进行，但要分开记录，以免数据混淆。

（2）全站仪法　当横断面方向较宽、地形起伏变化较大时，可用全站仪测得距离和高程。在中心桩处安置全站仪，并量取仪器高，在横断面方向上坡度变化处立镜，进行观测。此法精度极高。

横断面图可由计算机按一定比例尺（一般为1∶100或1∶200）进行绘制。当由人工绘制时，应以中心桩为坐标原点，以水平距离为横轴，高差为纵轴，按规定的比例尺进行展绘，如图13-6所示。

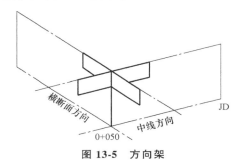

图13-5　方向架

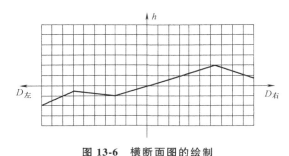

图13-6　横断面图的绘制

13.4　管道施工测量

管道施工测量的主要任务是根据设计图样的要求，为施工测设各种标志，使施工人员便于随时掌握中线方向和高程位置。根据管道穿越位置的不同，采用的施工测量的方法也略有不同，主要分为地下管道施工测量和顶管施工测量两类。

13.4.1　地下管道施工测量

1. 施工前的准备工作

在纵断面图上完成管道设计后，即着手进行施工测量。在施工之前，一般应做好以下有关准备工作：

1）熟悉图样和现场状况。通过对相关图样的熟悉和现场状况了解，做到对设计内容、施工现场和测量方案心中有数。

2）校核中线。主要校核设计阶段在地面上标定的中线位置是否就是施工时所需的中线位置及其各桩点的完好性。若中线一致且点位完好，则仅需校核一次即可；若中线位置不一致，则应按改线资料测设新点；若丢失部分桩点，则应根据设计资料恢复旧点。

3）测设施工控制桩。由于在施工时中线上各桩要被挖掉，为了在施工中恢复中线及附属构筑物的位置，应在不受施工干扰、便于引测和保存点位处测设施工控制桩。

4）水准点的加密。为了在施工过程中方便引测高程，应根据设计阶段所布设的水准点，在沿线附近100～150m增设临时施工水准点，其精度根据工程性质而定。

在引测水准点时，一般都同时校测管道出、入口和管道与其他管线交叉处的高程，如果与设计数据不相符，应及时与设计部门研究解决。

2. 槽口放线

槽口放线是根据中线位置、管径大小、埋设深度及土质状况决定开槽宽度，并在地面上定出槽边线的位置，作为开槽的依据，如图13-7所示。

当横断面较平坦时（见图13-7a），开槽宽度可按下式计算

$$D_L = D_R = \frac{b}{2} + mh \tag{13-3}$$

式中　b——槽底宽度；

h——中线上管槽挖深；

$1/m$——管槽边坡坡度。

若横断面比较陡峭（见图13-7b），则开槽宽度可按下式计算

$$\begin{cases} D_L = \dfrac{b}{2} + m_2 h_2 + m_3 h_3 + c \\ D_R = \dfrac{b}{2} + m_1 h_1 + m_3 h_3 + c \end{cases} \tag{13-4}$$

式中　c——工作面宽度。

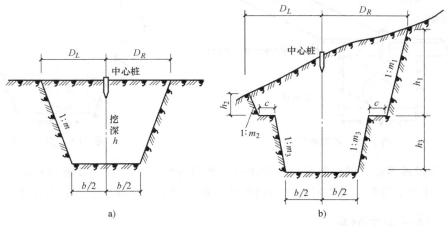

图13-7　槽口放线

3. 控制标志的设置

在管道施工测量工作中，其主要任务是控制管道的中线和高程位置，以便按设计要求进行施工，常用的方法有坡度板法和平行轴腰桩法。

（1）坡度板法

1）埋设坡度板。坡度板法是控制管道中线及管道设计高程的常用方法，一般采用跨槽埋设。当槽深在2.5m以内时，应于开槽前在槽口上每隔10～15m埋设一块坡度板，当遇到

检修井、支线等构筑物时应加设坡度板；当槽深在 2.5m 以上时，应使槽挖至距槽底 2.0m 左右时，再在槽内埋设坡度板。坡度板设置如图 13-8 所示。坡度板板身要埋设牢固，板面要近于水平。

中线测设时，将经纬仪或全站仪置于中线控制桩上，把管道中线投影到坡度板上，再用小钉标定其点位（即为中心钉），各中心钉的连线即为管道中线。在连线上挂垂球，就可将中线位置投影到管槽内，以控制管道中线。

2）测设坡度钉。为了控制管道槽开挖深度，还需在坡度板上标出高程标志。其方法是在坡度板中心线一侧设置立板（称为高程板），在高程板的一侧钉上一颗小钉（称为坡度钉）。坡度钉的高程位置应由水准仪根据附近的水准点进行测设，测设的坡度钉的连线应平行于管道设计坡度线，且距管底为一整分米数，此数称为下返数。施工时就利用坡度钉连线来控制管道的坡度和高程。

（2）平行轴腰桩法 当现场条件不便于采用坡度板法进行管道施工测量时，可采用平行轴腰桩法来控制管道中线和坡度，其步骤如下：

1）测设平行轴线。在开工前先于中线一侧或两侧测设一排平行于中线的平行轴线桩，平行轴线桩与管道中心线相距 a，各桩间相距约为 20m。

2）测设腰桩。为了比较准确地控制管道中线的高程，在槽壁距槽底约 1m 处再钉一排与平行轴线平行的轴线桩，这排槽坡上的平行轴线桩称为腰桩，腰桩与槽底中线的间距为 b，如图 13-9 所示。

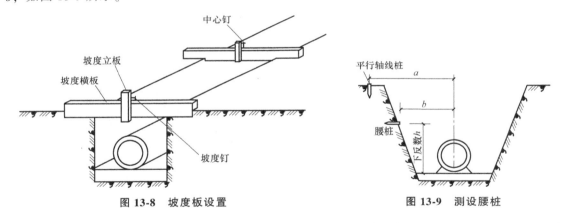

图 13-8　坡度板设置　　　　　图 13-9　测设腰桩

3）引测腰桩高程。腰桩钉好后，用水准仪测出各腰桩的高程。腰桩与对应处管道设计高程之差 h 即为下返数。施工时，用各腰桩的 b 和 h 即可控制埋设管道的中线和高程。

13.4.2　顶管施工测量

当管道穿越地面建筑物、构筑物、道路及各种地下管线交叉处时，为了避免拆迁工作及既有建（构）筑物不受破坏，往往不允许开沟挖槽，而是采用顶管方式施工。

顶管施工是在管道的一端和一定长度内，先挖好工作基坑，再将导轨安置于基坑内，并将管筒放在导轨上，然后将管筒机械送入坑底，顶进土中，并挖出管内泥土，最后进行顶管安装。顶管施工中经常采用对顶，即由两基坑对向顶进两管筒。要使对顶的两管筒能贯通，施工测量时，对中线方向及高程需要较高的精度，即顶管施工测量工作的主要任务是测设好管道中线方向、高程及坡度。

1. 顶管测量的准备工作

（1）中线桩的设置　中线桩是工作坑放线和控制管道中线的依据。测设时首先根据设计图上的要求，在基坑开挖范围以外设置两个桩（称为中线控制桩），然后确定开挖边界。当基坑开挖至距管顶设计标高 2m 左右时，再根据中线控制桩，利用全站仪将中线引测到坑壁上，打入木桩并钉以钢钉，打入的木桩称为顶管中线桩，它用以标定顶管中线位置。测设中线桩，当需穿过障碍物时，测量工作应有足够的校核，中线桩要钉牢，并妥善保护以免丢失或碰动。

（2）设置临时水准点　在工作基坑内设置水准点，一般要求设置两个，以便相互检核。为确保水准点高程准确，应尽量设法由施工水准点一次引测（不设转点），并需经常校核，其高程误差应不大于±5mm。

（3）导轨的计算和安装　顶管时，坑内要安装导轨以控制顶进的方向和高程。导轨常用钢轨或断面为 15cm×20cm 的木轨。为了正确地安装导轨，应先算出导轨的轨距 A_0，使用木导轨时，还应求出导轨抹角的 x 值和 y 值（y 值一般规定为 50mm），如图 13-10 和图 13-11 所示。

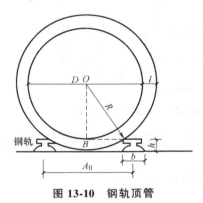

图 13-10　钢轨顶管

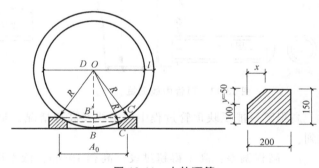

图 13-11　木轨顶管

钢导轨轨距 A_0 的计算式为

$$A_0 = 2BC + b$$

$$BC = \sqrt{R^2 - (R-h)^2}$$

式中　R——管外壁半径；
　　　b——轨顶宽度；
　　　h——钢轨高度。

木导轨轨距 A_0 及抹角 x 值的计算式为

$$BC = \sqrt{R^2 - (OB)^2} = \sqrt{R - (R-100)^2} = \sqrt{200R - 100^2} = 10\sqrt{2R - 100}$$

$$B'C' = \sqrt{R^2 - (OB')^2} = \sqrt{R - (R-150)^2} = \sqrt{300R - 150^2} = 10\sqrt{3R - 225}$$

$$A_0 = 2(BC + x)$$

$$x = B'C' - BC = 10\sqrt{3R - 225} - 10\sqrt{2R - 100}$$

式中　R——管外壁半径（mm）。

（4）导轨的安装　导轨一般安装在木基础或混凝土基础上。基础面的高程和纵坡都应符合设计要求（中线处高程应稍低，以利于排水和减少管壁摩擦）。根据 A_0 及 x 值稳定好钢轨或方木，然后根据中心钉和坡度钉用与管材半径一样大的样板检查中心线和高程，无误后，将导轨稳定牢固。

2. 顶进过程中的测量工作

（1）中线测量　如图 13-12 所示，以顶管中线桩为方向线，挂好两个垂球，两垂球的连线即为管道方向线，这时拉一小线以两垂球线为准延伸于管内，在管内安置一个水平尺，其上有刻划和中心钉，通过拉入管内的小线与水平尺上的中心钉比较，可知管中心是否偏差，尺上中心钉偏向哪一侧，即表明管道也偏向哪个方向，为了及时发现顶进的中线是否有偏差，中线测量以每顶进 0.5m 量一次为宜。

此法在短距离顶管（一般在 50m 以内）是可行的，结果也较可靠。当距离较长时，如大于 100m 以上，可在中线上每 100m 设一工作坑，分段施工，或采用激光导向仪定向。

（2）高程测量　高程测量（见图 13-13）应以工作坑内水准点为依据，按设计纵坡用比高法检验，例如 5‰ 的纵坡，每顶进 1m 就应升高 5mm，该水准点的应读数应小 5mm。

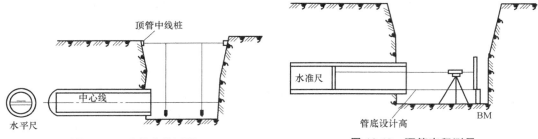

图 13-12　顶管中线测量　　　　图 13-13　顶管高程测量

高程测量能反映顶管过程中的中线及高程情况，是分析施工质量的重要依据。施工中应做到：

1）高程偏差：高不得超过设计高程 10mm，低不得低于设计高程 20mm。
2）中线偏差：不得超过设计中线 30mm。
3）管子错口：一般不超过 10mm，对顶时不得超 30mm。

13.5　管道竣工测量

管道工程竣工后，为了如实反映施工成果，应及时进行竣工测量，整理并编绘全面的竣工资料和竣工图。竣工资料和竣工图是工程交付使用后管理、维修、改建和扩建时的可靠依据，同时它也是城市规划设计的必要依据。

管道竣工图必须在回填土前进行，在测量中，应根据城市的加密控制点测量管道的管线点（包括起点、终点、交点及检修井等），以确定管道的平面位置；根据已知水准点或已知高程的城市一、二级导线点测量管线点的高程，以确定管道的竖向位置。

管道竣工图包括管道竣工平面图和管道竣工断面图。

由于管道种类众多，故管道竣工平面图往往不绘在建筑平面图上，而是单独绘制综合竣工图。不同种类的管道要用统一的图式符号进行绘制，不同的管道按图式符号用不同的颜色表示，图式符号要表示出管道的种类及主要附属设施。图式及图例按国标 GB/T 20257.1—2007

《国家基本比例尺地图图式 第1部分：1∶500 1∶1000 1∶2000 地形图图式》表示。

为了管理方便，还应编制单项管道竣工带状平面图，其宽度应至道路两侧第一排建筑外20m，若无道路，其宽度根据需要确定。带状平面图的比例尺根据需要一般采用 1∶2000～1∶500。

【本章小结】

1）管道工程测量的主要内容包括管道中线测量、纵横断面测量、管道施工测量及管道竣工测量等中线测量、纵横断面测量主要是为管道工程设计提供必要的资料。

2）管道中线测量的任务就是将设计的管道中心线的起点、转折角、中桩及终点，在实地测设并标定出来。

3）管道施工测量的主要任务是根据设计图样的要求，为施工测设各种标志，使施工人员便于随时掌握中线方向和高程位置。其测量内容包括地下管道施工测量和顶管施工测量两类。地下管线测量包括槽口放线和测设施工控制桩。地下管线施工测量方法常采用坡度板法和平行轴腰桩法。顶管施工测量主要是控制好顶管中线方向和高程方向。

【思考题与练习题】

1. 管道工程测量有何任务？
2. 管道中线测量有哪些内容？
3. 什么是整桩？什么是加桩？中桩测设的目的是什么？
4. 什么是转向角？转向角测量的目的是什么？
5. 管道纵、横断面图测量的任务是什么？
6. 在纵断面图中，为何高程比例尺要比水平比例尺大10倍或20倍？
7. 在槽口放线时，如何在地面确定槽边线的位置？
8. 简述在地下管道施工测量中平行轴腰桩法设置控制标志的基本流程。
9. 在哪些地方需要采用顶管方式施工？
10. 管道竣工测量的目的及内容是什么？
11. 表13-2是纵断面水准测量的记录手簿，试计算中桩各点高程。

表 13-2 纵断面水准测量记录

测站	点号	水准尺读数/mm			高差/m		视线高程/m	高程/m	备注
		后视	前视	中视	+	−			
1	BM1	0734						71.083	水准点 BM1=71.083m
	0+000		0775						
2	0+000	1374							
	0+050			105					
	0+070			103					
	0+100		1502						
3	0+100	1675							
	0+150			149					

（续）

测站	点号	水准尺读数/m			高差/m		视线高程 /m	高程 /m	备注
		后视	前视	中视	+	−			
3	0+165			158					
	0+200		1334						
4	0+200	0876							
	0+230			148					
	0+250			182					
	0+276			154					
	0+300		1736						
5	0+300	0863							
	BM2		1212						

第14章 路线测量

14.1 路线测量概述

路线工程是指长宽比很大的工程,包括公路、铁路、运河、供水明渠、输电线路、各种用途的管道工程等。这些工程的主体一般是在地表,但也有在地下或在空中的,如地铁、地下管道、架空索道和架空输电线路等,工程可能延伸十几公里以至几百公里,它们在勘测设计及施工测量方面有不少共性。相比之下,公路、铁路的工程测量工作较为细致。因此,在本章中大多以公路工程为例。路线工程建设过程中需要进行的测量工作称为路线工程测量,简称路线测量。

14.2 路线中线测量

路线中线测量的任务是将设计的中心线测设到实地上,并对里程桩和加桩进行定位和绘制。路线的中心线主要由直线和曲线组成,如图14-1所示。中线测量的工作主要包括测量中线上各特征点、转向角、交点上的偏角及圆曲线与缓和曲线上的各特征点。其中转向角的测量与管道工程中转向角的测量方法基本相同,本节不再累述。

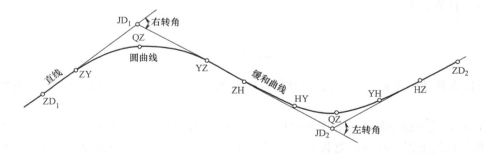

图 14-1 路线中线

14.2.1 路线交点和转点的测设

路线交点是两相邻直线相交的点,它是详细测设路线中线的控制点。一般是先在带状地形图上进行纸上定线,设计出交点位置,然后实地测设交点位置。

在传统路线测量中，转点是路线直线段上的点。当两相邻交点互不通视或直线较长时，需要在其连线上测设一个或几个转点，以便在交点测量转折角或直线量距时作为照准和定线的目标。直线段上一般每隔200~300m设置一个转点，另外，在路线与其他道路交叉处及路线上需设置桥、涵等构筑物处也需要测设转点。

当使用全站仪坐标放样进行路线测量时，可设置任意点为转点。

1. 交点的测设

当交点附近有两个以上的控制点，且至少有一控制点与设计交点位置通视时，即可利用全站仪放样功能将交点施测于实地。

若图样上设计的交点位置是根据交点附近地物关系确定的，且交点附近少于两个通视的控制点，无法使用全站仪放样功能进行放样时，可根据交点与相关地物关系进行测设。如图14-2所示，设路线的交点JD_{12}位置在地形图上已确定，则在图样上量测得交点到两房角及电杆的距离，现场利用距离交会法测设出交点。

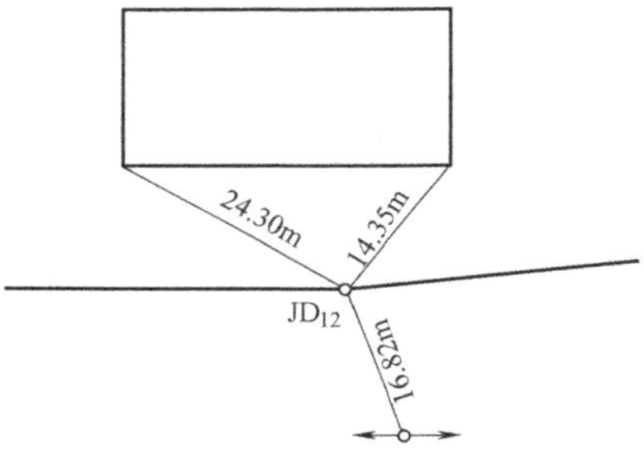

图14-2 根据地物测设线路交点

2. 定向点的测设

当两交点间距离较远时，若两交点通视，则可采用经纬仪或全站仪直接定线，或者采用经纬仪或全站仪正倒镜分中法在两交点连线上测设转点。当相邻两交点互不通视时，需要采用其他间接方法测设定向点。

（1）两交点间测设转点 如图14-3a所示，JD_5点与JD_6点为相邻互不通视的两个交点。首先在需设置转点附近设置初定转点ZD'，在ZD'处安置全站仪，后视JD_5点，用正倒镜分中法延长直线JD_5点—ZD'点于JD_6'点，检查JD_6'点与JD_6点的偏差f，若f在允许范围内，即可将ZD'点作为转点，否则应调整ZD'点。

a、b分别为ZD'处测定的ZD'点—JD_5点和ZD'点—JD_6'点的平距值，则ZD'点横向移动的距离e的计算式为

$$e=\frac{a}{a+b}f \tag{14-1}$$

将ZD'点移动距离e至ZD点，再将仪器移至ZD点，按上述方法逐渐趋近，直至符合要求为止。

（2）延长线上测设转点 如图14-3b所示，JD_8点与JD_9点为相邻互不通视的两个交点。首先在其延长线上需在转点附近设置初定转点ZD'，在ZD'处安置全站仪，后视JD_8点，用正倒镜分中法确定直线JD_8点—ZD'点在JD_9处的点位JD_9'，检查JD_9'点与JD_9点的偏差f，若f在允许范围内，即可将ZD'点作为转点，否则应调整ZD'点。

a、b分别为ZD'处测定的ZD'点—JD_8点和ZD'点—JD_9'点的平距值，则ZD'点横向移动的距离e的计算式为

$$e=\frac{a}{a-b}f \tag{14-2}$$

将 ZD′ 点移动距离 e 至 ZD 点，再将仪器移至 ZD 点，按上述方法逐渐趋近，直至符合要求为止。

（3）设置任意点为转点　随着全站仪的普遍应用，当相邻交点互不通视时，可采用设置任意点为转点。以图 14-3a 中两交点为例，JD_5 点与 JD_6 点不通视，此时，可在两交点之间的某一区域选择同时通视 JD_5 点和 JD_6 点的点位 P，打桩定点，在 JD_5 处安置全站仪，以与 JD_5 点通视的某一已知点为后视点，利用全站仪数据采集功能测量出 P 点的坐标值。在施测 JD_6 处的线路时，在 JD_6 处安置全站仪，以 P 点为后视，利用全站仪放样功能施测线路细部点。

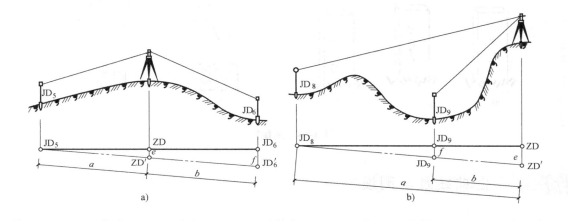

图 14-3　在两互不通视交点间测设转点

14.2.2　里程桩的设置

里程桩是用于标定中线位置及长度的标示桩。里程桩设置在中线上，因此也称为中桩。里程桩分整桩和加桩两种。其中整桩里程数为一常数，一般每隔 20m、30m 或 50m 的倍数进行设置，百米桩与公里桩均属整桩；加桩用于路线经过重要或复杂地形处，在路线经过人工构筑物处（如桥梁、涵洞处）与其他线路交叉处等均需设置加桩。

里程桩上的里程数为该桩距路线起点的距离。其记法以字母"K"开头，后面加上里程的公里数及余数。如某桩距路线起点距离为 2586.28m，则其桩号记为 K2+586.28。对于铁路和公路路线工程，一般是设百米桩，其记法为以字母"DK"开头，后面加上里程的百米数及其余数。如上面的桩号在铁路、公路中的里程桩上一般记为 DK25+86.28。里程桩上除了标示里程数之外，若里程桩为地物加桩或路线特征点加桩，还需标注相关信息。如里程桩为路线经过涵洞时的加桩，则需在里程桩上加注"涵"字。

钉桩时，对于交点桩、距路线起点每隔 500m 的整桩、重要地物加桩及曲线主点桩，均应打下断面为 6cm×6cm 的方桩，如图 14-4 所示，桩顶钉一中心钉，桩顶露出地面约 2cm，并在一旁钉一指示桩，图 14-4e 所示为起指示作用的指示桩。其余的里程桩一般使用板桩，一半露出地面以书写桩号，字面一律背向路线前进方向。

由于中桩不但是路线规划、设计意图在实地的体现，也是路线纵、横断面图和带状地形图测绘的基础及施工放样的依据，因此，钉桩过程中要保证牢固及点位准确。

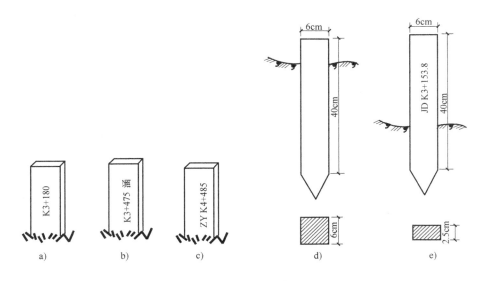

图 14-4 里程桩

14.3 圆曲线及其测设

当线路由一个方向转向另一个方向时，必须用曲线进行连接，这些曲线通常称为平曲线，它又分为圆曲线和缓和曲线两种。其中圆曲线是最基本的平曲线。

圆曲线可以根据曲线半径 R 和转角 α 计算出其他各测设元素。在圆曲线测设中，一般先测设曲线的主点（ZY、QZ、YZ），再根据主点进行细部测设。

14.3.1 圆曲线主点测设

1. 曲线要素计算

如图14-5所示，圆曲线的主要要素为切线长 T、弧长 L、外矢距 E 和切曲差 Q。根据其几何特征，利用曲线半径 R 和转角 α，可计算出圆曲线各要素值，其计算式为

$$\begin{cases} T = R\tan\dfrac{\alpha}{2} \\ L = R\alpha\,\dfrac{\pi}{180°} \\ E = R\left(\sec\dfrac{\alpha}{2} - 1\right) \\ Q = 2T - L \end{cases} \quad (14\text{-}3)$$

2. 主点里程计算

在圆曲线中，由直线进入曲线的点称为直圆点（ZY），由曲线进入直线的点称为圆直点（YZ），圆弧中点称为曲中点（QZ）。ZY、YZ、QZ 统称为圆曲线三主点，其里程 s 可根据 JD 点桩号及曲线测设要素进行计算。其计算式为

$$\begin{cases} s_{ZY} = s_{JD} - T \\ s_{QZ} = s_{ZY} + \dfrac{L}{2} \\ s_{YZ} = s_{ZY} + L \end{cases} \quad (14\text{-}4)$$

其检核条件为

$$s_{JD} = s_{YZ} - T + Q \quad (14\text{-}5)$$

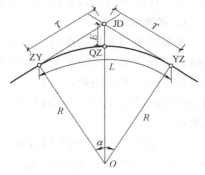

图 14-5 圆曲线要素

【例 14-1】 已知某圆曲线段交点里程为 K2+326.85，设计偏角为 $\alpha_{右}=40°25'30''$，半径 $R=120\text{m}$，求圆曲线的要素和主点里程。

【解】（1）圆曲线要素计算 将数据代入式 (14-3)，可得

切线长：$T = R\tan\dfrac{\alpha}{2} = 120\text{m} \times \tan20°12'45'' = 44.18\text{m}$

曲线长：$L = R\alpha\dfrac{\pi}{180°} = 120\text{m} \times 40°25'30'' \times \dfrac{\pi}{180°} = 84.66\text{m}$

外矢距：$E = R\left(\sec\dfrac{\alpha}{2} - 1\right) = 120\text{m} \times (\sec20°12'45'' - 1) = 7.87\text{m}$

切曲差：$Q = 2T - L = 2 \times 44.18\text{m} - 84.66\text{m} = 3.70\text{m}$

（2）主点里程计算 将以上计算结果代入式 (14-4)，可得

s_{JD}	K2+326.85			
$-T$	44.18			检核计算
s_{ZY}	K2+282.67		s_{YZ}	K2+367.33
$+L/2$	42.33		$-T$	44.18
s_{QZ}	K2+325.00		$+Q$	3.70
$+L/2$	42.33		s_{JD}	K2+326.85
s_{YZ}	K2+367.33			

检核正确，说明计算正确。

3. 主点的测设

1）测设曲线起、止点（ZY 和 YZ）：在 JD 点安置全站仪或经纬仪，后视相邻交点或转点方向，自 JD 沿两线路视线方向分别量取切线长 T，即得到线路的起点（ZY）或终点（YZ），并打桩定点。

2）测设曲中点（QZ）：JD 处仪器后视 ZY 点，沿线路前进方向拨角 $(180°-\alpha)/2$，得到分角线方向，自 JD 点沿此方向量取外矢距 E，得到曲线中点 QZ，并打桩定点。

当使用全站仪施测曲线时，是利用坐标放样功能进行施测的；当缺少坐标数据时，可根据路线设计数据进行计算，坐标计算过程见"14.3.2 曲线的细部测设"中的全站仪坐标放样法部分。

14.3.2 曲线的细部测设

在施工时，除了测设曲线上的主点之外，还需测设曲线的整桩和加桩等，称为曲线的细

部测设。曲线细部测设常用的方法有偏角法和全站仪坐标放样法。

1. 偏角法

偏角法是以曲线的起点或终点（ZY 点或 YZ 点）作为测站点，以测站点与 JD 点连线为极轴，根据待测设点与测站点构成的直线与极轴的夹角（弦切角）及该直线的长度（弦长）进行测设的。当线路曲线较短时，可以只设一站测设曲线上所有逐桩点；当线路较长时，ZY 点和 QZ 点之间的逐桩点以 ZY 点为测站，QZ 点和 YZ 点之间的逐桩点以 YZ 点为测站进行测设。

（1）数据计算 如图 14-6 所示，P_i 点为曲线上位于 ZY 点和 QZ 点之间的某逐桩点，其里程为 K_i，则可计算出 ZY 点至 P_i 点的弧长 l_i 以及对应的圆心角 β_i：

$$\begin{cases} l_i = K_i - K_{ZY} \\ \beta_i = \pm \dfrac{l_i}{R} \cdot \dfrac{180°}{\pi} \end{cases} \quad (14\text{-}6)$$

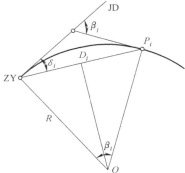

图 14-6 偏角法

则弦切角 δ_i 及弦长 D_i 为

$$\begin{cases} \delta_i = \pm \dfrac{l_i}{R} \cdot \dfrac{90°}{\pi} \\ D_i = 2R\sin|\delta_i| \end{cases} \quad (14\text{-}7)$$

式中　±——交点转角 α 为右转角时取 "+"，α 为左转角时取 "-"。

同理可计算出 QZ 点和 YZ 点之间逐桩点的测设数据。

（2）测设方法

1）在 ZY 点安置全站仪，照准 JD 点，水平度盘读数置零。

2）转动照准部，拨角 δ_1，并沿此方向测设弦长 D_1，定出第一个桩点。

3）再转动照准部，根据弦切角及弦长数据定出下一个桩点，当线路较短时，测设至 YZ 点，当线路较长时，测设至 QZ 点。

4）检核偏角法测设出的 QZ 点或 YZ 点与测设曲线主点时所定的点是否重合。若不重合，则需满足限差要求。

5）当线路较长时，仪器搬至 YZ 点，重复以上步骤，测设出 QZ 点和 YZ 点之间的逐桩点。

【例 14-2】以例 14-1 的圆曲线数据为例，若整桩距 $l_0 = 20\text{m}$，求用偏角法测设该圆曲线的测设元素。

1）计算出 ZY 里程。

2）利用式（14-7）计算出测设数据，其结果见表 14-1。

表 14-1　圆曲线偏角法测设数据

点 名	桩 号	弧长/m	偏角(° ′ ″)	弦长/m
ZY	K2+282.67	0	0 00 00	0
1	+300.00	17.33	4 08 14	17.31
2	+320.00	37.33	8 54 43	37.18
3	+340.00	57.33	13 41 12	56.79
4	+360.00	77.33	18 27 40	76.00
YZ	K2+367.33	84.66	20 12 40	82.92

2. 全站仪坐标放样法

全站仪坐标放样法是利用曲线设计数据，计算出各主点、逐桩点及其边桩的坐标，利用测区内的已有控制点，通过全站仪坐标放样功能直接测设路线上各点的位置。因此，该方法主要用于已知曲线各点及边桩坐标的情况。

若有路线设计逐桩点坐标数据，则可在室内将控制点与逐桩点坐标数据利用计算机传输给全站仪，在施测中将全站仪安置于已知控制点，调用全站仪内存中存放的拟放样数据，利用放样功能直接测设逐桩点。若路线设计图为电子版，则可通过设计图提取逐桩点坐标，按上述方法测设逐桩点。全站仪测设点位具体过程可参照"11.4 中点的平面位置测设"中的相关内容。

当缺少路线逐桩点坐标数据时，可在室内计算出逐桩点坐标数据后再传输至全站仪，以供实地施测。

若已知 JD 点坐标及 ZY 点—JD 点的方位角 α_0，则可根据切线长 T、转向角 α 计算出 ZY 点与 YZ 点的坐标：

ZY 点坐标计算式为

$$\begin{cases} x_{ZY} = x_{JD} + T\cos(\alpha_0 \pm 180°) \\ y_{ZY} = y_{JD} + T\sin(\alpha_0 \pm 180°) \end{cases} \tag{14-8}$$

YZ 点坐标计算式为

$$\begin{cases} x_{YZ} = x_{JD} + T\cos(\alpha_0 + \alpha) \\ y_{YZ} = y_{JD} + T\sin(\alpha_0 + \alpha) \end{cases} \tag{14-9}$$

当已知数据为 JD 点与 ZY 点坐标时，则需根据两点坐标计算出方位角 α_0，再利用式(14-9) 计算出 YZ 点坐标。

如图 14-7 所示，对于曲线上任意桩点 P_i 坐标的计算，可根据 ZY 点里程 K_{ZY} 及 P_i 的里程为 K_i，利用式(14-6) 计算出 ZY 点至 P_i 点的弧长 l_i 以及对应的圆心角 β_i。

则 ZY 点至 P_i 点的弦长 D_i 及其方位角 α_i 为

$$\begin{cases} D_i = 2R\sin\left(\dfrac{\beta_i}{2}\right) \\ \alpha_i = \alpha_0 + \dfrac{\beta_i}{2} \end{cases} \tag{14-10}$$

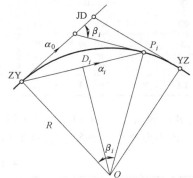

图 14-7 曲线坐标计算

故点 P_i 的坐标计算式为

$$\begin{cases} x_{P_i} = x_{ZY} + D_i\cos\alpha_i \\ y_{P_i} = y_{ZY} + D_i\sin\alpha_i \end{cases} \tag{14-11}$$

进一步可以得到 QZ 点坐标计算式为

$$\begin{cases} x_{QZ} = x_{ZY} + 2R\sin\left(\dfrac{\alpha}{4}\right)\cos\left(\alpha_0 + \dfrac{\alpha}{4}\right) \\ y_{QZ} = y_{ZY} + 2R\sin\left(\dfrac{\alpha}{4}\right)\sin\left(\alpha_0 + \dfrac{\alpha}{4}\right) \end{cases} \tag{14-12}$$

同时还可得到 P_i 处切线方位角 α_i' 为

$$\alpha_i' = \alpha_0 + \beta_i \pm 180° \quad (14\text{-}13)$$

若已知道路设计路宽为 d，则可得道路边桩坐标为

$$\begin{cases} x_{P_i}' = x_{P_i} + \dfrac{d}{2}\cos(\alpha_i' \pm 90°) \\ y_{P_i}' = y_{P_i} + \dfrac{d}{2}\sin(\alpha_i' \pm 90°) \end{cases} \quad (14\text{-}14)$$

式中　±——分别用于道路逐桩点左边桩和右边桩计算。

【例 14-3】 以例 14-1 设计数据为例，已知在施工坐标系下 JD 点坐标为 $x = 4228.243\text{m}$，$y = 5233.957\text{m}$，JD 点—ZY 点的方位角 $\alpha_0 = 45°42'30''$，若道路宽为 20m，整桩距为 20m，试计算各主点坐标及整桩、边桩坐标。

【解】 1）利用式（14-3）、式（14-4）计算出圆曲线要素及主点里程。

2）利用式（14-8）、式（14-9）、式（14-12）计算出各主点坐标。

3）利用式（14-10）计算 ZY 点与各整桩间直线方位角和弦长，利用式（14-13）计算中桩与各桩间直线方位角，计算结果见表 14-2。

表 14-2　圆曲线放样点过程计算结果

点名	桩号	弦长/m	偏角 (° ′ ″)	ZY 与中桩方位角 (° ′ ″)	中桩与左桩方位角 (° ′ ″)	中桩与右桩方位角 (° ′ ″)
ZY	K2+282.67	0	0 00 00	—	315 42 30	135 42 30
1	+300.00	17.31	4 08 14	49 50 44	319 50 44	139 50 44
2	+320.00	37.18	8 54 43	54 37 13	324 37 13	144 37 13
QZ	K2+325.00	42.11	10 06 20	55 48 50	325 48 50	145 48 50
3	+340.00	56.79	13 41 12	59 23 42	329 23 42	149 23 42
4	+360.00	76.00	18 27 40	64 10 10	334 10 10	154 10 10
YZ	K2+367.33	82.92	20 12 40	65 55 10	336 55 10	156 55 10

4）利用式（14-11）、式（14-14）计算各整桩、边桩坐标。

各主点坐标及整桩、边桩坐标计算结果见表 14-3。

表 14-3　圆曲线放样数据计算结果

点名	里程	中桩		左桩		右桩	
		x/m	y/m	x/m	y/m	x/m	y/m
ZY	K2+282.67	4197.391	5202.333	4204.549	5195.350	4190.233	5209.316
1	+300.00	4208.557	5215.568	4216.646	5209.687	4200.469	5221.448
2	+320.00	4218.918	5232.648	4227.870	5228.191	4209.966	5237.104
QZ	K2+325.00	4221.053	5237.170	4230.183	5233.090	4211.924	5241.250
3	+340.00	4226.302	5251.210	4235.869	5248.300	4216.735	5254.120
4	+360.00	4230.504	5270.739	4240.422	5269.457	4220.587	5272.022
YZ	K2+367.33	4231.222	5278.038	4241.200	5277.364	4221.245	5278.712

14.4 平曲线及其测设

在直线与圆曲线直接相连时，在连接处曲率半径有突变，由此会带来离心力的突变，在某些路线中应当避免离心力突变所带来的危害。例如，离心力突变会使快速行驶的车辆偏离原行车道，侵入邻近车道，从而带来安全隐患。为了避免离心力突变，可在直线与圆曲线间插入一段半径由 ∞ 逐渐变化到 R 的曲线，这种曲线称为缓和曲线，又称介曲线。缓和曲线属于平曲线的一种。

带有缓和曲线的平曲线由缓和曲线及圆曲线组成，如图 14-8 所示，其主点有直缓点（ZH）、缓圆点（HY）、曲中点（QZ）、圆缓点（YH）和缓直点（HZ）等。

14.4.1 曲线连接基本理论

缓和曲线从 ZH 点起，曲线上任一点处的曲率半径 r 与该点离缓和曲线起点的距离 l 成反比，比例系数为 c；缓和曲线与直线连接处的曲率半径为 ∞，与圆曲线连接处曲率半径与圆曲线半径相同，半径为 R，如图 14-8 所示。设缓和曲线长度为 l_s。由以上条件可得到如下数学表达式

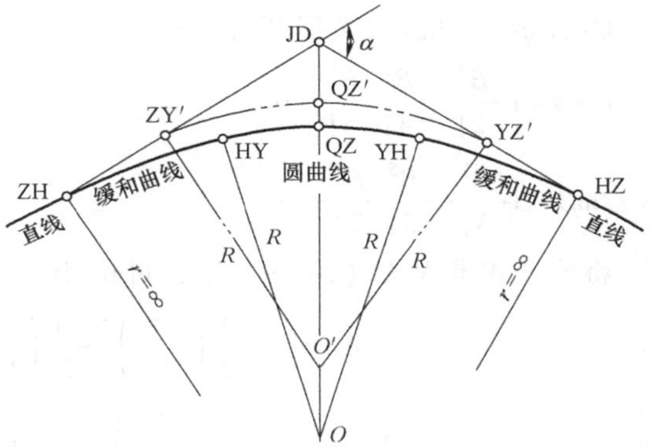

$$\begin{cases} r_i = \dfrac{c}{l_i} \\ l_i = 0, r_i = \infty \\ l_i = l_s, r_i = R \end{cases} \tag{14-15}$$

图 14-8 两端设置缓和曲线的平曲线

由此可得到任一点的曲率半径为

$$r = \frac{c}{l_i} = \frac{Rl_s}{l_i} \tag{14-16}$$

满足以上条件的缓和曲线有辐射螺旋线和三次抛物线，在我国公路和铁路设计中采用辐射螺旋线。

14.4.2 有缓和曲线的圆曲线要素计算

1. 切线角的计算

为了计算曲线上的各要素，首先需要建立独立的直接坐标系。设坐标系以曲线的起点 ZH（或终点 HZ）为坐标原点，以曲线的切线方向为 x 轴，建立临时坐标系 $O\text{-}xy$，如图 14-9 所示。P 点为缓和曲线上任意一点，该点处的切线与 x 轴的交角 β 称为切线角。β 与曲线长 l 所对应的中心角相等。在 P 处取一段微分弧段 dl，可得到其中心角 $d\beta$ 计算式为

$$d\beta = \frac{dl}{r_i} = \frac{l_i}{Rl_s} dl$$

积分可得

$$\beta_i = \frac{l_i^2}{2Rl_s} \quad (14\text{-}17)$$

进一步可得到 HY 处的圆心角即切线角为

$$\beta_0 = \frac{l_s}{2R} \quad (14\text{-}18)$$

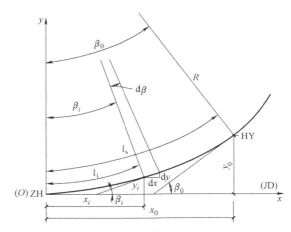

图 14-9 缓和曲线上点的坐标

2. 参数方程

根据 P 点的切线角可进一步得到微分弧段 dl 在坐标轴上的投影

$$\begin{cases} dx = dl\cos\beta \\ dy = dl\sin\beta \end{cases} \quad (14\text{-}19)$$

将 $\cos\beta$ 与 $\sin\beta$ 级数展开得

$$\cos\beta = 1 - \frac{\beta^2}{2!} + \frac{\beta^4}{4!} - \frac{\beta^6}{6!} + \cdots$$

$$\sin\beta = \beta - \frac{\beta^3}{3!} + \frac{\beta^5}{5!} - \frac{\beta^7}{7!} + \cdots$$

将展开式带入式（14-19）中，可得 dx、dy 为

$$dx = \left[1 - \frac{1}{2}\left(\frac{l^2}{2Rl_s}\right)^2 + \frac{1}{24}\left(\frac{l^2}{2Rl_s}\right)^4 - \frac{1}{720}\left(\frac{l^2}{2Rl_s}\right)^6 + \cdots\right]dl$$

$$dy = \left[\frac{l^2}{2Rl_s} - \frac{1}{6}\left(\frac{l^2}{2Rl_s}\right)^3 + \frac{1}{120}\left(\frac{l^2}{2Rl_s}\right)^5 - \frac{1}{5040}\left(\frac{l^2}{2Rl_s}\right)^7 + \cdots\right]dl$$

积分，略去高次项可得任一点的坐标方程为

$$\begin{cases} x_i = l_i - \dfrac{l_i^5}{40R^2l_s^2} \\ y_i = \dfrac{l_i^3}{6Rl_s} \end{cases} \quad (14\text{-}20)$$

进一步可得 HY 处的坐标式为

$$\begin{cases} x_0 = l_s - \dfrac{l_s^3}{40R^2} \\ y_0 = \dfrac{l_s^2}{6R} \end{cases} \quad (14\text{-}21)$$

3. 内移值 p 与切线增值 q 的计算

如图 14-10 所示，当在直线与圆曲线之间插入缓和曲线时，原有的圆曲线需向内移动距离 p，才能使缓和曲线起点位于直线方向上，此时切线长会增长 q。在路线勘测设计中，一般采用圆心不动的平移法，即若不增设缓和曲线，则圆曲线的半径为 $R+p$，两端分别插入同样长度缓和曲线后圆曲线的半径变为 R，此时原有圆曲线的中心角 α 同时也变为 $\alpha-2\beta_0$。因此路线设计时必须满足条件 $\alpha \geq 2\beta_0$，否则应缩短缓和曲线长度或加大圆曲线半径。

设 HY 点的坐标为 (x_0, y_0)，由图 14-10 可得内移值 p 为

$$p = y_0 - R(1-\cos\beta_0) \quad (14-22)$$

而切线增值 q 是从圆曲线圆心 O 向切线方向所做垂足对应的距离，故有

$$q = x_0 - R\sin\beta_0 \quad (14-23)$$

将 $\cos\beta_0$ 与 $\sin\beta_0$ 级数展开代入式（14-22）及式（14-23），并略去高次项可得

$$\begin{cases} p = \dfrac{l_s^2}{24R} \\ q = \dfrac{l_s}{2} - \dfrac{l_s^3}{240R^2} \end{cases} \quad (14-24)$$

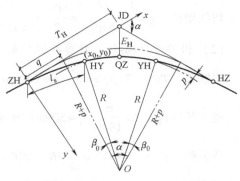

图 14-10　缓和曲线数据计算

4. 曲线要素计算

在圆曲线增设缓和曲线后，将圆曲线与缓和曲线作为一个整体考虑，可得到切线上 T_H、曲线长 L_H、外矢距 E_H、切曲差 Q_H 的计算式

$$\begin{cases} T_H = (R+p)\tan\dfrac{\alpha}{2} + q \\ L_H = R\alpha\dfrac{\pi}{180°} + l_s \\ E_H = (R+p)\sec\dfrac{\alpha}{2} - R \\ Q_H = 2T_H - L_H \end{cases} \quad (14-25)$$

5. 主点里程计算

同圆曲线一样，主点里程 s 可根据 JD 点桩号及曲线要素进行计算，其计算式为

$$\begin{cases} s_{ZH} = s_{JD} - T_H \\ s_{HY} = s_{ZH} + l_s \\ s_{YH} = s_{HY} + L \\ s_{HZ} = s_{YH} + l_s \\ s_{QZ} = s_{HZ} + \dfrac{L_H}{2} \end{cases} \quad (14-26)$$

其检核条件为

$$s_{JD} = s_{HZ} - T_H + Q_H \quad (14-27)$$

【例 14-4】 已知某平曲线的 JD 点里程为 K3+486.25，$\alpha_{右} = 20°30′$，$R = 500\text{m}$，缓和曲线长 $l_s = 60\text{m}$，求该平曲线要素及曲线主点里程桩号。

【解】（1）利用式（14-24）计算内移值 p 与切线增值 q

内移值　$p = \dfrac{l_s^2}{24R} = \dfrac{(60\text{m})^2}{24 \times 500\text{m}} = 0.30\text{m}$

切线增值 $q = \dfrac{l_s}{2} - \dfrac{l_s^3}{240R^2} = \dfrac{60\text{m}}{2} - \dfrac{(60\text{m})^3}{240\times(500\text{m})^2} = 30.00\text{m}$

（2）利用式（14-25）计算曲线要素

切线长 $T_H = (R+p)\tan\dfrac{\alpha}{2} + q = (500\text{m} + 0.30\text{m})\times\tan10°15' + 30.00\text{m} = 120.47\text{m}$

曲线长 $L_H = R\alpha\dfrac{\pi}{180°} + l_s = 500\text{m}\times20°30'\times\dfrac{\pi}{180°} + 60\text{m} = 238.90\text{m}$

外矢距 $E_H = (R+p)\sec\dfrac{\alpha}{2} - R = (500\text{m} + 0.3\text{m})\times\sec10°15' - 500\text{m} = 8.41\text{m}$

切曲差 $Q_H = 2T_H - L_H = 2\times120.47\text{m} - 238.90\text{m} = 2.04\text{m}$

（3）利用式（14-26）计算主点里程

s_{JD}	K3+486.25
$-T_H$	120.47
s_{ZH}	K3+365.78
$+l_s$	60
s_{HY}	K3+425.78
$+(L_H/2 - l_s)$	59.45
s_{OZ}	K3+485.23
$+(L_H/2 - l_s)$	59.45
s_{YH}	K3+544.68
$+l_s$	60
s_{HZ}	K3+604.68

计算检核

s_{HZ}	K3+604.68
$-T_H$	120.47
$+Q_H$	2.04
s_{JD}	K3+486.25

14.4.3 曲线的详细测设

1. 偏角法

（1）数据计算　对于缓和曲线而言，一般缓和曲线的偏角为小角，故可以认为偏角 $\delta_1 \approx \tan\delta_i$，而曲线上各点的坐标可根据式（14-20）进行计算，则可得到

$$\delta_i \approx \tan\delta_i = \dfrac{y_i}{x_i} \approx \dfrac{l_i^2}{6Rl_s} \tag{14-28}$$

用偏角法测设缓和曲线实测中一般不采用整桩号法，而是采用整桩距法，即各桩之间的距离均与第1个放样桩至ZH点（或HZ点）的距离相等。由式（14-28）可得出相应各放样点的偏角值为

$$\begin{cases} \delta_1 = \left(\dfrac{l_1}{l_s}\right)^2 \delta_0 \\ \delta_2 = 2^2 \delta_1 \\ \delta_3 = 3^2 \delta_1 \\ \quad \vdots \\ \delta_n = n^2 \delta_1 \end{cases} \tag{14-29}$$

式中 δ_0——HY 点（或 YH 点）对应的偏角，由式（14-29）可得

$$\delta_0 = \frac{l_s^2}{6Rl_s} = \frac{l_s}{6R} = \frac{1}{3}\beta_0 \tag{14-30}$$

测设的曲线的弦长应按式（14-20）计算出的各点坐标反算而得，在近似情况下也可用弧长代替弦长。

圆曲线部分数据按圆曲线偏角法数据计算过程进行计算，在计算偏角时，0 方向为 HY 点或 YH 点的切线方向。

（2）测设过程

1）在 ZH 点安置仪器，以 JD 点为后视，水平度盘读数置零。

2）转动照准部，拨角 δ_1，并沿此方向测设弦长 D_1，定出第一个桩点。

3）再转动照准部，根据弦线角及弦长数据定出下一个桩点，直至测设至 HY 点，并进行检核。

4）仪器搬至 HZ 点，按以上过程测设 YH 点和 HZ 点间缓和曲线段。

5）仪器搬至 HY 点（或 YH 点），后视 ZH 点（或 HZ 点），水平度盘置零，然后照准部旋转角度 $2\delta_0$，得到 HY 点（或 YH 点）的切线方向，倒转望远镜，即为测设圆曲线部分的 0 方向，再按偏角法测设圆曲线过程测设圆曲线部分。

【例 14-5】 以例 14-4 的平曲线数据为例，若整桩距 $l_0 = 20\text{m}$，求用偏角法测设该曲线的测设元素。

【解】 1）计算曲线要素及整桩及主点里程。

2）利用式（14-29）计算缓和曲线待测点的偏角 δ_i，并利用式（14-20）计算出放样点在临时坐标系下坐标后，再计算弦线 D_i。

$D_0 \approx l_0 = 60\text{m}$, $\delta_0 = 1°08'45''$
$D_1 \approx l_1 = 20\text{m}$, $\delta_1 = 0°07'38''$
$D_2 \approx l_2 = 40\text{m}$, $\delta_2 = 0°30'34''$

3）计算圆曲线部分测设数据。偏角法放样数据计算结果见表 14-4。

2. 全站仪坐标放样法

若已知在施工坐标系 $O—xy$ 下 JD 点坐标及 ZH 点—JD 点的方位角 α_0，则 ZH 点与 HZ 点的坐标为

$$\begin{cases} x_{ZH} = x_{JD} + T_H \cos(\alpha_0 \pm 180°) \\ y_{ZH} = y_{JD} + T_H \sin(\alpha_0 \pm 180°) \end{cases} \tag{14-31}$$

$$\begin{cases} x_{HZ} = x_{JD} + T_H \cos(\alpha_0 + \alpha) \\ y_{ZH} = y_{JD} + T_H \sin(\alpha_0 + \alpha) \end{cases} \tag{14-32}$$

表 14-4 平曲线偏角法测设数据

点名	桩号	偏角 (° ′ ″)	弦长/m	说明	点名	桩号	偏角 (° ′ ″)	弦长/m	说明
ZH	K3+365.78	0 00 00	0	ZH 点测站，后视 JD 点	QZ	K3+485.23	-3 24 22	59.41	YH 点测站，后视其切线方向
1	+385.78	0 07 38	20		6	+500.00	-2 33 36	44.66	
2	+405.78	0 30 34	40		7	+520.00	-1 24 51	24.68	
HY	K3+425.78	1 08 45 (0 0 0)	60 (0)	HY 点测站，后视其切线方向	8	+540.00	-0 16 05	4.68	
3	+440.00	0 48 53	14.22		YH	K3+544.68	-1 08 45 (0 0 0)	60	
4	+460.00	1 57 38	34.21		9	+564.68	-0 30 34	40	HY 点测站，后视 JD 点
5	+480.00	3 06 24	54.19		10	+584.68	-0 07 38	20	
QZ	K3+485.23	3 24 22	59.41		HZ	K3+604.58	0 00 00	0	

设 P_i 点为 ZH 点和 HY 点间缓和曲线段上一点，其里程为 K_i，则可用式（14-20）计算出该点在以 ZH 点为坐标原点，JD 点方向为 x 轴的临时坐标系 $O\text{-}xy$ 下的坐标（x_{P_i}，y_{P_i}）。则 ZH 点至 P_i 点的距离为

$$D = \sqrt{x_{P_i}^2 + y_{P_i}^2} \tag{14-33}$$

又根据式（14-17）可计算出 P_i 点的切线角 β_i，则 ZH 点与 P_i 点的连线方位角 α_{P_i} 及 P_i 点的切线方位角 α'_{P_i} 为

$$\alpha_{P_i} = \alpha_0 + \frac{1}{3}\beta \tag{14-34}$$

$$\alpha'_{P_i} = \alpha_0 + \beta_i \tag{14-35}$$

故 ZH 点至 HY 点之间曲线上任意点的坐标计算式为

$$\begin{cases} x_{P_i} = x_{ZH} + D_i \cos\alpha_{P_i} \\ y_{P_i} = y_{ZH} + D_i \sin\alpha_{P_i} \end{cases} \tag{14-36}$$

在已知道路设计其宽为 d 时，可得到道路左右边桩坐标计算式为

$$\begin{cases} x'_{P_i} = x_{P_i} + \dfrac{d}{2}\cos(\alpha'_{P_i} \pm 90°) \\ y'_{P_i} = y_{P_i} + \dfrac{d}{2}\sin(\alpha'_{P_i} \pm 90°) \end{cases} \tag{14-37}$$

式中 ±——分别用于道路左边桩和右边桩计算。

YH 点和 HZ 点缓和曲线上的点可以以 HZ 点为起算点，推算曲线上点坐标值。

圆曲线上的点计算，可将 HY 点看作圆曲线的 ZY 点，YH 点看作圆曲线的 YZ 点，根据式（14-35）可计算出 HY 点的切线方位角，而圆曲线部分对应的圆心角为 $\alpha - 2\beta$，利用式（14-11）的推导过程即可计算出圆曲线上的点位坐标。

同圆曲线放样一样，点位坐标计算完毕后，需编制坐标文件，导入全站仪内存中，再进行放样工作。

【例 14-6】以例 14-4 设计数据为例，已知在施工坐标系下 JD 点坐标为 $x = 3149.697$m，

$y = 5110.815$m，ZH 点—JD 点的方位角 $\alpha_0 = 36°30'00''$，若道路宽为 20m，整桩距为 20m，试计算各主点坐标及整桩、边桩坐标。

【解】 1）同例 14-4、例 14-5，计算出曲线要素、主点里程、放样点与测站点构成的弦线长及夹角。

2）利用式（14-10）、式（14-34）计算各弦线方位角，利用式（14-13）、式（14-34）计算出放样点切线方位角，计算结果见表 14-5。

表 14-5 平曲线放样点相关角度计算结果

点名	里程	弦长/m	弦线方位(° ′ ″)	切线方位(° ′ ″)	点名	里程	弦长/m	弦线方位(° ′ ″)	切线方位(° ′ ″)
ZH	K3+365.78	0	0 00 00	36 30 00	QZ	K3+485.23	59.41	50 09 23	46 45 00
1	+385.78	20	36 37 38	36 52 54	6	+500.00	44.66	51 00 09	48 26 33
2	+405.78	40	37 00 34	38 01 42	7	+520.00	24.68	52 08 54	50 44 03
HY	K3+425.78	60	37 38 45	39 56 15	8	+540.00	4.68	53 17 40	53 01 35
HY	K3+425.78	0	0 00 00	39 56 15	YH	K3+544.68	0	0 00 00	53 01 35
3	+440.00	14.22	38 27 38	41 34 01	YH	K3+544.68	60	55 51 15	53 33 45
4	+460.00	34.21	39 36 23	43 52 11	9	+564.68	40	56 29 26	55 28 18
5	+480.00	54.19	40 45 09	46 09 03	10	+584.68	20	56 52 55	56 37 06
QZ	K3+485.23	59.41	41 03 07	46 45 00	HZ	K3+604.68	0		57 00 00

3）根据 JD 点坐标计算 ZH 点坐标，根据表 14-5 数据计算各主点、整桩、边桩坐标，计算结果见表 14-6。

表 14-6 平曲线坐标放样计算结果

点名	里程	中桩		左桩		右桩	
		x/m	y/m	x/m	y/m	x/m	y/m
ZH	K3+365.78	3052.874	5039.141	3058.824	5031.103	3046.924	5047.178
1	+385.78	3068.922	5051.076	3074.926	5043.078	3062.919	5059.073
2	+405.78	3084.810	5063.224	3090.972	5055.348	3078.648	5071.100
HY	K3+425.78	3100.367	5075.791	3106.788	5068.125	3093.946	5083.457
3	+440.00	3111.134	5085.072	3117.770	5077.591	3104.497	5092.553
4	+460.00	3125.825	5098.640	3132.756	5091.431	3118.895	5105.850
5	+480.00	3139.963	5112.785	3147.176	5105.859	3132.750	5119.712
QZ	K3+485.23	3143.567	5116.579	3150.852	5109.728	3136.282	5123.429
6	+500.00	3153.523	5127.484	3161.007	5120.852	3146.039	5134.117
7	+520.00	3166.485	5142.714	3174.228	5136.386	3158.741	5149.042
8	+540.00	3178.827	5158.450	3186.817	5152.437	3170.837	5164.463
YH	K3+544.68	3181.624	5162.203	3173.578	5168.141	3189.671	5156.265
9	+564.68	3193.212	5178.503	3184.972	5184.170	3201.451	5172.837
10	+584.68	3204.361	5195.107	3196.009	5200.608	3212.712	5189.607

14.5 路线纵、横断面图测量

路线纵断面测量的任务是测定路线上各里程桩处的地面高程，绘制出纵断面图，为路线纵坡设计及土石方量计算提供依据。横断面测量是测量中线上各里程桩处垂直于中线方向的地面高程，并绘制横断面图，以供路线设计及施工时使用。

路线纵、横断面测量步骤与管道工程纵、横断面测量相同（具体施测过程在第13章13.3节已详细叙述，这里不再赘述），只是相对于管道工程，不同的路线工程的纵断面图绘制要求不一样，横断面测量的宽度不一样而已。

以道路工程为例，在绘制纵断面图时，根据工程的要求，里程比例尺一般选用1：5000、1：2000和1：1000等，高程比例尺比里程比例尺大10倍或20倍。若里程比例尺采用1：1000，高程比例尺则取1：100或1：50。路线的纵断面图分为上下两部分，在上半部分，以细折线表示中线方向的地面线，其是根据各里程桩桩号（横坐标）和地面高程（纵坐标）绘制的；以粗折线表示道路纵坡设计线。此外，上半部分还应有水准点信息、设计的桥涵信息、竖曲线示意图及与其他路线交叉点等内容的注记。在图的下半部分，有路线中桩桩号、地面高程、设计坡度、设计高程、填挖土高度及直线段和曲线元素等数学资料。图14-11所示为某道路工程部分设计纵断面图。

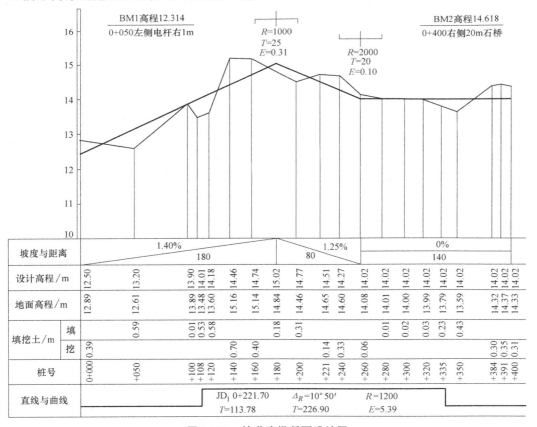

图 14-11　某道路纵断面设计图

道路工程中横断面测量的宽度根据设计路基宽度而定，一般情况下在中线两侧各测 15~50m，测量距离和高差一般精确到 0.05~0.1m 即可满足要求。道路工程横断面图的绘制方法与管道工程横断面图绘制方法相同。

14.6　路线施工测量

路线工程众多，本节仍以道路工程施工测量为例，阐述路线施工测量的内容。

道路工程施工测量贯穿于路基开挖、桥梁细部模板设置、扎筋、落料及纵横向坡度控制设置等施工全过程。其主要工作包括施工控制桩、路基边桩测设，恢复道路中线测量，竖曲线测设等。

14.6.1　路基测设

道路的路基基本分为以填方为主的路堤和以挖方为主的路堑两种。路基测设根据设计横断面图和各桩填、挖深度 h 来测设边角、坡顶及路中心，并构成轮廓，作为填挖依据。

1. 路堤测设

如图 14-12 所示的平坦路面的路堤，路基设计宽度为 l，边坡坡度为 $1:m$，填方高度为 h，则可计算出路基下口 AB 宽度 L 为

$$L = l + 2mh$$

则路堤边桩至中桩的距离为

$$l_{左} = l_{右} = L/2 = l/2 + mh \tag{14-38}$$

当 $l_{左}$、$l_{右}$ 算出后，即可由中桩沿横断面方向向两侧各量出 $\dfrac{L}{2}$ 的距离，钉桩得到坡脚点，在距中桩 $\dfrac{l}{2}$ 及中桩处立小木杆，由水准仪测设出在该断面处的设计高度即得坡顶，最后用小线将坡脚点和坡顶点 A、C、D、B 依次连接，即得到路基的轮廓。

对于山坡地段的路堤，如图 14-13 所示，显然无法用上面的方法进行测设。由于路基设计宽度 l 已知，故可先利用上面方法定出坡顶两点 C、D，然后用坡度尺或全站仪（经纬仪）定出坡脚点。

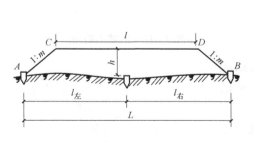
图 14-12　平坦地面路堤

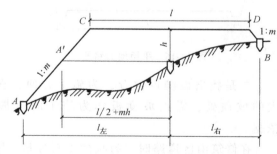
图 14-13　斜坡上路堤

坡度尺是根据边坡坡度自行设计的。在坡度尺的直立边悬挂一小垂球，如图 14-14 所示。在使用坡度尺时，使坡度尺顶点与坡顶点 C（D）重合，旋转坡度尺，使悬挂小垂球的细线与直立边重合，然后用细线由坡度尺顶点顺着斜边延长至地面，即可得到坡脚点 A（B）。

使用全站仪定坡脚点过程为：如图 14-15 所示，在坡顶点 C 处架设仪器，并量取仪器高 l，根据边坡坡度计算俯角 $\beta = \arctan m$，转动望远镜，使竖直角读数为 $90°-\beta$，然后在全站仪视线方向与地面相交处附近，将一水准尺向仪器方向移动，当水准尺上读数为 $l-h$ 且底端与地面重合时，水准尺底端即为坡脚点 A。也可用一细杆替代水准尺，在距细杆底端 $l-h$ 处做一标记，当全站仪视线与该标记重合时，细杆底端即为坡脚点 A。

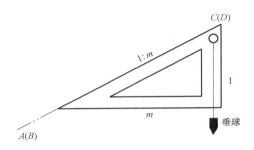

图 14-14 坡度尺

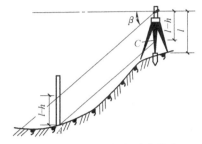

图 14-15 竖直角法测设坡度

2. 路堑测设

路堑测设和路基测设的方法基本相同，只是具体操作上有所区别。

一是在计算坡顶宽度 L 时需要考虑两边排水沟宽度 l_0，如图 14-16 和图 14-17 所示。对于平坦地区路堑可用下式计算

$$\begin{cases} L = l + 2(l_0 + mh) \\ l_左 = l_右 = l/2 + l_0 + mh \end{cases} \tag{14-39}$$

对于斜坡上路堑则需考虑地面坡度。

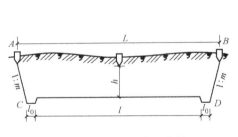

图 14-16 平坦地面路堑

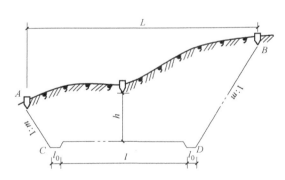

图 14-17 斜坡上路堑

二是找出坡脚点位置，为施工方便，在挖深较大的坡顶处，需设坡度板作为施工时掌握边坡的依据。

在修筑山区道路时，为减少土石方量，路基经常采用半填半挖的形式，如图 14-18 所示。对于这种路基，除了按前面的方法定出坡脚点和坡顶点外，还需要用水准仪定出不填不挖的零点 O'，该点高程即为路基的设计高程。

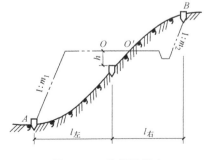

图 14-18 挖填平衡点

14.6.2 施工控制桩测设

由于在施工中中线上各桩要被挖掉或填埋，为了在施工中控制中线位置，需要在路边线以外，不易受施工破坏及便于引测处钉设施工控制桩。

施工控制桩一般以开工前测设的控制桩为基准，在设计的路基宽度以外，以 10~30m 间距测设两排平行于中线的施工控制桩，如图 14-19 所示。

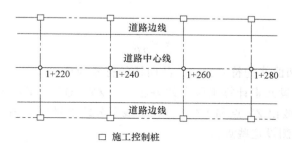

图 14-19 施工控制桩的设置

14.6.3 竖曲线测设

在道路工程中，为了行车平稳和满足视距要求，在竖直面的变坡处应用曲线加以连接，这种曲线称为竖曲线。竖曲线有凸曲线和凹曲线两种，在变坡点上方的为凸曲线，在变坡点下方的为凹曲线，如图 14-20 所示。

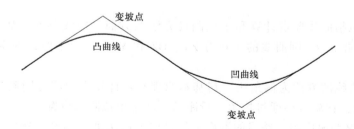

图 14-20 竖曲线类型

在路线工程中，竖曲线线形有抛物线和圆曲线两种，道路工程中一般采用圆曲线。本节只讲述圆曲线形竖曲线的测设。

如图 14-21 所示，设计纵断面上竖曲线的半径为 R，两侧的坡度分别为 i_1、i_2，在道路工程中竖曲线的半径 R 较大，故曲线所对应圆心角 $\alpha = \arctan i_1 - \arctan i_2 \approx i_1 - i_2$，则可计算出曲线长

$$L = R(i_1 - i_2) \qquad (14\text{-}40)$$

由于道路工程中竖曲线的半径 R 较大，而曲线所对应的圆心角 $i_1 - i_2$ 较小，故其切线长及外矢距可以用

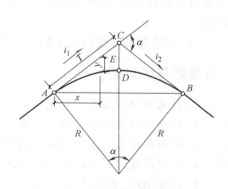

图 14-21 竖曲线测设元素

如下近似公式替代

$$T = \frac{1}{2}L = \frac{1}{2}R(i_1 - i_2) \tag{14-41}$$

$$E = \frac{T^2}{2R} = \frac{L^2}{8R} \tag{14-42}$$

若已知测设点至 A 点的距离 x_i，则可采用类似地球曲率改正方法计算出曲线上各点按直角坐标法测设的 y_i，即

$$y_i = \frac{x_i^2}{2R} \tag{14-43}$$

式（14-43）中，凹曲线的符号为正，凸曲线的符号为负。

实测中，先根据测设元素计算出竖曲线各主点（ZY、QZ、YZ）坐标，由变坡点 JD 沿中线两侧量距 T，则可放出 ZY 点和 YZ 点，在中线平分线上量取 E 则可得到 QZ 点。或者直接利用全站仪放样功能测设这些点位。

【本章小结】

1）路线测设包括路线中线测设和施工测设。路线中线测量的任务是将设计的中心线测设到实地上，并对里程桩和加桩进行定位和绘制。路线的中心线主要由直线和曲线组成。中线测量的工作主要包括测量中线上各特征点、转向角、交点上的偏角及圆曲线与缓和曲线上的各特征点。

2）曲线测设的传统方法为：先测设主点再进行详细测设，用以标定曲线的形状和位置。

① 主点测设包括曲线要素计算和主点测设方法两方面。曲线要素有切线长 T、曲线长 L、外矢距 E 和切曲差 Q。圆曲线的主点有 ZY、QZ 和 YZ，一般平曲线的主点有 ZH、HY、QZ、YH 和 HZ。

② 传统测设曲线的方法为偏角法。其基本原理是：计算出拟测点同测站直线与定向边的夹角及相应弦长，在施测中通过拨角、量距的方法定出拟测点位置。

3）随着全站仪普遍应用，路线的测设一般采用坐标法进行测设。坐标法是利用曲线设计数据，计算出拟测点（包括主点、整桩、加桩和边桩）的坐标，在室内将控制点及拟测点坐标数据传输至全站仪中，然后在实地利用全站仪坐标放样功能测设线路中的所有拟测点。

4）道路类型路线的施工测量工作包含路基测设和路堑测设等内容。

【思考题与练习题】

1. 什么是路线交点？如何确定路线交点？
2. 什么时候需要设置转点？如何测设转点？
3. 某里程桩号为 K30+200，说明该桩号的意义。
4. 某里程桩号为 DK20+17，说明该桩号的意义，该桩号属于整桩还是加桩？
5. 已知 JD 点里程为 K10+865.472，测得转角为 $\alpha = 28°15'57''$，选定圆曲线半径为 $R = 150\text{m}$，试求圆曲线三主点的测设数据。

6. 数据同 5 题，设路线的整桩距为 20m，试用偏角法计算该曲线测设数据。

7. 什么是缓和曲线？为何在直线段与圆曲线之间要设置缓和曲线？

8. 在 JD 点测得转角 $\alpha = 30°30'46''$，选定缓和曲线的总长 $l_s = 40$m，选定圆曲线的半径 $R = 200$m。试求圆曲线的内移值 p 及切线增长 q。

9. 在路线施工中为何要设置边桩？如何设置？

10. 什么是竖曲线？竖曲线是如何分类的？

第 15 章
隧道与桥梁测量

15.1 隧道测量概述

隧道工程属于地下工程的一种，其施工方法一般是由隧道两端洞口相向开挖，直至隧道贯通；在长大隧道施工时，往往还需要在隧道两端洞口间增设竖井或斜井，以加快工程进度，如图 15-1 所示。

隧道测量是以隧道工程规划、设计书为依据，在施工阶段进行的测量工作，其目的是保证隧道能按规定的精度正确贯通及相关建（构）筑物位置正确。因此，隧道测量的任务是准确测出洞口、井口的平面位置及高程，在隧道开挖时，测设隧道的中线及高程，指示掘进方向，保证隧道正确贯通。

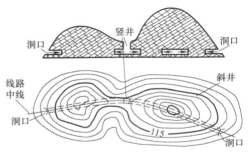

图 15-1 隧道的开挖

与地面工程相比，隧道工程施工环境较差，光线暗淡，容易引起测量误差；在测量中只能依靠隧道中布设的支导线指导施工，无外部检核条件，容易引起误差的累积，使隧道不能正确贯通。为了保证测量精度，在隧道中布设的导线需要进行重复测量以提高可靠性，在测量过程中需要采用一些特定的测量方法（如联系测量）和仪器（如陀螺经纬仪）等。

在施工过程中，由于误差的累积，会使同向掘进的施工中线不能准确接通，其产生的偏差称为贯通误差。贯通误差在施工中线方向上的投影偏差，是施工中线方向上的长度贯通偏差，称为纵向贯通误差；沿贯通误差在垂直于坑道施工中线的水平方向上的投影偏差，是垂直于坑道施工中线的水平方向贯通偏差 Δx，称为横向贯通误差，如图 15-2 所示；沿贯通误差在垂直于坑道施工中线的竖直方向上的投影偏差，是垂直于坑道施工中线的竖直方向贯通偏差 Δh，称为高程贯通误差，如图 15-3 所示。其中纵向贯通误差只影响施工进度，而与工程质量关系不大，因此一般不做考虑；而横向贯通误差将使坑道施工中线产生左或右的偏

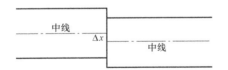

图 15-2 横向贯通误差

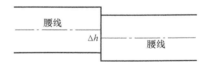

图 15-3 高程贯通误差

差，高程贯通误差将使坑道的坡度产生偏差，故施工中应予着重关注。

隧道测量按工作程序可分为洞外控制测量、洞内控制测量、洞内中线测设和洞内建（构）筑物放样等。

15.2 洞外控制测量

为了保证隧道的工程能够正确贯通，必须进行洞外控制测量。洞外控制测量是在地面布设一定形状的控制网，并精密测定其地面位置，作为引测进洞和测设洞内中线的依据。

15.2.1 洞外平面控制测量

建立洞外平面控制的方法有三角网测量、精密导线测量和 GNSS 法。

1. 三角网测量

三角网检核条件多、精度高，是传统的洞外平面控制网形式。三角网的布设最好在垂直于贯通面的方向直伸，图形以单三角形组成，宜简不宜繁。如图 15-4 所示，A 点、B 点为洞口点。三角网法在 GPS 信号不好且不易布设导线的山区经常用到。

2. 精密导线测量

精密导线测量是洞外控制测量的一种重要方法，其作业方便、数据便于计算，但其不足之处是检核条件远不如三角网测量。为了提高测量精度，洞外导线一般布设为网形或闭合环形。在特别困难的地段布设导线，

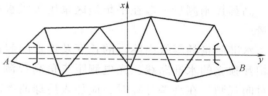

图 15-4 三角网

可以采用主、辅导线形式，如图 15-5 所示。主导线沿两洞口连线方向布设，每隔 1~3 个主导线边应与辅导线联系。主导线边长一般不宜短于 300m，且相邻边长度之差不宜过大。在测量中，主导线需同时测量角度和距离，而辅导线一般只测水平角。布设为主、辅导线形式是在导线平差中，增加主导线的检核条件，以提高对横向误差的控制。

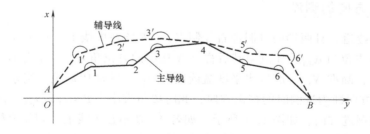

图 15-5 主辅导线布设示意图

3. GNSS 法

GNSS 测量的特点不要求两点间通视，可以全天候测量，且无误差累积，因此该方法特别适合于特长隧道及通视条件较差的山岭隧道。

按照 JTG C10—2007《公路勘测规范》中 4.1 相关规定，隧道 GPS 法平面控制测量根据

隧道长度采用二等、三等、四等和一级四个等级，各等级 GPS 控制网的适用情况和主要技术指标规定见表 15-1。

表 15-1 GPS 控制网适用等级与技术要求

等级	隧道贯通长度 L_G/m	固定误差 a/mm	比例误差 b/(mm/km)	最弱相邻点边长相对中误差
二等	>6000	≤5	≤1	1/100000
三等	3000~6000	≤5	≤2	1/70000
四等	1000~3000	≤5	≤3	1/35000
一级	<1000	≤10	≤3	1/20000

15.2.2 洞外高程控制测量

洞外高程控制测量的任务是按照测量设计中规定的精度要求，在各洞口或井口附近设立 3 个以上水准点，以便于向洞内传递高程，保证隧道按规定精度在高程方面正确贯通，并使隧道工程的高程方面按要求的精度正确修建。

高程控制测量一般在平坦地区采用等级水准测量，在丘陵和山区采用光电测距三角高程测量。

水准测量的等级由隧道的长度及地形的起伏而定，水准线路应形成闭合环线，或敷设两条相互独立的水准路线；光电测距三角高程测量每条边长不应超过 800m，且每条边均应进行对向观测，在高差计算时，应加入地球曲率改正。

15.3 隧道施工测量

隧道施工测量是通过现场测量和计算来确定已知点的长度、方向和坡度，并通过适当的方法确定出该方向或放样出该线段。其主要内容包括：隧道进洞时掘进方向的测设；在开挖过程中，隧道中线和腰线的测设。

15.3.1 掘进方向的测设

若为直线形隧道，且两端的进洞埋石控制点 A、B 均在中线上，对于 A 处，先算出 A 点与 B 点中线联系方位角 α_{AB} 及 A 点与其后视点 N 连线的方位角 α_{AN}。在实测时，将经纬仪或全站仪置于 A 点，瞄准 N，并配置水平度盘读数为 α_{AN}，转动望远镜，当水平度盘读数指示为 α_{AB} 时，则该方向即为进洞时的掘进方向，此时拨角大小为 $\beta=\alpha_{AB}-\alpha_{AN}$。同理 B 处测设隧洞另一段的进洞掘进方向，如图 15-6 所示。如若 A、B 不在中线上，则需要根据已知控制点在中线上设置临时控制点 A'、B'，然后按上法进行测设，如图 15-7 所示。

图 15-6 入洞中线方向放样

图 15-7 入洞中线方向间接放样

如果是曲线进洞,则需先确定洞外曲线主点,然后在主点或洞外确定的曲线细部点上用偏角法指导进洞方向。

15.3.2 中线测设

在洞口开挖后,随着隧道的向前掘进,要逐步在洞内引测隧道中线和腰线。中线控制掘进方向,其方位角由隧道的设计方给定;腰线控制掘进高程和坡度。

一般隧道每掘进30m左右时,就应测设一组中线桩,中线桩可埋设在隧道顶部或底部,如图15-8所示。

1. 直线形隧道中线测设

直线形隧道中线测设主要使用经纬仪正倒镜法或激光指向仪导向法,其基本原理相近。

如图15-9所示,在进洞点 A 处,采用与掘进方向测设相同的方法测设初始中线,指示隧道掘进;当掘进至30m左右时,测设一组中线点 B、1、2;然后在 B 点安置仪器,以 A 点为后视照准方向,测设下一组中线点 C、1、2;依次类推,直至隧道贯通。

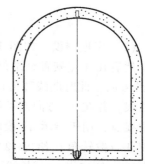

图15-8 隧道中线桩

在仪器搬站测设下一组中线点时,应根据前一组中线点三点的位置关系检查该处的中线点是否发生位置移动,只有确定前一中线点位置无移动时,方可测设下一组中线点。

2. 曲线形隧道中线测设

曲线形隧道中线有圆曲线和综合曲线多种形式,实际测设中,是将曲线用一系列的折线代替,用折线配合大样图来指示曲线隧道的掘进。曲线形隧道一般采用弦线法进行测设。

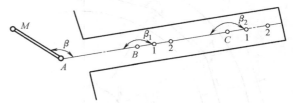

图15-9 直线形隧道中线测设

弦线法可用全站仪或经纬仪配合钢尺放样。其基本原理是将中线的曲线部分分为若干份,如图15-10所示。这样曲线就被弦线代替,计算每段曲线对应的弦长和弦线间的转角,然后在实地施测弦线。因弦线非中线,所以在施工时应绘制大样图,用大样图表示弦线两侧隧道开挖的尺寸。大样图比例尺一般为1∶100或1∶50。弦线法测设中线的步骤为:

(1)计算测设要素 根据曲线半径 R 和隧道上宽之半 S,估算合理弦长

$$l \leqslant 2\sqrt{2RS-S^2}$$

也可在大样图上确定合理弦线长度。

在确定合理弦线长度的基础上,计算测设要素。如图15-10的曲线形隧道,曲线接直线于 A、B 点,半径为 R,中心角为 α,采用等分中心角弦线法计算测设要素。若将中心角 α 分为 n 等份,测设方向由 A 向 B,以左角测设各弦,测设要素包括各弦长和各点处转角。各弦长为

$$l = 2R\sin\frac{\alpha}{2n} \tag{15-1}$$

曲线起止点 A、B 处转向角为

$$\beta_A = \beta_B = 180° + \frac{\alpha}{2n} \tag{15-2}$$

中间各弦交点处的转向角为

$$\beta_i = 180° + \frac{\alpha}{n} \tag{15-3}$$

（2）实地测设　如图 15-11 所示，当隧道掘进到曲线起始点 A 后，先在直线段标出 A 点，然后在 A 点安置全站仪或经纬仪，后视隧道直线段中线点 M，测设转向角 β_A，给出弦 $A1$ 的方向。此时曲线隧道仅掘进至 A 点，1号点无法标定，故将望远镜倒转给出 $A1$ 的反向延长线，并在 $A1$ 方向延长线上的隧道顶板处标出弦线点 $1'$ 和 $1''$。$1'$ 点、$1''$ 点和 A 点构成一组中线点，用于指示 $A1$ 段隧道掘进方向。当隧道掘进至 1 点位置后，再安置仪器于 1 点，后视 A 点拨转角 β_1 给出 12 方向。同样此时 12 段隧道尚未掘进，2 点无法标出，按测设 $A1$ 的方法，在 12 反向延长线上标出 $2'$ 点和 $2''$ 点。$2'$ 点、$2''$ 点和 1 点构成一组中线点，用于指示 12 段隧道的掘进方向。按照此法逐次测设各弦，直至隧道终点 B。

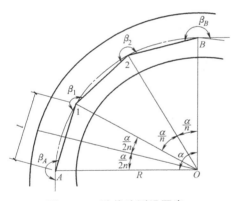

图 15-10　弦线法测设要素

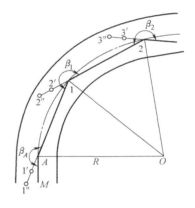

图 15-11　弦线法测设曲线

15.3.3　腰线测设

腰线的作用是指示隧道在竖直面内的掘进方向。腰线是根据测设的腰线点进行标定的，通常设在隧道的一帮或两帮上，高于隧道底板面 1~1.5m。腰线点每隔一定距离设置一组，每组点数不少于 3 个，点间距不小于 2m，每隔 50m 应设置一个固定水准点，以保证隧道顶部和底部按设计纵坡开挖和衬砌的正确放样。测设腰线点时采用的水准测量均应往返观测。

15.3.4　掘进方向指示

在隧道施工中，一般使用具有激光指向功能的全站仪、激光经纬仪或激光指向仪来指示掘进方向。当采用盾构施工时，可采用激光指向仪或激光经纬仪配合光电接收靶，指示掘进方向。如图 15-12 所示，光电接收靶安装在掘进机器上，激光指向仪安置在工作点上并调整好视准轴方向和坡度，其发射的激光束照射在光电接收靶上，当掘进方向发生偏差时，安装在掘进机上的光电接收靶输出偏差信号给掘进机，掘进机通过液压控制系统自动纠偏，使掘进机沿着激光束指引的方向和坡度正确施工。

在使用激光指向仪时要注意防爆工作，指向仪应安置在远离掘进面 70m 以上的位置。

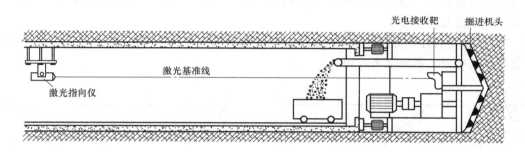

图 15-12　激光指向仪指向掘进方向

15.4　洞内控制测量

洞内控制测量包括平面控制测量和高程控制测量。平面控制采用导线，高程控制采用水准测量。其主要任务是给出隧道的正确掘进方向，并以之作为隧道施工放样的依据，从而保证隧道在精度范围内准确贯通。

15.4.1　洞内平面控制测量

由于受隧道的限制，洞内平面控制测量通常采用导线布设形式，导线布设不能一次完成，而是随着隧道的开挖逐渐向前延伸。一般每掘进 20~50m 就应增设新点。洞内导线一般有以下几种布设方式：

1）单导线。单导线主要用于短隧道，如图 15-13 所示，A 点为地面平面控制点，1、2、3、4 点为洞内导线点。在测量时采用左右角观测法，即在一个导线点上，半数测回观测左角（用 α 表示），半数测回观测右角（用 β 表示），以此增加检核条件。

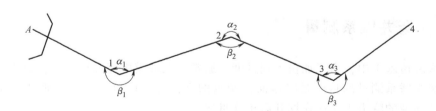

图 15-13　单导线左、右角观测法

2）导线环。将导线布设为若干个彼此相连的带状环，在布设导线点时，每次新增点均增加一对点，如图 15-14 所示。导线环内所有的边、角均进行测量，并且需丈量出每一对点的距离，以角度、距离和坐标为导线环的检核条件。

3）主辅导线环。如图 15-15 所示，主导线既测角又量距，辅导线只测角。按虚线形成第二个闭合环时，如主导线在 3 点处能以平差角传算 3—4 边的方位角，以后均按此法形成闭合环。采用主辅导线环增加了对角度测量的检查，对提高导线端点的横向精度极为有利。

4）交叉导线。如图 15-16 所示，在布设导线时每前进一次变交叉一次，每一个新点由两条路线传算坐标，最后取平均值；也可以量测一对点的距离，以此检核该对点的坐标值。交叉导线不做角度平差。

5）旁点闭合环。如图 15-17 所示，在导线某侧测出旁点 A、B，对旁点与导线点构成的闭合环测其内角，做角度平差即可。

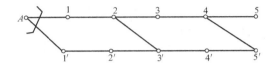

图 15-14　导线环

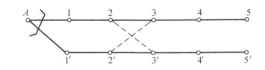

图 15-15　主辅导线环

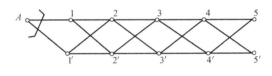

图 15-16　交叉导线

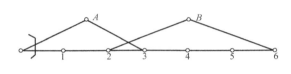

图 15-17　旁点闭合环

15.4.2　洞内高程测量

同洞内导线点一样，每掘进 20~50m 就应增设一组新的水准点。每组水准点不应少于 2 个。洞内水准点可以埋设在洞顶、洞底和两帮上，但必须稳固和便于观测。每埋设一个新水准点后，都应从洞外水准点开始至新点重复往返观测。在观测时，视线长度不宜大于 50m，其他限差要求与地面水准测量相同。

当隧道贯通后，应求出相向两水准路线的高程贯通误差，并在未衬砌地段进行调整。所有的开挖、衬砌工作均应在调整后的高程指导下施工。

15.5　竖井联系测量

在长大隧道施工中，为了加快工程进度，通常是在隧道中部开挖竖井，以增加隧道掘进工作面。竖井联系测量的目的是将地面控制点的坐标、方位角和高程，通过竖井传递到井下，以保证新增的隧道工作面在挖开后正确贯通。

竖井联系测量工作又分为平面联系测量和高程联系测量。其中平面联系测量又分为几何定向（一井定向和两井定向）和陀螺经纬仪定向。

15.5.1　一井定向

一井定向是将地面上控制点坐标及方位角通过一个竖井传递到井下的测量工作，如图

15-18 所示。其分为投点和连接测量两个环节。

投点工作即为竖井中自由悬挂两根钢丝，并在钢丝下端挂上 5~10kg 的重锤，并将重锤置于黏度适当的油桶内，待其静止并加以固定。

连接测量通常采用连接三角形法。如图 15-19 所示，C 点与 C' 点井上下两连接点，A、B 两点为两垂球线点，从而在井上和井下形成了以 AB 为公共边的三角形 ABC 和三角形 ABC'。在选择井上下连接点 C 和

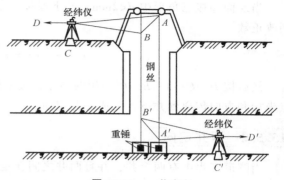

图 15-18　一井定向

C' 时应满足如下要求：CD 与 $C'D'$ 的长度应尽量大于 20m；应使 C 点和 C' 点处的锐角 γ 小于 $2°$，构成最有利的延伸三角形；点 C 和点 C' 应适当地靠近垂球线，使 a/c 和 b'/c 之值尽量小一些。

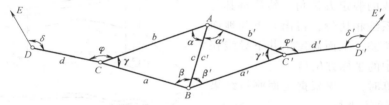

图 15-19　连接三角形示意

连接测量时，在点 C 和 C' 处用测回法量测角度 γ、γ'、φ 和 φ'。当 CD 边小于 20m 时，在 C 点进行水平角观测，其仪器必须对中 3 次，每次对中应将照准部（或基座）位置变换 $120°$。角度观测中误差地面最大为 $\pm5''$，井下最大为 $\pm7''$。同时丈量上下连接三角形的 6 个边长 a、b、c、a'、b'、c'。量边应用检验过的钢尺并施加比长时的拉力，测记温度。在垂线稳定的情况下，应用钢尺不同起点丈量 6 次，读数估读到 0.1mm。同一边各次观测值的互差不得大于 2mm，取平均值作为丈量结果。在垂球摆动的情况下，应将钢尺沿所量三角形各边方向固定，用摆动观测法至少连续读取 6 个读数，确定钢丝在钢尺上的稳定位置，以求得其边长。每边均用上述方法丈量 2 次，互差不得大于 3mm，取其平均值作为结果。井上、井下量测两垂球线距离互差一般不应超过 2mm。

在计算时，首先应对全部记录进行检查，然后按下式解算连接三角形各未知要素

$$\begin{cases} \sin\alpha = \dfrac{a}{c}\sin\gamma \\ \sin\beta = \dfrac{b}{c}\sin\gamma \end{cases} \tag{15-4}$$

连接三角形三内角和 $\alpha+\beta+\gamma=180°$，若有微小残差时，则可将其平均分配给 α 和 β。并对两垂球线间距进行检查，设 $c_丈$ 为两垂球线间实际丈量距离，$c_计$ 为其计算值，则

$$\begin{cases} c_计^2 = a^2 + b^2 - 2ab\cos\lambda \\ d = c_丈 - c_计 \end{cases} \tag{15-5}$$

当地面连接三角形中 $d<2\text{mm}$，井下连接三角形中 $d<4\text{mm}$ 时，对各丈量边长分别加入下列改正数

$$v_a=-\frac{d}{3};v_b=+\frac{d}{3};v_c=-\frac{d}{3} \tag{15-6}$$

然后按 $D\to C\to A\to B\to C'\to D'$ 的顺序，按一般导线计算方法计算各点坐标，从而将地面点坐标和方向传递到井下，完成一井定向。

15.5.2 两井定向

当隧道工程中有两个井，并且两井之间在定向水平上相通并能进行测量时，应采用两井定向，如图 15-20 所示。两井定向就是在两井筒中各挂一根垂球线，在地面测定两垂球线的坐标，并计算其连线的坐标方位角；接着在隧道中用经纬仪或全站仪将导线与两垂球进行联测，取一假定坐标系来确定隧道中两垂球线连线的假定方位角；然后将其与地面上的坐标系统相比较，得出井下与地面坐标系统的方位差，从而确定出井下导线在地面坐标系统中的坐标方位角。

在内业计算时，首先根据地面测量结果计算出两垂球线的坐标 $(x_A，y_A)$、$(x_B，y_B)$，并计算出两垂球线连线的坐标方位角 α_{AB} 和长度 c_{AB}

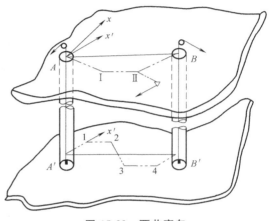

图 15-20　两井定向

$$\begin{cases}\alpha_{AB}=\arctan\dfrac{y_B-y_A}{x_B-x_A}\\ c_{AB}=\sqrt{\Delta x_{AB}^2+\Delta y_{AB}^2}\end{cases} \tag{15-7}$$

接着以井下 A 点的投点 A' 为坐标系原点，以 A'_1 为 x' 轴建立假定坐标系，则可求出垂球线连线在假定坐标系中的坐标方位角 α'_{AB} 及长度 c'_{AB}

$$\begin{cases}\alpha'_{AB}=\arctan\dfrac{y'_B}{x'_B}\\ c'_{AB}=\sqrt{(x'_B)^2+(y'_B)^2}\end{cases} \tag{15-8}$$

并对井下与地面上连接测量距离进行比较，其计算式为式 (15-9)，当 Δc 小于连接测量中误差 2 倍时，方为合格。

$$\Delta c=c_{AB}-\left(c'_{AB}+\frac{H}{R}c\right) \tag{15-9}$$

式中　H——竖井深度；

　　　R——地球曲率半径。

则 $\alpha'_{A1}=\alpha_{AB}-\alpha'_{AB}$，依次可从新计算地下各点坐标。

在两井定向中，由于两垂球线间距离远大于一井定向时两垂球线距离，因而其投向误差

也大大减小。

15.5.3 陀螺经纬仪定向

陀螺经纬仪是一种将陀螺仪和经纬仪结合在一起的仪器。它是利用陀螺仪本身的物理特性和地球自转的影响,实现自动寻找真北方向。在地理南北纬不大于75°的范围内,它可以不受时间和环境等条件的限制,实现快速定向。

如图15-21所示,用陀螺经纬仪进行联系测量时,在井口地面控制点 A 处安置陀螺经纬仪,在关闭陀螺情况下,分别瞄准另一地面控制点 M 和垂线投影点 V,观测水平角和距离,推算出 AV 的坐标方位角 α_{AV} 和 V 点的坐标 (x_V, y_V)。然后启动陀螺,测出 AV 的真北方位角 A_{AV},则可计算出 A 点附近坐标北方向与真北方向的夹角(即子午收敛角)

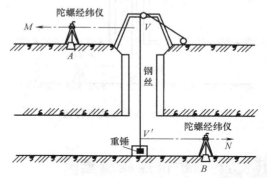

图15-21 陀螺经纬仪定向

$$\gamma = A_{AV} - \alpha_{AV} \tag{15-10}$$

然后安置仪器于井下导线点 B 处,瞄准垂线 V' 和井下另一导线点 N,进行与地面点 A 处同样的观测,则可根据陀螺经纬仪测定的真北方向 $A_{BV'}$,计算出导线边 BV' 的坐标方位角

$$\alpha_{BV'} = A_{BV'} - \gamma \tag{15-11}$$

根据 V' 点的坐标及 BV' 边的边长和坐标方位角,计算出 B 点坐标,根据 B 点观测的水平角,计算出 BN 的方位角,并以此为洞内导线的起算数据。

15.5.4 高程联系测量

如图15-22所示,高程联系测量的目的是根据地面水准点 A 的高程确定出井下水准点 B 的高程。在 A 和 B 点上立水准尺,在竖井中悬挂钢尺或钢丝,井上、井下各安置一台水准仪,观测并记录水准仪在水准尺上的读数 a 和 b;若井中悬挂钢尺,则直接读出水准仪在钢尺上的读数 a' 和 b',并计算出井上、井下水准仪视线的高差 $h = |a' - b'|$;若井中悬挂为钢丝,则需在钢丝的井上、井下水准仪视线高处做出记号,然后将钢丝在平坦地面拉直,准确量出井上、井下水准仪视线的高差 h。由 A 点的高程 H_A 确定 B 点高程 H_B 计算式为

$$H_B = H_A + a - b - h \tag{15-12}$$

当井筒内水汽较小时,可采用光电测距离导入高程,如图15-23所示。导入高程时,将罐笼提升至井口后固定,将光电测距仪安置在固定平台 C 处,另将反光镜安置于井底平台 D 处,用光电测距仪测出 CD 间距离 s,并用水准仪在井上和井下分别测出 AC、BD 间高差 h_{AC} 和 h_{BD},同时测定井上、井下的温度及气压。A、B 两点的高差可按下式计算

$$h_{AB} = s - h_{AC} + h_{BD} - l + \sum \Delta l \tag{15-13}$$

式中 l——光电测距离镜头到仪器中心的长度;

$\sum \Delta l$——各项改正数之和。

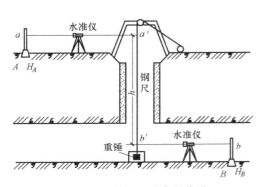
图 15-22 长钢尺法高程传递

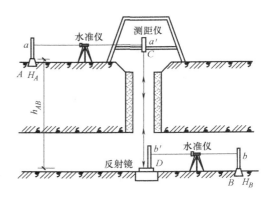
图 15-23 光电测距仪导入高程

15.6 桥位控制测量

随着交通量的增大,道路网的扩充,桥梁工程日益增多,跨河桥梁、立体交叉桥梁如雨后春笋般出现,其结构形式有拱桥、斜拉桥、悬索桥等。由于桥梁种类多,结构复杂,故其施工测量的精度也较高,对于跨度大和在水中作业的桥梁工程更是如此。桥梁施工测量的内容与方法视桥梁的类型、跨度、河道情况不同而不同,但其主要内容有平面控制测量、高程控制测量、墩台定位和墩台基础及其顶部放样等。本节只介绍中小型桥梁施工测量的主要内容。

15.6.1 桥位平面控制测量

为了使桥梁与相邻平面路线正确连接,应在桥址两岸的路线中线上埋设控制桩。两控制桩的连线即为桥梁的中心线称为桥轴线,两控制桩之间的水平距离称为桥轴线长度。桥位平面控制测量的目的就是确定桥长和放样墩台的位置。

桥位平面控制网可采用测角网、边角网或 GNSS 等方法建立,控制网网形一般布设为包含桥轴线的双三角形、大地四边形和双大地四边形,如图 15-24 所示。如果桥梁有引桥,则平面控制网还应向两岸陆地延伸。

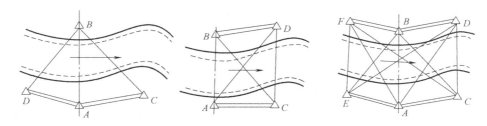
图 15-24 桥梁三角控制网形状

在布网时,各点间通视条件要好,点位应选在不被水淹没、不易受干扰和易于保存处,三角网的传距角应尽量接近 60°,一般不小于 30°,困难情况下不应小于 25°。

基线应设在平坦开阔处,沿基线方向地面坡度一般以 3%~5%为宜,其长度一般为桥轴线长度的 0.7~1.0 倍，其方向应尽可能与桥轴线近于垂直。

在控制网测量时，基线丈量应采用精密测距的方法，其边长相对精度应达到 1/20000~1/40000；水平角观测一般采用 DJ_2 型光学经纬仪，在一个测站上观测 2~4 个测回，当观测方向小于三个时，可采用测回法，否则要采用方向观测法。根据 JTG C10—2007《公路勘测规范》规定，三角网精度应满足表 15-2 中的指标要求，铁路桥梁略有不同。

随着 GPS 静态测量技术的发展，使基线边的相对精度大大提高，一般可以达到 10^{-5} 以上，而且基线越长，精度优势越大。在 GPS 用于桥位三角控制网测量时，可以适当放宽网形的限制，但控制网的精度应满足表 15-2 相应指标要求。

表 15-2 桥位三角网精度

等级	桥轴线控制桩间距离/m	测角中误差(″)	桥轴线相对中误差	起始边长相对中误差	三角形最大闭合差(″)
二等	>3000	±1.0	1/150000	1/250000	±3.5
三等	2000~3000	±1.8	1/100000	1/150000	±7.0
四等	1000~2000	±2.5	1/60000	1/100000	±9.0
一级	<1000	±5.0	1/40000	1/40000	±15.0
二级	—	±10.0	1/20000	1/20000	±30.0

15.6.2 桥位高程控制测量

放样桥墩、墩台高程的精度除受施工放样误差的影响外，控制点间高差的误差也是一个重要的影响因素，因此高程控制网必须要有足够的精度。桥位高程控制网应采用水准测量方法建立，水准点埋设应有稳定性、隐蔽性和方便性，桥址两岸至少各设一个水准点。高程网的起算高程数据应由桥址附近的国家水准点或其他已知水准点引入，在引入高程特别困难地区，也可以使用假定高程。

当水准测量由河的一岸测到另一岸时，由于距离较长，使水准仪瞄准水准尺读数困难，且前后视距相差悬殊，使水准仪的仪器误差和地球曲率误差增大，因此需要采用跨河水准测量的方法，以保证高程测量的精度，在某些困难情况下也可采用三角高程法进行观测。

跨河水准测量可布设为图 15-25 所示的对称图形，图中，A 点、B 点为立尺点，C 点、D 点为测站点，要求 AD、BC 距离基本相等，以抵消水准仪的 i 角误差和大气折光影响，观测时视线距水平面高度宜大于 3m。

跨河水准测量一测回的观测顺序是：在一岸先读近尺，再读远尺；仪器搬至另一岸，不改变焦距先读远尺，再读近尺。也可以采用两台同精度水准仪同时做对向观测。跨河水准测量应在上午、下午各完成半数工作量。

在跨河水准测量中，由于视线较长，读数困难，一般可采用微动觇板法进行观测。即在水准尺上安装一个可以上下移动的觇板，背面设夹具，用固定螺钉控制上下滑动，觇板中央开一小窗，小窗中央安一水平指标线。观测时，由观测人员指挥立尺人员上下移动觇板，当觇板上的水平指标线与水准仪十字丝重合时，由立尺人员记录标尺读数，如图 15-26 所示。

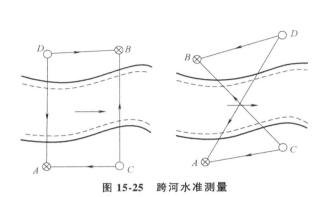
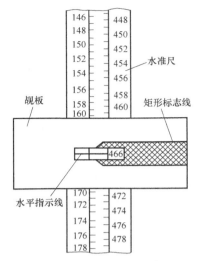

图 15-25 跨河水准测量　　　　图 15-26 水准观测觇板

跨河水准测量的具体要求，应按国家水准测量规范中的具体规定执行，表 15-3 为 GB/T 12898—2009《国家三、四等水准测量规范》中对跨河水准的测量技术要求。

表 15-3　跨河水准测量技术要求

序号	方法	等级	最大视线长度 D/km	单测回数	半测回观测组数	测绘高差互差限差/mm
1	直接读尺法	三	0.3	2	—	8
		四	0.3	2	—	16
2	光学测微法	三	0.5	4	—	$30D$
		四	1.0	4	—	$50D$
3	经纬仪三角法或测距三角高程法	三	2.0	8	3	$24\sqrt{D}$
		四	2.0	8	3	$40\sqrt{D}$

15.7　桥墩测设

当桥梁轴线求出后，两端桥墩中心位置可由两端控制桩直接丈量法定出。其余桥墩若不在水中或者在已固定的墩台基础上进行定位时，则可采用直接法、方向交会法等；在水中的桥墩一般采用方向交会法进行定位。

1. 直接法

直接法只适用于直线形桥梁的墩台测设。在一岸桥轴线上控制点处安置经纬仪或全站仪，照准另一岸桥轴线上的控制点，在控制点连线上分别用正倒镜分中法测设出该点距各墩台中心的水平距离，并做好各墩台中心位置标记；然后将仪器搬至对岸桥轴线上另一控制点，用同样的方法定出各墩台中心位置。当两次测设的墩台中心位置在限差范围以内时，则取两次测定位置的中点作为最终桥墩点中心位置。

2. 方向交会法

当桥梁墩台中心位置在水中，不便于安置棱镜时，可采用方向交会法测设墩台。

如图 15-27 所示，首先根据岸上一侧基线上的三个基线端点 A、C、D 及所测设桥墩 P_i 的设计数据计算交角 α_i、α_i'、β_i 及 β_i'。然后在 A、C、D 处安置经纬仪或全站仪，在 A 点处标定 AB 方向，在 C 点后视 A 点拨 α_i 角，在 D 点后视 A 点拨（$360°-\alpha_i'$）角，此三个方向均用正倒镜分中法标定，三个视线方向的交点即为测设的桥墩中心点 P_i。

在实际施测过程中，由于测量误差的影响，从 A、C、D 三站测设的三个方向线不交于一点，会出现图 15-28 所示的误差三角形 $q_1q_2q_3$。如果在基础部分定位误差三角形最大边长不大于 2.5cm，在墩台顶定位时不大于 1.5cm，则可按要求选取符合要求的点位。一般可直接选取 q_1、q_2 的连线中点即为所求的 P_i；如果精度要求较高时，则 C、D 两方向的交点 q_3 向 AB 方向做垂线，其交点即为桥墩中心点位 P_i。

在桥梁墩台施工过程中，需要多次交会墩台中心位置，故而要求迅速、准确、防止差错，为此可预先在对岸埋设交会方向觇标，即事先精确地测设 C、D 处的交会方向线，并延伸至对岸设置 2 个觇标，如图 15-27 所示。当以后要进行交会工作时，只要分别在 C、D 处安置经纬仪，分别照准对岸的 1、2 点处觇标进行交会即可。当桥墩施工出水面时，则可将此方向觇标移放在出水的桥墩身上，以便使用。

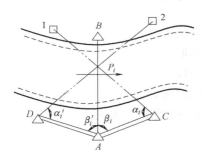

图 15-27 交会法墩台测设

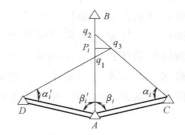

图 15-28 误差三角形

3. 全站仪坐标法

该方法是使用全站仪的放样功能，在测设前，先将控制点及墩台中心点坐标上传到全站仪内存文件中，在桥位控制点上安置全站仪，以另一个桥位控制点为后视点，调用内存中的墩台中心点坐标进行坐标放样；完成墩台测设后，需将全站仪迁至另一控制点上再测设一次进行校核。

无论用何种方法测设墩台，都应按规定的要求进行，严格检验与校正。在具体测设时，宜从一端测设至另一端，以保证每一跨都满足精度要求。只有在不得已时，才从桥轴线两端的控制桩向中间测设，这样容易将误差累积到中间衔接的一跨上，因此，一定要对衔接的一跨进行仔细校核。

【本章小结】

1）隧道测量的目的是保证隧道能按规定的精度正确贯通及相关建（构）筑物位置正确。其主要内容包括洞外控制测量、洞内控制测量、施工测量等测量工作。

① 洞外平面控制测量根据测区实际情况可选用三角网、精密导线或 GNSS 进行测量。高

程控制测量一般在平坦地区采用等级水准测量，在丘陵和山区采用光电测距三角高程测量。

② 洞内控制测量包括平面控制测量和高程控制测量。平面控制采用导线，高程控制采用水准测量。其主要任务是给出隧道的正确掘进方向，并以之作为隧道施工放样的依据。

③ 在长大隧道测量中，往往还会在隧道两端洞口间增设竖井或斜井。为将地表坐标系传至隧道，还需进行联系测量。平面坐标联系测量的方法有一井定向、两井定向和陀螺经纬仪定向等方法。

④ 隧道施工测量工作包括隧道的掘进方向的测设、中线测设、腰线测设和掘进方向指示。

2）桥梁测量包括桥位控制测量和桥墩测设。桥位平面控制网可采用测角网、边角网或GNSS等方法建立；桥位高程控制测量需采用跨河水准测量进行施测。桥墩测设可采用直接法、方向交会法或全站仪坐标法进行施测。在测量中需注意测设位置的检核。

【思考题与练习题】

1. 什么是贯通误差？各类贯通误差有何影响？
2. 洞外控制测量的作用是什么？
3. 在隧道工程中，中线和腰线各有什么作用？
4. 洞内支导线布设有何特点？
5. 联系测量的目的是什么？平面联系测量有哪些方法？
6. 桥位平面控制网可采用哪些方法建立？有哪些网形？
7. 为何要采用跨河水准测量？跨河水准测量如何进行？
8. 跨河水准布网有何要求？如此布网能抵消哪些误差的影响？
9. 什么是误差三角形？在误差范围内，如何对误差三角形进行处理？

附录A 测量实验

测量实验须知

一、准备工作

1）测量实验之前,必须认真阅读本实验指导书和复习教材中的有关内容,明确实验目的、要求、方法、步骤和有关注意事项。

2）按实验指导书中提出的要求,于实验前准备好所需文具,如铅笔（2H 或 3H）、小刀、计算器、三角板等。

二、工程测量实验的目的和一般规定

1）测量实验的目的:一方面是为了验证、巩固在课堂上所学的知识;另一方面是熟悉测量仪器的构造和使用方法,进行测量工作的基本操作技能,使学到的理论与实践紧密结合。

2）实验分小组进行,组长负责组织和协调实验工作,副组长办理仪器工具的借领和归还手续。

3）对实验规定的各项内容,小组内每人均应轮流操作,必须认真、仔细地操作,培养独立的工作能力和严谨的科学态度,同时发扬互相协作的精神。实验报告应独立完成。

4）实验应在规定时间内进行,不得无故缺席或迟到、早退;实验应在指定地点进行,不得擅自改变地点或离开现场,不得随意改变实验内容。

5）必须遵守本书所列的"测量仪器、工具的借用和使用规则及注意事项"和"测量记录与计算规则"。

6）应认真听取老师的指导,实验的具体操作应按实验指导书的要求、步骤进行。

7）实验中出现仪器故障、工具损坏和丢失等情况时,必须及时向指导老师报告,不可随意自行处理,并写出相应的原因和过程,签上小组成员姓名和日期,作为后期处理的依据。

8）实验结束时,应提交书写工整、规范的观测记录和实验报告,经实验指导老师审阅认可后,方可收拾和清洁仪器工具,归还实验室,并填写仪器使用手册,否则必须重测。

三、测量仪器、工具的借用和使用规则及注意事项

1. 仪器、工具的借用

1）以小组为单位凭学生证前往测量实验室借领测量仪器、工具,每次实验所用仪器、

工具均已在实验指导书上注明。

2）借领时，应确认实物与实验指导书上所列仪器、工具是否相符，仪器、工具是否完好，仪器背带和提手是否牢固。如有缺损，立即报告实验室管理员补领或更换。

3）仪器搬运前，应检查仪器箱是否锁好，搬运仪器、工具时，应轻拿轻放，避免振动和碰撞。

4）实验结束后，应清理仪器、工具上的泥土，及时收装仪器、工具，送还仪器室检查，取回学生证，填写仪器使用手册。仪器、工具如有损坏和丢失，应写出书面报告说明情况，并签上日期和姓名，以此为依据，按有关规定给予赔偿。

2. 仪器的开箱

1）仪器箱应平放在地面上或其他平台上才能开箱，以免不小心将仪器箱摔坏。

2）开箱后未取出仪器前，应注意仪器的安放位置和方向，以免用完后装箱时，因安放位置不正确而损伤仪器。

3）仪器在取出前一定要先松开制动螺旋，以免取出仪器时因强行扭转而损坏制动、微动装置，甚至损坏轴系。

3. 仪器的安装

1）伸缩式三脚架的三条腿抽出的长度要适中，三条腿抽出后要把固定螺旋拧紧，防止因螺旋未拧紧使脚架自行收缩而摔坏仪器，也不可用力过猛而造成螺旋滑丝。

2）架设仪器三脚架时，三条腿分开的跨度要适中。若在光滑地面上架设三脚架，要采取安全措施（如用小细绳将三脚架连接起来），防止仪器三脚架打滑。

3）将仪器的三脚架在地面上安置稳妥，架头大致水平，若地面为泥地，应将脚架尖踩入土中并踩实，以防仪器下沉；若为坚实地面，应防止脚架尖有滑动的可能性。

4）从仪器箱取出仪器时，应一手握住照准部支架，另一手扶住基座部分，然后将仪器轻轻安放到三脚架上。一手仍应握住照准部支架，另一手将中心连接螺旋旋入基座底板的连接孔内旋紧。预防因忘记拧上中心连接螺旋或拧得不紧而摔坏仪器。

5）从仪器箱取出仪器后，要随即将仪器箱盖好，以免沙土、杂草进入箱内。仪器箱较薄，不能承重，因此禁止坐、蹬仪器箱。

4. 仪器的使用

1）在任何时候，仪器旁必须有人看管。

2）在野外观测时，应该撑伞，防止烈日暴晒和雨淋（包括仪器箱等）。

3）取仪器和使用仪器过程中，要注意避免触摸仪器的目镜和物镜，以免玷污镜头，影响成像质量。

4）如遇目镜、物镜蒙上水汽而影响观测（在冬季较常见），应稍等一会或用纸片扇风使水汽蒸发；如镜头有灰尘，应用仪器箱中的软毛刷拂去或用镜头纸轻轻擦去。严禁用手指或手帕等物擦拭，以免损坏镜头上的药膜。观测结束后应及时套上物镜盖。

5）转动仪器时，应先松开制动螺旋，然后平衡转动。使用微动螺旋时，应先旋紧制动螺旋。

6）制动螺旋不能拧得太紧，微动螺旋和脚螺旋不要旋到顶端，宜使用中段螺纹。使用各种螺旋时不要用力过大或动作过猛，应用力均匀，以免损伤螺纹。

7）仪器发生故障时，应立即停止使用，并及时向指导老师报告，不得擅自处理。

5. 仪器的搬迁

1）远距离迁站或通过行走不便的地区时，必须将仪器装箱后再迁站。

2）近距离且平坦地区迁站时，可将仪器连同三脚架一同搬迁，其方法是：先检查连接螺旋是否旋紧，然后松开各制动螺旋使仪器保持初始位置（经纬仪望远镜物镜对向度盘中心，水准仪物镜向后），再收拢三脚架，左手托住仪器的支架或基座于胸前，右手抱住三脚架放在肋下，稳步行走。严禁斜扛仪器，防止碰摔。

3）迁站时，应清点所有的仪器和工具，防止丢失。

6. 仪器的装箱

1）仪器使用完后，应及时清除仪器上的灰尘和仪器箱、三脚架上的泥土，套上物镜盖。

2）仪器拆卸时，应先松开各制动螺旋，将脚螺旋旋至中段大致同高的地方，再一手握住照准部支架，另一手将中心连接螺旋旋开，双手将仪器取下放箱。

3）仪器装箱时，使仪器就位正确，试关箱盖确认放妥后，再拧紧各制动螺旋，检查仪器箱内的附件是否缺少，然后关箱上锁。若箱盖合不上口，说明仪器位置未放置正确或未将脚螺旋旋至中段，应重放，切不可强压箱盖，以免压坏仪器。

4）清点所有的仪器和工具，防止丢失。

5）清除箱外的灰尘和三脚架脚尖上的泥土。

7. 测量工具的使用

1）钢尺使用时，应防止打结、扭曲，防止行人踩踏和车辆碾压，以免钢尺折断。携尺前进时，应将尺身离地提起，不得在地面上拖曳，以防钢尺尺面刻划磨损。钢尺用完后，应将其擦净并涂油防锈。钢尺收卷时，应一人拉持尺环，另一人把尺顺序卷入，防止打结、扭断。

2）皮尺使用时，应均匀用力拉伸，量距时使用的拉力小于钢尺，避免强力拉曳而使皮尺断裂。如果皮尺浸水受潮，应及时晾干。皮尺收卷时，切忌扭转卷入。

3）各种水准尺和花杆的使用，应注意防水、防潮和防止横向受力。不用时安放稳妥，不得垫坐，不要将水准尺和花杆随便往树上或墙上立靠，以防滑倒摔坏或磨损尺面。花杆及水准尺不得用于抬东西或作标枪投掷，以防止弯曲变形或折断。塔尺的使用，还应注意接口处的正确连接，用后及时收尺。

4）小件工具如三脚架和尺垫等，使用完即收，防止遗失。

四、测量记录与计算规则

1）实验记录必须直接填在实验报告规定的表格内，不得用零散纸张记录，再行转抄，更不准伪造数据。

2）凡记录表格上规定应填写的项目不得空白。

3）观测者读数后，记录者应立即回报读数，同时观测者再复查一遍，以防听错、记错或看错，经核实后再记录。

4）所有记录与计算均用绘图铅笔（2H 或 3H）记载。字体应端正清晰、数字齐全、数位对齐，字脚靠近底线，字体大小一般应略大于格子的一半，以便留出空隙改错。

5）记录的数据应写齐规定的位数，对普通测量一般规定如下：水准满四位，距离到毫米，分和秒满两位。

表示精度或占位的"0"均不能省略，如水准尺读数 802mm，应记为 0802mm，角度读数 93°4′6″应记为 93°04′06″。

6）禁止擦拭、涂抹，发现错误应在错误处用横线划去，并写上正确的读数。修改局部（非尾数）错误时，则将局部数字划去，将正确数字写在原数上方。所有记录的修改和观测成果的淘汰，必须在备注栏注明原因（如测错、记错或超限等）。

7）观测数据的估读部分不准更改，应将该部分观测废去重测，如水准的厘米和毫米位，角度中的秒位。

8）禁止连续更改数字，如水准测量的黑、红面读数，角度测量中的盘左、盘右读数，距离丈量中的往、返测读数等，均不能同时更改，否则重测。

9）数据的计算应根据所取的位数，按"4舍6入，5前单进双舍"的规则进行凑整。例如，若取至毫米位，则 2.1384m、2.1376m、2.1385m、2.1375m 都应记为 2.138m。

10）每测站观测结束后，必须在现场完成规定的计算和检核，确认无误后方可迁站。

11）根据观测结果，应当场进行必要的计算，并进行必要的成果检核，以决定观测成果是否合格，是否需要进行重测（返工），需要现场完成的实验报告也应及时完成。

实验一 水准测量

一、目的和要求

1）练习等外水准测量的测站与转点的选择、观测、记录、计算检核及高差闭合差的调整以及高程计算的方法。

2）由一个已知高程点 BMA 开始，经待定高程点 B、C、D…，进行闭合水准路线测量，求出待定高程点 B、C、D…的高程。高差闭合差的允许值 $f_{h允}$（单位：mm）为

$$f_{h允} = \pm 40\sqrt{L} \qquad (A-1)$$

或

$$f_{h允} = \pm 12\sqrt{n} \qquad (A-2)$$

式中　n——测站数；

　　　L——水准路线的公里数。

3）实验小组由4人组成；轮流工作。

二、仪器和工具

DS_3 型水准仪1套，水准尺2个，尺垫2个，记录板1个，记录本1个，自备2H铅笔和计算器。

三、方法和步骤

1）BMA 为已知高程点，安置仪器于点 A 和转点 TP1 之间，使前、后视距离大致相等，进行粗略整平和目镜对光。测站编号为 Ⅰ。

2）后视 A 点上的水准尺，精平后读取后视读数，记入手簿。

3）前视 TP1 点上的水准尺，精平后读取前视读数，记入手簿。

4）计算高差：高差等于后视读数减去前视读数。

5）每一测站采用变动仪器高法（应大于 10cm）进行测量、检核，两次观测高差之差应≤5mm。

6）迁至第Ⅱ站继续观测。沿选定的路线，将仪器迁至点 TP1 和点 TP2 的中间，仍用第Ⅰ站施测的方法，后视 TP1，前视 TP2，依次连续设站，经过点 B 和点 C 连续观测……最后仍回至点 A。

7）计算检核：后视读数之和减去前视读数之和应等于高差之和。

8）高差闭合差的计算与调整（详见本书相关章节）。

9）计算待定点高程：根据已知高程点 A、K 的高程和各点间改正后的高差计算 B、C 等两个点的高程，最后算得的 A 点高程应与已知值相等，以资校核。

四、注意事项

1）为了人和仪器的安全，测站点和转点应选在路边。

2）每一测站通过上述测站检核才能搬站。

3）在已知高程点和待定高程点上不能放置尺垫。转点用尺垫时，应将水准尺置于尺垫半圆球的顶点上。

五、记录与计算表（见表 A-1 和表 A-2）

日期_____ 天气_____ 地点_____ 教师签字_____
仪器型号_____ 仪器编号_____ 观测_____ 记录_____

表 A-1　水准测量手簿

测站	测点	后视读数/mm	前视读数/mm	高差/m	平均高差/m	备注
计算检核	Σ $\frac{1}{2}(\Sigma a - \Sigma b) =$		$\frac{1}{2}\Sigma h =$			

表 A-2　计算表格

测段编号	点名	测站数	实测高差/m	改正数/m	改正后高差/m	高程/m	备注
	Σ						
辅助计算							

实验二 水准仪的检验

一、目的与要求

1) 了解水准仪各轴线间应满足的几何条件。
2) 掌握水准仪的检验方法。

二、仪器与工具

DS_3 型水准仪 1 套，水准尺 2 个，尺垫 2 个，皮尺 1 把，记录板 1 个，记录本 1 个，自备 2H 铅笔和计算器。

三、方法与步骤

1. 了解水准仪的轴线及其应满足的几何条件

2. DS_3 型水准仪的检验

（1）一般性检验 安置仪器后，首先检验三脚架是否牢固，制动和微动螺旋、微倾螺旋、对光螺旋、脚螺旋等是否有效，望远镜成像是否清晰。

（2）圆水准器的检验 此项检验的目的是检验 $L'L'$ 是否平行于 VV。若两轴平行，则当圆水准器气泡居中时，竖轴 VV 就处于铅垂位置。转动脚螺旋，使圆水准器气泡居中，将仪器绕竖轴旋转 180°后，如果气泡仍居中，说明此条件满足；否则需要校正。

（3）十字丝中丝应垂直于仪器竖轴的检验 其目的是检验十字丝中丝是否垂直于仪器竖轴。若中丝垂直于竖轴，则当竖轴处于铅垂位置时，中丝是水平的。先置平仪器，将十字丝中丝一端对准远处一明显点状目标，旋紧制动螺旋，转动微动螺旋，若目标点始终在中丝上移动，则说明中丝垂直于仪器竖轴，否则需要校正。

（4）视准轴应平行于水准管轴的检验 其目的是检验水准管轴 LL 是否平行于视准轴 CC。若平行，则当水准管气泡居中时，视准轴水平。

检验时，在平坦地面上相距约 80m 的地方选择 A、B 两点，竖立水准尺。将水准仪安置在 A、B 两点的中间，注意要使前、后视距相等，按一测站的观测顺序读出 A、B 两点水准尺的读数 a_1 和 b_1。为保证精度，改变仪器高度或者用红黑面尺方式，再读 A、B 点水准尺的读数 a_1' 和 b_1'，分别计算高差。若两次测得高度之差在 ±3mm 内，取其平均值作为 A、B 两点的正确高差，即

$$h_1 = \frac{1}{2}[(a_1-b_1)+(a_1'-b_1')] \qquad (A-3)$$

或

$$h_1 = \frac{1}{2}[(a_1-b_1)+(a_1'-b_1') \pm 0.1] \qquad (A-4)$$

将水准仪安置在离 A 点约 3m 的地方，测出 A、B 点水准尺读数分别为 a_2、b_2，则两点间高差为

$$h_2 = a_2 - b_2 \qquad (A-5)$$

若 $h_1 = h_2$，则水准管轴与视准轴平行，否则，存在视准轴与水准管轴的交角 i，其值为

$$i = \frac{(h_1 - h_2)}{D_{AB}} \rho$$

式中　D_{AB}——A、B两点间距离，可用皮尺丈量；

　　　　ρ——$\rho = 206265''$。

GB 50026—2007《工程测量规范》规定：当 DS_3 水准仪 i 角大于 $20''$ 时，需要校正。

四、注意事项

1）检验仪器时，必须按上述顺序进行，不得颠倒。

2）其他同水准测量。

五、记录格式（见表 A-3 ~ 表 A-5）

日期_____　天气_____　地点_____　教师签字_____

仪器型号_____　仪器编号_____　观测_____　记录_____

一般性检验结果：三脚架_____，水准尺_____，制动与微动螺旋_____，微倾螺旋_____，目镜对光螺旋_____，物镜对光螺旋_____，脚螺旋_____，望远镜成像_____。

表 A-3　水准仪的检验

检验目标	检验次数	检验过程		检验者	备注
圆水准器的检验	1	用虚圆圈表示气泡位置			
		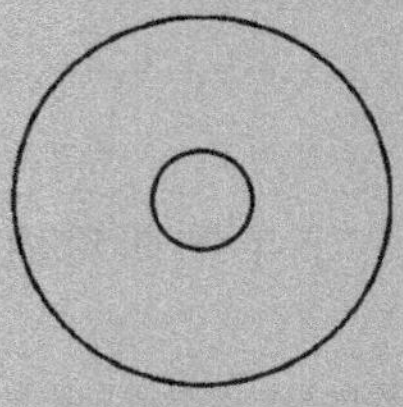 仪器整平后	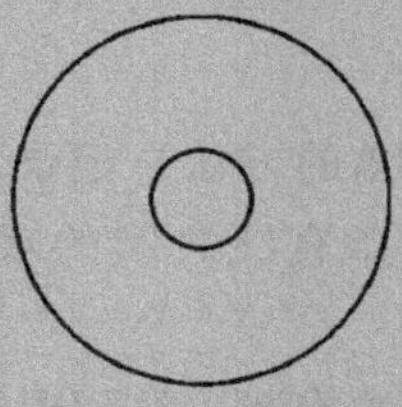 仪器旋转 180° 后		

表 A-4　十字丝的检验

检验目标	检验次数	用×表示目标位置		检验者	备注
十字丝中丝的检验	1	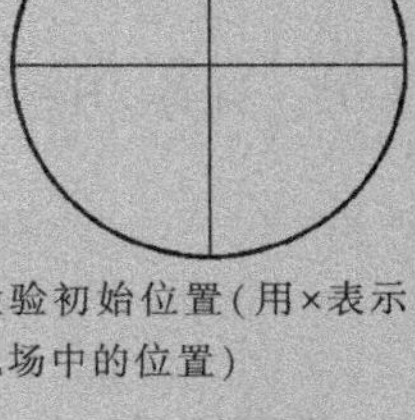 检验初始位置（用×表示目标在视场中的位置）	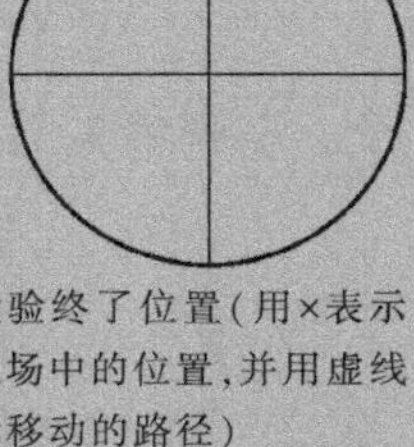 检验终了位置（用×表示目标在视场中的位置，并用虚线表示目标移动的路径）		

表 A-5　i 角的检验

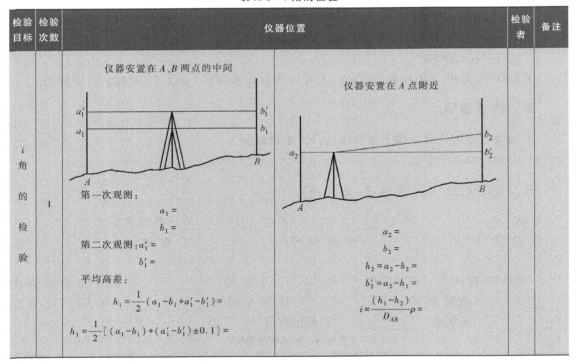

实验三　角　度　测　量

一、目的和要求

1）掌握测回法测量水平角的方法、记录及计算。

2）用两个测回测任意两条直线之间的水平角，上、下半测回角值之差不得超过±40″，两个测回之间的互差≤40″。

3）了解经纬仪竖直度盘的构造、注记形式、竖盘指标差与指标水准管之间的关系。

4）练习竖直角观测、记录及计算的方法。

5）掌握竖盘指标差的计算方法。

6）同一测站中所测得的竖盘指标差的互差不得超过25″。

7）实验小组由2人组成，轮流工作。

二、仪器和工具

经纬仪1套，记录本1个，三脚架3个，记录板1个，自备2H铅笔2支，计算器1个。

三、方法和步骤

1. 测回法测量水平角

1）每组选一测站点 O，安置仪器，对中、整平后，再选定 A、B 两个目标。

2）首先由甲进行第一测回，将起点 A 的盘左水平度盘读数设置在 0°附近，准确读取水平度盘读数 a_1，记入手簿。

3）顺时针方向转动照准部，瞄准 B 目标，读数 b_1 并记录，盘左测得∠AOB 为 $\beta_左 = b_1 - a_1$。

4）纵转望远镜为盘右，选瞄准 B 目标，读数 b_2 并记录，逆时针方向转照准部，瞄 A 目标，读数并记录 a_2，盘右测得∠AOB 为 $\beta_右 = b_2 - a_2$，检核合格后计算一测回角值 $\beta = \frac{1}{2}(\beta_左 + \beta_右)$，否则重测。

5）第二测回从 90°00′00″附近开始，由乙用同样的方法测∠AOB 的大小。若两测回之差不大于 40″，则取平均值作为最后观测结果。

2. 竖直角测量与竖盘指标差的检验

1）在测站点 O 上安置仪器，对中、整平后，选定 A、B、C 三个目标。

2）先观察竖盘注记形式并写出竖直角的计算公式。

3）盘左，用十字丝中丝切于 A 目标顶端，转动竖盘指标水准管微动螺旋，使竖盘指标水准管气泡居中，读取竖盘读数 L_A，记入手簿并算出竖直角 α_L；若是带有竖盘自动归零补偿装置的仪器，应将其打开，标志是自动归零补偿装置锁紧手轮（在支架上）的红点转向上方，然后观测、计算。

4）盘右，同法观测 A 目标，读取盘右读数 R_A，记录并算出竖直角 α_R。

5）计算竖盘指标差 $x = \frac{1}{2}(\alpha_R - \alpha_L)$ 或 $x = \frac{1}{2}(L + R - 360°)$。

6）计算竖直角平均值 $\alpha = \frac{1}{2}(\alpha_L + \alpha_R)$ 或 $\alpha = \frac{1}{2}(R - L - 180°)$。

7）同法测定 B、C 目标的竖直角并计算出竖盘指标差，检查指标差的互差是否超限。

8）判断竖盘指标差是否需要校正，若需要校正，则计算出盘右的正确读数。

四、记录格式（见表 A-6 和表 A-7）

日期_____　天气_____　地点_____　教师签字_____

仪器型号_____　仪器编号_____　观测_____　记录_____

五、注意事项

1）观测过程中，对同一目标应使十字丝中中丝切准目标顶端或者底端（或同一部位）。

2）每次读数前应使竖盘指标水准管气泡居中，或者确保竖盘自动归零补偿装置处于打开状态。

3）计算竖直角和指标差时，应注意正、负号。

表 A-6　测回法测量水平角记录手簿

测站	目标	盘左读数 (° ′ ″)	盘右读数 (° ′ ″)	半测回角值 (° ′ ″)	一测回角值 (° ′ ″)	各测回平均角度 (° ′ ″)	备注
第一测回 O	A	00 12 00	180 11 30	91 33 00	91 33 15	91 33 12	
	B	91 45 00	271 45 00	91 33 30			
第二测回 O	A	90 11 24	270 11 48	91 33 06	91 33 09		
	B	181 44 30	01 45 00	91 33 12			

表 A-7　竖直角观测手簿

测站	目标	竖盘位置	竖盘读数	半测回竖直角	指标差	一测回竖直角	盘右正确读数	备注
O	A	左	81°18′42″	+8°41′18″	+6″	+8°41′24″		
		右	278°41′30″	+8°41′30″				
	B	左	124°03′30″	−34°03′30″	+12″	−34°03′18″		
		右	235°56′54″	−34°03′06″				
	C	左	91°12′54″	−1°12′54″	−3″	−1°12′57″		
		右	268°47′00″	−1°13′00″				

实验四　电子全站仪的工程应用

一、目的和要求

1）了解全站仪的基本构造与性能。
2）掌握电子全站仪的基本操作方法。

二、仪器和工具

电子全站仪 1 套，小钢卷尺 1 把，记录板 1 个，记录本 1 个，自备 2H 铅笔和计算器。

三、方法和步骤

1）用测回法测两点间水平角。
2）竖直角测量和竖盘指标差的检验。
3）求任意一条边的距离。
4）进行碎部测量：自行选择若干个碎部点进行测量，求解所需碎部点的三维坐标。
5）进行任意一点的放样工作，按照仪器说明书利用全站仪自带程序进行放样工作。

四、记录格式（见表附 A-8～表附 A-11）

日期_____　天气_____　地点_____　教师签字_____
仪器型号_____　仪器编号_____　观测_____　记录_____

测回法测量水平角记录手簿（参见表 A-6）
竖直角观测手簿（参见表 A-7）

表 A-8　距离测量

测站	点号	斜距（SD）	平距（HD）
O	A		
	B		
	C		
	D		

测站编号_____测站高程 $H=$_____m，仪器高 $i=$_____，瞄准方向_____，检查方向_____

表 A-9　碎部测量记录手簿

点号	x	y	H	备注

表 A-10　测设起算数据

坐标 点名	x/m	y/m	H/m
测站点			
后视点			
放样点 1			
放样点 2			
放样点 3			
放样点 4			

表 A-11　放样过程

放样点		计算数据	初始位置	调整位置	最终位置
1	HR/d HR(°′″)				
	HD/d HD/(m)				

五、注意事项

1）严禁将仪器直接置于地面上，以避免砂土对中心螺旋造成损坏。

2）在无太阳过滤片的情况下，严禁用望远镜直接照准太阳，否则会伤害眼睛和损坏测距部发光二极管。

3）在强阳光、雨天或潮湿环境下测量时，请务必在伞的遮掩下进行。

4）迁站时，务必将仪器从三脚架上取下。

5）搬拿仪器要小心轻放，避免强烈的冲击和振动。

6）观测站离开仪器时，应将尼龙套罩在仪器上。

7）在取下内部电池时，务必先关掉电源。

8）将仪器放入仪器箱前，必须先取下电池。

9）装箱时，应按所示布局仪器放置在仪器箱内。

10）关箱时，应确保仪器和干燥剂是干燥的，由于仪器箱的封闭性，如内部潮湿将会损坏仪器。

实验五 数字图的测绘与应用

一、目的和要求

1）学会用全站仪配合数字图软件进行数字图测绘。
2）学会用数字图软件进行地形图数字化。
3）掌握在数字图上进行各种查询及运算。
4）实验小组由 4 人组成,轮流工作。

二、仪器和工具

电子全站仪 1 套,小钢卷尺 1 把,计算器 1 个,绘图仪 1 台,记录板 1 个,记录本 1 个,数字图绘图软件 1 套,自备 2H 铅笔和计算器。

三、方法和步骤

（1）确定测图比例尺 本次实验测图比例尺为 1∶500。
（2）仪器的安置
1）在测区内选定已知控制点 A 作为测站点,在测站点 A 上安置电子全站仪,用小钢尺量取仪器高 i。
2）选择另一已知控制点 B,在点 B 竖立反光镜作为起始方向的照准标志,在全站仪中输入测站点和瞄准方向的坐标并进行定向。
（3）测绘碎部点 跑尺员选择地形特征点并竖立对中杆,观测者进行碎部点数据采集,记录者进行记录对中杆高度和原始记录（做备份）和绘草图,为上机绘图做准备。
（4）按软件使用说明书进行地形图的数字化
（5）在数学图上进行各种查询和运算
1）查询任一直线两端点的三维坐标、距离、坐标方位角。
2）求任一两高程点连线的坡度。利用属性命令求出两点间的水平距离,再根据下式

$$i = \frac{\Delta h}{D}$$

求出坡度
3）查询任意图形的面积、周长。
4）按填、挖方平衡的原则以及指定设计高程求填、挖方量。
5）绘制纵断面图。
6）绘等高线。

四、记录格式（同表 A-9）

五、注意事项

参照电子全站仪的工程应用实验。

附录 B 测量实习

一、实习目的

测量实习是测量教学的重要组成部分，通过实习，一方面验证课堂理论知识，另一方面巩固和深化课堂所学知识，同时培养学生动手能力和训练严格的实践科学态度、工作作风。要求学生基本掌握水准测量、导线测量外业及内业计算、大比例尺地形图测图及建筑物定位和设置方法，提高地形图应用的能力，为今后解决实际工程中有关测量工作的问题打下基础。

二、实习任务及要求

1) 水准测量。按图根水准测量要求测量闭合水准路线或附合水准路线。
2) 导线测量。按图根导线测量要求测量闭合导线或附合导线。
3) 地形图测绘。采用全站仪、GNSS 测绘法测绘 1：500 比例尺地形图。
4) 测设。图上设计建筑物或构筑物，求出主点坐标并实地测设、进行必要的检核。
5) 识读和应用地形图。绘制纵断面图；进行场地平整，求填、挖土方量等。

三、实习组织

实习由指导教师带队，学生组成实习小组，每组由 5 或 6 人组成，选正、副组长各一人，组长负责分工、管理，副组长负责仪器器材。

四、每组配备的仪器和工具

电子全站仪 1 套，GNSS 1 套，水准仪 1 套，小钢卷尺 1 把，皮尺 1 把，水准尺 1 对，尺垫 1 对，对中支架 2 个，5 米对中杆 1 个，记录板 1 个，锤子 1 把，水泥钉及木桩若干，油漆 1 瓶，工具包 1 个，相关的记录手簿、计算器、橡皮及铅笔等。

五、具体时间安排（见表 B-1）

六、实习注意事项

1) 组长负责本组的实习工作安排，不能单纯追求进度，合理分工，轮流工作；组员之间要团结协作，互相配合，确保实习任务顺利完成。
2) 严格遵守"测量实验与实习须知"的有关规定，正确使用测量仪器与工具，妥善保

表 B-1

实习内容	时间	备注
实习动员、借领仪器和工具、仪器检验、踏勘测区	1.0 天	做好实习前的准备工作 导线测量、水准测量 碎部测量、地形图合图、检查与整饰 设计建筑物并求出土方量,设计合适的标高,准备出测设需要的数据
控制测量外业与计算	3.0 天	
地形图测绘	3.5 天	
地形图应用	1.0 天	
测设	1.0 天	
成果整理	1.0 天	
实习报告及答辩	0.5 天	
总结与上交仪器器材	0.5 天	
机动时间	1.0 天	
合计	12.5 天	

管仪器器材,防止丢失、损坏。

3) 实习是课堂教学的检验,在每一项测量工作开始之前应当认真阅读有关内容,了解规范要求,做好准备工作。

4) 原始数据、测量计算等资料要真实、清晰、完整,杜绝伪造现象。

七、实习报告的编写

实习报告是实习过程的记录及总结,要求在实习期间编写,实习结束后上交。报告应当全面反映学生在实习中所获得的一切知识,编写时要认真、完整,参照如下格式:

1) 封面——实习名称、地点、起止日期、班级、组别、姓名。

2) 目录。

3) 前言——实习的目的、任务及要求。

4) 内容——测区、方法和步骤、内业计算、每天的日记。

5) 总结——实习的心得体会、意见和建议。

八、实习提交的成果

1. 小组提交的成果

1) 电子全站仪、水准仪检验记录。

2) 平面控制、高程控制原始记录及计算表格。

3) 碎部测量记录手簿。

4) 1∶500 地形图一张。

5) 测设草图及设计数据、测设数据记录。

2. 个人提交的成果

1) 平面控制、高程控制计算表。

2) 场地平整和建筑物定位、高程设计数据。

3) 实习报告。

参 考 文 献

[1] 中国有色金属工业协会. 工程测量标准：GB 50026—2020 [S]. 北京：中国计划出版社，2020.
[2] 国家测绘局测绘标准化研究所，等. 国家基本比例尺地图图式 第 1 部分：1∶500 1∶1000 1∶2000 地形图图式：GB/T 20257.1—2017 [S]. 北京：中国标准出版社，2017.
[3] 北京市测绘设计研究院. 城市测量规范：CJJ/T 8—2011 [S]. 北京：中国建筑工业出版社，2011.
[4] 国家测绘局测绘标准化研究所，等. 全球定位系统（GPS）测量规范：GB/T 18314—2009 [S]. 北京：中国标准出版社，2009.
[5] 国家测绘局测绘标准化研究所. 房产测量规范 第 1 单元：房产测量规定：GB/T 17986.1—2000 [S]. 北京：中国标准出版社，2000.
[6] 高井祥. 测量学 [M]. 4 版. 徐州：中国矿业大学出版社，2016.
[7] 王国辉. 土木工程测量 [M]. 北京：中国建筑工业出版社，2011.
[8] 合肥工业大学. 测量学 [M]. 4 版. 北京：中国建筑工业出版社，1995.
[9] 刘星，吴斌. 工程测量学 [M]. 重庆："重庆大学出版社，2004.
[10] 詹长根，唐祥云，刘丽. 地籍测量学 [M]. 3 版. 武汉：武汉大学出版社，2011.
[11] 国家测绘地理信息局职业技能鉴定指导中心. 测绘综合能力 [M]. 北京：测绘出版社，2012.
[12] 程效军，鲍峰，顾孝烈. 测量学 [M]. 5 版. 上海：同济大学出版社，2016.
[13] 游浩. 建筑测量员专业与实操 [M]. 北京：中国建筑工业出版社，2015.
[14] 邹永廉. 土木工程测量 [M]. 北京：高等教育出版社，2004.
[15] 王侬. 现代普通测量学 [M]. 北京：清华大学出版社，2001.
[16] 白会人. 土木工程测量 [M]. 3 版. 武汉：华中科技大学出版社，2017.
[17] 覃辉，伍鑫. 土木工程测量 [M]. 3 版. 上海：同济大学出版社，2008.
[18] 周秋生. 土木工程测量 [M]. 北京：高等教育出版社，2004.
[19] 岳建平，陈伟清. 土木工程测量 [M]. 2 版. 武汉：武汉理工大学出版社，2010.
[20] 黄丁发，张勤，张小红，等. 卫星导航定位原理 [M]. 武汉：武汉大学出版社，2015.
[21] 曹冲. 卫星导航常用知识问答 [M]. 北京：电子工业出版社，2010.
[22] 谢钢. 全球导航卫星系统原理——GPS、格洛纳斯和伽利略系统 [M]. 北京：电子工业出版社，2013.
[23] 赵长胜，等. GNSS 原理及其应用 [M]. 北京：测绘出版社，2015.
[24] 刘基余. 全球导航卫星系统及其应用 [M]. 北京：测绘出版社，2015.
[25] 张育林，范丽，张艳，等. 卫星星座理论与设计 [M]. 北京：科学出版社，2008.
[26] 曾庆化，刘建业，赵伟，等. 全球导航卫星系统 [M]. 北京：国防工业出版社，2014.
[27] 徐绍铨，张华海，杨志强，等. GPS 测量原理及应用 [M]. 3 版. 武汉：武汉大学出版社，2008.
[28] 姬玉华，夏冬君. 测量学 [M]. 2 版. 哈尔滨：哈尔滨工业大学出版社，2008.
[29] 曹冲. 卫星导航系统及产业现状和发展前景研究 [J]. 全球定位系统，2009，34（4）：1-6.
[30] 国家测绘局人事司，国家测绘局职业技能鉴定指导中心. 工程测量 [M]. 哈尔滨：哈尔滨地图出版社，2007.
[31] 张正禄. 工程测量学 [M]. 2 版. 武汉：武汉大学出版社，2013.
[32] 肖东升，叶险峰，邢文战. 地下工程测量与量测 [M]. 成都：西南交通大学出版社，2013.
[33] 伊晓东. 道路工程测量 [M]. 大连：大连理工大学出版社，2008.